高等院校电气工程及其自动化专业系列精品教材

电 磁 场

汪泉弟 张淮清 主编

科 学 出 版 社

北 京

内 容 简 介

本书由重庆大学“电磁场原理”课程组在多年教学研究和实践的基础上编写而成，内容满足教育部高等学校电子信息科学与电气信息类基础课程教学指导分委员会对“电磁场”课程教学的基本要求。

本书共分8章，主要内容包括：矢量分析、静电场、恒定电场、恒定磁场、时变电磁场、平面电磁波的传播、导行电磁波、电磁辐射与天线。每章均有大量例题，每章末有小结和习题，书后附有部分习题答案、附录和名词索引。

本书可作为高等学校电气信息类专业电磁场课程的教材或教学参考书，也可供相关学科的教师、科研工作者和工程技术人员参考。

图书在版编目(CIP)数据

电磁场/汪泉弟，张淮清主编.—北京：科学出版社，2013.12
(高等院校电气工程及其自动化专业系列精品教材)
ISBN 978-7-03-039409-5

Ⅰ.①电… Ⅱ.①汪…②张… Ⅲ.①电磁场-高等学校-教材
Ⅳ.①O441.4

中国版本图书馆CIP数据核字(2013)第309839号

责任编辑：余 江 张丽花/责任校对：郭瑞芝
责任印制：赵 博/封面设计：迷底书装

科学出版社 出版
北京东黄城根北街16号
邮政编码：100717
http://www.sciencep.com
北京厚诚则铭印刷科技有限公司印刷
科学出版社发行 各地新华书店经销
*
2013年12月第 一 版 开本：787×1092 1/16
2025年 1 月第八次印刷 印张：16 1/2
字数：420 000

定价：68.00元

(如有印装质量问题，我社负责调换)

前　言

电磁场课程是高等学校电气信息类本科各专业的一门重要的技术基础课，旨在电磁学的基础上进一步阐述宏观电磁现象，介绍其基本规律和工程应用的基本知识，培养学生应用场的观点和方法对电工领域中的电磁现象、电磁过程进行定性分析与定量计算的能力，培养学生正确的思维方法和严谨的科学态度，为学生今后解决工程实际问题打下基础。

进入21世纪后，电磁场理论的应用几乎无所不在，尺度从纳米到千米，电压从微伏到兆伏，功率从微瓦到亿瓦，频率从直流到光频，等等。另一方面，电磁场理论与数值分析方法的结合，成为一些新兴学科与交叉学科的生长点和发展基础。可以预见，随着科学技术的不断进步，必将对电磁场课程的要求越来越高，对学生掌握良好的电磁场理论的呼声越来越强，电磁场课程在电气信息类本科各专业的重要性将不断提升，这些都是科学技术发展的必然。因此，本课程的作用不仅关系到学生后续课程的学习，还将影响到他们今后的就业和发展，掌握好本课程的知识将会极大地增强学生的适应力和创造力。

本书根据教育部高等学校电子信息科学与电气信息类基础课程教学指导分委员会制订的《“电磁场”课程教学基本要求》编写，内容系统，知识结构完整，可作为高等学校电气工程学科本科生电磁场课程的教材或教学参考书。

在编写中，编者贯穿了以下思想：

(1) 电磁场以经典内容为主，在保持电磁场理论必要体系的同时，强调本课程对电类专业的基础支撑。

(2) 突出电磁场理论的普遍规律，注重基本概念、基本规律和基本分析计算方法，使学生能牢固掌握，灵活运用。

(3) 注重本课程的应用性和实践性，强调工程问题电磁模型的建立和定性分析，培养学生提出问题和分析问题的能力。

(4) 从应用角度描述矢量分析这部分数学内容，促进学生形成对电磁场课程的学习和分析方法。

基于上述指导思想，本书编写的主要特点是：

(1) 遵循由特殊到一般、由简单到复杂、循序渐进的原则，按照由静态到动态、由一维空间到三维空间的思路来编排本书内容。

(2) 突出对电磁场基本规律的认识和应用，特别是主要的分析和解算的思路与要点，不涉及特殊函数和数值计算方法。

(3) 突出电磁场的矢量场特性，以矢量分析这个数学工具来帮助和加深对电磁场基本特性的认识，强化矢量分析在解算电磁场习题中的应用。

(4) 精心配置各章的例题和习题，突出定性分析在建立电磁场数学模型和分析电磁场分布中的重要作用。

本书共分8章，分别是矢量分析、静电场、恒定电场、恒定磁场、时变电磁场、平面电磁波的传播、导行电磁波、电磁辐射与天线。每章末均有小结和习题，书后有部分习题答案、附录和名词索引。

本书由汪泉弟、张淮清主编，李永明、杨帆、徐征参编。第1、5章由张淮清执笔，第2、3章由李永明执笔，第4章由汪泉弟执笔，第6、7章由杨帆执笔，第8章由徐征执笔，全书由汪泉弟统稿。

对于书中的不妥之处，希望使用本书的师生和读者批评指正，意见请发至编者的电子邮箱wangquandi@cqu. edu. cn。

编　者

2013年8月于重庆大学

目　　录

第 1 章　矢 量 分 析

本章是数学基础，它为研究电磁场和其他物理场提供必不可少的数学工具和分析方法。由于基本的电磁场量是有方向的，表示时需采用矢量形式；同时电磁场又以分布形态存在于空间中，刻画其变化规律需采用数学分析方法，因而矢量分析便成为电磁场研究的基本工具。

场研究的关键问题即是场源与场量的因果关系，可从数学和物理的角度归纳出场的研究方法论，即场论。与场的物理概念有关的矢量分析数学关系式概括了各类物理场的共同特征及其变化规律，形成了场论的基本概念和定理。这些数学基础知识是本书后续各章论述的必备条件。本章首先系统介绍矢量分析的基础知识，包括矢量的代数和分析运算，定义梯度、散度和旋度；然后给出矢量场的积分定理、赫姆霍兹定理；最后介绍圆柱坐标系和球坐标系。

1.1　矢量代数与位置矢量

1.1.1　矢量和标量

仅有大小的标量，用英文字母或希腊字母表示，如 f、g、φ、ψ 等。既有大小又有方向的矢量，则用黑体英文字母或英文字母顶上加上箭头表示，如 $\boldsymbol{A}$ 或 $\vec{A}$、$\boldsymbol{a}$ 或 $\vec{a}$ 等，前者多见诸印刷出版物中，后者则易于书写。$\boldsymbol{A}$ 的模记为 $|\boldsymbol{A}|$ 或 A。

数与形是基本的数学表示形式，因而矢量的表示主要有两种，即代数方法和几何方法。用几何方法表示时，矢量可形象地用带箭头的有向线段表示，有向线段无箭头的一端叫做起点（尾），有箭头的一端叫做终点（头），该有向线段的长度与矢量的模（或称大小）成比例，箭头所指方向表示矢量的方向。矢量在空间中平移不会改变其大小和方向。而采用代数方法表示时，首先需建立联系数与形的坐标系（本书主要采用直角坐标系），然后可根据各坐标分量确定矢量大小和方向。

1.1.2　矢量运算

1. 矢量加（减）运算

矢量 $\boldsymbol{A}$ 和 $\boldsymbol{B}$ 相加定义为两矢量的和，用新矢量 $\boldsymbol{A}+\boldsymbol{B}$ 表示，可按图 1-1(a)所示的平行四边形法则或图 1-1(b)所示的首尾相接法则进行。

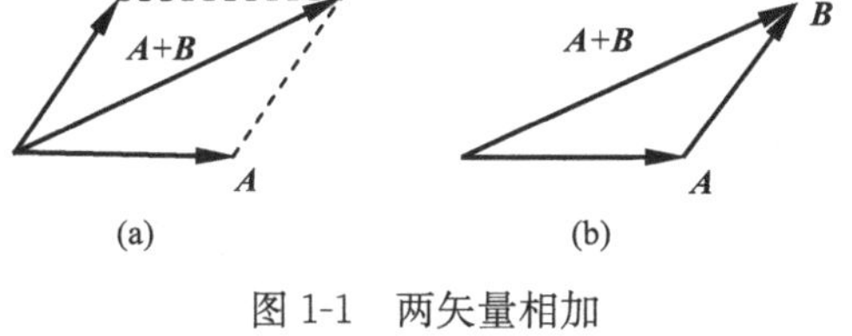

图 1-1　两矢量相加

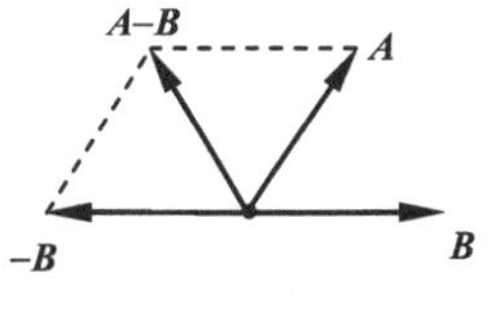

图 1-2　两矢量相减

$\boldsymbol{A}$ 和 $\boldsymbol{B}$ 相减定义为两矢量的差，用新矢量 $\boldsymbol{A}-\boldsymbol{B}$ 表示。因 $\boldsymbol{A}-\boldsymbol{B}=\boldsymbol{A}+(-\boldsymbol{B})$，作图时应

先将 $\boldsymbol{B}$ 反向然后再与 $\boldsymbol{A}$ 相加，所得的 $\boldsymbol{A}-\boldsymbol{B}$ 如图 1-2 所示。

矢量加(减)运算也可在两个以上的矢量之间进行。矢量的加(减)运算有如下法则：

交换律 $$\boldsymbol{A}+\boldsymbol{B}=\boldsymbol{B}+\boldsymbol{A} \tag{1-1-1}$$

结合律 $$\boldsymbol{A}+\boldsymbol{B}-\boldsymbol{C}=\boldsymbol{A}+(\boldsymbol{B}-\boldsymbol{C})=(\boldsymbol{A}+\boldsymbol{B})-\boldsymbol{C} \tag{1-1-2}$$

在图 1-3 所示的右手直角坐标系中，$\boldsymbol{A}$ 起自坐标原点，它的三个坐标分量(即 $\boldsymbol{A}$ 分别在 x、y、z 坐标轴上的投影)分别为 A_x、A_y、A_z，因此有

$$\boldsymbol{A}=\boldsymbol{e}_x A_x+\boldsymbol{e}_y A_y+\boldsymbol{e}_z A_z \tag{1-1-3}$$

式中，$\boldsymbol{e}_x$、$\boldsymbol{e}_y$、$\boldsymbol{e}_z$ 分别为沿坐标 x、y、z 正方向的单位矢量。

$\boldsymbol{A}$ 的模为

$$A=(A_x^2+A_y^2+A_z^2)^{1/2} \tag{1-1-4}$$

若已知

$$\boldsymbol{A}=\boldsymbol{e}_x A_x+\boldsymbol{e}_y A_y+\boldsymbol{e}_z A_z$$
$$\boldsymbol{B}=\boldsymbol{e}_x B_x+\boldsymbol{e}_y B_y+\boldsymbol{e}_z B_z$$

则

$$\boldsymbol{A}\pm\boldsymbol{B}=\boldsymbol{e}_x(A_x\pm B_x)+\boldsymbol{e}_y(A_y\pm B_y)+\boldsymbol{e}_z(A_z\pm B_z) \tag{1-1-5}$$

$$|\boldsymbol{A}\pm\boldsymbol{B}|=[(A_x\pm B_x)^2+(A_y\pm B_y)^2+(A_z\pm B_z)^2]^{1/2} \tag{1-1-6}$$

2. 数乘

标量 f 与矢量 $\boldsymbol{A}$ 的乘积定义为一新矢量，用 $f\boldsymbol{A}$ 表示，它是 $\boldsymbol{A}$ 的 f 倍。在图 1-4 中，就 $f>0$ 和 $f<0$ 的两种情况画出了 $f\boldsymbol{A}$。由式(1-1-3)可得

$$f\boldsymbol{A}=\boldsymbol{e}_x fA_x+\boldsymbol{e}_y fA_y+\boldsymbol{e}_z fA_z \tag{1-1-7}$$

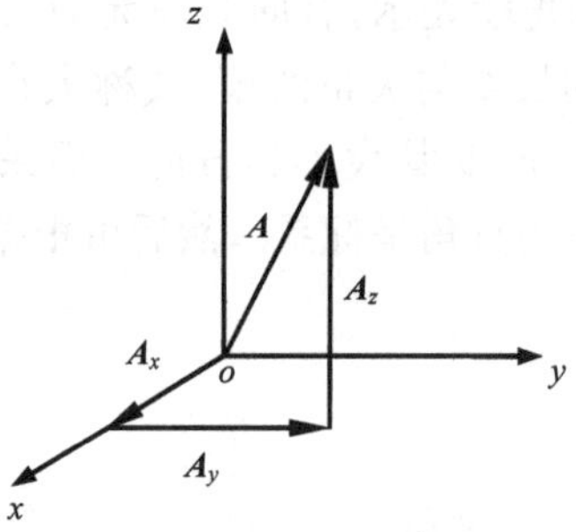

图 1-3　直角坐标中 $\boldsymbol{A}$ 及其各分矢量

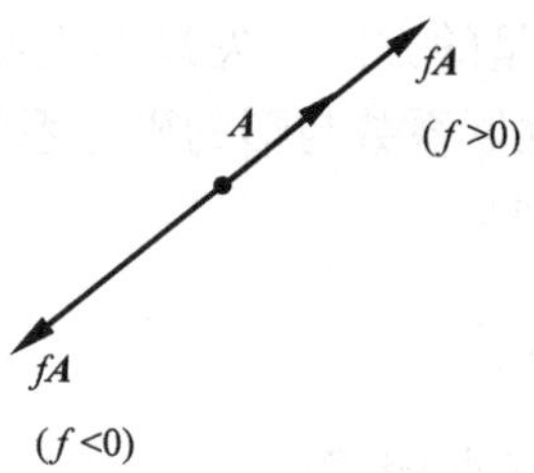

图 1-4　f 与 $\boldsymbol{A}$ 相乘

3. 矢量点积

$\boldsymbol{A}$ 和 $\boldsymbol{B}$ 的点积记为 $\boldsymbol{A}\cdot\boldsymbol{B}$，它定义为两矢量的模与两矢量间夹角 θ $(0\leqslant\theta\leqslant180°)$ 的余弦之积，即

$$\boldsymbol{A}\cdot\boldsymbol{B}=AB\cos\theta \tag{1-1-8}$$

显而易见：两矢量的点积为一标量，所以也称为标量积，其正、负取决于 θ 是锐角还是钝角。点积遵从交换律，即 $\boldsymbol{A}\cdot\boldsymbol{B}=\boldsymbol{B}\cdot\boldsymbol{A}$；$\boldsymbol{A}$ 与 $\boldsymbol{B}$ 相互垂直即 $\theta=90°$ 时，$\boldsymbol{A}\cdot\boldsymbol{B}=0$，反之亦然。$\boldsymbol{A}$ 自身的点积等于其模的平方，即 $\boldsymbol{A}\cdot\boldsymbol{A}=A^2$。用 $\boldsymbol{A}$、$\boldsymbol{B}$ 的直角坐标式进行点乘运算时，需将两矢量的各分量逐项点乘，并利用单位矢量的如下点乘关系：

$$\boldsymbol{e}_x \cdot \boldsymbol{e}_x = \boldsymbol{e}_y \cdot \boldsymbol{e}_y = \boldsymbol{e}_z \cdot \boldsymbol{e}_z = 1$$

$$\boldsymbol{e}_x \cdot \boldsymbol{e}_y = \boldsymbol{e}_y \cdot \boldsymbol{e}_z = \boldsymbol{e}_z \cdot \boldsymbol{e}_x = 0$$

可得

$$\boldsymbol{A} \cdot \boldsymbol{B} = A_x B_x + A_y B_y + A_z B_z \tag{1-1-9}$$

利用矢量的直角坐标式可以证明 $\boldsymbol{A}+\boldsymbol{B}$ 和 $\boldsymbol{C}$ 的点积遵循分配律

$$(\boldsymbol{A}+\boldsymbol{B}) \cdot \boldsymbol{C} = \boldsymbol{A} \cdot \boldsymbol{C} + \boldsymbol{B} \cdot \boldsymbol{C} \tag{1-1-10}$$

4. 矢量叉积

$\boldsymbol{A}$ 和 $\boldsymbol{B}$ 的叉积也称为矢量积，记为 $\boldsymbol{A}\times\boldsymbol{B}$，其定义式为

$$\boldsymbol{A} \times \boldsymbol{B} = AB\sin\theta\, \boldsymbol{e}_n \tag{1-1-11}$$

式中，θ 为 $\boldsymbol{A}$ 与 $\boldsymbol{B}$ 之间的夹角，$\boldsymbol{e}_n$ 是 $\boldsymbol{A}\times\boldsymbol{B}$ 的单位矢量，它与 $\boldsymbol{A}$ 和 $\boldsymbol{B}$ 相垂直，$\boldsymbol{e}_n$ 的方向按图 1-5 所示的右手定则确定。$\boldsymbol{A}\times\boldsymbol{B}$ 大小反映了由 $\boldsymbol{A}$ 和 $\boldsymbol{B}$ 矢量确定的平行四边形面积。

由式(1-1-11)可知，叉积不遵从交换律，而是 $\boldsymbol{A}\times\boldsymbol{B} = -(\boldsymbol{B}\times\boldsymbol{A})$。$\boldsymbol{A}$、$\boldsymbol{B}$ 相平行($\theta=0$ 或 $180°$)时，$\boldsymbol{A}\times\boldsymbol{B}=0$，反之亦然。显然，$\boldsymbol{A}$ 自身的叉积为零，即 $\boldsymbol{A}\times\boldsymbol{A}=0$。

用 $\boldsymbol{A}$、$\boldsymbol{B}$ 的直角坐标式进行叉积运算时，除将两矢量的各分矢量逐项叉积外，还需用到单位矢量的如下叉积关系

$$\boldsymbol{e}_x \times \boldsymbol{e}_x = \boldsymbol{e}_y \times \boldsymbol{e}_y = \boldsymbol{e}_z \times \boldsymbol{e}_z = 0$$

$$\boldsymbol{e}_x \times \boldsymbol{e}_y = \boldsymbol{e}_z \quad (\boldsymbol{e}_y \times \boldsymbol{e}_x = -\boldsymbol{e}_z)$$

$$\boldsymbol{e}_y \times \boldsymbol{e}_z = \boldsymbol{e}_x \quad (\boldsymbol{e}_z \times \boldsymbol{e}_y = -\boldsymbol{e}_x)$$

$$\boldsymbol{e}_z \times \boldsymbol{e}_x = \boldsymbol{e}_y \quad (\boldsymbol{e}_x \times \boldsymbol{e}_z = -\boldsymbol{e}_y)$$

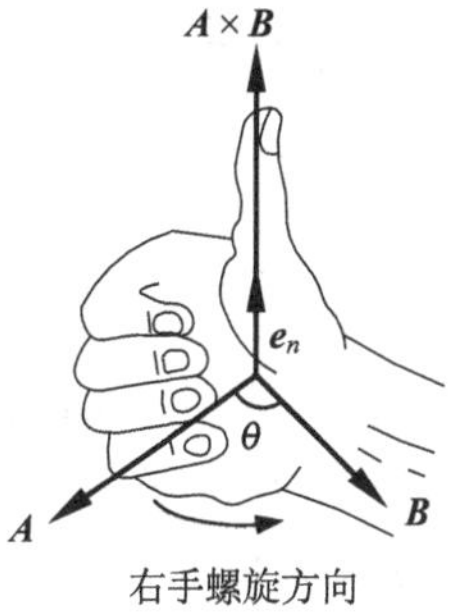

图 1-5　$\boldsymbol{A}\times\boldsymbol{B}$ 的右手定则

于是可得

$$\begin{aligned}\boldsymbol{A} \times \boldsymbol{B} &= \boldsymbol{e}_x(A_y B_z - A_z B_y) + \boldsymbol{e}_y(A_z B_x - A_x B_z) + \boldsymbol{e}_z(A_x B_y - A_y B_x) \\ &= \begin{vmatrix} \boldsymbol{e}_x & \boldsymbol{e}_y & \boldsymbol{e}_z \\ A_x & A_y & A_z \\ B_x & B_y & B_z \end{vmatrix}\end{aligned} \tag{1-1-12}$$

不难证明，$\boldsymbol{A}$ 与 $\boldsymbol{B}+\boldsymbol{C}$ 的叉积遵循分配律，即

$$\boldsymbol{A} \times (\boldsymbol{B}+\boldsymbol{C}) = \boldsymbol{A}\times\boldsymbol{B} + \boldsymbol{A}\times\boldsymbol{C} \tag{1-1-13}$$

5. 三重积

三矢量的乘积有两种，即运算结果为标量的标量三重积和运算结果为矢量的矢量三重积。利用矢量的直角坐标式直接运算，可以证明标量三重积和矢量三重积有下列恒等式

$$\boldsymbol{A} \cdot (\boldsymbol{B}\times\boldsymbol{C}) = \boldsymbol{B} \cdot (\boldsymbol{C}\times\boldsymbol{A}) = \boldsymbol{C} \cdot (\boldsymbol{A}\times\boldsymbol{B}) \tag{1-1-14}$$

$$\boldsymbol{A} \times (\boldsymbol{B}\times\boldsymbol{C}) = \boldsymbol{B}\,(\boldsymbol{A}\cdot\boldsymbol{C}) - \boldsymbol{C}\,(\boldsymbol{A}\cdot\boldsymbol{B}) \tag{1-1-15}$$

标量三重积可用矢量的直角坐标分量写成易于记忆的式(1-1-16)的行列式形式，其大小表示由三个矢量围成的平行六面体体积。

$$\boldsymbol{A} \cdot (\boldsymbol{B}\times\boldsymbol{C}) = \begin{vmatrix} A_x & A_y & A_z \\ B_x & B_y & B_z \\ C_x & C_y & C_z \end{vmatrix} \tag{1-1-16}$$

矢量三重积公式也形象称为 bac-cab 法则。

1.1.3 位置矢量

在已选定坐标系的情况下，空间中任一点的位置可以用一个起点在坐标原点、终点与该点重合的空间矢量表示。在图 1-6 中，P 点的位置可用矢量 $\boldsymbol{r}$ 表示，其模为 P 点与原点 o 之间的距离，其方向表示 P 点相对于 o 点所处的方位，称矢量 $\boldsymbol{r}$ 为 P 点的位置矢量。考虑到空间中的点与位置矢量的一一对应关系，亦可将 $\boldsymbol{r}$ 所确定的点径称为 $\boldsymbol{r}$ 点。

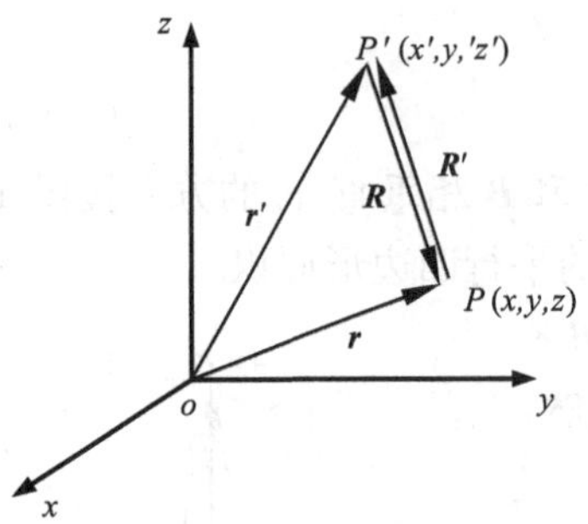

图 1-6 位置矢量与相对位置矢量

设 P 点的坐标为 (x,y,z)，则位置矢量

$$\boldsymbol{r}=x\boldsymbol{e}_x+y\boldsymbol{e}_y+z\boldsymbol{e}_z \tag{1-1-17}$$

其模

$$r=(x^2+y^2+z^2)^{1/2} \tag{1-1-18}$$

对于图 1-6 中另一点 $P'(x',y',z')$ 的位置矢量 $\boldsymbol{r}'$，同样有

$$\boldsymbol{r}'=x'\boldsymbol{e}_x+y'\boldsymbol{e}_y+z'\boldsymbol{e}_z \tag{1-1-19}$$

$$r'=(x'^2+y'^2+z'^2)^{1/2} \tag{1-1-20}$$

位置矢量描述的是空间一点相对于坐标原点的位置关系，而空间任意两点之间的位置关系用相对位置矢量给予描述。如图 1-6 所示，$\boldsymbol{R}$ 是以 P' 点为起点、P 点为终点的空间矢量，其模表示 P 点相对于 P' 点的距离，其方向表示 P 点相对于 P' 点所处的方位，类比位置矢量，称 $\boldsymbol{R}$ 为 P 点相对于 P' 点的相对位置矢量。显然，$\boldsymbol{R}$ 及模 R 应分别为

$$\boldsymbol{R}=\boldsymbol{r}-\boldsymbol{r}'=(x-x')\boldsymbol{e}_x+(y-y')\boldsymbol{e}_y+(z-z')\boldsymbol{e}_z \tag{1-1-21}$$

$$R=|\boldsymbol{r}-\boldsymbol{r}'|=[(x-x')^2+(y-y')^2+(z-z')^2]^{1/2} \tag{1-1-22}$$

需要指出的是，对于上述任意两点来说，除 P 点相对于 P' 点的相对位置矢量 $\boldsymbol{R}$ 外，也可以有 P' 点相对于 P 点的相对位置矢量 $\boldsymbol{R}'$，如图 1-6 所示。因 $\boldsymbol{R}'$ 的方向是由 P 点指向 P' 点，故有 $\boldsymbol{R}'=-\boldsymbol{R}$。

任何真实的物理场，都有其产生的根源即所谓“场源”，如静止电荷是静电场的场源，恒定电流是恒定磁场的场源，等等。场源和物理场是与空间概念联系在一起的，即任何物理场及其场源都存在于空间之中。在后面研究电磁场和它的源之间的积分关系时将表明，表示场源所在的位置的点和需要确定场量（如电场强度矢量和磁场强度矢量）的观察点在名称上以及符号上有明确加以区分的必要，前者简称源点并用加撇的源点坐标 (x', y', z') 或 $\boldsymbol{r}'$ 表示，后者简称场点用不带撇的场点坐标 (x, y, z) 或 $\boldsymbol{r}$ 表示。在这样的规定下，式(1-1-21)中的 $\boldsymbol{R}$（或 $\boldsymbol{r}-\boldsymbol{r}'$）就具有了场点相对于源点的相对位置矢量的特殊含义，今后，凡是出现在场、源积分关系式中的 $\boldsymbol{R}$ 均作如此理解。至于空间普通两点的相对位置矢量，可通过加双下标予以区别。例如，将 P_2 点相对于 P_1 点的相对位置矢量记为 $\boldsymbol{R}_{12}$，其方向是由 P_1 点指向 P_2 点。

与相对位置矢量有关的一类函数称为相对坐标函数，其变量形式为场点与源点的坐标差。相对坐标标量函数和相对坐标矢量函数分别记为

$$f(\boldsymbol{R})=f(\boldsymbol{r}-\boldsymbol{r}')=f(x-x',y-y',z-z') \tag{1-1-23}$$

$$\boldsymbol{F}(\boldsymbol{R})=\boldsymbol{F}(\boldsymbol{r}-\boldsymbol{r}')=\boldsymbol{F}(x-x',y-y',z-z') \tag{1-1-24}$$

1.2 标量场及其梯度

1.2.1 标量场定义及图示

标量场即分布在区域 V 内且物理量为标量的场，它可从代数和几何两个角度加以描述。从代数角度，对于区域 V 内的任意一点 $\boldsymbol{r}$，若有某种物理量的一个确定的数值或标量 $f(\boldsymbol{r})$ 与之对应，称这个标量函数 $f(\boldsymbol{r})$ 是定义于 V 内的标量场。

而从几何角度，就某一时刻而言，标量场 $f(\boldsymbol{r})$ 的空间分布情况可用一系列等值面形象地给予描绘，一个等值面即 $f(\boldsymbol{r})$ 为同一数值的所有点构成的空间曲面。在直角坐标中，标量场的等值面方程为

$$f(x,y,z)=C \tag{1-2-1}$$

式中，C 为常数，不同的等值面对应不同的 C 值。

在绘制标量场的等值面时，应使任意两相邻等值面的差值保持为一个常数，符合此要求的一组等值面与纸面相交所得的截迹线——等值线，如图 1-7 所示。显然，不同值的等值面（线）不能相交。

标量场有两种：一种是与时间无关的恒稳标量场，用 $f(\boldsymbol{r})$ 表示；另一种是与时间有关的时变标量场，用 $f(\boldsymbol{r},t)$ 表示。

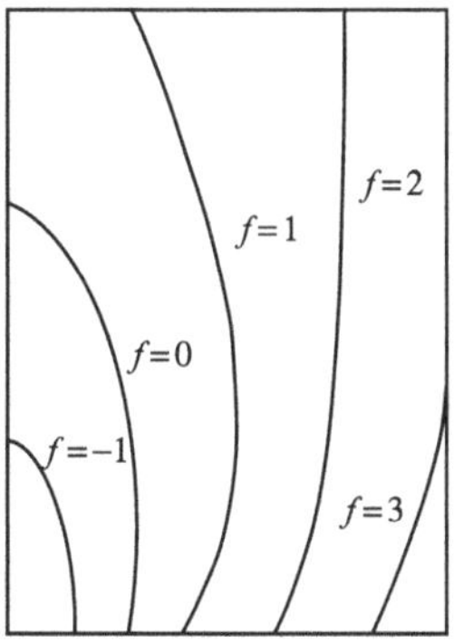

图 1-7　标量场的一组等值线

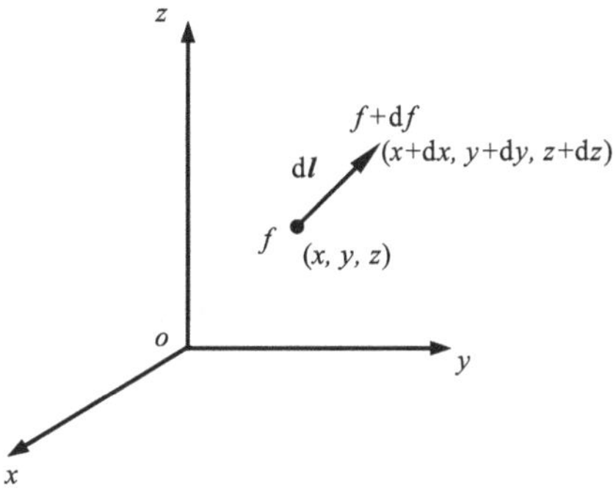

图 1-8　点位移导致 f 的改变

1.2.2 梯度与方向导数

针对某一标量场及其描述，可进一步开展关于其分布变化的研究。对于几何形式的标量场等值面（线），其疏密程度能定性反映标量场在各处沿不同方向变化快慢的情况。而对于代数表示的标量函数 $f(\boldsymbol{r})$，则可通过数学分析方法来定量研究。

1. 梯度的概念

对于在其定义域内连续、可微的标量场 $f(x,y,z)$，我们来定量考察它在 (x,y,z) 点邻域内沿各方向的变化情况。在图 1-8 中，设沿某一方向由 (x,y,z) 点到邻近的 $(x+\mathrm{d}x,y+\mathrm{d}y,z+\mathrm{d}z)$ 点的微分位移用线元矢量表示，有

$$\mathrm{d}\boldsymbol{l}=\mathrm{d}x\boldsymbol{e}_x+\mathrm{d}y\boldsymbol{e}_y+\mathrm{d}z\boldsymbol{e}_z \tag{1-2-2}$$

标量场的相应微增量 $\mathrm{d}f$ 则为

$$\mathrm{d}f=\frac{\partial f}{\partial x}\mathrm{d}x+\frac{\partial f}{\partial y}\mathrm{d}y+\frac{\partial f}{\partial z}\mathrm{d}z \tag{1-2-3}$$

将式(1-2-3)的右边改写为 $\mathrm{d}\boldsymbol{l}$ 与另一矢量的点积形式，即

$$\mathrm{d}f=\left(\frac{\partial f}{\partial x}\boldsymbol{e}_x+\frac{\partial f}{\partial y}\boldsymbol{e}_y+\frac{\partial f}{\partial z}\boldsymbol{e}_z\right)\cdot\mathrm{d}\boldsymbol{l} \tag{1-2-4}$$

把式中那个以 f 的三个偏导数作为分量的矢量称为标量场 $f(x,y,z)$ 在 (x,y,z) 点的梯度(gradient)，记作 $\mathrm{grad}f$ 或 ∇f，即

$$\mathrm{grad}f=\nabla f=\left(\frac{\partial f}{\partial x}\boldsymbol{e}_x+\frac{\partial f}{\partial y}\boldsymbol{e}_y+\frac{\partial f}{\partial z}\boldsymbol{e}_z\right) \tag{1-2-5}$$

于是，式(1-2-4)可以写成

$$\mathrm{d}f=\nabla f\cdot\mathrm{d}\boldsymbol{l} \tag{1-2-6}$$

今后，一律用符号 ∇f 表示 $f(\boldsymbol{r})$ 的梯度，∇f 也是空间坐标的矢量函数。

2. *方向导数*

式(1-2-5)中的偏导数 $\frac{\partial f}{\partial x}$、$\frac{\partial f}{\partial y}$、$\frac{\partial f}{\partial z}$ 分别叫做 f 在 x、y、z 方向上的方向导数，它们各自表示 f 在某点邻域内沿 x、y、z 方向的变化快慢情况。$f(x,y,z)$ 在 x、y、z 方向上的方向导数就是 ∇f 的相应坐标分量，因此有

$$\left.\begin{aligned}\frac{\partial f}{\partial x}&=(\nabla f)_x=\nabla f\cdot\boldsymbol{e}_x\\ \frac{\partial f}{\partial y}&=(\nabla f)_y=\nabla f\cdot\boldsymbol{e}_y\\ \frac{\partial f}{\partial z}&=(\nabla f)_z=\nabla f\cdot\boldsymbol{e}_z\end{aligned}\right\} \tag{1-2-7}$$

推而广之，$f(x,y,z)$ 在某点沿任意矢量 $\boldsymbol{l}$ 方向的方向导数应表为

$$\frac{\partial f}{\partial l}=(\nabla f)_l=\nabla f\cdot\boldsymbol{e}_l \tag{1-2-8}$$

式中，$\boldsymbol{e}_l$ 是 $\boldsymbol{l}$ 的单位矢量。

几点说明：

(1) 式(1-2-6)的表达形式虽由直角坐标导出，但它仍适用于其他坐标系，故可视其为标量场梯度的定义式。

(2) 梯度这个矢量可以同时回答标量场在任一点的最大变化率是多少以及获得该最大变化率应沿着什么方向的问题。由 $\mathrm{d}f=\nabla f\cdot\mathrm{d}\boldsymbol{l}=|\nabla f|\,\mathrm{d}l\cos\theta$（$\theta$ 是 ∇f 与 $\mathrm{d}\boldsymbol{l}$ 的夹角）表明，在 $\mathrm{d}l$ 为定长的条件下，$\mathrm{d}\boldsymbol{l}$ 取向不同相应有不同值的 $\mathrm{d}f$，仅当 $\theta=0$ 即 $\mathrm{d}\boldsymbol{l}$ 的取向与 ∇f 的方向一致时，$\mathrm{d}f$ 才具有最大值 $\mathrm{d}f|_{\max}=|\nabla f|\mathrm{d}l$，或 $|\nabla f|=\frac{\mathrm{d}f|_{\max}}{\mathrm{d}l}=\left.\frac{\mathrm{d}f}{\mathrm{d}l}\right|_{\max}$。

(3) ∇f 与标量场的等值面(线)处处正交。这是因为在同一等值面上任意两邻近点间的 $\mathrm{d}f=0$，即与两邻近点相关的 $\mathrm{d}\boldsymbol{l}$ 和 $\mathrm{d}\boldsymbol{l}$ 起点处的 ∇f 的点积 $\nabla f\cdot\mathrm{d}\boldsymbol{l}=0$。

3. *梯度算子*

式(1-2-5)中的矢量微分算符 ∇ 称为哈密顿算子(读作 del 或 nabla)，它在直角坐标系中的具体形式为

$$\nabla = \boldsymbol{e}_x \frac{\partial}{\partial x} + \boldsymbol{e}_y \frac{\partial}{\partial y} + \boldsymbol{e}_z \frac{\partial}{\partial z} \tag{1-2-9}$$

在使用∇算符时，应注意以下几点：

(1) ∇算符与其他算符(如微分、积分算符)一样，单独存在没有任何意义，它必须是施加于某类函数上。式(1-2-9)的直角坐标形式表明，∇算符由三个线性微分算子构成，因此满足微分运算法则。

(2) ∇算符虽然不是一个真实矢量，但当它对其右端的场函数进行有意义的微分运算时，必须视∇为矢量，并赋予它矢量的一般特性，使得$\nabla \cdot \nabla = \nabla^2$，$\nabla \times \nabla = 0$，因而也称∇算符为矢量微分算子。

(3) 在不同坐标系中，∇算符有不同的表达形式。因此，用∇算符表示的场函数的某种微分运算在不同坐标系中的具体表达形式也就不同。

4. 梯度运算一般公式

∇算符作用于标量函数后得到了表征标量场最大变化率及方向的矢量函数，即梯度。梯度运算应遵从微分运算的基本法则，因此，梯度运算的一般公式有

$$\nabla c = 0 \quad (c \text{ 为常数}) \tag{1-2-10}$$

$$\nabla (cf) = c\,\nabla f \tag{1-2-11}$$

$$\nabla (f \pm g) = \nabla f \pm \nabla g \tag{1-2-12}$$

$$\nabla (fg) = g\,\nabla f + f\,\nabla g \tag{1-2-13}$$

$$\nabla \left(\frac{f}{g}\right) = \frac{1}{g^2}(g\,\nabla f - f\,\nabla g) \tag{1-2-14}$$

$$\nabla f(u) = f'(u)\,\nabla u (u \text{ 为中间变量}) \tag{1-2-15}$$

下面给出有关梯度运算的几个基本关系式，并予以证明。

(1) 对于相对坐标标量函数$f(\boldsymbol{r}-\boldsymbol{r}')$，有

$$\nabla f = -\nabla' f \tag{1-2-16}$$

式中，∇f 表示对场点 $\boldsymbol{r}$ 求 $f(\boldsymbol{r}-\boldsymbol{r}')$的梯度；$\nabla' f$ 表示对源点 $\boldsymbol{r}'$求 $f(\boldsymbol{r}-\boldsymbol{r}')$的梯度。

在直角坐标系中对式(1-2-16)进行证明，此时

$$f(\boldsymbol{r}-\boldsymbol{r}') = f(x-x', y-y', z-z')$$

式(1-2-16)也可以写成

$$\frac{\partial f}{\partial x}\boldsymbol{e}_x + \frac{\partial f}{\partial y}\boldsymbol{e}_y + \frac{\partial f}{\partial z}\boldsymbol{e}_z = -\left(\frac{\partial f}{\partial x'}\boldsymbol{e}_x + \frac{\partial f}{\partial y'}\boldsymbol{e}_y + \frac{\partial f}{\partial z'}\boldsymbol{e}_z\right)$$

这相当于有

$$\frac{\partial f}{\partial x} = -\frac{\partial f}{\partial x'}, \quad \frac{\partial f}{\partial y} = -\frac{\partial f}{\partial y'}, \quad \frac{\partial f}{\partial z} = -\frac{\partial f}{\partial z'}$$

由此可见，只要证明这三个偏导数关系成立就行了。

令 $x-x'=X$，$y-y'=Y$，$z-z'=Z$，应用复合函数求导法则可得

$$\frac{\partial f}{\partial x} = \frac{\partial f}{\partial X} \cdot \frac{\partial X}{\partial x} = \frac{\partial f}{\partial X} \cdot \frac{\partial (x-x')}{\partial x} = \frac{\partial f}{\partial X}$$

$$\frac{\partial f}{\partial x'} = \frac{\partial f}{\partial X} \cdot \frac{\partial X}{\partial x'} = \frac{\partial f}{\partial X} \cdot \frac{\partial (x-x')}{\partial x'} = -\frac{\partial f}{\partial X}$$

即有

$$\frac{\partial f}{\partial x}=-\frac{\partial f}{\partial x'}$$

同理可得

$$\frac{\partial f}{\partial y}=-\frac{\partial f}{\partial y'},\quad \frac{\partial f}{\partial z}=-\frac{\partial f}{\partial z'}$$

(2) 关于相对位置矢量$\boldsymbol{R}=\boldsymbol{r}-\boldsymbol{r}'$的模$R=|\boldsymbol{r}-\boldsymbol{r}'|$,有

$$\nabla R=\frac{\boldsymbol{R}}{R}=\boldsymbol{e}_R \tag{1-2-17}$$

$$\nabla\frac{1}{R}=-\frac{\boldsymbol{R}}{R^3}=-\frac{\boldsymbol{e}_R}{R^2}\quad (R\neq 0) \tag{1-2-18}$$

上两式中$\boldsymbol{e}_R$是$\boldsymbol{R}$的单位矢量。

在直角坐标中

$$\boldsymbol{R}=(x-x')\boldsymbol{e}_x+(y-y')\boldsymbol{e}_y+(z-z')\boldsymbol{e}_z$$

$$R=[(x-x')^2+(y-y')^2+(z-z')^2]^{1/2}$$

则

$$\begin{aligned}\frac{\partial R}{\partial x}&=\frac{1}{2}[(x-x')^2+(y-y')^2+(z-z')^2]^{-1/2}\\&\quad\cdot\frac{\partial}{\partial x}[(x-x')^2+(y-y')^2+(z-z')^2]\\&=\frac{1}{2}\cdot\frac{2(x-x')}{R}=\frac{x-x'}{R}\end{aligned}$$

同理有

$$\frac{\partial R}{\partial y}=\frac{y-y'}{R},\quad \frac{\partial R}{\partial z}=\frac{z-z'}{R}$$

于是

$$\begin{aligned}\nabla R&=\frac{\partial R}{\partial x}\boldsymbol{e}_x+\frac{\partial R}{\partial y}\boldsymbol{e}_y+\frac{\partial R}{\partial z}\boldsymbol{e}_z\\&=\frac{1}{R}[(x-x')\boldsymbol{e}_x+(y-y')\boldsymbol{e}_y+(z-z')\boldsymbol{e}_z]=\frac{\boldsymbol{R}}{R}=\boldsymbol{e}_R\end{aligned}$$

再根据∇算符的微分特性,并将R看做中间变量,应用式(1-2-15),可得

$$\nabla\frac{1}{R}=\left(\frac{1}{R}\right)'\nabla R=-\frac{1}{R^2}\cdot\frac{\boldsymbol{R}}{R}=-\frac{\boldsymbol{e}_R}{R^2}\quad (R\neq 0)$$

例 1-1 求$f=4\mathrm{e}^{2x-y+z}$在点$P_1(1,1,-1)$处的由该点指向$P_2(-3,5,6)$方向上的方向导数。

解 $\nabla f=\nabla(4\mathrm{e}^{2x-y+z})=4\nabla(\mathrm{e}^{2x-y+z})=4\mathrm{e}^{2x-y+z}\nabla(2x-y+z)$

$=4\mathrm{e}^{2x-y+z}(2\boldsymbol{e}_x-\boldsymbol{e}_y+\boldsymbol{e}_z)$

$\nabla f|_{P_1}=4\mathrm{e}^{2-1-1}(2\boldsymbol{e}_x-\boldsymbol{e}_y+\boldsymbol{e}_z)=4(2\boldsymbol{e}_x-\boldsymbol{e}_y+\boldsymbol{e}_z)$

$$e_{12}=\frac{\boldsymbol{R}_{12}}{R_{12}}=\frac{(-3-1)\boldsymbol{e}_x+(5-1)\boldsymbol{e}_y+(6+1)\boldsymbol{e}_z}{[(-4)^2+4^2+7^2]^{1/2}}$$
$$=\frac{-4\boldsymbol{e}_x+4\boldsymbol{e}_y+7\boldsymbol{e}_z}{\sqrt{81}}=\frac{-4\boldsymbol{e}_x+4\boldsymbol{e}_y+7\boldsymbol{e}_z}{9}$$

于是，f 在 P_1点处沿 $\boldsymbol{R}_{12}$方向上的方向导数为

$$\left.\frac{\partial f}{\partial R_{12}}\right|_{P1}=\nabla f\,|_{P1}\cdot\boldsymbol{e}_{12}=4(2\boldsymbol{e}_x-\boldsymbol{e}_y+\boldsymbol{e}_z)\cdot\frac{-4\boldsymbol{e}_x+4\boldsymbol{e}_y+7\boldsymbol{e}_z}{9}$$
$$=\frac{4}{9}[2\times(-4)+(-1)\times4+1\times7]=-\frac{20}{9}$$

1.3 矢量场的通量及散度

1.3.1 矢量场定义及图示

矢量场即分布在区域 V 内且物理量为矢量的场，它仍可从代数和几何角度加以描述。从代数角度，对于空间区域 V 内的任意一点 $\boldsymbol{r}$，若有一个矢量 $\boldsymbol{F}(\boldsymbol{r})$与之对应，称这个矢量函数$\boldsymbol{F}(\boldsymbol{r})$是定义于 V 空间的矢量场。与标量场类似，矢量场也有恒稳矢量场 $\boldsymbol{F}(\boldsymbol{r})$ 和时变矢量场 $\boldsymbol{F}(\boldsymbol{r},t)$。恒稳矢量场的直角坐标式为

$$\boldsymbol{F}(x,y,z)=F_x(x,y,z)\,\boldsymbol{e}_x+F_y(x,y,z)\,\boldsymbol{e}_y+F_z(x,y,z)\boldsymbol{e}_z \tag{1-3-1}$$

式中，F_x、F_y、F_z是$\boldsymbol{F}$ 的三个坐标分量。

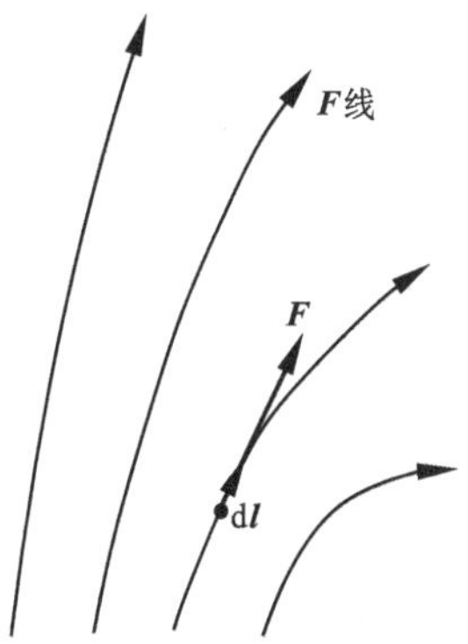

图 1-9 矢量线的示意图

从几何角度，矢量场 $\boldsymbol{F}(\boldsymbol{r})$可形象地用矢量线（简称 $\boldsymbol{F}$ 线）表示。矢量线是带有箭头的空间曲线，其上每点切线方向即为该处矢量场的方向，因而矢量线互不相交，而且 $\boldsymbol{F}$ 线上的任一线元矢量 $\mathrm{d}\boldsymbol{l}$ 总是与该处的$\boldsymbol{F}$ 共线（图 1-9），故有

$$\boldsymbol{F}\times\mathrm{d}\boldsymbol{l}=0$$

在直角坐标中则为

$$(F_y\,\mathrm{d}z-F_z\mathrm{d}y)\,\boldsymbol{e}_x+(F_z\,\mathrm{d}x-F_x\mathrm{d}z)\,\boldsymbol{e}_y+(F_x\mathrm{d}y-F_y\mathrm{d}x)\boldsymbol{e}_z=0$$

或

$$F_y\,\mathrm{d}z-F_z\mathrm{d}y=0$$
$$F_z\,\mathrm{d}x-F_x\mathrm{d}z=0$$
$$F_x\mathrm{d}y-F_y\mathrm{d}x=0$$

进而可得

$$\frac{\mathrm{d}x}{F_x}=\frac{\mathrm{d}y}{F_y}=\frac{\mathrm{d}z}{F_z}$$

这就是 $\boldsymbol{F}$ 线的微分方程。

对于某一特定矢量场的研究，从代数上看即转化为对矢量函数各分量的分析运算，并由不同运算规则给出不同结论；从几何角度看，矢量线不能相交，因而每条矢量线要么自行闭合，要

么呈发散分布,且对于后者必然存在矢量线的起点和终点。而研究矢量线闭合或起终点方法主要通过闭合的线、面积分以及微分形式所对应的密度分布,因而本节首先探讨矢量场的面积分及其密度问题。

1.3.2 矢量场的通量及散度

1. 通量(面积分)的概念

对于矢量场,需要研究它的闭合面通量。为说明这个问题让我们先考虑常见的恒稳液流场 $\boldsymbol{v}(\boldsymbol{r})$。

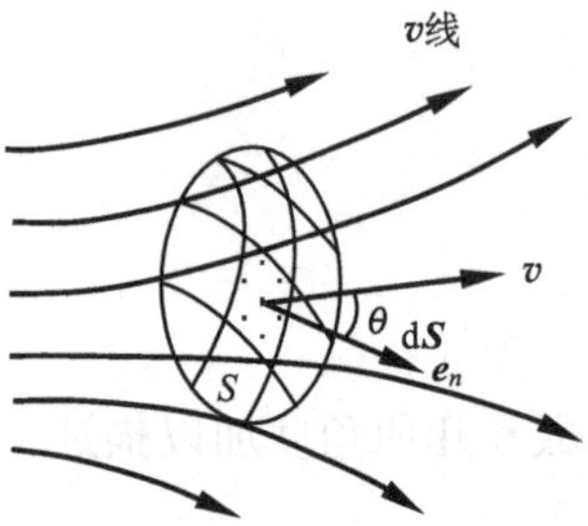

图 1-10 液流场中的开面 S 及面元矢量 $\mathrm{d}\boldsymbol{S}$

液流场经常用到流量概念,它表示单位时间内流过某曲面的液体体积的多少。对于 S 面上的任一细小面元 $\mathrm{d}S$,可通过指定其正法向单位矢量而将它表示为面元矢量 $\mathrm{d}\boldsymbol{S}=\mathrm{d}S\boldsymbol{e}_n$,如图 1-10 所示。设 $\mathrm{d}\boldsymbol{S}$ 与该处流速 $\boldsymbol{v}$ 之间的夹角为 θ,则 $\boldsymbol{v}$ 在 $\mathrm{d}\boldsymbol{S}$ 方向上的分量即法向分量 $v_n=v\cos\theta=\boldsymbol{v}\cdot\boldsymbol{e}_n$。显然,穿过面元 $\mathrm{d}S$ 的元流量为

$$\mathrm{d}\Psi=v_n\mathrm{d}S=v\cos\theta\mathrm{d}S=\boldsymbol{v}\cdot\mathrm{d}\boldsymbol{S} \tag{1-3-2}$$

将 S 面上所有面元的元流量累加起来,即得穿过 S 面的流量

$$\Psi=\int\mathrm{d}\Psi=\int_S\boldsymbol{v}\cdot\mathrm{d}\boldsymbol{S} \tag{1-3-3}$$

因此,穿过 S 面的流量就是 $\boldsymbol{v}$ 在该曲面上的面积分(标量)。

将上述流量的概念推广应用于任意闭合面,就得到流过闭面 S 的净流量即 $\boldsymbol{v}$ 的闭合面积分,记为

$$\Psi=\oint_S\boldsymbol{v}\cdot\mathrm{d}\boldsymbol{S} \tag{1-3-4}$$

按惯例,闭面上各 $\mathrm{d}\boldsymbol{S}$ 的方向规定为外法线方向,这样式(1-3-4)就表示流出闭面 S 的净流量,即从 S 内流出的流量与从外流入 S 的流量之差。$\Psi>0$ 表示流出多于流入,说明 S 内有产生液体的“正源”;$\Psi<0$ 说明 S 内有“吞食”液体的转换器或“负源”;$\Psi=0$ 表示流出与流入 S 的液体相等,S 内无“源”。可见 $\boldsymbol{v}$ 的闭合面积分具有检源作用。

矢量场的通量是液流场流量概念的推广。因此,矢量场 $\boldsymbol{F}(\boldsymbol{r})$ 的开面通量、闭合面通量应分别是 $\int_S\boldsymbol{F}\cdot\mathrm{d}\boldsymbol{S}$ 和 $\oint_S\boldsymbol{F}\cdot\mathrm{d}\boldsymbol{S}$,并且 $\oint_S\boldsymbol{F}\cdot\mathrm{d}\boldsymbol{S}$ 也有检源作用,即

$$\oint_S\boldsymbol{F}\cdot\mathrm{d}\boldsymbol{S}=0,\text{意味着 }S\text{ 内无源}$$

$$\oint_S\boldsymbol{F}\cdot\mathrm{d}\boldsymbol{S}>0,\text{意味着 }S\text{ 内有正源}$$

$$\oint_S\boldsymbol{F}\cdot\mathrm{d}\boldsymbol{S}<0,\text{意味着 }S\text{ 内有负源}$$

在直角坐标系中,设

$$\boldsymbol{F}(x,y,z)=F_x(x,y,z)\boldsymbol{e}_x+F_y(x,y,z)\boldsymbol{e}_y+F_z(x,y,z)\boldsymbol{e}_z$$

$$\mathrm{d}\boldsymbol{S}=\mathrm{d}y\mathrm{d}z\boldsymbol{e}_x+\mathrm{d}x\mathrm{d}z\boldsymbol{e}_y+\mathrm{d}x\mathrm{d}y\boldsymbol{e}_z$$

则通量可写成

$$\Psi = \int_S \boldsymbol{F} \cdot \mathrm{d}\boldsymbol{S} = \int_S F_x \mathrm{d}y\mathrm{d}z + \int_S F_y \mathrm{d}x\mathrm{d}z + \int_S F_z \mathrm{d}x\mathrm{d}y \tag{1-3-5}$$

产生的矢量场具有在任意闭面上的通量不为零的特性的场源称为通量源。

2. 散度(通量密度)

尽管矢量场中的闭合面通量可用以判断闭面内通量源的有无及正负，但它却不能表明闭面内通量源的空间逐点分布情况。为了表征已知矢量场中各点通量源的强度，还需引入矢量场散度的概念。

设 $\boldsymbol{F}(\boldsymbol{r})$ 在其定义域 V 内是连续、可微的，对场中任一观察点 P，包围它作微小闭合面 S，其内的体积为 ΔV。计算 $\oint_S \boldsymbol{F} \cdot \mathrm{d}\boldsymbol{S}$，并让 ΔV 向着 P 点收缩，若极限 $\lim\limits_{\Delta V \to 0} \dfrac{\oint_S \boldsymbol{F} \cdot \mathrm{d}\boldsymbol{S}}{\Delta V}$ 存在，就将它定义为 P 点处 $\boldsymbol{F}(\boldsymbol{r})$ 的散度(divergence)，记为

$$\mathrm{div}\boldsymbol{F} = \lim_{\Delta V \to 0} \frac{\oint_S \boldsymbol{F} \cdot \mathrm{d}\boldsymbol{S}}{\Delta V} \tag{1-3-6}$$

散度是标量，它表示穿出单位体积界定面的净通量。由 $\oint_S \boldsymbol{F} \cdot \mathrm{d}\boldsymbol{S}$ 的检源性质可知，散度实质上是场中任一点通量源发出闭合面通量的能力，或者说是通量源强度的度量。散度通常是空间坐标的函数，它能描述通量源的逐点分布情况：若场中某点(区域)的散度为零，该点(区域)就是无源的；若场中某点的散度为正(负)，该点就有正(负)源存在；若某区域内散度处处不为零，该区域为有源区。

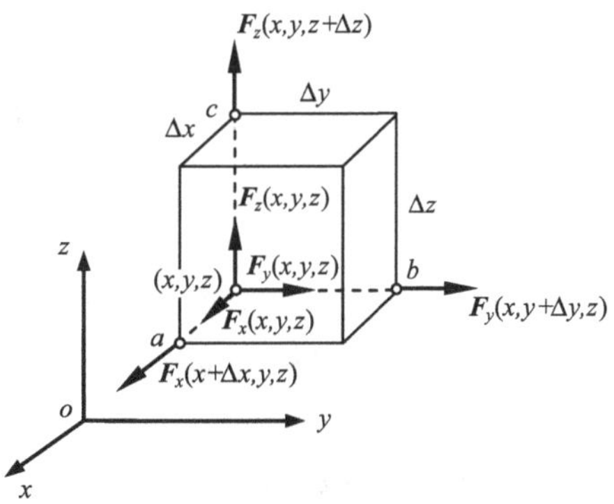

图 1-11　直角坐标的微分体积

下面根据散度定义式导出散度的直角坐标式。对矢量场 $\boldsymbol{F}(x,y,z)$ 中的任一点 (x,y,z)，以它为顶点作一个边长分别为 Δx、Δy、Δz 的小平行六面体，其体积 $\Delta V = \Delta x \Delta y \Delta z$，如图 1-11 所示。为了计算六面体表面净通量的需要，图中除在 (x,y,z) 点标明了 $\boldsymbol{F}(x,y,z)$ 的三个分矢量之外，还在 a、b、c 三顶点处标明了 $\boldsymbol{F}_x(x+\Delta x,y,z)$、$\boldsymbol{F}_y(x,y+\Delta y,z)$ 和 $\boldsymbol{F}_z(x,y,z+\Delta z)$。根据泰勒级数可知

$$\boldsymbol{F}_x(x+\Delta x,y,z) \approx \left[F_x(x,y,z) + \frac{\partial F_x(x,y,z)}{\partial x}\Delta x\right]\boldsymbol{e}_x$$

$$\boldsymbol{F}_y(x,y+\Delta y,z) \approx \left[F_y(x,y,z) + \frac{\partial F_y(x,y,z)}{\partial y}\Delta y\right]\boldsymbol{e}_y$$

$$\boldsymbol{F}_z(x,y,z+\Delta z) \approx \left[F_z(x,y,z) + \frac{\partial F_z(x,y,z)}{\partial z}\Delta z\right]\boldsymbol{e}_z$$

在小平行六面体的任一小块面元上，矢量场的法向分量可看成近似不变，于是

$$\oint_S \boldsymbol{F} \cdot \mathrm{d}\boldsymbol{S} \approx \left[\left(F_x + \frac{\partial F_x}{\partial x}\Delta x\right)\Delta y \Delta z - F_x \Delta y \Delta z\right]$$
$$+ \left[\left(F_y + \frac{\partial F_y}{\partial y}\Delta y\right)\Delta x \Delta z - F_y \Delta x \Delta z\right]$$

$$+\left[\left(F_z+\frac{\partial F_z}{\partial z}\Delta z\right)\Delta x\Delta y-F_z\Delta x\Delta y\right]$$

$$=\left(\frac{\partial F_x}{\partial x}+\frac{\partial F_y}{\partial y}+\frac{\partial F_z}{\partial z}\right)\Delta V$$

应用式(1-3-6)，即得

$$\mathrm{div}\boldsymbol{F}=\lim_{\Delta V\to 0}\frac{\oint_S \boldsymbol{F}\cdot \mathrm{d}\boldsymbol{S}}{\Delta V}=\frac{\partial F_x}{\partial x}+\frac{\partial F_y}{\partial y}+\frac{\partial F_z}{\partial z}\tag{1-3-7}$$

或写成

$$\nabla\cdot F=\frac{\partial F_x}{\partial x}+\frac{\partial F_y}{\partial y}+\frac{\partial F_z}{\partial z}\tag{1-3-8}$$

今后，一律用符号$\nabla\cdot F$表示$\boldsymbol{F}(\boldsymbol{r})$的散度，并相应称“$\nabla\cdot$”为散度算符。

3. 散度运算一般公式

在直角坐标系下可以看到，散度算符作用于矢量函数时是矢量函数各分量对自身方向的求导运算，这种求导运算也被称为纵向偏导数，散度运算的一般公式为

$$\nabla\cdot \boldsymbol{C}=0\quad(\boldsymbol{C}\text{ 为常矢})\tag{1-3-9}$$

$$\nabla\cdot(c\boldsymbol{F})=c\,\nabla\cdot\boldsymbol{F}\tag{1-3-10}$$

$$\nabla\cdot(\boldsymbol{F}\pm\boldsymbol{G})=\nabla\cdot\boldsymbol{F}\pm\nabla\cdot\boldsymbol{G}\tag{1-3-11}$$

$$\nabla\cdot(f\boldsymbol{F})=f\,\nabla\cdot\boldsymbol{F}+\boldsymbol{F}\cdot\nabla f\tag{1-3-12}$$

下面给出有关散度运算的几个关系式：

(1) 对于相对坐标矢量函数$\boldsymbol{F}(\boldsymbol{r}-\boldsymbol{r}')$，有

$$\nabla\cdot\boldsymbol{F}=-\nabla'\cdot\boldsymbol{F}\tag{1-3-13}$$

等式两边的散度是分别对场点坐标和源点坐标进行的，其证明方法可参照式(1-2-16)。

(2) 相对位置矢量$\boldsymbol{R}(\boldsymbol{r}-\boldsymbol{r}')$的散度为

$$\nabla\cdot\boldsymbol{R}=3\tag{1-3-14}$$

(3) 对于$\boldsymbol{R}$及其模R，有

$$\nabla\cdot\frac{\boldsymbol{R}}{R^3}=0\tag{1-3-15}$$

式(1-3-15)可以用式(1-3-12)、式(1-3-14)、式(1-2-15)和式(1-2-17)予以证明，过程略。

例 1-2 试证明式(1-3-12)成立。

证明 设$f(\boldsymbol{r})=f(x,y,z)$，$\boldsymbol{F}(x,y,z)=F_x(x,y,z)\boldsymbol{e}_x+F_y(x,y,z)\boldsymbol{e}_y+F_z(x,y,z)\boldsymbol{e}_z$，则

$$\nabla\cdot(f\boldsymbol{F})=\nabla\cdot(fF_x\boldsymbol{e}_x+fF_y\boldsymbol{e}_y+fF_z\boldsymbol{e}_z)=\frac{\partial}{\partial x}(fF_x)+\frac{\partial}{\partial y}(fF_y)+\frac{\partial}{\partial z}(fF_z)$$

$$=\left(f\frac{\partial F_x}{\partial x}+F_x\frac{\partial f}{\partial x}\right)+\left(f\frac{\partial F_y}{\partial y}+F_y\frac{\partial f}{\partial y}\right)+\left(f\frac{\partial F_z}{\partial z}+F_z\frac{\partial f}{\partial z}\right)$$

$$=f\left(\frac{\partial F_x}{\partial x}+\frac{\partial F_y}{\partial y}+\frac{\partial F_z}{\partial z}\right)+\left(F_x\frac{\partial f}{\partial x}+F_y\frac{\partial f}{\partial y}+F_z\frac{\partial f}{\partial z}\right)$$

$$=f\,\nabla\cdot\boldsymbol{F}+\nabla f\cdot\boldsymbol{F}$$

证毕。

例 1-3 已知 $\boldsymbol{F}(x,y,z)=yz\boldsymbol{e}_x+xz\boldsymbol{e}_y+xyz\boldsymbol{e}_z$，试求它穿过图 1-12 所示闭合面的部分圆柱面 S_1 的通量。

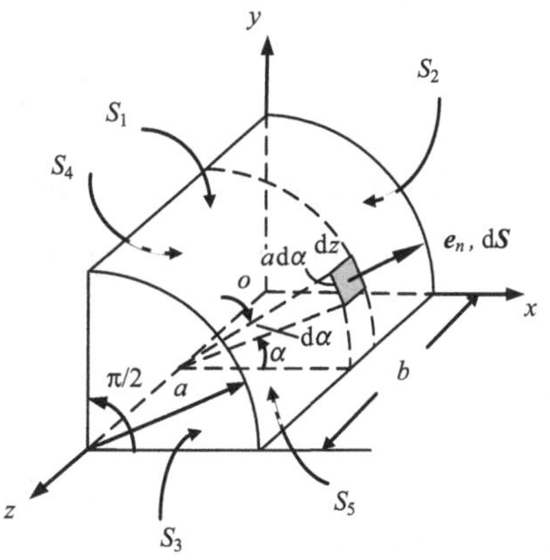

图 1-12 例 1-3 附图

解 在 S_1 面上有圆的参数方程

$$x=a\cos\alpha,\quad y=a\sin\alpha$$

于是可将 S_1 上的 $\boldsymbol{F}$ 写成

$$\boldsymbol{F}=az\sin\alpha\boldsymbol{e}_x+az\cos\alpha\boldsymbol{e}_y+a^2z\sin\alpha\cos\alpha\boldsymbol{e}_z$$

又因

$$\mathrm{d}\boldsymbol{S}_1=a\,\mathrm{d}\alpha\,\mathrm{d}z\boldsymbol{e}_n$$

则

$$\begin{aligned}\boldsymbol{F}\cdot\mathrm{d}\boldsymbol{S}_1&=[a^2z\sin\alpha(\boldsymbol{e}_x\cdot\boldsymbol{e}_n)+a^2z\cos\alpha(\boldsymbol{e}_y\cdot\boldsymbol{e}_n)\\&\quad+a^3z\sin\alpha\cos\alpha(\boldsymbol{e}_z\cdot\boldsymbol{e}_n)]\mathrm{d}\alpha\,\mathrm{d}z\\&=2a^2z\sin\alpha\cos\alpha\,\mathrm{d}\alpha\,\mathrm{d}z\end{aligned}$$

所以

$$\begin{aligned}\oint_{S_1}\boldsymbol{F}\cdot\mathrm{d}\boldsymbol{S}_1&=\int_0^{\pi/2}\left[a^2\sin\alpha\cos\alpha\left(\int_0^b2z\,\mathrm{d}z\right)\right]\mathrm{d}\alpha\\&=a^2b^2\int_0^{\pi/2}\sin\alpha\cos\alpha\,\mathrm{d}\alpha=\frac{a^2b^2}{2}\sin^2\alpha\Big|_0^{\pi/2}=\frac{a^2b^2}{2}\end{aligned}$$

1.4 矢量场的环量及旋度

上一节讨论了矢量场的面积分及其通量密度的概念并引出了散度算子，本节则主要讨论矢量场的线积分及其相关概念。

1. 环量(线积分)

对于矢量场，还必须研究它的环量(矢量场的闭合线积分)与旋度。这里先就变力做功问题引入矢量场线积分和环量的概念。

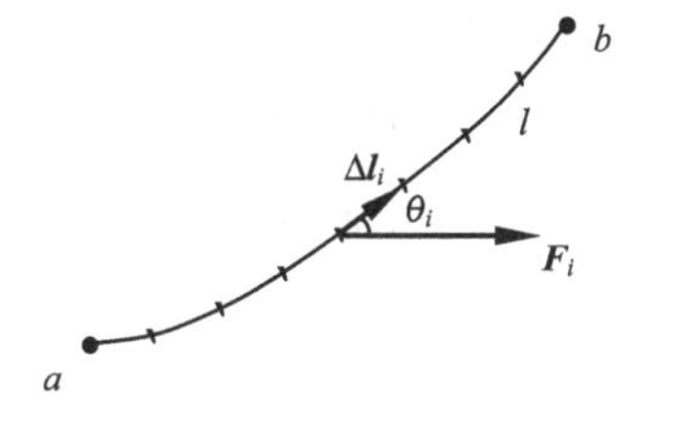

图 1-13 一段积分路径及其细分

力场用 $\boldsymbol{F}(\boldsymbol{r})$ 表示，现求其沿图 1-13 所示路径 l 由 a 点到 b 点所做的功。将 l 划分为 N 个近似为直线的元段，并根据 a 到 b 的走向将各元段表为线元矢量。设第 i 个线元矢量 $\Delta\boldsymbol{l}_i$ 与其上近似不变的力 $\boldsymbol{F}_i$ 之间的夹角为 θ_i，$\boldsymbol{F}_i$ 在 $\Delta\boldsymbol{l}_i$ 方向上的分量为 $F_i\cos\theta_i$，则元功为

$$\Delta A_i\approx F_i\Delta l_i\cos\theta_i=\boldsymbol{F}_i\cdot\Delta\boldsymbol{l}_i$$

将所有元段上的元功累加起来，并求 $N\to\infty$、$\Delta l_i\to0$ 时它的极限，即得沿路径 l 由 a 到 b 变力 $\boldsymbol{F}(\boldsymbol{r})$ 做功的精确值

$$A=\lim_{\substack{N\to\infty\\\Delta l\to0}}\left(\sum_{i=1}^{N}\boldsymbol{F}_i\cdot\Delta\boldsymbol{l}_i\right)=\int_l\boldsymbol{F}\cdot\mathrm{d}\boldsymbol{l}\tag{1-4-1}$$

若将式(1-4-1)的 $\boldsymbol{F}(\boldsymbol{r})$ 看成是任意的矢量场，则 $\int_l\boldsymbol{F}\cdot\mathrm{d}\boldsymbol{l}$ 就代表矢量场 $\boldsymbol{F}(\boldsymbol{r})$ 沿路径 l 的线积分。

矢量场的环量用 C 表示，它是上述矢量场线积分概念推广应用于闭合路径的结果，因此，

$\boldsymbol{F}(\boldsymbol{r})$ 的环量即是该矢量场的闭合线积分

$$C=\oint_l \boldsymbol{F}\cdot \mathrm{d}\boldsymbol{l} \tag{1-4-2}$$

矢量场的环量可以为零，也可以不为零。对于场中的任意闭合路径 l，若有 $\oint_l \boldsymbol{F}\cdot \mathrm{d}\boldsymbol{l}=0$，该矢量场就是保守场或守恒场，静电场就是保守场的一个实例。而液流场则是环量不为零的具体例子，我们都见过旋涡存在处液流(或其中的漂浮物)沿闭合路径流动的情景，在液体流经包围着旋涡的任一闭合路径上必有 $\oint_l \boldsymbol{F}\cdot \mathrm{d}\boldsymbol{l}\neq 0$。环量不为零的矢量场叫做旋涡场，其场源称为旋涡源。矢量场的环量与其闭合路径所围部分旋涡源之间的这种关联性，使环量具有检源作用，这正是我们之所以要研究矢量场环量特性的原因。

在直角坐标系中，设

$$\boldsymbol{F}(x,y,z)=F_x(x,y,z)\boldsymbol{e}_x+F_y(x,y,z)\boldsymbol{e}_y+F_z(x,y,z)\boldsymbol{e}_z$$

$$\mathrm{d}\boldsymbol{l}=\mathrm{d}x\boldsymbol{e}_x+\mathrm{d}y\boldsymbol{e}_y+\mathrm{d}z\boldsymbol{e}_z$$

则环量可写成

$$C=\oint_l \boldsymbol{F}\cdot \mathrm{d}\boldsymbol{l}=\oint_l (F_x\mathrm{d}x+F_y\mathrm{d}y+F_z\mathrm{d}z) \tag{1-4-3}$$

2. 旋度(最大环量密度)

为了表征矢量场各处旋涡源产生环量的能力，描述旋涡源的空间分布特性，需要引入矢量场旋度的概念。

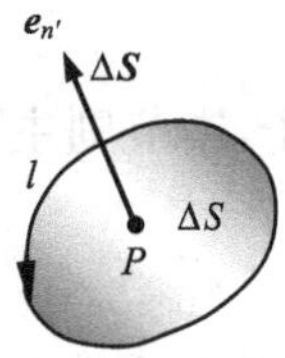

图 1-14　面元法向矢量与周界循行方向的右手关系

设矢量场 $\boldsymbol{F}(\boldsymbol{r})$ 在区域 V 中连续、可微，过观察点 P 任作面元 ΔS，并指定其法线单位矢量为 $\boldsymbol{e}_{n'}$，则面元矢量 $\Delta\boldsymbol{S}=\Delta S\boldsymbol{e}_{n'}$。面元的周界用 l 表示，其循行方向与 $\Delta\boldsymbol{S}$ 的方向符合右手螺旋关系，如图 1-14所示。

沿 l 的循行方向求 $\oint_l \boldsymbol{F}\cdot \mathrm{d}\boldsymbol{l}$，保持 $\Delta\boldsymbol{S}$ 的方向不变而让 ΔS 向着 P 点收缩，若极限 $\lim\limits_{\Delta S\to 0}\dfrac{\oint_l \boldsymbol{F}\cdot \mathrm{d}\boldsymbol{l}}{\Delta S}$ 存在，其值就表示 P 点处 $\Delta\boldsymbol{S}$ 以 $\boldsymbol{e}_{n'}$ 取向时在单位面积周界上 $\boldsymbol{F}(\boldsymbol{r})$ 的环量。当 $\Delta\boldsymbol{S}$ 作不同取向时，同一点上的上述极限值是不同的。这种多值性表明该极限值不能用来表征旋涡源在某点处产生环量的能力。然而，对矢量场中的任一点来说，使极限 $\lim\limits_{\Delta S\to 0}\dfrac{\oint_l \boldsymbol{F}\cdot \mathrm{d}\boldsymbol{l}}{\Delta S}$ 为正极大值的 $\Delta\boldsymbol{S}$ 的方向则是一定的，如果我们把这个方向定为 $\boldsymbol{e}_n$，则该极限值的大小和方向称为矢量场 $\boldsymbol{F}(\boldsymbol{r})$ 的旋度，并记为

$$\mathrm{curl}\boldsymbol{F}=\left[\lim_{\Delta S\to 0}\frac{\oint_l \boldsymbol{F}\cdot \mathrm{d}\boldsymbol{l}}{\Delta S}\right]_{\max}\boldsymbol{e}_n \tag{1-4-4}$$

矢量场 $\boldsymbol{F}(\boldsymbol{r})$ 的旋度一般是矢量坐标函数，它具有逐点检源作用，因而可用来度量旋涡源的强度，并表征旋涡源的空间分布特性。

通过 $\mathrm{curl}\boldsymbol{F}$，可以求得 $\Delta\boldsymbol{S}$ 任意取向时任一点处单位面积上的环量，它就是 $\mathrm{curl}\boldsymbol{F}$ 在 $\Delta\boldsymbol{S}$ 方

向上的分量，如图 1-14所示的情况有

$$(\mathrm{curl}\boldsymbol{F})_{n'}=\mathrm{curl}\boldsymbol{F}\cdot\boldsymbol{e}_{n'}=\lim_{\Delta S\to 0}\frac{\oint_l \boldsymbol{F}\cdot \mathrm{d}\boldsymbol{l}}{\Delta S}\tag{1-4-5}$$

下面根据旋度的定义式导出旋度的直角坐标式。这归结为求 curl$\boldsymbol{F}$ 的三个分量$(\mathrm{curl}\boldsymbol{F})_x$、$(\mathrm{curl}\boldsymbol{F})_y$、$(\mathrm{curl}\boldsymbol{F})_z$的表达式的问题。先求 curl$\boldsymbol{F}$ 的 x 分量，对于矢量场中的任一观察点(x,y,z)，我们以其为顶点作平行于 yoz 坐标面的矩形面元 $\Delta S_x=\Delta y\Delta z$，围线 l 的循行方向取成逆时针的，如图 1-15 所示。在图上，计算环量要用到的矢量场的四个分量均已示出。由图 1-15 可知

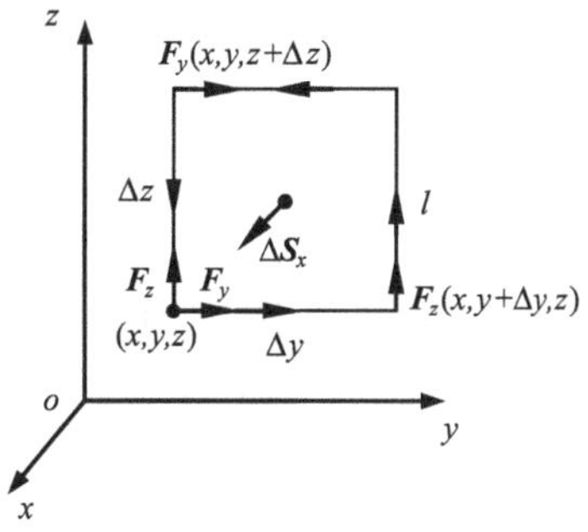

图 1-15　推导旋度的直角坐标式所取的面元和它的围线

$$\begin{aligned}\oint_l \boldsymbol{F}\cdot \mathrm{d}l &\approx F_y(x,y,z)\Delta y+F_z(x,y+\Delta y,z)\Delta z\\&\quad -F_y(x,y,z+\Delta z)\Delta y-F_z(x,y,z)\Delta z\\&\approx F_y(x,y,z)\Delta y+\left[F_z(x,y,z)+\frac{\partial F_z(x,y,z)}{\partial y}\Delta y\right]\Delta z\\&\quad -\left[F_y(x,y,z)+\frac{\partial F_y(x,y,z)}{\partial z}\Delta z\right]\Delta y-F_z(x,y,z)\Delta z\\&=\left(\frac{\partial F_z}{\partial y}-\frac{\partial F_y}{\partial z}\right)\Delta y\Delta z=\left(\frac{\partial F_z}{\partial y}-\frac{\partial F_y}{\partial z}\right)\Delta S_x\end{aligned}$$

于是可得

$$(\mathrm{curl}\boldsymbol{F})_x=\lim_{\Delta S_x\to 0}\frac{\oint_l \boldsymbol{F}\cdot \mathrm{d}\boldsymbol{l}}{\Delta S_x}=\frac{\partial F_z}{\partial y}-\frac{\partial F_y}{\partial z}$$

同理可求得 curl$\boldsymbol{F}$ 的 y、z 分量

$$(\mathrm{curl}\boldsymbol{F})_y=\frac{\partial F_x}{\partial z}-\frac{\partial F_z}{\partial x},\quad (\mathrm{curl}\boldsymbol{F})_z=\frac{\partial F_y}{\partial x}-\frac{\partial F_x}{\partial y}$$

所以

$$\mathrm{curl}\boldsymbol{F}=\left(\frac{\partial F_z}{\partial y}-\frac{\partial F_y}{\partial z}\right)\boldsymbol{e}_x+\left(\frac{\partial F_x}{\partial z}-\frac{\partial F_z}{\partial x}\right)\boldsymbol{e}_y+\left(\frac{\partial F_y}{\partial x}-\frac{\partial F_x}{\partial y}\right)\boldsymbol{e}_z\tag{1-4-6}$$

或用∇算符将其写成

$$\nabla\times\boldsymbol{F}=\begin{vmatrix}\boldsymbol{e}_x & \boldsymbol{e}_y & \boldsymbol{e}_z\\ \dfrac{\partial}{\partial x} & \dfrac{\partial}{\partial y} & \dfrac{\partial}{\partial z}\\ F_x & F_y & F_z\end{vmatrix}\tag{1-4-7}$$

今后，$\boldsymbol{F}(\boldsymbol{r})$ 的旋度一律用符号$\nabla\times\boldsymbol{F}$ 表示，并相应称"∇×"为旋度算符。旋度符号对任意正交坐标系均适用，但不同坐标系中$\nabla\times\boldsymbol{F}$ 的具体形式不同。

3. *旋度运算的一般公式*

对矢量场求旋度实质上是将一种矢量场转换为另一种矢量场的微分运算，其中所包含的六个偏导数都是场分量在其横方向上的偏导数，故将这类偏导数称为横向偏导数。下面给出

有关旋度运算的一般公式为

$$\nabla\times\boldsymbol{C}=0 \quad (\boldsymbol{C}\text{ 是常矢}) \tag{1-4-8}$$

$$\nabla\times(c\boldsymbol{F})=c\,\nabla\times\boldsymbol{F} \quad (c\text{ 是常数}) \tag{1-4-9}$$

$$\nabla\times(\boldsymbol{F}\pm\boldsymbol{G})=\nabla\times\boldsymbol{F}\pm\nabla\times\boldsymbol{G} \tag{1-4-10}$$

$$\nabla\times(f\boldsymbol{F})=f\,\nabla\times\boldsymbol{F}+\nabla f\times\boldsymbol{F} \tag{1-4-11}$$

$$\nabla\cdot(\boldsymbol{F}\times\boldsymbol{G})=\boldsymbol{G}\cdot\nabla\times\boldsymbol{F}-\boldsymbol{F}\cdot\nabla\times\boldsymbol{G} \tag{1-4-12}$$

$$\nabla\times(\boldsymbol{F}\times\boldsymbol{G})=\boldsymbol{F}\,\nabla\cdot\boldsymbol{G}-\boldsymbol{G}\,\nabla\cdot\boldsymbol{F}+(\boldsymbol{G}\cdot\nabla)\boldsymbol{F}-(\boldsymbol{F}\cdot\nabla)\boldsymbol{G} \tag{1-4-13}$$

其他有关旋度的关系式：

(1) 对于相对位置矢量的旋度为零，即

$$\nabla\times\boldsymbol{R}=0 \tag{1-4-14}$$

(2) $f(R)$与$\boldsymbol{R}$之积，有

$$\nabla\times[f(R)\boldsymbol{R}]=0 \tag{1-4-15}$$

证明可参阅前面的方法。

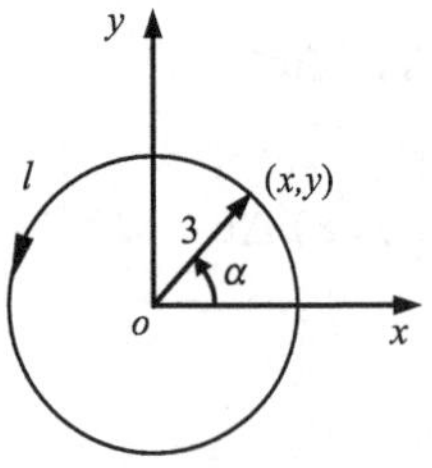

图 1-16　例 1-4 附图

例 1-4　已知$\boldsymbol{F}=(2x-y-z)\boldsymbol{e}_x+(x+y-z^2)\boldsymbol{e}_y+(3x-2y+4z)\boldsymbol{e}_z$，试就图 1-16 所示 xoy 平面上以原点为心、3 为半径的圆形路径，求$\boldsymbol{F}$沿其逆时针方向的环量。

解　在 xoy 平面上，有

$$\boldsymbol{F}=(2x-y)\boldsymbol{e}_x+(x+y)\boldsymbol{e}_y+(3x-2y)\boldsymbol{e}_z$$

$$\mathrm{d}\boldsymbol{l}=\mathrm{d}x\boldsymbol{e}_x+\mathrm{d}y\boldsymbol{e}_y$$

$$\oint_l \boldsymbol{F}\cdot\mathrm{d}\boldsymbol{l}=\oint_l[(2x-y)\,\mathrm{d}x+(x+y)\,\mathrm{d}y]$$

为简化计算，可将圆的参数方程

$$x=3\cos\alpha,\quad y=3\sin\alpha$$

代入上式，并注意到 α 的上、下限为 0 和 2π，则

$$\begin{aligned}\oint_l \boldsymbol{F}\cdot\mathrm{d}\boldsymbol{l}&=\int_0^{2\pi}\{[2(3\cos\alpha)-3\sin\alpha](-3\sin\alpha)\,\mathrm{d}\alpha+(3\cos\alpha+3\sin\alpha)(3\cos\alpha)\,\mathrm{d}\alpha\}\\&=\int_0^{2\pi}[9(\sin^2\alpha+\cos^2\alpha)-9\sin\alpha\cos\alpha]\,\mathrm{d}\alpha\\&=\int_0^{2\pi}9(1-\sin\alpha\cos\alpha)\,\mathrm{d}\alpha=9\left(\alpha-\frac{1}{2}\sin^2\alpha\right)\Big|_0^{2\pi}=18\pi\end{aligned}$$

1.5　场函数的高阶微分运算

标量场的梯度、矢量场的散度和旋度，是场函数的三种基本微分运算，简称“三度”运算，它们可用∇算符分别记为∇f、$\nabla\cdot\boldsymbol{F}$和$\nabla\times\boldsymbol{F}$。三度运算的实质或作用，是将一种场转换为另一种场。从理论上讲，对于三度运算所得到的新场函数，只要它们是连续可微的，就可继续施行相应合理的微分运算，即所谓高阶(二阶及二阶以上的)微分运算。场函数的二阶微分运算有五种：标量场梯度的散度($\nabla\cdot\nabla f$)、标量场梯度的旋度($\nabla\times\nabla f$)、矢量场散度的梯度($\nabla(\nabla\cdot\boldsymbol{F})$)、矢量场旋度的散度($\nabla\cdot(\nabla\times\boldsymbol{F})$)以及矢量场旋度的旋度($\nabla\times(\nabla\times\boldsymbol{F})$)。

1. 二阶微分运算恒等式

$$(\nabla\times\nabla f)=0 \tag{1-5-1}$$

$$\nabla\cdot(\nabla\times\boldsymbol{F})=0 \tag{1-5-2}$$

前者是说任何标量场梯度的旋度恒为零，后者表明任何矢量场旋度的散度恒为零。其简单证明如下：

$$\nabla\times\nabla f=\begin{vmatrix}\boldsymbol{e}_x & \boldsymbol{e}_y & \boldsymbol{e}_z\\ \dfrac{\partial}{\partial x} & \dfrac{\partial}{\partial y} & \dfrac{\partial}{\partial z}\\ \dfrac{\partial f}{\partial x} & \dfrac{\partial f}{\partial y} & \dfrac{\partial f}{\partial z}\end{vmatrix}=0$$

和

$$\nabla\cdot(\nabla\times\boldsymbol{F})=\begin{vmatrix}\dfrac{\partial}{\partial x} & \dfrac{\partial}{\partial y} & \dfrac{\partial}{\partial z}\\ \dfrac{\partial}{\partial x} & \dfrac{\partial}{\partial y} & \dfrac{\partial}{\partial z}\\ F_x & F_y & F_z\end{vmatrix}=0$$

从物理角度来看，标量场的梯度场由标量场所在各点处最大变化方向对应的矢量构成，旋度运算是求该梯度场在横向的变化率，显然在垂直于最大变化率方向的变化率为零，因此，任何标量场梯度的旋度恒为零。矢量场的旋度表示了矢量场各点处的漩涡源分布，而后者的散度显然为零。

2. 场函数的拉普拉斯运算

用$\nabla\cdot\nabla f$表示标量场梯度的散度时，考虑到$\nabla\cdot\nabla$可以写成∇^2，于是有$\nabla\cdot\nabla f=\nabla^2 f$。$\nabla^2$也叫做拉普拉斯算符，即标量场$f(\boldsymbol{r})$的梯度的散度就是$f(\boldsymbol{r})$的拉普拉斯运算，反之亦然。

在直角坐标系中，由式(1-2-5)和式(1-2-9)得知

$$\nabla^2 f=\nabla\cdot\nabla f=\frac{\partial^2 f}{\partial x^2}+\frac{\partial^2 f}{\partial y^2}+\frac{\partial^2 f}{\partial z^2} \tag{1-5-3}$$

所以有

$$\nabla^2=\frac{\partial^2}{\partial x^2}+\frac{\partial^2}{\partial y^2}+\frac{\partial^2}{\partial z^2} \tag{1-5-4}$$

这表明∇^2是一个二阶微分标量算符，它在不同正交坐标系中的具体形式是不同的。

∇^2算符也可作用于矢量场，该种运算出现在矢量场旋度的旋度展开式中，即

$$\nabla\times(\nabla\times\boldsymbol{F})=\nabla(\nabla\cdot\boldsymbol{F})-(\nabla\cdot\nabla)\boldsymbol{F}=\nabla(\nabla\cdot\boldsymbol{F})-\nabla^2\boldsymbol{F} \tag{1-5-5}$$

式(1-5-5)实为$\nabla^2\boldsymbol{F}$的定义式，即$\nabla^2\boldsymbol{F}=\nabla(\nabla\cdot\boldsymbol{F})-\nabla\times(\nabla\times\boldsymbol{F})$，它表明$\nabla^2$算符作用于矢量场的结果将得到一个新的矢量场。虽然$\nabla^2\boldsymbol{F}$也可叫做$\boldsymbol{F}(\boldsymbol{r})$的拉普拉斯运算，但却不能像$\nabla^2 f$那样将$\nabla^2\boldsymbol{F}$说成是$\boldsymbol{F}(\boldsymbol{r})$的梯度的散度，因为我们对矢量场的梯度未作定义。

在直角坐标中，$\nabla^2\boldsymbol{F}$的三个分量分别是F_x、F_y、F_z的拉普拉斯运算，即

$$\nabla^2\boldsymbol{F}=\boldsymbol{e}_x\nabla^2 F_x+\boldsymbol{e}_y\nabla^2 F_y+\boldsymbol{e}_z\nabla^2 F_z \tag{1-5-6}$$

但在其他正交坐标系中，$\nabla^2\boldsymbol{F}$三个分量只能是组合矢量场$\nabla(\nabla\cdot\boldsymbol{F})-\nabla\times(\nabla\times\boldsymbol{F})$的三个分量。

3. 两个与∇^2算符有关的恒等式

(1) 对于相对坐标标量函数 $f(\boldsymbol{r}-\boldsymbol{r}')$

$$\nabla^2 f = \nabla'^2 f \tag{1-5-7}$$

式中，∇^2和∇'^2 分别表示对场点坐标和源点坐标的拉普拉斯运算。

(2) 对于相对位置矢量 $\boldsymbol{R}$ 及其模 R，有

$$\nabla^2 \boldsymbol{R} = 0 \tag{1-5-8}$$

$$\nabla^2 \frac{1}{R} = 0 \quad (R \neq 0) \tag{1-5-9}$$

因为

$$\nabla^2 \boldsymbol{R} = \nabla(\nabla\cdot \boldsymbol{R}) - \nabla\times(\nabla\times \boldsymbol{R}) = \nabla 3 - \nabla\times 0 = 0$$

$$\nabla^2 \frac{1}{R} = \nabla\cdot \nabla\frac{1}{R} = \nabla\cdot\left(-\frac{\boldsymbol{R}}{R^3}\right) = -\nabla\cdot \frac{\boldsymbol{R}}{R^3} = 0 \quad (R \neq 0)$$

式(1-5-9)最后结果的得出利用了式(1-3-15)。

例 1-5 计算$\nabla\cdot\left(r\,\nabla\frac{1}{r^3}\right)$。

解

$$\begin{aligned}\nabla\cdot\left(r\,\nabla\frac{1}{r^3}\right) &= \nabla\cdot\left[r\left(-\frac{3}{r^4}\nabla r\right)\right] = \nabla\cdot\left(-\frac{3}{r^3}\cdot\frac{\boldsymbol{r}}{r}\right) = -3\,\nabla\cdot\frac{\boldsymbol{r}}{r^4}\\ &= -3\left(\frac{1}{r^4}\nabla\cdot \boldsymbol{r} + \nabla\frac{1}{r^4}\cdot \boldsymbol{r}\right) = -3\left(\frac{3}{r^4} - \frac{4}{r^5}\nabla r\cdot \boldsymbol{r}\right)\\ &= -3\left(\frac{3}{r^4} - \frac{4}{r^5}\frac{\boldsymbol{r}}{r}\cdot \boldsymbol{r}\right) = -3\left(\frac{3}{r^4} - \frac{4}{r^4}\right) = 3r^{-4}\end{aligned}$$

1.6 矢量场的积分定理

1.6.1 高斯散度定理

高斯散度定理是基本的积分定理之一。它表明：在闭面 S 上及 S 所包围的区域 V 内，只要 $\boldsymbol{F}(\boldsymbol{r})$有连续的一阶偏导数，则 $\boldsymbol{F}(\boldsymbol{r})$ 在 S 上的闭合面积分等于该矢量场的散度$\nabla\cdot F$ 在 V 内的体积分，即有

$$\oint_S \boldsymbol{F}\cdot d\boldsymbol{S} = \int_V (\nabla\cdot \boldsymbol{F})\,dV \tag{1-6-1}$$

为证明此定理，将闭面 S 所包围的区域 V(假定其中无空腔)划分成 N 个体积元，图 1-17(a)所示为一部分体积元，其任一体积元用 ΔV_i 表示，相应的闭合表面则为 S_i。显然，除组成外表面 S 的那些面元之外，其他处于 V 内的每个内部面元都是两相邻体积元所共有的公共面元。在图 1-17(b)所示 1、2 号体积元闭合表面 S_1、S_2的公共面元上，分别画出了相应外法向单位矢量 $\boldsymbol{e}_{n1}$ 和 $\boldsymbol{e}_{n2}$，由于二者方向相反，使得该公共面元上 $\boldsymbol{F}$ 的元通量对 S_1来说若是一个正值，对 S_2来说就必然是一个负值，这一正一负的两元通量在求各体积元

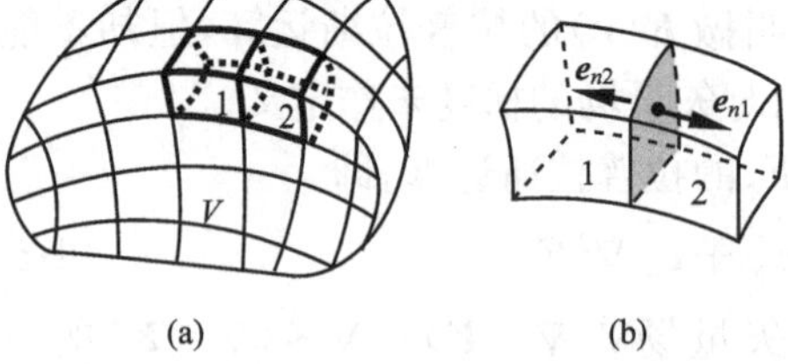

(a) (b)

图 1-17 为证明高斯定理将区域细分

表面的闭合表面通量的总和时将互相抵消。于是，总通量仅为所有非公共的外表面面元上元通量之和(外表面 S 上的闭合面通量)，即

$$\oint_S \boldsymbol{F}\cdot \mathrm{d}\boldsymbol{S}=\sum_{i=1}^{N}\oint_{S_i}\boldsymbol{F}\cdot \mathrm{d}\boldsymbol{S}_i$$

或写成

$$\oint_S \boldsymbol{F}\cdot \mathrm{d}\boldsymbol{S}=\sum_{i=1}^{N}\oint_{S_i}\frac{\boldsymbol{F}\cdot \mathrm{d}\boldsymbol{S}_i}{\Delta V_i}\Delta V_i$$

取 $N\to\infty$、$\Delta V_i\to 0$ 的极限，可得

$$\oint_S \boldsymbol{F}\cdot \mathrm{d}\boldsymbol{S}=\lim_{\substack{N\to\infty\\ \Delta V_i\to 0}}\left[\sum_{i=1}^{N}\frac{\oint_{S_i}\boldsymbol{F}\cdot \mathrm{d}\boldsymbol{S}_i}{\Delta V_i}\Delta V_i\right]=\sum_{i=1}^{\infty}\left[\lim_{\Delta V_i\to 0}\frac{\oint_{S_i}\boldsymbol{F}\cdot \mathrm{d}\boldsymbol{S}_i}{\Delta V_i}\Delta V_i\right]$$
$$=\int_V(\nabla\cdot\boldsymbol{F})\,\mathrm{d}\boldsymbol{V}$$

高斯散度定理对复连域同样适用。借助高斯散度定理，可以实现矢量场散度的体积分与该矢量场的闭合面积分两种运算的相互转换。

1.6.2 斯托克斯定理

斯托克斯定理与高斯散度定理有着同等重要的意义。它表明：矢量 $\boldsymbol{F}(\boldsymbol{r})$ 沿任一闭合路径 l 的环量，等于 $\boldsymbol{F}(\boldsymbol{r})$ 的旋度在该闭合路径界定的任一曲面 S 上的通量，即

$$\oint_l \boldsymbol{F}\cdot \mathrm{d}\boldsymbol{l}=\int_S(\nabla\times\boldsymbol{F})\cdot \mathrm{d}\boldsymbol{S}\tag{1-6-2}$$

式中，$\boldsymbol{l}$ 的循环方向与 $\mathrm{d}\boldsymbol{S}$ 的方向应符合右手螺旋关系，且 $\boldsymbol{F}(\boldsymbol{r})$ 在 l 和 S 上应有连续的一阶偏导数。

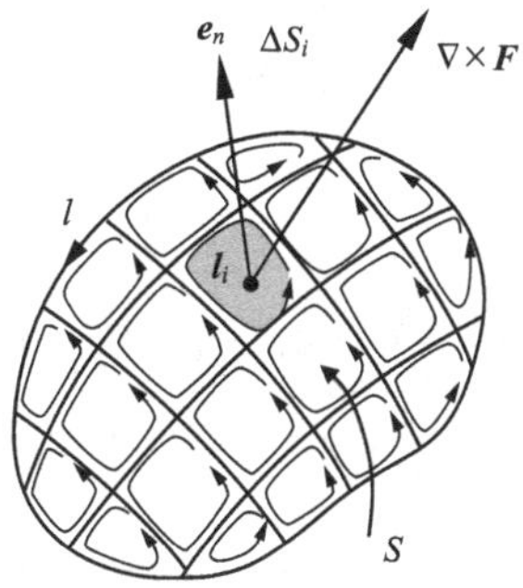

图 1-18 为证明斯托克斯定理将 S 面细分

考虑图 1-18 所示由一闭合曲线 l 所界定的任一无孔洞的曲面 S(单连域)，将其划分为 N 个面元，任一面元及其围线分别用 ΔS_i 和 l_i 表示。选 l 的循行方向为逆时针的，l_i 的循行方向亦应如此。注意到除组成围线 l 的各段线元之外，其余内部线元均为相邻两面元所共有，因而所有内部的公共线元对计算 $\boldsymbol{F}(\boldsymbol{r})$ 在各面元围线上环量之总和没有贡献，该总环量仅为组成外围线 l 的各非公共线元上 $\boldsymbol{F}(\boldsymbol{r})$ 的线积分之和，即有

$$\oint_l \boldsymbol{F}\cdot \mathrm{d}\boldsymbol{l}=\sum_{i=1}^{N}\oint_{l_i}\boldsymbol{F}\cdot \mathrm{d}\boldsymbol{l}_i$$

或写成

$$\oint_l \boldsymbol{F}\cdot \mathrm{d}\boldsymbol{l}=\sum_{i=1}^{N}\frac{\oint_{l_i}\boldsymbol{F}\cdot \mathrm{d}\boldsymbol{l}_i}{\Delta S_i}\Delta S_i$$

取 $N\to\infty$、$\Delta S_i\to 0$ 的极限，便得到

$$\oint_l \boldsymbol{F}\cdot \mathrm{d}\boldsymbol{l}=\lim_{\substack{N\to\infty\\ \Delta S_i\to 0}}\left[\sum_{i=1}^{N}\frac{\oint_{l_i}\boldsymbol{F}\cdot \mathrm{d}\boldsymbol{l}_i}{\Delta S_i}\Delta S_i\right]=\sum_{i=1}^{\infty}\left[\lim_{\Delta S_i\to 0}\frac{\oint_{l_i}\boldsymbol{F}\cdot \mathrm{d}\boldsymbol{l}_i}{\Delta S_i}\Delta S_i\right]$$

$$=\int_S [(\nabla\times \boldsymbol{F})\cdot \boldsymbol{e}_n \mathrm{d}S]=\int_S (\nabla\times \boldsymbol{F})\cdot \mathrm{d}\boldsymbol{S}$$

斯托克斯定理也适用于由两条或更多不相交的闭合曲线共同界定的曲面——多连域。应用斯托克斯定理,可按需要实现该定理所涉及的两种积分运算之间的相互转换。

1.6.3 格林定理

格林定理是将高斯散度定理应用于一类特殊矢量场所得到的结果。

1. 格林第一公式

令式 (1-6-1) 中的矢量场

$$\boldsymbol{F}(\boldsymbol{r})=\varphi(\boldsymbol{r})\,\nabla\psi(\boldsymbol{r})$$

上式中的两任意标量场 $\varphi(\boldsymbol{r})$、$\psi(\boldsymbol{r})$在所考虑区域 V 内应有连续的二阶偏导数,在 V 的闭合边界 S 上应有连续的一阶偏导数。于是有

$$\oint_S (\varphi\ \nabla\psi)\cdot \mathrm{d}\boldsymbol{S}=\int_V [\nabla\cdot (\varphi\ \nabla\psi)\,\mathrm{d}V]$$

由式(1-3-12)可知

$$\nabla\cdot(\varphi\ \nabla\psi)=\varphi\ (\nabla\cdot\nabla\psi)+\nabla\varphi\cdot\nabla\psi=\varphi\ \nabla^2\psi+\nabla\varphi\cdot\nabla\psi$$

于是得格林第一公式

$$\oint_S (\varphi\ \nabla\psi)\cdot \mathrm{d}\boldsymbol{S}=\oint_S \varphi\frac{\partial\psi}{\partial n}\mathrm{d}\boldsymbol{S}=\int_V (\varphi\ \nabla^2\psi+\nabla\varphi\cdot\nabla\psi)\,\mathrm{d}V \tag{1-6-3}$$

式中,$\frac{\partial\psi}{\partial n}=(\nabla\psi)_n=\nabla\psi\cdot\boldsymbol{e}_n$ 是 ψ 在 S 面上的外法向偏导数。

2. 格林第二公式

将式 (1-6-3) 中 φ 和 ψ 的位置交换,又得

$$\oint_S (\psi\ \nabla\varphi)\cdot \mathrm{d}\boldsymbol{S}=\oint_S \psi\frac{\partial\varphi}{\partial n}\mathrm{d}\boldsymbol{S}=\int_V (\psi\ \nabla^2\varphi+\nabla\psi\cdot\nabla\varphi)\,\mathrm{d}V \tag{1-6-4}$$

式中,$\frac{\partial\varphi}{\partial n}=\nabla\varphi\cdot\boldsymbol{e}_n$ 是 φ 在 S 上的外法向偏导数。

式(1-6-3)与式(1-6-4)相减,即得格林第二公式

$$\oint_S (\varphi\ \nabla\psi-\psi\ \nabla\varphi)\cdot \mathrm{d}\boldsymbol{S}=\oint_S \left(\varphi\frac{\partial\psi}{\partial n}-\psi\frac{\partial\varphi}{\partial n}\right)\mathrm{d}S=\int_V (\varphi\ \nabla^2\psi-\psi\ \nabla^2\varphi)\,\mathrm{d}V \tag{1-6-5}$$

1.6.4 矢量积分恒等式

两个有用的矢量积分恒等式如下:

$$\int_V (\nabla\times\boldsymbol{F})\mathrm{d}V=-\oint_S \boldsymbol{F}\times\mathrm{d}\boldsymbol{S} \tag{1-6-6}$$

$$\oint_l f\,\mathrm{d}\boldsymbol{l}=-\int_S \nabla f\times\mathrm{d}\boldsymbol{S} \tag{1-6-7}$$

它们可分别用高斯散度定理、斯托克斯定理以同样的方法证明。例如,对于式(1-6-6),用任意常矢 $\boldsymbol{C}$ 点乘等式两边,得

$$\boldsymbol{C}\cdot\int_V (\nabla\times\boldsymbol{F})\,\mathrm{d}V=\int_V [\boldsymbol{C}\cdot(\nabla\times\boldsymbol{F})]\,\mathrm{d}V$$

$$=\int_V [\boldsymbol{F}\cdot(\nabla\times\boldsymbol{C})-\nabla\cdot(\boldsymbol{C}\times\boldsymbol{F})]\,\mathrm{d}V$$

$$=-\int_V [\nabla\cdot(\boldsymbol{C}\times\boldsymbol{F})]\,\mathrm{d}V=-\oint_S(\boldsymbol{C}\times\boldsymbol{F})\cdot\mathrm{d}\boldsymbol{S}$$

和

$$\boldsymbol{C}\cdot\left(-\oint_S\boldsymbol{F}\times\mathrm{d}\boldsymbol{S}\right)=-\oint_S[\boldsymbol{C}\cdot(\boldsymbol{F}\times\mathrm{d}\boldsymbol{S})]=-\oint_S(\boldsymbol{C}\times\boldsymbol{F})\cdot\mathrm{d}\boldsymbol{S}$$

可知

$$\boldsymbol{C}\cdot\int_V(\nabla\times\boldsymbol{F})\,\mathrm{d}V=\boldsymbol{C}\cdot\left(-\oint_S\boldsymbol{F}\times\mathrm{d}\boldsymbol{S}\right)$$

基于常矢 $\boldsymbol{C}$ 的任意性,上式成立的前提必然是

$$\int_V(\nabla\times\boldsymbol{F})\,\mathrm{d}V=-\oint_S\boldsymbol{F}\times\mathrm{d}\boldsymbol{S}$$

例 1-6 利用高斯散度定理和斯托克斯定理,证明

$$\nabla\cdot(\nabla\times\boldsymbol{F})=0$$

证明 设在任意闭面 S 上及其包围的区域 V 内,矢量场 $\nabla\times\boldsymbol{F}(\boldsymbol{r})$ 有一阶连续的偏导数,则

$$\int_V[\nabla\cdot(\nabla\times\boldsymbol{F})]\,\mathrm{d}V=\oint_S(\nabla\times\boldsymbol{F})\cdot\mathrm{d}\boldsymbol{S}$$

现用一平面将图 1-19 所示闭面 S 剖分为 S_1 和 S_2 两个开面。为清楚起见,图中将界定它们的围线分开画成了 l_1 和 l_2,二者的循行方向应分别与 $\boldsymbol{e}_n$ 符合右手定则。恰好相反的围线循行方向,使得

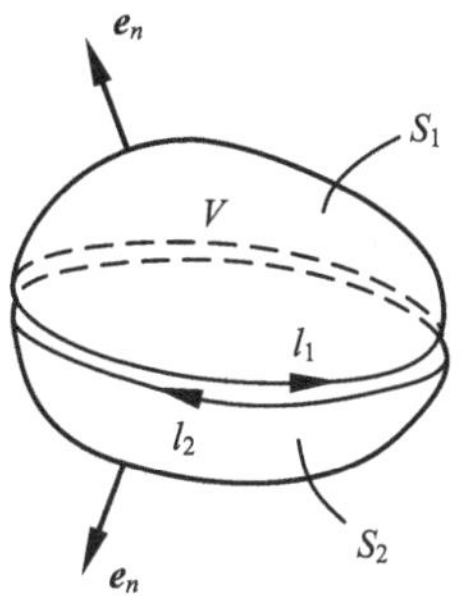

图 1-19 例 1-6 附图

$$\oint_S(\nabla\times\boldsymbol{F})\cdot\mathrm{d}\boldsymbol{S}=\int_{S_1}(\nabla\times\boldsymbol{F})\cdot\mathrm{d}\boldsymbol{S}_1+\int_{S_2}(\nabla\times\boldsymbol{F})\cdot\mathrm{d}\boldsymbol{S}_2$$

$$=\oint_{l_1}\boldsymbol{F}\cdot\mathrm{d}\boldsymbol{l}_1+\oint_{l_2}\boldsymbol{F}\cdot\mathrm{d}\boldsymbol{l}_2$$

$$=\oint_{l_1}\boldsymbol{F}\cdot\mathrm{d}\boldsymbol{l}_1+\left(-\oint_{l_1}\boldsymbol{F}\cdot\mathrm{d}\boldsymbol{l}_1\right)=0$$

故而

$$\int_V[\nabla\cdot(\nabla\times\boldsymbol{F})]\,\mathrm{d}V=0$$

由于 V 的任意性,必有

$$\nabla\cdot(\nabla\times\boldsymbol{F})=0$$

成立。

1.7 赫姆霍兹定理

1.7.1 δ 函数

δ 函数是英国物理学家狄拉克根据物理上的需要引入的,三维空间的 δ 函数定义为

$$\delta(\boldsymbol{r}-\boldsymbol{r}')=\begin{cases}0, & \boldsymbol{r}\neq\boldsymbol{r}'\\ \infty, & \boldsymbol{r}=\boldsymbol{r}'\end{cases}\tag{1-7-1}$$

$$\int_V \delta(\boldsymbol{r}-\boldsymbol{r}')\mathrm{d}V=1,\quad \boldsymbol{r}'\in V \tag{1-7-2}$$

δ 函数不是普遍意义下的函数，而是一种广义函数。它具有如下性质：

(1) δ 函数是偶函数

$$\delta(\boldsymbol{r}-\boldsymbol{r}')=\delta(\boldsymbol{r}'-\boldsymbol{r}) \tag{1-7-3}$$

(2) δ 函数具有抽样性

$$\int_V f(\boldsymbol{r})\delta(\boldsymbol{r}-\boldsymbol{r}')\mathrm{d}V=\begin{cases}f(\boldsymbol{r}'), & \boldsymbol{r}'\in V\\ 0, & \boldsymbol{r}'\notin V\end{cases} \tag{1-7-4}$$

例 1-7 试证明$-\dfrac{1}{4\pi}\nabla^2\dfrac{1}{|\boldsymbol{r}-\boldsymbol{r}'|}$是$\delta$ 函数。

证明 相对位置矢量的模 $R=|\boldsymbol{r}-\boldsymbol{r}'|$，当 $\boldsymbol{r}\neq\boldsymbol{r}'$时，由式(1-5-9)可知

$$-\frac{1}{4\pi}\nabla^2\frac{1}{R}=0$$

当 $\boldsymbol{r}=\boldsymbol{r}'$时，$\dfrac{1}{R}\to\infty$。现以 $\boldsymbol{r}'$为圆心作半径为$R=|\boldsymbol{r}-\boldsymbol{r}'|$ $(R\to0)$的球面 S，限定体积为 V，于是体积分

$$-\frac{1}{4\pi}\int_V \nabla^2\frac{1}{R}\mathrm{d}V=-\frac{1}{4\pi}\int_V \nabla\cdot\nabla\frac{1}{R}\mathrm{d}V=-\frac{1}{4\pi}\int_V \nabla\cdot\left(-\frac{\boldsymbol{e}_R}{R^2}\right)\mathrm{d}V$$

$$=\frac{1}{4\pi}\oint_S \frac{\boldsymbol{e}_R}{R^2}\cdot\mathrm{d}\boldsymbol{S}=\frac{1}{4\pi}\oint_S \mathrm{d}\Omega=1$$

其中，$\mathrm{d}\Omega=\dfrac{\boldsymbol{e}_R}{R^2}\cdot\mathrm{d}\boldsymbol{S}$ 为面元矢量 $\mathrm{d}\boldsymbol{S}$ 对圆心 $\boldsymbol{r}'$所张的立体角，球面 S 对圆心 $\boldsymbol{r}'$所张的立体角为 4π。综合以上两种情况，可见$-\dfrac{1}{4\pi}\nabla^2\dfrac{1}{|\boldsymbol{r}-\boldsymbol{r}'|}$符合$\delta$ 函数定义，故为δ 函数。

1.7.2 矢量场的类型

由前面的讨论可知，通量源和旋涡源都是矢量场的不同类型场源，因而可以根据场源的不同对矢量场进行分类，主要有四种类型，即无旋场、无散场、调和场和一般矢量场。下面对它们分别进行讨论。

1. *无旋场*

无旋场的旋度恒为零，散度非零，仅由通量源产生，静电场是其一例。无旋场($\nabla\times\boldsymbol{F}=0$)在其定义域内沿任意闭合路径 l 的环量恒为零，即

$$\oint_l \boldsymbol{F}\cdot\mathrm{d}\boldsymbol{l}=\int_S(\nabla\times\boldsymbol{F})\cdot\mathrm{d}\boldsymbol{S}=0$$

可见无旋场就是保守场。

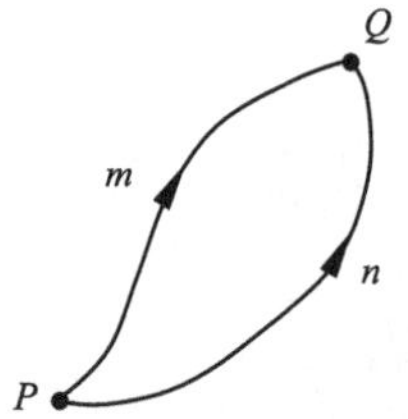

图 1-20 两点间的任意两条积分路径

对于图 1-20 所示由 P、Q 两点间的两条路径 PnQ 和 PmQ 所构成的回路 $PnQmP$，无旋场 $\boldsymbol{F}(r)$的环量可以写成

$$\int_{PnQmP}\boldsymbol{F}\cdot\mathrm{d}\boldsymbol{l}=\int_{PnQ}\boldsymbol{F}\cdot\mathrm{d}\boldsymbol{l}+\int_{QmP}\boldsymbol{F}\cdot\mathrm{d}\boldsymbol{l}$$

$$=\int_{PnQ}\boldsymbol{F}\cdot \mathrm{d}\boldsymbol{l}-\int_{PmQ}\boldsymbol{F}\cdot \mathrm{d}\boldsymbol{l}=0$$

即

$$\int_{PnQ}\boldsymbol{F}\cdot \mathrm{d}\boldsymbol{l}=\int_{PmQ}\boldsymbol{F}\cdot \mathrm{d}\boldsymbol{l}$$

因此，无旋场环量为零的特性亦可陈述为：无旋场的线积分与积分起点和终点的位置有关，而与积分路径无关。

根据式(1-5-1)，由$\nabla\times\boldsymbol{F}=0$可以定义一个标量场$\varphi(\boldsymbol{r})$(通常称为标量位函数)，即

$$\boldsymbol{F}(\boldsymbol{r})=-\nabla\varphi(\boldsymbol{r}) \tag{1-7-5}$$

$\nabla\varphi$之前所加的负号，意指某点$\boldsymbol{F}(\boldsymbol{r})$的方向为该处$\varphi(\boldsymbol{r})$取得最大减小率的方向。

若令

$$\nabla\cdot\boldsymbol{F}(\boldsymbol{r})=f(\boldsymbol{r})$$

式中，$f(\boldsymbol{r})$为已知标量函数。将式(1-7-5)代入上式，即得$\varphi(\boldsymbol{r})$的微分方程

$$\nabla^2\varphi=-f(\boldsymbol{r}) \tag{1-7-6}$$

这种二阶偏微分方程称为泊松方程。在一定附加条件下，可求得式(1-7-6)的解$\varphi(\boldsymbol{r})$，再按式(1-7-5)便解得无旋场$\boldsymbol{F}(\boldsymbol{r})$。

2. 无散场

无散场或管形场的散度恒为零，旋度非零，仅由旋涡源产生，恒定电流产生的磁场即是一例。无散场($\nabla\cdot\boldsymbol{F}=0$)在任意闭面$S$上的净通量恒等于零，即

$$\oint_S\boldsymbol{F}\cdot \mathrm{d}\boldsymbol{S}=\int_V(\nabla\cdot\boldsymbol{F})\,\mathrm{d}V=0$$

根据式(1-5-2)，由$\nabla\cdot\boldsymbol{F}(\boldsymbol{r})=0$可定义一个矢量位函数$\boldsymbol{A}(\boldsymbol{r})$，即

$$\boldsymbol{F}=\nabla\times\boldsymbol{A} \tag{1-7-7}$$

若令

$$\nabla\times\boldsymbol{F}(\boldsymbol{r})=\boldsymbol{g}(\boldsymbol{r})$$

式中，$\boldsymbol{g}(\boldsymbol{r})$是已知的矢量函数，将式(1-7-7)代入上式，得

$$\nabla\times(\nabla\times\boldsymbol{A})=\boldsymbol{g}(\boldsymbol{r}) \tag{1-7-8}$$

在一定附加条件下，由这个旋度的旋度方程(二阶偏微分方程)可解得$\boldsymbol{A}(\boldsymbol{r})$，再按式(1-7-7)即可求出无散场$\boldsymbol{F}(\boldsymbol{r})$。

3. 调和场

调和场的旋度与散度均为零，它显然由存在于定义域之外的场源所产生的，无电荷区域的静电场和无电流区域的恒定磁场都是调和场。

调和场可简单看成是散度也为零的无旋场的特例，因此亦可引入标量位函数$\varphi(\boldsymbol{r})$，令式(1-7-6)右端的$f=0$，即得

$$\nabla^2\varphi=0 \tag{1-7-9}$$

此种齐次的二阶偏微分方程称为拉普拉斯方程。凡是满足拉普拉斯方程的场函数(无论标量的或是矢量的)统称调和函数。

4. 一般矢量场

一般矢量场的旋度和散度均不为零，它由旋涡源和通量源共同产生。无旋场、无散场以及

调和场都是一般矢量场的特例。

1.7.3 赫姆霍兹定理

下面将详细阐述矢量场理论中的核心内容——赫姆霍兹定理，它是矢量场理论的基石，更是场论的数学基础。其基本思想是：有限区域内的矢量场是由域内的通量源、旋涡源和区域边界上的场量唯一确定，且矢量场可以分解为无旋场和无散场两个部分。以上论述也称为矢量场的唯一性定理和矢量场的分解定理。

1. 唯一性定理

在闭面 S 所包围的有限区域 V（单连域或多连域）内，若给定了矢量场 $\boldsymbol{F}(\boldsymbol{r})$ 的旋度和散度，同时还给定了该矢量场在边界 S 上的法向分量 F_n 或切向分量 F_t，则 V 内 $\boldsymbol{F}(\boldsymbol{r})$ 是唯一确定的①。

用反证法进行证明时，需先假定满足给定条件的矢量场有两个——$\boldsymbol{F}_1(\boldsymbol{r})$ 和 $\boldsymbol{F}_2(\boldsymbol{r})$，然后再论证这两个矢量场是相同的，即 $\boldsymbol{F}_1(\boldsymbol{r})=\boldsymbol{F}_2(\boldsymbol{r})$。令

$$\boldsymbol{F}^*=\boldsymbol{F}_1-\boldsymbol{F}_2$$

在 V 内，有

$$\nabla\times\boldsymbol{F}^*=\nabla\times\boldsymbol{F}_1-\nabla\times\boldsymbol{F}_2=0$$

$$\nabla\cdot\boldsymbol{F}^*=\nabla\cdot\boldsymbol{F}_1-\nabla\cdot\boldsymbol{F}_2=0$$

在边界 S 上，则有

$$F_n^*|_S=F_{1n}|_S-F_{2n}|_S=0$$

或

$$F_t^*|_S=F_{1t}|_S-F_{2t}|_S=0$$

按 $\nabla\times\boldsymbol{F}^*=0$ 可引入标量位函数 $\varphi(\boldsymbol{r})$，即

$$\boldsymbol{F}^*=-\nabla\varphi$$

且在 V 内有

$$\nabla^2\varphi=0$$

在 S 面上

$$(-\nabla\varphi)_n\ |_S=-\left.\frac{\partial\varphi}{\partial n}\right|_S=0$$

或

$$(-\nabla\varphi)_t|_S=-\left.\frac{\partial\varphi}{\partial t}\right|_S=0\quad（意指\ S\ 为\ \varphi\ 的等值面）$$

对矢量函数 $\varphi\nabla\varphi$ 应用格林第一公式，并考虑到在 V 内有 $\nabla^2\varphi=0$，得

$$\int_V|\nabla\varphi|^2\mathrm{d}V=\oint_S\varphi\frac{\partial\varphi}{\partial n}\mathrm{d}S$$

对于 $\left.\dfrac{\partial\varphi}{\partial n}\right|_S=0$ 的情况，可知

① 对于无界情况，要求矢量场及其旋度、散度在无限远处均为零。

$$\int_V |\nabla\varphi|^2 \mathrm{d}V = 0$$

对于$\left.\dfrac{\partial\varphi}{\partial t}\right|_S = 0$的情况,因

$$\oint_S \varphi \frac{\partial\varphi}{\partial n}\mathrm{d}S = \varphi\oint_S \frac{\partial\varphi}{\partial n}\mathrm{d}S = \varphi\oint_S \nabla\varphi\cdot\mathrm{d}\boldsymbol{S}$$

$$=\varphi\int_V \nabla^2\varphi\mathrm{d}V = 0$$

故同样得到

$$\int_V |\nabla\varphi|^2 \mathrm{d}V = 0$$

由于$|\nabla\varphi|^2$的非负性,上式意味着$\nabla\varphi = 0$,即

$$-\boldsymbol{F}^* = \boldsymbol{F}_2 - \boldsymbol{F}_1 = 0 \quad 或 \quad \boldsymbol{F}_1 = \boldsymbol{F}_2$$

以上应用反证方法从数学上证明了域内场源和边界条件唯一确定矢量场的结论。如从物理视角来看,上述结论也是自然的。首先由物理因果关系知,场是由场源激发产生的,故空间中任一位置的场量是由全空间所有场源共同作用的结果。通量源和旋涡源是两种不同类型的而且完备(二者不可或缺且不存在第三种形式)的场源形式,因此,只要已知全空间的通量源和旋涡源分布即可获知全空间场的分布。但对于有限空间问题而言,域内任一位置场量由域内和域外场源共同产生,如仅知域内场源信息显然不足以确定场的分布。边界上的场同样是由域内外场源共同产生的,其域内源产生的那部分场可以根据已知的域内场源给出,而余下的部分即是域外场源作用的结果。因此,区域内的场源再结合边界条件可以唯一确定域内任一位置场的分布。

矢量场的唯一性定理回答了如何才能唯一确定矢量场的问题。给定所求场域内矢量场的旋度和散度,本质上就是给定该区域内旋涡源和通量源的强度,故称这一给定条件为场源条件。给定闭合边界上矢量场的法向分量或切向分量,因而称为边界条件,它反映了闭合边界S之外的其他场源对S内矢量场的影响。同时,也给出了研究矢量场的方法论,是研究电磁场理论的一条主线,即无论是静态场还是时变场,都是围绕着它们的散度、旋度和边界条件展开理论分析的。

2. 分解定理

任意一个满足唯一性定理的一般矢量$\boldsymbol{F}(\boldsymbol{r})$,可以分解为无旋的$\boldsymbol{F}_i(\boldsymbol{r})$和无散的$\boldsymbol{F}_s(\boldsymbol{r})$两个部分,即

$$\boldsymbol{F}(\boldsymbol{r}) = \boldsymbol{F}_i(\boldsymbol{r}) + \boldsymbol{F}_s(\boldsymbol{r}) \tag{1-7-10}$$

下面借助δ函数和矢量公式给出具体的证明过程。

根据δ函数的抽样性,矢量场$\boldsymbol{F}(\boldsymbol{r})$可以表示为

$$\boldsymbol{F}(\boldsymbol{r}) = \int_{V'}\boldsymbol{F}(\boldsymbol{r}')\delta(\boldsymbol{r}-\boldsymbol{r}')\mathrm{d}V', \quad \boldsymbol{r}\in V' \tag{1-7-11}$$

取以下形式的δ函数:

$$\delta(\boldsymbol{r}-\boldsymbol{r}') = -\nabla^2\left(\frac{1}{4\pi R}\right)$$

式中,$R = |\boldsymbol{r}-\boldsymbol{r}'|$,将上式代入式(1-7-11)可得

$$\boldsymbol{F}(\boldsymbol{r})=-\int_{V'}\boldsymbol{F}(\boldsymbol{r}')\nabla^2\left(\frac{1}{4\pi R}\right)\mathrm{d}V'$$

其中，∇^2对场点$\boldsymbol{r}$进行微分运算，函数$\boldsymbol{F}(\boldsymbol{r}')$对于$\nabla^2$可视为常矢，积分则是对源点$\boldsymbol{r}'$进行的，故可交换$\nabla^2$与积分的顺序，即

$$\boldsymbol{F}(\boldsymbol{r})=-\frac{1}{4\pi}\nabla^2\int_{V'}\frac{\boldsymbol{F}(\boldsymbol{r}')}{R}\mathrm{d}V'$$

利用式(1-5-5)，将上式变换为

$$\boldsymbol{F}(\boldsymbol{r})=-\frac{1}{4\pi}\nabla\left(\nabla\cdot\int_{V'}\frac{\boldsymbol{F}(\boldsymbol{r}')}{R}\mathrm{d}V'\right)+\frac{1}{4\pi}\nabla\times\left(\nabla\times\int_{V'}\frac{\boldsymbol{F}(\boldsymbol{r}')}{R}\mathrm{d}V'\right)\tag{1-7-12}$$

(1)对于式(1-7-12)右边第一项括号内的散度运算，交换微分和积分顺序，并应用式(1-3-12)、式(1-2-16)和式(1-6-1)，可以得到

$$\begin{aligned}\nabla\cdot\int_{V'}\frac{\boldsymbol{F}(\boldsymbol{r}')}{R}\mathrm{d}V'&=\int_{V'}\nabla\cdot\frac{\boldsymbol{F}(\boldsymbol{r}')}{R}\mathrm{d}V'=\int_{V'}\boldsymbol{F}(\boldsymbol{r}')\cdot\nabla\left(\frac{1}{R}\right)\mathrm{d}V'\\&=\int_{V'}-\boldsymbol{F}(\boldsymbol{r}')\cdot\nabla'\left(\frac{1}{R}\right)\mathrm{d}V'\\&=-\int_{V'}\nabla'\cdot\frac{\boldsymbol{F}(\boldsymbol{r}')}{R}\mathrm{d}V'+\int_{V'}\frac{1}{R}\nabla'\cdot\boldsymbol{F}(\boldsymbol{r}')\mathrm{d}V'\\&=-\oint_{S'}\frac{\boldsymbol{F}(\boldsymbol{r}')}{R}\cdot\mathrm{d}\boldsymbol{S}'+\int_{V'}\frac{\nabla'\cdot\boldsymbol{F}(\boldsymbol{r}')}{R}\mathrm{d}V'\end{aligned}\tag{1-7-13}$$

(2)而对于式(1-7-12)右边第二项括号内的旋度运算，交换微分和积分顺序，并应用式(1-4-11)、式(1-2-16)和式(1-6-6)，可得到

$$\begin{aligned}\nabla\times\int_{V'}\frac{\boldsymbol{F}(\boldsymbol{r}')}{R}\mathrm{d}V'&=\int_{V'}\nabla\times\frac{\boldsymbol{F}(\boldsymbol{r}')}{R}\mathrm{d}V'=\int_{V'}\nabla\left(\frac{1}{R}\right)\times\boldsymbol{F}(\boldsymbol{r}')\mathrm{d}V'\\&=-\int_{V'}\nabla'\left(\frac{1}{R}\right)\times\boldsymbol{F}(\boldsymbol{r}')\mathrm{d}V'\\&=-\int_{V'}\nabla'\times\frac{\boldsymbol{F}(\boldsymbol{r}')}{R}\mathrm{d}V'+\int_{V'}\frac{1}{R}\nabla'\times\boldsymbol{F}(\boldsymbol{r}')\mathrm{d}V'\\&=\oint_{S'}\frac{\boldsymbol{F}(\boldsymbol{r}')}{R}\times\mathrm{d}\boldsymbol{S}'+\int_{V'}\frac{\nabla'\times\boldsymbol{F}(\boldsymbol{r}')}{R}\mathrm{d}V'\end{aligned}\tag{1-7-14}$$

将式(1-7-13)和式(1-7-14)代入式(1-7-12)，可得

$$\begin{aligned}\boldsymbol{F}(\boldsymbol{r})=&-\nabla\left[\int_{V'}\frac{\nabla'\cdot\boldsymbol{F}(\boldsymbol{r}')}{4\pi R}\mathrm{d}V'-\oint_{S'}\frac{\boldsymbol{F}(\boldsymbol{r}')}{4\pi R}\cdot\mathrm{d}\boldsymbol{S}'\right]\\&+\nabla\times\left[\oint_{S'}\frac{\boldsymbol{F}(\boldsymbol{r}')}{4\pi R}\times\mathrm{d}\boldsymbol{S}'+\int_{V'}\frac{\nabla'\times\boldsymbol{F}(\boldsymbol{r}')}{4\pi R}\mathrm{d}V'\right]\end{aligned}\tag{1-7-15}$$

式中，第一项为矢量场$\boldsymbol{F}(\boldsymbol{r})$的无旋分量，即式(1-7-10)中的$\boldsymbol{F}_i(\boldsymbol{r})$；第二项为无散分量，即$\boldsymbol{F}_s(\boldsymbol{r})$，说明一般矢量场可以分解成无旋分量和无散分量两部分。

式(1-7-15)还表明，矢量场$\boldsymbol{F}(\boldsymbol{r})$由其散度、旋度和边界上的场量确定，这正是矢量场的唯一性定理。

在式(1-7-15)中，令

$$\varphi(\boldsymbol{r})=\int_{V'}\frac{\nabla'\cdot\boldsymbol{F}(\boldsymbol{r}')}{4\pi R}\mathrm{d}V'-\oint_{S'}\frac{\boldsymbol{F}(\boldsymbol{r}')}{4\pi R}\cdot\mathrm{d}\boldsymbol{S}'$$

$$\boldsymbol{A}(\boldsymbol{r})=\oint_{S'}\frac{\boldsymbol{F}(\boldsymbol{r}')}{4\pi R}\times \mathrm{d}\boldsymbol{S}'+\int_{V'}\frac{\nabla'\times\boldsymbol{F}(\boldsymbol{r}')}{4\pi R}\mathrm{d}V'$$

因此，一般矢量场可用位函数 $\varphi(\boldsymbol{r})$ 和 $\boldsymbol{A}(\boldsymbol{r})$ 表示为

$$\boldsymbol{F}(\boldsymbol{r})=-\nabla\varphi(\boldsymbol{r})+\nabla\times\boldsymbol{A}(\boldsymbol{r}) \tag{1-7-16}$$

最后指出，通过位函数计算矢量场是求解矢量场的一种基本方法，它往往可使问题的求解得以简化。在后面讨论各类电磁场的计算时，都将贯穿这一求解思想。

1.8 圆柱坐标系与球坐标系

空间是三维的，因而确定空间某点的位置需要三个独立参量。可以是三个距离参量(如直角坐标系)、两个距离参量再加一个角度参量(圆柱坐标系)或者一个距离参量加两个角度参量(球坐标系)。根据研究对象的不同分布特性，选取合适的坐标系可简化问题的描述，如对于轴对称性分布可选用圆柱坐标系，而点对称分布可采用球坐标系。

1.8.1 圆柱坐标系

1. 圆柱坐标系的表达式

在圆柱坐标系中，空间任一点 P 的位置由坐标 (ρ,ϕ,z) 确定。图 1-21(a)表明 ρ 是位置矢量 $\boldsymbol{r}$ 在 xoy 平面上的投影；ϕ 是正 x 轴到平面 $oABC$ 的方位角 $(0\leqslant\phi\leqslant 2\pi)$；$z$ 是 $\boldsymbol{r}$ 在 z 轴上的投影。圆柱坐标因其 ρ 为定值的坐标面是以 z 为轴线的圆柱面而得名。

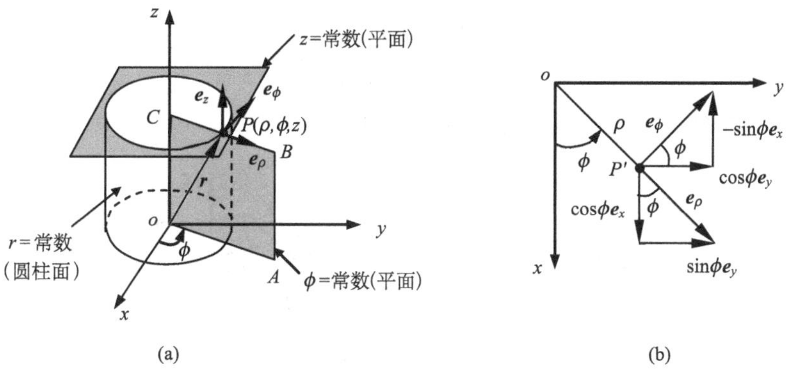

图 1-21 圆柱坐标及其正交单位矢量

对于圆柱坐标中的每一点，都可规定三个相互正交的单位矢量 $\boldsymbol{e}_\rho$、$\boldsymbol{e}_\phi$、$\boldsymbol{e}_z$，它们的方向是该处各相应坐标的增加方向，如图 1-21(a)所示。$\boldsymbol{e}_\rho$、$\boldsymbol{e}_\phi$、$\boldsymbol{e}_z$ 满足右手螺旋关系，即

$$\boldsymbol{e}_\rho\times\boldsymbol{e}_\phi=\boldsymbol{e}_z$$

$$\boldsymbol{e}_\phi\times\boldsymbol{e}_z=\boldsymbol{e}_\rho$$

$$\boldsymbol{e}_z\times\boldsymbol{e}_\rho=\boldsymbol{e}_\phi$$

应当指出，除 $\boldsymbol{e}_z$ 是常矢外，$\boldsymbol{e}_\rho$ 和 $\boldsymbol{e}_\phi$ 的方向都可能因点的变动而改变，这与直角坐标中 $\boldsymbol{e}_x$、$\boldsymbol{e}_y$、$\boldsymbol{e}_z$ 均为常矢有所不同。现对 $\boldsymbol{e}_\rho$、$\boldsymbol{e}_\phi$ 的空间变化特性进行考察。将 P 点的 $\boldsymbol{e}_\rho$、$\boldsymbol{e}_\phi$ 投影到 xoy 平面上，并沿 x、y 方向进行分解如图 1-21(b)所示，从而得知

$$\boldsymbol{e}_\rho = \cos\phi \boldsymbol{e}_x + \sin\phi \boldsymbol{e}_y$$

$$\boldsymbol{e}_\varphi = -\sin\phi \boldsymbol{e}_x + \cos\phi \boldsymbol{e}_y$$

求 $\boldsymbol{e}_\rho$、$\boldsymbol{e}_\phi$、$\boldsymbol{e}_z$ 对 ρ、ϕ、z 的偏导数，便得到

$$\left.\begin{array}{lll} \dfrac{\partial \boldsymbol{e}_\rho}{\partial \rho}=0, & \dfrac{\partial \boldsymbol{e}_\rho}{\partial \phi}=\boldsymbol{e}_\varphi, & \dfrac{\partial \boldsymbol{e}_\rho}{\partial z}=0 \\ \dfrac{\partial \boldsymbol{e}_\phi}{\partial \rho}=0, & \dfrac{\partial \boldsymbol{e}_\phi}{\partial \phi}=-\boldsymbol{e}_\rho, & \dfrac{\partial \boldsymbol{e}_\phi}{\partial z}=0 \\ \dfrac{\partial \boldsymbol{e}_z}{\partial \rho}=0, & \dfrac{\partial \boldsymbol{e}_z}{\partial \phi}=0, & \dfrac{\partial \boldsymbol{e}_z}{\partial z}=0 \end{array}\right\} \tag{1-8-1}$$

矢量 $\boldsymbol{A}$ 的圆柱坐标式

$$\boldsymbol{A} = A_\rho \boldsymbol{e}_\rho + A_\phi \boldsymbol{e}_\phi + A_z \boldsymbol{e}_z \tag{1-8-2}$$

式中，A_ρ、A_ϕ、A_z 分别是 $\boldsymbol{A}$ 在其所在点处各单位矢量方向上的分量。

圆柱坐标中因点的位置发生微小变化（$\mathrm{d}\rho$、$\mathrm{d}\phi$、$\mathrm{d}z$）导致的微分位移，用线元矢量 $\mathrm{d}\boldsymbol{l}$ 表示，由图 1-22(a)看出

$$\mathrm{d}\boldsymbol{l} = \mathrm{d}\rho \boldsymbol{e}_\rho + \rho \mathrm{d}\phi \boldsymbol{e}_\phi + \mathrm{d}z \boldsymbol{e}_z \tag{1-8-3}$$

而由三个坐标各自移动 $\mathrm{d}\rho$、$\mathrm{d}\phi$、$\mathrm{d}z$ 所形成的小曲六面体用 $\mathrm{d}V$ 表示，见图 1-22(a)，因其近似为一细小长方体，故有

$$\mathrm{d}V = \rho \mathrm{d}\rho \mathrm{d}\phi \mathrm{d}z \tag{1-8-4}$$

分别由两坐标变量的微小变化所形成的三个面元，如图 1-22(b)所示，它们为

$$\left.\begin{array}{l} \mathrm{d}S_\rho = \rho \mathrm{d}\phi \mathrm{d}z \\ \mathrm{d}S_\phi = \mathrm{d}\rho \mathrm{d}z \\ \mathrm{d}S_z = \rho \mathrm{d}\rho \mathrm{d}\phi \end{array}\right\} \tag{1-8-5}$$

面元的下标表示该面元是处在相应的定值坐标面上。

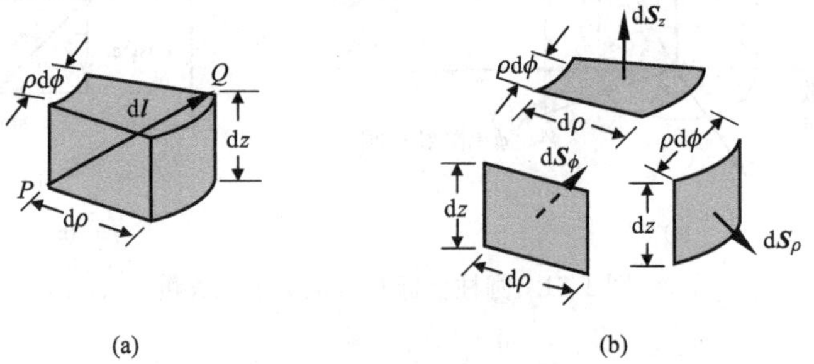

图 1-22　圆柱坐标中的线元矢量、体积元和面积元

2. 场量在圆柱坐标系中的微分运算

对于连续、可微的标量场 $f(\rho、\phi、z)$，其微增量 $\mathrm{d}f$ 可按多元函数的全微分链式法则写成

$$\mathrm{d}f = \frac{\partial f}{\partial \rho}\mathrm{d}\rho + \frac{\partial f}{\partial \phi}\mathrm{d}\phi + \frac{\partial f}{\partial z}\mathrm{d}z$$

考虑到圆柱坐标中的 $\mathrm{d}\boldsymbol{l}$ 有式(1-8-3)的表达形式，将上式可作如下改写

$$\mathrm{d}f = \frac{\partial f}{\partial \rho}\mathrm{d}\rho + \frac{\partial f}{\partial \phi}\mathrm{d}\phi + \frac{\partial f}{\partial z}\mathrm{d}z = \left(\boldsymbol{e}_\rho \frac{\partial f}{\partial \rho} + \boldsymbol{e}_\phi \frac{1}{\rho}\frac{\partial f}{\partial \phi} + \boldsymbol{e}_z \frac{\partial f}{\partial z}\right) \cdot \mathrm{d}\boldsymbol{l}$$

与梯度定义式 $df=\nabla f\cdot d\boldsymbol{l}$ 相对照，即得标量场梯度∇f 的圆柱坐标式

$$\nabla f=\boldsymbol{e}_\rho\frac{\partial f}{\partial\rho}+\boldsymbol{e}_\phi\frac{1}{\rho}\frac{\partial f}{\partial\phi}+\boldsymbol{e}_z\frac{\partial f}{\partial z}\quad(\rho\neq 0)\tag{1-8-6}$$

而且有∇算符的圆柱坐标式

$$\nabla=\boldsymbol{e}_\rho\frac{\partial}{\partial\rho}+\boldsymbol{e}_\phi\frac{1}{\rho}\frac{\partial}{\partial\phi}+\boldsymbol{e}_z\frac{\partial}{\partial z}\quad(\rho\neq 0)\tag{1-8-7}$$

应用式(1-8-7)、式(1-8-1)，可以得出$\nabla\cdot\boldsymbol{F}(\rho,\phi,z)$和$\nabla\times\boldsymbol{F}(\rho,\phi,z)$的表达式

$$\nabla\cdot\boldsymbol{F}(\rho,\phi,z)=\frac{1}{\rho}\frac{\partial}{\partial\rho}(\rho F_\rho)+\frac{1}{\rho}\frac{\partial F_\phi}{\partial\phi}+\frac{\partial F_z}{\partial z}\quad(\rho\neq 0)\tag{1-8-8}$$

$$\begin{aligned}\nabla\times\boldsymbol{F}(\rho,\phi,z)&=\boldsymbol{e}_\rho\left(\frac{1}{\rho}\frac{\partial F_z}{\partial\phi}-\frac{\partial F_\phi}{\partial z}\right)+\boldsymbol{e}_\phi\left(\frac{\partial F_\rho}{\partial z}-\frac{\partial F_z}{\partial\rho}\right)+\boldsymbol{e}_z\frac{1}{\rho}\left[\frac{\partial}{\partial\rho}(\rho F_\phi)-\frac{\partial F_\rho}{\partial\phi}\right]\\&=\begin{vmatrix}\frac{1}{\rho}\boldsymbol{e}_\rho & \boldsymbol{e}_\phi & \frac{1}{\rho}\boldsymbol{e}_z\\ \frac{\partial}{\partial\rho} & \frac{\partial}{\partial\phi} & \frac{\partial}{\partial z}\\ F_\rho & \rho F_\phi & F_z\end{vmatrix}\end{aligned}\tag{1-8-9}$$

以及

$$\begin{aligned}\nabla^2 f(\rho,\phi,z)&=\nabla\cdot\nabla f(\rho,\phi,z)\\&=\frac{1}{\rho}\frac{\partial}{\partial\rho}\left(\rho\frac{\partial f}{\partial\rho}\right)+\frac{1}{\rho^2}\frac{\partial^2 f}{\partial\phi^2}+\frac{\partial^2 f}{\partial z^2}\quad(\rho\neq 0)\end{aligned}\tag{1-8-10}$$

例 1-7 已知 $\boldsymbol{F}(\rho,z)=\rho\boldsymbol{e}_\phi-z\boldsymbol{e}_z$，试就 $z=1$ 平面上半径为 2 的圆形回路及其所围区域，验证斯托克斯定理。

解 在给定圆形回路上，有

$$\boldsymbol{F}=2\boldsymbol{e}_\phi-\boldsymbol{e}_z,\quad d\boldsymbol{l}=2d\phi\boldsymbol{e}_\phi$$

若回路循行方向取得与 $\boldsymbol{e}_\phi$ 的方向相同，则

$$\oint_l\boldsymbol{F}\cdot d\boldsymbol{l}=\int_0^{2\pi}4d\phi=4\phi\Big|_0^{2\pi}=8\pi$$

因为

$$\begin{aligned}\nabla\times\boldsymbol{F}\Big|_{\substack{\rho=2\\z=1}}&=\left(\frac{1}{\rho}\frac{\partial F_z}{\partial\phi}-\frac{\partial F_\phi}{\partial z}\right)\boldsymbol{e}_\rho+\left(\frac{\partial F_\rho}{\partial z}-\frac{\partial F_z}{\partial\rho}\right)\boldsymbol{e}_\phi+\frac{1}{\rho}\left[\frac{\partial}{\partial\rho}(\rho F_\phi)-\frac{\partial F_\rho}{\partial\phi}\right]\boldsymbol{e}_z\\&=\left[\frac{1}{\rho}\frac{\partial}{\partial\phi}(-z)-\frac{\partial\rho}{\partial z}\right]\boldsymbol{e}_\rho+\left[0-\frac{\partial}{\partial\rho}(-z)\right]\boldsymbol{e}_\phi+\frac{1}{\rho}\left[\frac{\partial}{\partial\rho}\rho^2-0\right]\boldsymbol{e}_z\\&=2\boldsymbol{e}_z\end{aligned}$$

在指定的圆形回路所界定的面上，有

$$\nabla\times\boldsymbol{F}=2\boldsymbol{e}_z,\quad d\boldsymbol{S}=dS_z\boldsymbol{e}_z=\rho d\rho d\phi\boldsymbol{e}_z$$

则

$$\int_S(\nabla\times\boldsymbol{F})\cdot d\boldsymbol{S}=\int_0^2 2\rho\left(\int_0^{2\pi}d\phi\right)d\rho=2\pi\int_0^2 2\rho d\rho=2\pi(\rho^2)\Big|_0^2=8\pi$$

可见 $\boldsymbol{F}$ 的闭合线积分等于$\nabla\times\boldsymbol{F}$ 的面积分，斯托克斯定理得证。

1.8.2 球坐标系

1. 球坐标系中的表达式

在球坐标系中,空间任一点 P 的位置是用坐标 (r,θ,ϕ) 确定的。图 1-23 表明,r 是 P 点与坐标原点的距离或 P 点相应位置矢量 $\boldsymbol{r}$ 的模;θ 是 $\boldsymbol{r}$ 与正 z 轴之间夹角,并之从正 z 半轴算起 $(0\leqslant\theta\leqslant\pi)$;$\phi$ 是含 z 轴和 P 点的半平面(子午面)与包含正 x 半轴的 xoz 半平面间的夹角 $(0\leqslant\phi\leqslant2\pi)$。球坐标得名于 r 的定值坐标面是以原点为心的球面这一事实。

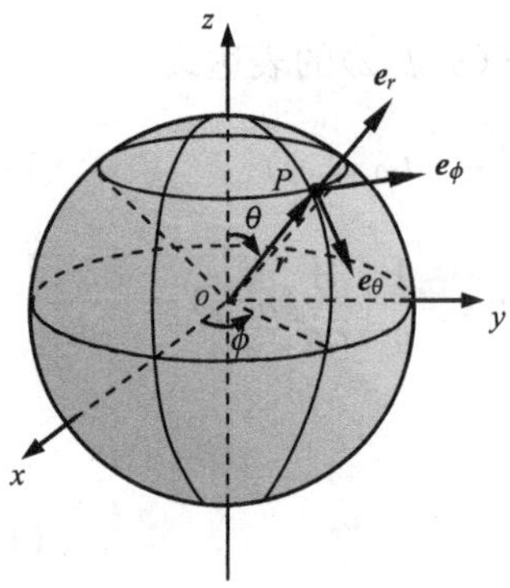

图 1-23　球坐标及其正交单位矢量

球坐标系中每点的三个正交单位矢量用 $\boldsymbol{e}_r$、$\boldsymbol{e}_\theta$、$\boldsymbol{e}_\phi$ 表示,它们各自沿该点相应坐标的增加方向,如图 1-23 所示。三个正交单位矢量有如下右手关系

$$\boldsymbol{e}_r\times\boldsymbol{e}_\theta=\boldsymbol{e}_\phi$$
$$\boldsymbol{e}_\theta\times\boldsymbol{e}_\phi=\boldsymbol{e}_r$$
$$\boldsymbol{e}_\phi\times\boldsymbol{e}_r=\boldsymbol{e}_\theta$$

在不同点 $\boldsymbol{e}_r$、$\boldsymbol{e}_\theta$、$\boldsymbol{e}_\phi$ 可能会有所不同。由图 1-24 所示的投影关系得知

$$\begin{aligned}\boldsymbol{e}_r&=\sin\theta\cos\phi\boldsymbol{e}_x+\sin\theta\sin\phi\boldsymbol{e}_y+\cos\theta\boldsymbol{e}_z\\\boldsymbol{e}_\theta&=\cos\theta\cos\phi\boldsymbol{e}_x+\cos\theta\sin\phi\boldsymbol{e}_y-\sin\theta\boldsymbol{e}_z\\\boldsymbol{e}_\phi&=-\sin\phi\boldsymbol{e}_x+\cos\phi\boldsymbol{e}_y\end{aligned}$$

或有

$$\begin{aligned}\boldsymbol{e}_x&=\sin\theta\cos\phi\boldsymbol{e}_r+\cos\theta\cos\phi\boldsymbol{e}_\theta-\sin\phi\boldsymbol{e}_\phi\\\boldsymbol{e}_y&=\sin\theta\sin\phi\boldsymbol{e}_r+\cos\theta\sin\phi\boldsymbol{e}_\theta+\cos\phi\boldsymbol{e}_\phi\\\boldsymbol{e}_z&=\cos\theta\boldsymbol{e}_r-\sin\theta\boldsymbol{e}_\theta\end{aligned}$$

进而可得

$$\left.\begin{aligned}&\frac{\partial\boldsymbol{e}_r}{\partial r}=0,\quad\frac{\partial\boldsymbol{e}_r}{\partial\theta}=\boldsymbol{e}_\theta,\quad\frac{\partial\boldsymbol{e}_r}{\partial\phi}=\sin\theta\boldsymbol{e}_\phi\\&\frac{\partial\boldsymbol{e}_\theta}{\partial r}=0,\quad\frac{\partial\boldsymbol{e}_\theta}{\partial\theta}=-\boldsymbol{e}_r,\quad\frac{\partial\boldsymbol{e}_\theta}{\partial\phi}=\cos\theta\boldsymbol{e}_\phi\\&\frac{\partial\boldsymbol{e}_\phi}{\partial r}=0,\quad\frac{\partial\boldsymbol{e}_\phi}{\partial\theta}=0,\quad\frac{\partial\boldsymbol{e}_\phi}{\partial\phi}=-\sin\theta\boldsymbol{e}_r-\cos\theta\boldsymbol{e}_\theta\end{aligned}\right\}\tag{1-8-11}$$

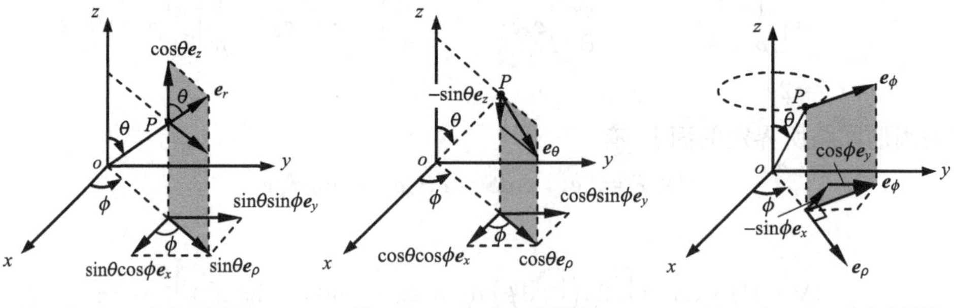

(a) $\boldsymbol{e}_r$在x、y、z方向的投影　(b) $\boldsymbol{e}_\theta$在x、y、z方向的投影　(c) $\boldsymbol{e}_\phi$ 在x、y、z方向的投影

图 1-24　正交单位矢量的分解

在获得上述 $\partial \boldsymbol{e}_\phi/\partial\phi$ 表达式的过程中，用到了 $\boldsymbol{e}_x$、$\boldsymbol{e}_y$ 的表达式。

矢量 $\boldsymbol{A}$ 的球坐标式为

$$\boldsymbol{A}=A_r\boldsymbol{e}_r+A_\theta\boldsymbol{e}_\theta+A_\phi\boldsymbol{e}_\phi \tag{1-8-12}$$

式中，A_r、A_θ、A_ϕ 分别是 $\boldsymbol{A}$ 在其所在点的各单位矢量方向上的分量。

由于坐标变量取微增量 $\mathrm{d}r$、$\mathrm{d}\theta$、$\mathrm{d}\phi$ 所形成的线元矢量 $\mathrm{d}\boldsymbol{l}$、体积元 $\mathrm{d}V$ 及三个面元 $\mathrm{d}S_r$、$\mathrm{d}S_\theta$、$\mathrm{d}S_\phi$，如图 1-25 所示，它们用 $\mathrm{d}r$、$\mathrm{d}\theta$、$\mathrm{d}\phi$ 表示成

$$\mathrm{d}\boldsymbol{l}=\mathrm{d}r\boldsymbol{e}_r+r\mathrm{d}\theta\boldsymbol{e}_\theta+r\sin\theta\mathrm{d}\phi\boldsymbol{e}_\phi \tag{1-8-13}$$

$$\mathrm{d}V=r^2\sin\theta\mathrm{d}r\mathrm{d}\theta\mathrm{d}\phi \tag{1-8-14}$$

$$\left.\begin{aligned}\mathrm{d}S_r&=r^2\sin\theta\mathrm{d}\theta\mathrm{d}\phi\\ \mathrm{d}S_\theta&=r\sin\theta\mathrm{d}r\mathrm{d}\phi\\ \mathrm{d}S_\phi&=r\mathrm{d}r\mathrm{d}\theta\end{aligned}\right\} \tag{1-8-15}$$

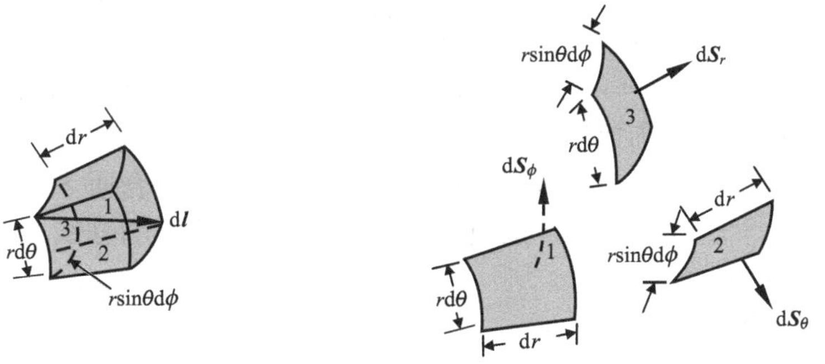

(a) (b)

图 1-25 球坐标中的线元矢量、体积元和面积元

2. 场量在球坐标系中的微分运算

设标量场 $f(r,\theta,\phi)$ 是连续、可微的，根据多元函数的全微分链式法则，并考虑到 $\mathrm{d}\boldsymbol{l}$ 有式(1-8-13)的形式，则有

$$\begin{aligned}\mathrm{d}f&=\frac{\partial f}{\partial r}\mathrm{d}r+\frac{\partial f}{\partial\theta}\mathrm{d}\theta+\frac{\partial f}{\partial\phi}\mathrm{d}\phi\\ &=\frac{\partial f}{\partial r}\mathrm{d}r+\frac{1}{r}\frac{\partial f}{\partial\theta}(r\mathrm{d}\theta)+\frac{1}{r\sin\theta}\frac{\partial f}{\partial\phi}(r\sin\theta\mathrm{d}\phi)\\ &=\left(\boldsymbol{e}_r\frac{\partial f}{\partial r}+\boldsymbol{e}_\theta\frac{1}{r}\frac{\partial f}{\partial\theta}+\boldsymbol{e}_\phi\frac{1}{r\sin\theta}\frac{\partial f}{\partial\phi}\right)\cdot\mathrm{d}\boldsymbol{l}\end{aligned}$$

与梯度定义式 $\mathrm{d}f=\nabla f\cdot\mathrm{d}\boldsymbol{l}$ 相对照，即得

$$\nabla f=\boldsymbol{e}_r\frac{\partial f}{\partial r}+\boldsymbol{e}_\theta\frac{1}{r}\frac{\partial f}{\partial\theta}+\boldsymbol{e}_\phi\frac{1}{r\sin\theta}\frac{\partial f}{\partial\phi}\quad(r\neq0) \tag{1-8-16}$$

而且

$$\nabla=\boldsymbol{e}_r\frac{\partial}{\partial r}+\boldsymbol{e}_\theta\frac{1}{r}\frac{\partial}{\partial\theta}+\boldsymbol{e}_\phi\frac{1}{r\sin\theta}\frac{\partial}{\partial\phi} \tag{1-8-17}$$

通过上述∇算符分别对 $\boldsymbol{F}(r,\theta,\phi)$ 表达式进行散度、旋度运算以及∇算符对式(1-8-16)进

行散度运算，并应用式(1-8-11)，可以得出

$$\nabla\cdot\boldsymbol{F}=\frac{1}{r^2}\frac{\partial}{\partial r}(r^2F_r)+\frac{1}{r\sin\theta}\frac{\partial}{\partial\theta}(\sin\theta F_\theta)+\frac{1}{r\sin\theta}\frac{\partial F_\phi}{\partial\phi}\quad(r\neq0)\tag{1-8-18}$$

$$\begin{aligned}\nabla\times\boldsymbol{F}&=\boldsymbol{e}_r\frac{1}{r\sin\theta}\left[\frac{\partial}{\partial\theta}(\sin\theta F_\phi)-\frac{\partial F_\theta}{\partial\phi}\right]+\boldsymbol{e}_\theta\frac{1}{r}\left[\frac{1}{\sin\theta}\cdot\frac{\partial F_r}{\partial\phi}-\frac{\partial}{\partial r}(rF_\phi)\right]\\&\quad+\boldsymbol{e}_\phi\frac{1}{r}\left[\frac{\partial}{\partial r}(rF_\theta)-\frac{\partial F_r}{\partial\theta}\right]\\&=\begin{vmatrix}\frac{1}{r^2\sin\theta}\boldsymbol{e}_r & \frac{1}{r\sin\theta}\boldsymbol{e}_\theta & \frac{1}{r}\boldsymbol{e}_\phi\\ \frac{\partial}{\partial r} & \frac{\partial}{\partial\theta} & \frac{\partial}{\partial\phi}\\ F_r & rF_\theta & r\sin\theta F_\phi\end{vmatrix}\quad(r\neq0)\end{aligned}\tag{1-8-19}$$

$$\nabla^2f=\frac{1}{r^2}\frac{\partial}{\partial r}\left(r^2\frac{\partial f}{\partial r}\right)+\frac{1}{r^2\sin\theta}\frac{\partial}{\partial\theta}\left(\sin\theta\frac{\partial f}{\partial\theta}\right)+\frac{1}{r^2\sin^2\theta}\frac{\partial^2f}{\partial\phi^2}\quad(r\neq0)\tag{1-8-20}$$

例 1-8 已知 $F(r,\theta,\phi)=r^2\sin\theta\cos\phi(\boldsymbol{e}_r+\boldsymbol{e}_\theta+\boldsymbol{e}_\phi)$，试就图 1-26 所示半径为 1 的 1/8 球体，求 $\boldsymbol{F}$ 在其表面上的闭合面通量。

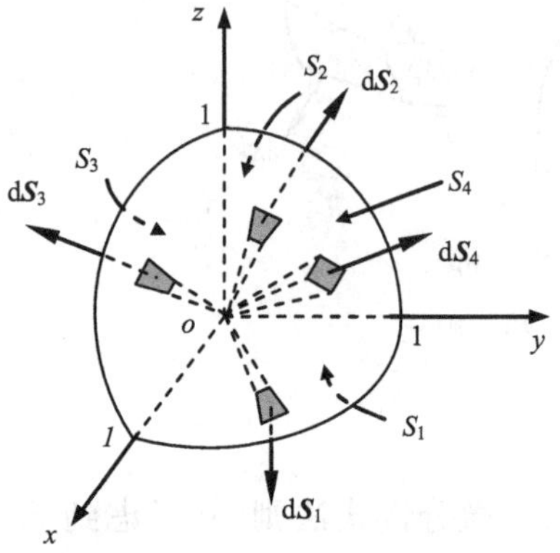

图 1-26 例 1-8 用图

解 如图 1-26 所示，闭合面 S 由 S_1、S_2、S_3、S_4 组成，它们的正方向为闭合面的外法线方向。

在位于 xoy 平面的 S_1 上，因 $\theta=\frac{\pi}{2}$，故有

$$\boldsymbol{F}=r^2\cos\phi(\boldsymbol{e}_r+\boldsymbol{e}_\theta+\boldsymbol{e}_\phi),\quad \mathrm{d}\boldsymbol{S}_1=r\mathrm{d}r\mathrm{d}\phi\boldsymbol{e}_\theta$$

$$\boldsymbol{F}\cdot\mathrm{d}\boldsymbol{S}_1=r^3\cos\phi\mathrm{d}r\mathrm{d}\phi$$

$$\begin{aligned}\int_{S_1}\boldsymbol{F}\cdot\mathrm{d}\boldsymbol{S}_1&=\int_0^{\pi/2}\cos\phi\left(\int_0^1r^3\mathrm{d}r\right)\mathrm{d}\phi\\&=\int_0^{\pi/2}\left[\cos\phi\cdot\left(\frac{r^4}{4}\right)\Big|_0^1\right]\mathrm{d}\phi\\&=\frac{1}{4}\sin\phi\Big|_0^{\pi/2}=\frac{1}{4}\end{aligned}$$

在位于 yoz 平面的 S_2 上，因 $\phi=\frac{\pi}{2}$，使得

$$\boldsymbol{F}=0,\quad\int_{S_2}\boldsymbol{F}\cdot\mathrm{d}\boldsymbol{S}_2=0$$

在位于 xoz 平面的 S_3 上，因 $\phi=0$，故有

$$\boldsymbol{F}=r^2\sin\theta(\boldsymbol{e}_r+\boldsymbol{e}_\theta+\boldsymbol{e}_\phi),\quad\mathrm{d}\boldsymbol{S}_3=r\mathrm{d}r\mathrm{d}\theta(-\boldsymbol{e}_\phi),\ \boldsymbol{F}\cdot\mathrm{d}\boldsymbol{S}_3=-r^3\sin\theta\mathrm{d}r\mathrm{d}\theta$$

$$\int_{S_3}\boldsymbol{F}\cdot\mathrm{d}\boldsymbol{S}_3=-\int_0^{\pi/2}\sin\theta\left(\int_0^1r^3\mathrm{d}r\right)\mathrm{d}\theta=\frac{1}{4}\int_0^{\pi/2}(-\sin\theta)\mathrm{d}\theta=\frac{1}{4}(\cos\theta)\Big|_0^{\pi/2}=\frac{-1}{4}$$

在 1/8 球面 S_4 上，因 $r=1$，于是有

$$\boldsymbol{F}=\sin\theta\cos\phi(\boldsymbol{e}_r+\boldsymbol{e}_\theta+\boldsymbol{e}_\phi),\quad\mathrm{d}\boldsymbol{S}_4=\sin\theta\mathrm{d}\theta\mathrm{d}\phi\boldsymbol{e}_r,\quad\boldsymbol{F}\cdot\mathrm{d}\boldsymbol{S}_4=\sin^2\theta\cos\phi\mathrm{d}\theta\mathrm{d}\phi$$

$$\int_{S_4}\boldsymbol{F}\cdot\mathrm{d}\boldsymbol{S}_4=\int_0^{\pi/2}\sin^2\theta\left(\int_0^{\pi/2}\cos\phi\mathrm{d}\phi\right)\mathrm{d}\theta=\int_0^{\pi/2}\sin^2\theta\left[(\sin\phi)\Big|_0^{\pi/2}\right]\mathrm{d}\theta$$

$$=\int_0^{\pi/2}\sin^2\theta\mathrm{d}\theta=\frac{1}{2}\int_0^{\pi/2}(1-\cos2\theta)\,\mathrm{d}\theta$$

$$=\frac{1}{2}\left(\theta-\frac{\sin2\theta}{2}\right)\Big|_0^{\pi/2}=\frac{\pi}{4}$$

最后求得闭合面通量为

$$\oint_S\boldsymbol{F}\cdot\mathrm{d}\boldsymbol{S}=\frac{1}{4}+0+\left(-\frac{1}{4}\right)+\frac{\pi}{4}=\frac{\pi}{4}$$

小　结

1) 标量场 $f(\boldsymbol{r})$是空间坐标的函数，可用等值面 $f(\boldsymbol{r})=C$ 形象地描述它在空间的分布。标量场 $f(\boldsymbol{r})$在空间的变化情况可用梯度$\nabla f(\boldsymbol{r})$描述。梯度是一矢量，它与过其起点的等值面垂直，大小等于 $f(\boldsymbol{r})$在该起点的最大变化率。

2) 矢量场 $\boldsymbol{F}(\boldsymbol{r})$同样是空间坐标的函数，矢量场空间的分布情况用矢量线描述，矢量场随空间位置的分布情况，需要由两个独立的空间函数——散度$\nabla\cdot\boldsymbol{F}(\boldsymbol{r})$和旋度$\nabla\times\boldsymbol{F}(\boldsymbol{r})$，即产生该矢量场的场源密度分布来确定。

3) 定义 $\Psi=\oint_S\boldsymbol{F}\cdot\mathrm{d}\boldsymbol{S}$ 为矢量场$\boldsymbol{F}(\boldsymbol{r})$沿闭合面的通量；定义 $\mathrm{div}\boldsymbol{F}=\lim\limits_{\Delta V\to0}\left(\oint_S\boldsymbol{F}\cdot\mathrm{d}\boldsymbol{S}/\Delta V\right)$ 为它的散度，表示该点处单位体积由内向外发出的通量。

4) 沿闭合路径的线积分 $\oint_l\boldsymbol{F}\cdot\mathrm{d}\boldsymbol{l}$ 称为矢量场 $\boldsymbol{F}(\boldsymbol{r})$的环量，矢量 $\boldsymbol{F}(\boldsymbol{r})$的旋度定义为 $\mathrm{curl}\boldsymbol{F}=\left[\lim\limits_{\Delta S\to0}\left(\oint_l\boldsymbol{F}\cdot\mathrm{d}\boldsymbol{l}/\Delta S\right)\right]_{\max}\boldsymbol{e}_n$。

5) 有关定理和公式

(1) 高斯散度定理：$\oint_S\boldsymbol{F}\cdot\mathrm{d}\boldsymbol{S}=\int_V(\nabla\cdot\boldsymbol{F})\mathrm{d}V$

(2) 斯托克斯定理：$\oint_l\boldsymbol{F}\cdot\mathrm{d}\boldsymbol{l}=\int_S(\nabla\times\boldsymbol{F})\cdot\mathrm{d}\boldsymbol{S}$

(3) 格林第一公式：$\oint_S\varphi\frac{\partial\psi}{\partial n}\mathrm{d}S=\int_V(\varphi\nabla^2\psi+\nabla\varphi\cdot\nabla\psi)\mathrm{d}V$

(4) 格林第二公式：$\oint_S\left(\varphi\frac{\partial\psi}{\partial n}-\psi\frac{\partial\varphi}{\partial n}\right)\mathrm{d}S=\int_V(\varphi\nabla^2\psi-\psi\nabla^2\varphi)\mathrm{d}V$

(5)赫姆霍兹定理总结矢量场的基本性质是：矢量场 $\boldsymbol{F}(\boldsymbol{r})$由它的散度$\nabla\cdot\boldsymbol{F}(\boldsymbol{r})$和它的旋度$\nabla\times\boldsymbol{F}(\boldsymbol{r})$，以及 $\boldsymbol{F}(\boldsymbol{r})$在边界上的法向分量 F_n 或切向分量 F_t 唯一地确定，矢量场的散度和矢量场的旋度表征各对应矢量场的一种场源。所以，分析矢量场总是从研究它的散度和它的旋度着手，散度方程和旋度方程构成矢量场的基本方程(微分形式)。

(6) 常用矢量恒等式

设 f、g 为标量，$\boldsymbol{F}$、$\boldsymbol{G}$ 为矢量，则有

$$\nabla(fg)=f\nabla g+g\nabla f$$

$$\nabla\cdot(f\boldsymbol{F})=\nabla f\cdot\boldsymbol{F}+f\nabla\cdot\boldsymbol{F}$$

$$\nabla\times(f\boldsymbol{F})=\nabla f\times\boldsymbol{F}+f\nabla\times\boldsymbol{F}$$

$$\nabla(\boldsymbol{F}\cdot\boldsymbol{G})=(\boldsymbol{F}\cdot\nabla)\boldsymbol{G}+(\boldsymbol{G}\cdot\nabla)\boldsymbol{F}+\boldsymbol{F}\times(\nabla\times\boldsymbol{G})+\boldsymbol{G}\times(\nabla\times\boldsymbol{F})$$

$$\nabla\cdot(\boldsymbol{F}\times\boldsymbol{G})=\boldsymbol{G}\cdot(\nabla\times\boldsymbol{F})-\boldsymbol{F}\cdot(\nabla\times\boldsymbol{G})$$

$$\nabla\times(\boldsymbol{F}\times\boldsymbol{G})=\boldsymbol{F}(\nabla\cdot\boldsymbol{G})-(\boldsymbol{F}\cdot\nabla)\boldsymbol{G}+(\boldsymbol{G}\cdot\nabla)\boldsymbol{F}-\boldsymbol{G}(\nabla\cdot\boldsymbol{F})$$

$$\nabla\times(\nabla\times\boldsymbol{F})=\nabla(\nabla\cdot\boldsymbol{F})-\nabla^2\boldsymbol{F}$$

$$\nabla\times(\nabla f)=0$$

$$\nabla\cdot(\nabla\times\boldsymbol{F})=0$$

$$\int_V \nabla\times\boldsymbol{F}\mathrm{d}V=-\oint_S \boldsymbol{F}\times\mathrm{d}\boldsymbol{S}$$

$$\oint_l f\mathrm{d}\boldsymbol{l}=-\int_S \nabla f\times\mathrm{d}\boldsymbol{S}$$

6）梯度、散度、旋度和拉普拉斯运算

（1）直角坐标系

$$\nabla f=\boldsymbol{e}_x\frac{\partial f}{\partial x}+\boldsymbol{e}_y\frac{\partial f}{\partial y}+\boldsymbol{e}_z\frac{\partial f}{\partial z}$$

$$\nabla\cdot\boldsymbol{F}=\frac{\partial F_x}{\partial x}+\frac{\partial F_y}{\partial y}+\frac{\partial F_z}{\partial z}$$

$$\nabla\times\boldsymbol{F}=\begin{vmatrix}\boldsymbol{e}_x & \boldsymbol{e}_y & \boldsymbol{e}_z\\ \dfrac{\partial}{\partial x} & \dfrac{\partial}{\partial y} & \dfrac{\partial}{\partial z}\\ F_x & F_y & F_z\end{vmatrix}$$

$$\nabla^2 f=\frac{\partial^2 f}{\partial x^2}+\frac{\partial^2 f}{\partial y^2}+\frac{\partial^2 f}{\partial z^2}$$

$$\nabla^2\boldsymbol{F}=\boldsymbol{e}_x\nabla^2 F_x+\boldsymbol{e}_y\nabla^2 F_y+\boldsymbol{e}_z\nabla^2 F_z$$

（2）圆柱坐标系

$$\nabla f=\boldsymbol{e}_\rho\frac{\partial f}{\partial \rho}+\boldsymbol{e}_\phi\frac{1}{\rho}\frac{\partial f}{\partial \phi}+\boldsymbol{e}_z\frac{\partial f}{\partial z}$$

$$\nabla\cdot\boldsymbol{F}=\frac{1}{\rho}\frac{\partial}{\partial\rho}(\rho F_\rho)+\frac{1}{\rho}\frac{\partial F_\phi}{\partial\phi}+\frac{\partial F_z}{\partial z}$$

$$\nabla\times\boldsymbol{F}=\begin{vmatrix}\dfrac{1}{\rho}\boldsymbol{e}_\rho & \boldsymbol{e}_\phi & \dfrac{1}{\rho}\boldsymbol{e}_z\\ \dfrac{\partial}{\partial \rho} & \dfrac{\partial}{\partial \phi} & \dfrac{\partial}{\partial z}\\ F_\rho & \rho F_\phi & F_z\end{vmatrix}$$

$$\nabla^2 f=\frac{1}{\rho}\frac{\partial}{\partial\rho}\left(\rho\frac{\partial f}{\partial\rho}\right)+\frac{1}{\rho^2}\frac{\partial^2 f}{\partial\phi^2}+\frac{\partial^2 f}{\partial z^2}$$

$$\nabla^2\boldsymbol{F}=\boldsymbol{e}_\rho\left(\nabla^2 F_\rho-\frac{2}{\rho^2}\frac{\partial F_\phi}{\partial\phi}-\frac{F_\rho}{\rho^2}\right)+\boldsymbol{e}_\phi\left(\nabla^2 F_\phi+\frac{2}{\rho^2}\frac{\partial F_\rho}{\partial\phi}-\frac{F_\phi}{\rho^2}\right)+\boldsymbol{e}_z\nabla^2 F_z$$

（3）球坐标

$$\nabla f=\boldsymbol{e}_r\frac{\partial f}{\partial r}+\boldsymbol{e}_\theta\frac{1}{r}\frac{\partial f}{\partial\theta}+\boldsymbol{e}_\phi\frac{1}{r\sin\theta}\frac{\partial f}{\partial\phi}$$

$$\nabla\cdot\boldsymbol{F}=\frac{1}{r^2}\frac{\partial}{\partial r}(r^2F_r)+\frac{1}{r\sin\theta}\frac{\partial}{\partial\theta}(\sin\theta F_\theta)+\frac{1}{r\sin\theta}\frac{\partial F_\phi}{\partial\phi}$$

$$\nabla\times\boldsymbol{F}=\begin{vmatrix}\dfrac{1}{r^2\sin\theta}\boldsymbol{e}_r & \dfrac{1}{r\sin\theta}\boldsymbol{e}_\theta & \dfrac{1}{r}\boldsymbol{e}_\phi\\ \dfrac{\partial}{\partial r} & \dfrac{\partial}{\partial \theta} & \dfrac{\partial}{\partial \phi}\\ F_r & rF_\theta & r\sin\theta F_\phi\end{vmatrix}$$

$$\nabla^2 f=\frac{1}{r^2}\frac{\partial}{\partial r}\left(r^2\frac{\partial f}{\partial r}\right)+\frac{1}{r^2\sin\theta}\frac{\partial}{\partial\theta}\left(\sin\theta\frac{\partial f}{\partial\theta}\right)+\frac{1}{r^2\sin^2\theta}\frac{\partial^2 f}{\partial\phi^2}$$

$$\nabla^2\boldsymbol{F}=\boldsymbol{e}_r\left[\nabla^2F_r-\frac{2}{r^2}\left(F_r+\cot\theta F_\theta+\csc\theta\frac{\partial F_\phi}{\partial\phi}+\frac{\partial F_\theta}{\partial\theta}\right)\right]$$

$$= \boldsymbol{e}_\theta \left[\nabla^2 F_\theta - \frac{1}{r^2}\left(\csc^2\theta F_\theta - 2\frac{\partial F_r}{\partial \theta} + 2\cot\theta\csc\theta \frac{\partial F_\phi}{\partial \phi} \right) \right]$$

$$= \boldsymbol{e}_\phi \left[\nabla^2 F_\phi - \frac{1}{r^2}\left(\csc^2\theta F_\phi - 2\csc\theta \frac{\partial F_r}{\partial \theta} - 2\cot\theta\csc\theta \frac{\partial F_\theta}{\partial \phi} \right) \right]$$

习　题

1-1　给定两矢量 $\boldsymbol{A}=\boldsymbol{e}_x+2\boldsymbol{e}_y+3\boldsymbol{e}_z$ 和 $\boldsymbol{B}=4\boldsymbol{e}_x-5\boldsymbol{e}_y+6\boldsymbol{e}_z$，求它们之间的夹角和 $\boldsymbol{A}$ 在 $\boldsymbol{B}$ 上的分量。

1-2　给定两矢量 $\boldsymbol{A}=2\boldsymbol{e}_x+3\boldsymbol{e}_y-4\boldsymbol{e}_z$ 和 $\boldsymbol{B}=-6\boldsymbol{e}_x-4\boldsymbol{e}_y+\boldsymbol{e}_z$，求 $\boldsymbol{A}\times\boldsymbol{B}$ 在 $\boldsymbol{C}=\boldsymbol{e}_x-\boldsymbol{e}_y+\boldsymbol{e}_z$ 上的分量。

1-3　已知 $f(r)=3r^2+4\ln r+\frac{6}{\sqrt[3]{r}}$，求 ∇f。

1-4　求 $f(x,y,z)=x^2yz+4xz^2$ 在 $P(1,-2,-1)$ 处沿 $\boldsymbol{A}=2\boldsymbol{e}_x-\boldsymbol{e}_y-2\boldsymbol{e}_z$ 方向的方向导数。

1-5　试求空间曲面 $x^2y+2xz=4$ 在点 $P(2,-2,3)$ 处的法向单位矢量。

1-6　已知 $\boldsymbol{F}(x,y,z)=x^2z\boldsymbol{e}_x-2y^3z^2\boldsymbol{e}_y+xy^2z\boldsymbol{e}_z$，求点 $(1,-1,1)$ 处的 $\nabla\cdot\boldsymbol{F}$。

1-7　欲使 $\boldsymbol{F}(x,y,z)=(x-3y)\boldsymbol{e}_x+(y-2z)\boldsymbol{e}_y+(x+az)\boldsymbol{e}_z$ 的散度为零，试问常数 a 应为何值？

1-8　已知 $\boldsymbol{F}(x,y,z)=xz^3\boldsymbol{e}_x-2x^2yz\boldsymbol{e}_y+2yz^4\boldsymbol{e}_z$，求点 $(1,-1,1)$ 处的 $\nabla\times\boldsymbol{F}$。

1-9　已知 $\boldsymbol{F}(x,y)=3xy\boldsymbol{e}_x-y^2\boldsymbol{e}_y$，试求 $\boldsymbol{F}$ 沿曲线 $y=2x^2$ 由点 $P_1(0,0)$ 至 $P_2(1,2)$ 的线积分。

1-10　已知 $f(x,y,z)=2xyz^2$，$\boldsymbol{F}(x,y,z)=xy\boldsymbol{e}_x-z\boldsymbol{e}_y+x^2\boldsymbol{e}_z$，试求参数方程为 $x=t^2$，$y=2t$，$z=t^3$ $(0\leqslant t\leqslant 1)$ 的同一曲线 l，计算 t 由 0 变到 1 时的下列两个矢量线积分：

(1) $\int_l f\mathrm{d}\boldsymbol{l}$　　(2) $\int_l \boldsymbol{F}\times\mathrm{d}\boldsymbol{l}$

1-11　对于 $f(\boldsymbol{r})$ 和 $\boldsymbol{F}(\boldsymbol{r})$，证明下列两恒等式：

(1) $\nabla\times(f\boldsymbol{F})=f(\nabla\times\boldsymbol{F})+\nabla f\times\boldsymbol{F}$　　(2) $(\boldsymbol{F}\cdot\nabla)f=\boldsymbol{F}\cdot\nabla f$

1-12　对于标量场 $f(\boldsymbol{r})$ 和 $g(\boldsymbol{r})$，试证明：

(1) $\nabla\times(f\,\nabla f)=0$　　(2) $\nabla^2(fg)=f\,\nabla^2 g+g\,\nabla^2 f+2\,\nabla f\cdot\nabla g$

1-13　试计算：

(1) $\nabla^2\ln r$　　(2) $\nabla^2\left[\nabla\cdot\left(\frac{\boldsymbol{r}}{r^2}\right)\right]$

1-14　对于平面矢量场 $\boldsymbol{F}(x,y,z)=F_x(x,y)\boldsymbol{e}_x+F_y(x,y)\boldsymbol{e}_y$ 和 xoy 平面上沿逆时针取向的闭面路径 l 及其所围区域 S，试由斯托克斯定理导出下列所谓平面格林定理：

$$\oint_l (F_x\mathrm{d}x+F_y\mathrm{d}y)=\int_S\left(\frac{\partial F_y}{\partial x}-\frac{\partial F_x}{\partial y}\right)\mathrm{d}x\mathrm{d}y$$

1-15　判断下列两矢量场各自属于哪种类型：

(1) $\boldsymbol{F}=(6xy+z^3)\boldsymbol{e}_x+(3x^2-z)\boldsymbol{e}_y+(3xz^2-y)\boldsymbol{e}_z$

(2) $\boldsymbol{G}=3y^4z^2\boldsymbol{e}_x+x^3z^2\boldsymbol{e}_y-3x^2y^2\boldsymbol{e}_z$

1-16　设 $\boldsymbol{F}(\boldsymbol{r})$ 和 $\boldsymbol{G}(\boldsymbol{r})$ 均为无旋场，试证明：$\nabla\cdot(\boldsymbol{F}\times\boldsymbol{G})=0$。

1-17　已知 $\nabla\varphi=(y^2-2xyz^3)\boldsymbol{e}_x+(3+2xy-x^2z^3)\boldsymbol{e}_y+(6z^3-3x^2yz^2)\boldsymbol{e}_z$，试求 $\varphi(x,y,z)$。

1-18　对于 $f(\rho,\phi,z)=\frac{1}{\rho}\sin\phi+\rho z^2\cos3\phi$，求 ∇f。

1-19　已知 $\boldsymbol{F}(\rho,\phi,z)=-\rho\cos\phi\boldsymbol{e}_\rho+\rho\sin\phi\boldsymbol{e}_\phi+z\cos\phi\boldsymbol{e}_z$，试求 $\nabla\cdot\boldsymbol{F}$ 及 $\nabla\times\boldsymbol{F}$。

1-20　已知 $f(r,\theta,\phi)=r\cos\theta+\frac{1}{r^2}\sin\phi$，求 ∇f。

1-21　试求 $\boldsymbol{F}(r,\theta,\phi)=r^2\sin\theta\cos\phi\boldsymbol{e}_r+\frac{1}{r^2}\cos\theta\sin\phi\boldsymbol{e}_\theta$ 的散度和旋度。

1-22　在由 $\rho=5$，$z=0$ 和 $z=4$ 围成的圆柱形区域，对矢量 $\boldsymbol{A}=\rho^2\boldsymbol{e}_\rho+2z\boldsymbol{e}_z$ 验证散度定理。

1-23　求矢量 $\boldsymbol{A}=x\boldsymbol{e}_x+x^2\boldsymbol{e}_y+y^2z\boldsymbol{e}_z$ 沿 xoy 平面上的一个边长为 2 的正方形回路的线积分，该正方形

的两个边分别与 x 轴和 y 轴重合。再求 $\nabla\times\boldsymbol{A}$ 对此回路所包围的表面积的积分，验证斯托克斯定理。

1-24　给定矢量函数 $\boldsymbol{E}=y\boldsymbol{e}_x+x\boldsymbol{e}_y$，计算从点 $P_1(2,1,-1)$ 到 $P_2(8,2,-1)$ 的线积分 $\int_l \boldsymbol{E}\cdot \mathrm{d}\boldsymbol{l}$：(1)沿抛物线 $x=2y^2$；(2)沿连接该两点的直线。这个 $\boldsymbol{E}$ 是保守场吗？

1-25　三个矢量 $\boldsymbol{A}$、$\boldsymbol{B}$、$\boldsymbol{C}$

$$\boldsymbol{A}=\sin\theta\cos\phi\boldsymbol{e}_r+\cos\theta\cos\phi\boldsymbol{e}_\theta-\sin\phi\boldsymbol{e}_\phi$$

$$\boldsymbol{B}=z^2\sin\phi\boldsymbol{e}_\rho+z^2\cos\phi\boldsymbol{e}_\phi+2\rho z\sin\phi\boldsymbol{e}_z$$

$$\boldsymbol{C}=(3y^2-2x)\boldsymbol{e}_x+x^2\boldsymbol{e}_y+2z\boldsymbol{e}_z$$

(1) 哪些矢量可以由一个标量函数的梯度表示？哪些矢量可以由一个矢量函数的旋度表示？

(2) 求出这些矢量的源分布。

第2章 静 电 场

自然界中存在着电荷，电荷之间相互作用力的存在揭示了电场的存在，反映了电场的物质性。相对于观察者静止不动且电荷量值不随时间变化的电荷在其周围空间产生的电场称为静电场。

电的作用力是认识电现象的出发点，本章在揭示静止电荷间的作用力的定量描述——库仑定律的基础上开始对静电场进行讨论。首先介绍静电场中点电荷相互作用力的定量关系，引入描述电场的基本物理量——电场强度 $\boldsymbol{E}$；然后从静电场满足保守场的性质出发，引入另一基本场量——标量电位 φ；通过探讨介质对静电场的影响，导出高斯定理；基于静电场的唯一性定理，提出静电场的边值问题；介绍分离变量法及静电场的间接解法——镜像法；扩展电容的概念到多导体构成的导体系统中，引入部分电容概念和计算方法；用场的观点讨论静电场能量的计算方法及其分布特性；最后介绍用虚位移法求解电场力。

2.1 库仑定律与电场强度

带电体(本质是电荷)在其周围空间会产生一种特殊形式的物质，这种物质被称为电场，它具有可侵入性等特点。电场的量化用电场强度来描述，往往用大写字母 $\boldsymbol{E}$ 来表示，它是表征电场特性的一个基本物理量。在引入电场强度之前，首先介绍库仑定律。

2.1.1 库仑定律

库仑定律是静电场的基本实验定律，是关于真空中两点电荷之间作用力的定量描述，标志着人们对电的认识从经验和感性上升到系统而严谨的高度。

库仑定律的描述是：在无限大真空(也称为自由空间)中，当两静止的点电荷 q_1 和 q_2 距离为 R 时，如图 2-1 所示，q_2 受到 q_1 的作用力为

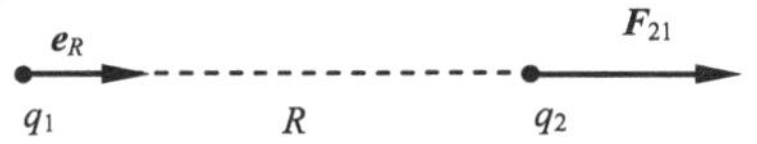

图 2-1 两点电荷之间的作用力

$$\boldsymbol{F}_{21}=\frac{q_2q_1}{4\pi\varepsilon_0R^2}\boldsymbol{e}_R \tag{2-1-1}$$

式中，$\boldsymbol{e}_R=\boldsymbol{R}/R$ 表示从 q_1 指向 q_2 的单位矢量，ε_0 称为真空介电常数。作用力 $\boldsymbol{F}_{21}$ 是通过 q_1 在周围空间产生的称为电场的特殊物质作用于 q_2 的。

同样 q_1 受到 q_2 的作用力 $\boldsymbol{F}_{12}$ 为

$$\boldsymbol{F}_{12}=-\boldsymbol{F}_{21}=\frac{q_1q_2}{4\pi\varepsilon_0R^2}(-\boldsymbol{e}_R) \tag{2-1-2}$$

两电荷之间的作用力也常常称为库仑力，它们遵从牛顿第三定律。

本书采用国际单位制(SI)。在国际单位制中，电量 q 的单位为库仑(C)，距离 R 的单位为米(m)，力 $\boldsymbol{F}$ 的单位为牛顿(N)，ε_0 的单位是法拉/米(F/m)，且有 $\varepsilon_0=\frac{10^{-9}}{36\pi}\approx8.85\times10^{-12}$(F/m)。

库仑定律研究的是自由空间中两点电荷之间的相互作用力，当带电体本身的几何尺寸远

远小于它们之间的距离时，也可将此时的带电体视为点电荷，并以库仑定律来计算它们间的相互作用力。

2.1.2 电场强度

库仑定律给出了自由空间中两点电荷间作用力的量值和方向，也表明了电荷周围有电场这种物质，电场的分布特性可以通过正的单位点电荷在电场中受力的情况来描述。

设在电场中某点有一个正的试验电荷 q_t 受的力为 $\boldsymbol{F}$，定义该点的电场强度为

$$\boldsymbol{E}=\lim_{q_t\to 0}\frac{\boldsymbol{F}}{q_t} \tag{2-1-3}$$

$\boldsymbol{E}$ 的单位是伏特/米(V/m)或牛顿/库仑(N/C)，$q_t\to 0$ 是为了使引入的试验电荷不致影响待定电场的分布。

电场强度 $\boldsymbol{E}$ 是电磁场理论中的基本物理量之一，是一个与空间点的位置密切相关而与试验电荷无关的场量。式(2-1-3)是电场强度的定义式，对于运动电荷产生的电场同样适用，此时表示某一时刻的电场强度。

由库仑定律和电场强度的定义式可知，自由空间中点电荷产生的电场强度由下式计算

$$\boldsymbol{E}=\frac{q}{4\pi\varepsilon_0 R^2}\boldsymbol{e}_R=\frac{q}{4\pi\varepsilon_0 R^3}\boldsymbol{R} \tag{2-1-4}$$

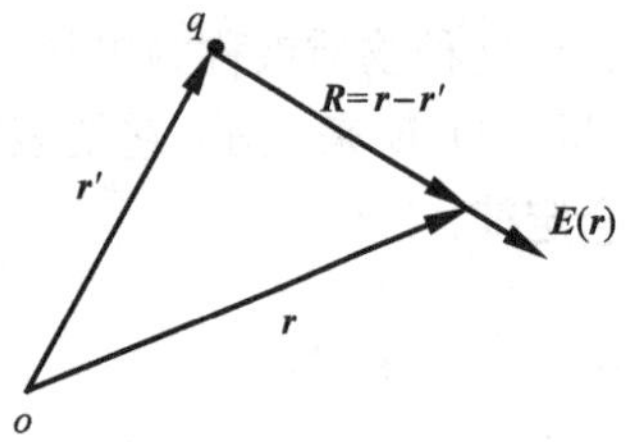

图 2-2 位于 $\boldsymbol{r}'$ 处的 q 在 $\boldsymbol{r}$ 点产生的 $\boldsymbol{E}$

若点电荷所在的点(称为源点)用 $\boldsymbol{r}'$ 表示，观察点(称为场点)用 $\boldsymbol{r}$ 表示，如图 2-2 所示，式(2-1-4)可以写成

$$\boldsymbol{E}(\boldsymbol{r})=\frac{q(\boldsymbol{r}-\boldsymbol{r}')}{4\pi\varepsilon_0\,|\boldsymbol{r}-\boldsymbol{r}'|^3} \tag{2-1-5}$$

上式表明，电场强度与点电荷的带电量成正比。

根据式(2-1-5)$\boldsymbol{E}$ 与 q 的线性关系，可以利用叠加定理来计算不同分布形式电荷产生的电场。例如，真空中存在有 N 个点电荷时，在空间某点的电场可由各点电荷在该点产生电场的矢量和来计算，即

$$\boldsymbol{E}=\boldsymbol{E}_1+\boldsymbol{E}_2+\cdots+\boldsymbol{E}_N=\sum_{i=1}^{N}\frac{q_i(\boldsymbol{r}-\boldsymbol{r}'_i)}{4\pi\varepsilon_0\,|\boldsymbol{r}-\boldsymbol{r}'_i|^3} \tag{2-1-6}$$

根据物质结构理论，电荷分布实际上是不连续的。分析宏观电磁现象时，为了描述电荷的空间分布特性，可以把带电质点的离散分布近似地用它的连续分布代替，并引入电荷密度的概念。根据电荷的分布状况，有不同的电荷密度描述。

1. 体电荷密度

当电荷连续分布于体积 V' 内时，用体电荷密度 $\rho(\boldsymbol{r}')$ 描述电荷分布特性。设位于 $\boldsymbol{r}'$ 处的体积元 $\Delta V'$ 内的净电荷为 $\Delta q(\boldsymbol{r}')$，则 $\boldsymbol{r}'$ 点的体电荷密度定义为

$$\rho(\boldsymbol{r}')=\lim_{\Delta V'\to 0}\frac{\Delta q(\boldsymbol{r}')}{\Delta V'}=\frac{\mathrm{d}q(\boldsymbol{r}')}{\mathrm{d}V'} \tag{2-1-7}$$

它的单位为库仑/米^3(C/m^3)。

2. 面电荷密度

当电荷连续分布在无限薄的曲面 S' 上时，电荷的分布用面电荷密度 $\sigma(\boldsymbol{r}')$ 来描述。设

$\Delta S'$为曲面 S' 上的面元，其上的净电荷为 $\Delta q(\boldsymbol{r}')$，面电荷密度定义为

$$\sigma(\boldsymbol{r}') = \lim_{\Delta S' \to 0} \frac{\Delta q(\boldsymbol{r}')}{\Delta S'} = \frac{\mathrm{d}q(\boldsymbol{r}')}{\mathrm{d}S'} \tag{2-1-8}$$

它的单位为库仑/米²（$\mathrm{C/m^2}$）。

3. 线电荷密度

当电荷连续分布在曲线 l' 上时，电荷的分布用线电荷密度 $\tau(\boldsymbol{r}')$ 来表示。设 $\Delta q(\boldsymbol{r}')$ 为线元 $\Delta l'$ 上的净电荷，定义线电荷密度为

$$\tau(\boldsymbol{r}') = \lim_{\Delta l' \to 0} \frac{\Delta q(\boldsymbol{r}')}{\Delta l'} = \frac{\mathrm{d}q(\boldsymbol{r}')}{\mathrm{d}l'} \tag{2-1-9}$$

它的单位为库仑/米（C/m）。

假设电荷分布于体积 V' 内，其电荷体密度为 $\rho(\boldsymbol{r}')$，将体积 V' 分成若干个体积元，每一体积元的元电荷 $\mathrm{d}q = \rho \mathrm{d}V'$ 可视为点电荷，如图 2-3 所示。根据式(2-1-5)，位于 $\boldsymbol{r}'$ 点的元电荷在场点 $\boldsymbol{r}$ 引起的电场强度为

$$\mathrm{d}\boldsymbol{E}(\boldsymbol{r}) = \frac{\mathrm{d}q}{4\pi\varepsilon_0} \frac{\boldsymbol{r} - \boldsymbol{r}'}{|\boldsymbol{r} - \boldsymbol{r}'|^3}$$

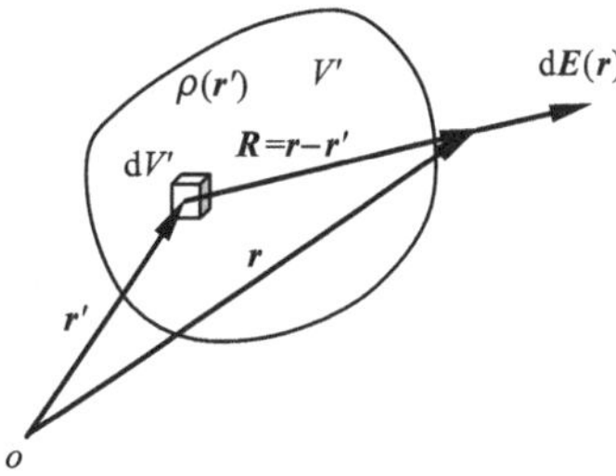

图 2-3　体电荷的电场

应用叠加原理，体积 V' 内全部电荷在 $\boldsymbol{r}$ 点引起的电场强度应为

$$\boldsymbol{E}(\boldsymbol{r}) = \frac{1}{4\pi\varepsilon_0}\int_{V'} \frac{\boldsymbol{r} - \boldsymbol{r}'}{|\boldsymbol{r} - \boldsymbol{r}'|^3}\mathrm{d}q = \frac{1}{4\pi\varepsilon_0}\int_{V'} \frac{\rho(\boldsymbol{r}')(\boldsymbol{r} - \boldsymbol{r}')}{|\boldsymbol{r} - \boldsymbol{r}'|^3}\mathrm{d}V' \tag{2-1-10}$$

同理，也可以得到面电荷所产生的电场强度表达式

$$\boldsymbol{E}(\boldsymbol{r}) = \frac{1}{4\pi\varepsilon_0}\int_{S'} \frac{\sigma(\boldsymbol{r}')(\boldsymbol{r} - \boldsymbol{r}')}{|\boldsymbol{r} - \boldsymbol{r}'|^3}\mathrm{d}S' \tag{2-1-11}$$

和线电荷所产生的电场强度表达式

$$\boldsymbol{E}(\boldsymbol{r}) = \frac{1}{4\pi\varepsilon_0}\int_{l'} \frac{\tau(\boldsymbol{r}')(\boldsymbol{r} - \boldsymbol{r}')}{|\boldsymbol{r} - \boldsymbol{r}'|^3}\mathrm{d}l' \tag{2-1-12}$$

以上三式连同式(2-1-6)又称为计算电场强度的场源关系式。

例 2-1　在真空中有一线电荷密度为 τ，长度为 $2L$ 的长直导线，如图 2-4 所示。求线外任一点的电场强度。

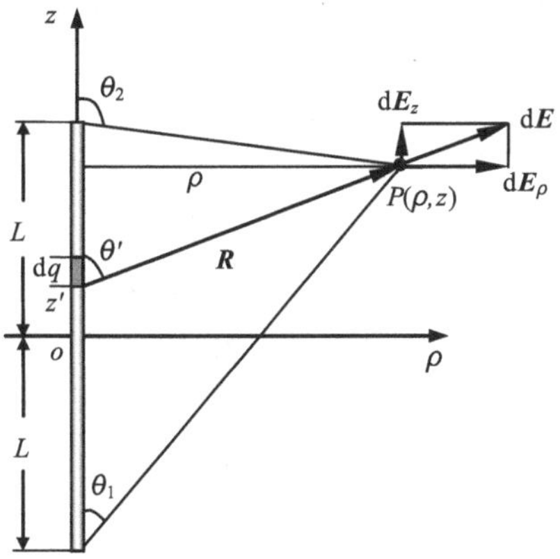

图 2-4　有限长直线电荷的电场

解　由于本问题中的线电荷电场具有以直线为对称轴的对称性，采用圆柱坐标系。令 z 轴与线电荷重合，坐标原点位于导线中心，如图 2-4 所示。线电荷外任一点的电场强度与方位角 ϕ 无关，这样，在 z' 处取元电荷 $\mathrm{d}q = \tau \mathrm{d}z'$，它在 P 点产生的场强为

$$\mathrm{d}\boldsymbol{E} = \frac{1}{4\pi\varepsilon_0} \frac{\tau \mathrm{d}z'}{R^2} \frac{\boldsymbol{R}}{R}$$

$\mathrm{d}\boldsymbol{E}$ 的两个分量分别为

$$\mathrm{d}E_\rho = \mathrm{d}\boldsymbol{E} \cdot \boldsymbol{e}_\rho = \mathrm{d}E\sin\theta' = \frac{1}{4\pi\varepsilon_0} \frac{\tau \mathrm{d}z'}{R^2}\sin\theta'$$

$$dE_z = d\boldsymbol{E} \cdot \boldsymbol{e}_z = dE\cos\theta' = \frac{1}{4\pi\varepsilon_0}\frac{\tau dz'}{R^2}\cos\theta'$$

其中,$R=\dfrac{\rho}{\sin\theta'}$,$z'=(z-\rho\cot\theta')$ 。在利用求和方法计算所有元电荷在 P 点的合成场强 $\boldsymbol{E}$ 时,场点是固定点,即 z、ρ 视为常量,源点是积分变量,因有 $dz'=\rho\csc^2\theta' d\theta'$,于是

$$dE_\rho = \frac{1}{4\pi\varepsilon_0}\frac{\tau\rho\csc^2\theta' d\theta'}{\rho^2\csc^2\theta'}\sin\theta' = \frac{1}{4\pi\varepsilon_0}\frac{\tau\sin\theta'}{\rho}d\theta'$$

$$dE_z = \frac{1}{4\pi\varepsilon_0}\frac{\tau\rho\csc^2\theta' d\theta'}{\rho^2\csc^2\theta'}\cos\theta' = \frac{1}{4\pi\varepsilon_0}\frac{\tau\cos\theta'}{\rho}d\theta'$$

所有元电荷在 P 点的电场的两个分量为

$$E_\rho = \frac{\tau}{4\pi\varepsilon_0\rho}\int_{\theta_1}^{\theta_2}\sin\theta' d\theta' = \frac{\tau}{4\pi\varepsilon_0\rho}(\cos\theta_1 - \cos\theta_2)$$

$$= \frac{\tau}{4\pi\varepsilon_0\rho}\left(\frac{L+z}{\sqrt{\rho^2+(L+z)^2}} + \frac{L-z}{\sqrt{\rho^2+(L-z)^2}}\right)$$

$$E_z = \frac{\tau}{4\pi\varepsilon_0\rho}\int_{\theta_1}^{\theta_2}\cos\theta' d\theta' = \frac{\tau}{4\pi\varepsilon_0\rho}(\sin\theta_2 - \sin\theta_1)$$

$$= \frac{\tau}{4\pi\varepsilon_0\rho}\left(\frac{\rho}{\sqrt{\rho^2+(L-z)^2}} - \frac{\rho}{\sqrt{\rho^2+(L+z)^2}}\right)$$

对 E_ρ 和 E_z 求矢量和得 P 点的电场强度

$$\boldsymbol{E} = E_\rho\boldsymbol{e}_\rho + E_z\boldsymbol{e}_z$$

当 $L\to\infty$ 时,即为无限长直带电线,则 $\theta_1\to 0$,$\theta_2\to\pi$,得 $E_\rho=\dfrac{\tau}{2\pi\varepsilon_0\rho}$,$E_z=0$,即

$$\boldsymbol{E} = \frac{\tau}{2\pi\varepsilon_0\rho}\boldsymbol{e}_\rho \quad (\rho\neq 0) \tag{2-1-13}$$

例 2-2 一均匀带电的无限大平面,其电荷面密度为 σ,求周围空间的电场。

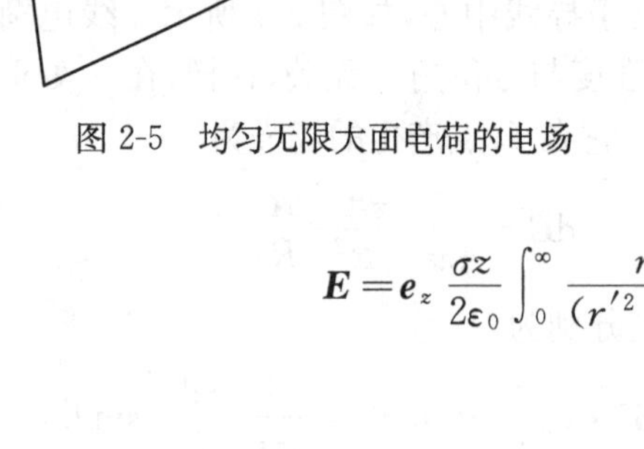

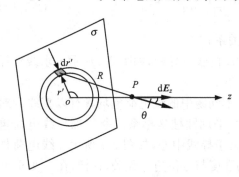

图 2-5 均匀无限大面电荷的电场

解 采用直角坐标系,为了简化求解过程,将观察点 P 取在 z 轴上,如图 2-5 所示。以原点 o 为圆心,作一半径为 r',宽为 dr' 的圆环,环上的元电荷 $dq=2\pi\sigma r' dr'$,根据对称性,此环形元电荷的电场方向沿 z 轴,即

$$dE_z = \frac{dq}{4\pi\varepsilon_0 R^2}\cos\theta = \frac{\sigma r' dr'}{2\varepsilon_0}\frac{z}{(r'^2+z^2)^{3/2}}$$

则无限大面电荷在 P 点产生的电场为

$$\boldsymbol{E} = \boldsymbol{e}_z\frac{\sigma z}{2\varepsilon_0}\int_0^\infty\frac{r' dr'}{(r'^2+z^2)^{3/2}} = \boldsymbol{e}_z\frac{\sigma z}{2\varepsilon_0}\left[\frac{-1}{\sqrt{r'^2+z^2}}\right]_0^\infty$$

$$=\boldsymbol{e}_z\frac{\sigma}{2\varepsilon_0}\frac{z}{|z|}=\begin{cases}\dfrac{\sigma}{2\varepsilon_0}\boldsymbol{e}_z & (z>0)\\ -\dfrac{\sigma}{2\varepsilon_0}\boldsymbol{e}_z & (z<0)\end{cases}$$

结果说明,均匀无限大面电荷产生的电场为恒值,并以平面为对称面,平面两侧的场强方向相反。

2.2 静电场的无旋性　电位

2.2.1 静电场的保守性

静电场中的带电体在电场力的作用下会发生移动,表明电场力做了功。下面通过静电力做功来讨论静电场的保守场性质。

在静电场中有试验电荷 q_t,它所受到的静电力为 $\boldsymbol{F}=q_t\boldsymbol{E}$,设这个力使电荷移动了一个微小距离 $\mathrm{d}l$,电场对 q_t 所做的元功为

$$\mathrm{d}W=\boldsymbol{F}\cdot\mathrm{d}\boldsymbol{l}=q_t\boldsymbol{E}\cdot\mathrm{d}\boldsymbol{l}$$

若 q_t 在电场中沿某一路径 l,从 P 点移至 Q 点,如图 2-6 所示,则电场对 q_t 做的功为

$$W=q_t\int_P^Q\boldsymbol{E}\cdot\mathrm{d}\boldsymbol{l}\tag{2-2-1}$$

如果电场 $\boldsymbol{E}$ 是由点电荷 q 产生的,那么根据点电荷产生的电场计算式,上式可写成

$$W=q_t\int_P^Q\frac{q\boldsymbol{e}_R}{4\pi\varepsilon_0R^2}\cdot\mathrm{d}\boldsymbol{l}=\frac{q_tq}{4\pi\varepsilon_0}\int_{R_P}^{R_Q}\frac{\mathrm{d}R}{R^2}=\frac{q_tq}{4\pi\varepsilon_0}\left(\frac{1}{R_P}-\frac{1}{R_Q}\right)\tag{2-2-2}$$

其中,R_P、R_Q 分别是 P 点和 Q 点到点电荷 q 的距离。式(2-2-2)表明电场力对 q_t 做的功与两端点的位置有关,而与移动时所走的路径无关,这正是保守场的特性。

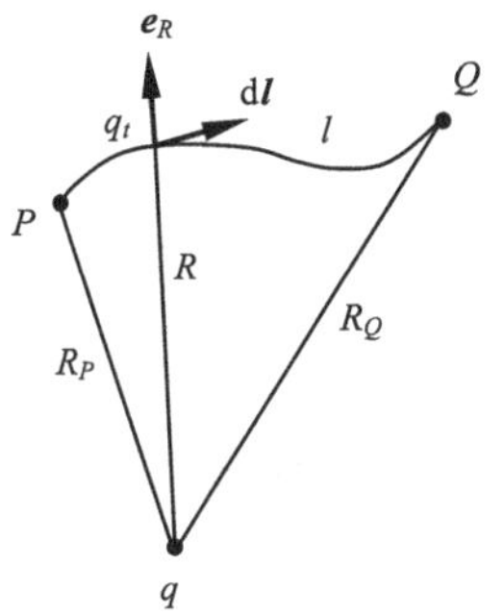

图 2-6　q_t 沿路径 l 从 P 点移至 Q 点

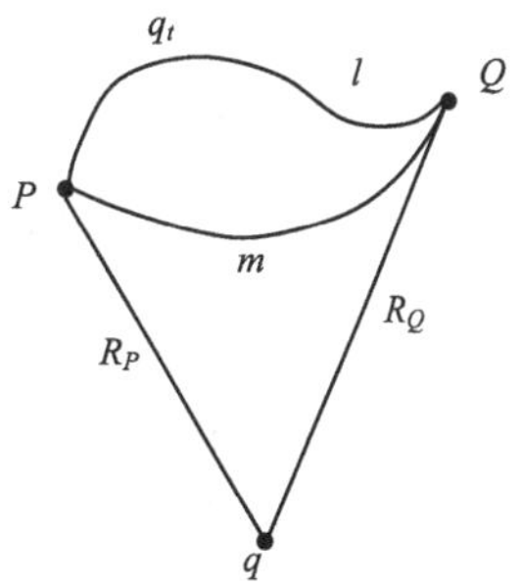

图 2-7　q_t 沿闭合路径 l 移动

如果试验电荷 q_t 从 P 点出发,沿 l 路径到达 Q 点,再从 Q 点沿另一条 m 路径回到 P 点,形成一条闭合回路,如图 2-7 所示,则静电场做的功

$$W=q_t\oint_l\boldsymbol{E}\cdot\mathrm{d}\boldsymbol{l}=\frac{q_tq}{4\pi\varepsilon_0}\int_{R_P}^{R_Q}\frac{\mathrm{d}R}{R^2}+\frac{q_tq}{4\pi\varepsilon_0}\int_{R_Q}^{R_P}\frac{\mathrm{d}R}{R^2}$$

$$=\frac{q_t q}{4\pi\varepsilon_0}\int_{R_P}^{R_Q}\frac{\mathrm{d}R}{R^2}-\frac{q_t q}{4\pi\varepsilon_0}\int_{R_P}^{R_Q}\frac{\mathrm{d}R}{R^2}=0$$

可见,试验电荷在静电场中沿闭合路径移动一周,电场所做的功恒为零,即

$$\oint_l \boldsymbol{E}\cdot\mathrm{d}\boldsymbol{l}=0 \tag{2-2-3}$$

根据叠加原理,在由多个点电荷或连续分布的电荷所建立的静电场中,上式仍然成立。式(2-2-3)表现的是静电场的一个重要性质——静电场的保守性,也称为静电场的守恒定律。

由斯托克斯定理,从式(2-2-3)可得

$$\nabla\times\boldsymbol{E}=0 \tag{2-2-4}$$

式(2-2-3)和式(2-2-4)说明在静电场中电场 $\boldsymbol{E}$ 是保守的或无旋的。

2.2.2 电位及其物理意义

电场强度是矢量,直接进行计算比较复杂。依据第1章矢量分析中对保守场的矢量场函数的研究,可以用一个标量场的梯度来代替矢量场。因此,由式(2-2-4)可定义一个标量函数 φ,使

$$\boldsymbol{E}=-\nabla\varphi \tag{2-2-5}$$

成立,称该标量函数 φ 为电位,单位为伏特(V)。

式(2-2-5)中负号表明电场的方向就是电位最大减少率的方向,或电场中正电荷的受力方向。电位与电场强度一样,也是描述静电场的基本物理量,它具有实际的物理意义。

对式(2-2-1)除以 q_t,可得电场对单位正点电荷所做的功

$$w=\frac{W}{q_t}=\int_P^Q \boldsymbol{E}\cdot\mathrm{d}\boldsymbol{l} \tag{2-2-6}$$

将式(2-2-5)代入上式,得

$$w=-\int_P^Q \nabla\varphi\cdot\mathrm{d}\boldsymbol{l}$$

根据梯度定义式 $\mathrm{d}\varphi=\nabla\varphi\cdot\mathrm{d}\boldsymbol{l}$,有

$$w=-\int_P^Q \nabla\varphi\cdot\mathrm{d}\boldsymbol{l}=-\int_{\varphi_P}^{\varphi_Q}\mathrm{d}\varphi=\varphi_P-\varphi_Q \tag{2-2-7}$$

式中,φ_P、φ_Q 分别为 P、Q 两点的电位。

式(2-2-7)表明,电场力将单位正点电荷从电位为 φ_P 的点经任意路径移至电位为 φ_Q 的点时,电场对该电荷所做的功就是这两点的电位差,即电压,因此

$$u_{PQ}=\varphi_P-\varphi_Q=\int_P^Q \boldsymbol{E}\cdot\mathrm{d}\boldsymbol{l} \tag{2-2-8}$$

式(2-2-8)表明,当电场强度给定之后,只能求出空间两点的电位差,即这两点的相对值,而 φ_P 和 φ_Q 具体是多少并不能确定。但是如果将 $\boldsymbol{E}$ 的线积分的上限 Q 点固定,并取 Q 点为电位的(零)参考点,即令 $\varphi_Q=0$,则下式将表示 P 点处的电位 φ_P

$$\varphi_P=\int_P^Q \boldsymbol{E}\cdot\mathrm{d}\boldsymbol{l} \tag{2-2-9}$$

由此可以看出电位的物理意义:空间某一点的电位就是电场力移动单位正点电荷从该点至参

考点时所做的功，做功的结果导致该点电荷位能的减少。

当电荷分布已知时，可以求出电场中任一点的电位。对于点电荷 q，其周围的电场强度由式(2-1-5)确定，对该式应用式(1-2-18)，有

$$\boldsymbol{E}(\boldsymbol{r})=-\nabla\left(\frac{q}{4\pi\varepsilon_0|\boldsymbol{r}-\boldsymbol{r}'|}\right)$$

比较式(2-2-5)，可得点电荷的电位表达式

$$\varphi(\boldsymbol{r})=\frac{q}{4\pi\varepsilon_0|\boldsymbol{r}-\boldsymbol{r}'|}+C \tag{2-2-10}$$

利用叠加原理，点电荷系的电位为

$$\varphi(\boldsymbol{r})=\frac{1}{4\pi\varepsilon_0}\sum_{i=1}^{N}\frac{q_i}{|\boldsymbol{r}-\boldsymbol{r}'_i|}+C \tag{2-2-11}$$

同理，可得到体、面和线分布电荷的电位分别为

体电荷 $$\varphi(\boldsymbol{r})=\frac{1}{4\pi\varepsilon_0}\int_{V'}\frac{\rho(\boldsymbol{r}')\mathrm{d}V'}{|\boldsymbol{r}-\boldsymbol{r}'|}+C \tag{2-2-12}$$

面电荷 $$\varphi(\boldsymbol{r})=\frac{1}{4\pi\varepsilon_0}\int_{S'}\frac{\sigma(\boldsymbol{r}')\mathrm{d}S'}{|\boldsymbol{r}-\boldsymbol{r}'|}+C \tag{2-2-13}$$

线电荷 $$\varphi(\boldsymbol{r})=\frac{1}{4\pi\varepsilon_0}\int_{l'}\frac{\tau(\boldsymbol{r}')\mathrm{d}l'}{|\boldsymbol{r}-\boldsymbol{r}'|}+C \tag{2-2-14}$$

式(2-2-10)～式(2-2-14)又称为计算电位的场源关系式，式中的积分常数 C 由电位参考点决定。一般来说，为使电位表达式简约，当电荷分布的区域为有限空间时，常选无限远为参考点，这样积分常数为零，从而使电位的表达式最简单。

电位函数 φ 和电场强度 $\boldsymbol{E}$ 是表征同一电场特性的两个场量，两者相互关联。如果知道 φ，则可由式(2-2-5)求出矢量函数 $\boldsymbol{E}$。同样，已知电场强度 $\boldsymbol{E}$，可根据式(2-2-9)，在设定电位参考点的基础上获得电场中任意点的电位。

2.2.3 静电场的图示

场是一种抽象的物质，在研究场分布时，为了使其更直观明了，通常可借助一些场线或等值面(线)来表示场的分布，在静电场中主要采用电力线($\boldsymbol{E}$ 线)和等电位面(线)。

$\boldsymbol{E}$ 线是描述静电场的矢量线，矢量线的求解在 1.3 节中已作介绍，这里不再讨论。在静电场中的 $\boldsymbol{E}$ 线不相交，不闭合，起于正电荷，止于负电荷。

等位面(线)是将空间电位相等的点连接起来形成的曲面(线)，等位面(线)的方程为

$$\varphi(\boldsymbol{r})=C \tag{2-2-15}$$

当 C 取不同的值时可得到一个等位面(线)族。等位面(线)与 $\boldsymbol{E}$ 线处处正交，且不同值的等位面(线)不相交。

图 2-8 给出了两种典型的静电场图，细实线表示等位线，带箭头的实线表示 $\boldsymbol{E}$ 线。

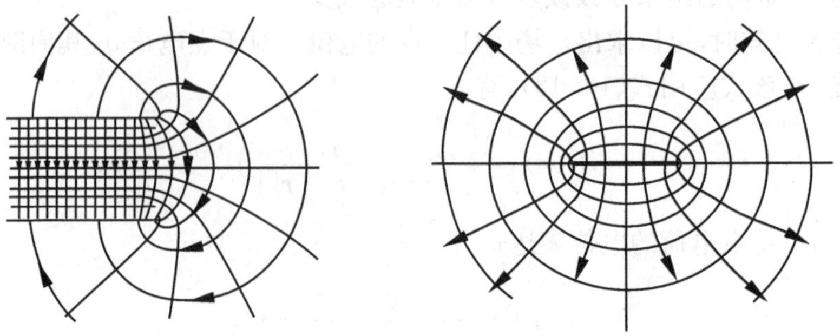

(a) 平板电容器端部场图　　　　(b) 均匀带电圆盘的场图

图 2-8　等位面与电力线

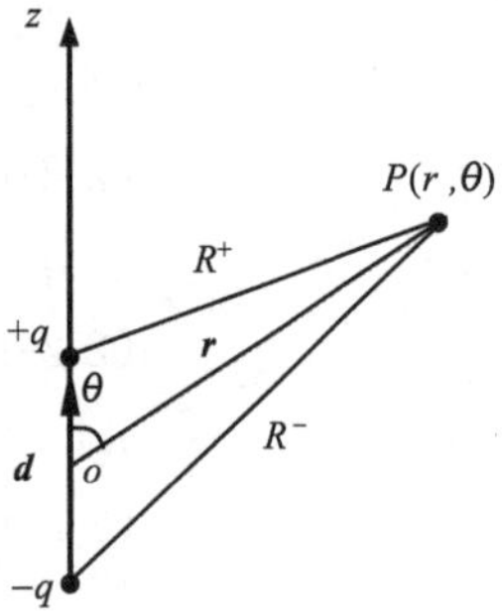

图 2-9　电偶极子场分析

例 2-3　求电偶极子[①]在真空中产生的 φ、$\boldsymbol{E}$。

解　电偶极子的电场是具有轴对称性的场，当场点 $r \gg d$ 时，电偶极子可以看成一个点源，故采用球坐标系。以电偶极子中点为坐标原点，$\boldsymbol{d}$ 与极轴 z 轴重合，如图 2-9 所示。应用叠加原理，P 点的电位为

$$\varphi = \frac{q}{4\pi\varepsilon_0}\left(\frac{1}{R^+} - \frac{1}{R^-}\right) = \frac{q}{4\pi\varepsilon_0}\,\frac{R^- - R^+}{R^- R^+} \tag{2-2-16}$$

因为 $r \gg d$，由图 2-9 可得 $R^+ \approx r - \frac{d}{2}\cos\theta$，$R^- \approx r + \frac{d}{2}\cos\theta$，因此有 $R^- - R^+ \approx d\cos\theta$，$R^- R^+ \approx r^2$，代入式(2-2-16)，则

$$\varphi = \frac{qd\cos\theta}{4\pi\varepsilon_0 r^2} = \frac{p\cos\theta}{4\pi\varepsilon_0 r^2} \tag{2-2-17}$$

上式可按电偶极矩的表达式写成

$$\varphi = \frac{\boldsymbol{p}\cdot\boldsymbol{r}}{4\pi\varepsilon_0 r^3} \tag{2-2-18}$$

对式(2-2-17)取梯度可得电偶极子周围空间的电场强度

$$\boldsymbol{E} = -\nabla\varphi = -\left(\boldsymbol{e}_r\frac{\partial\varphi}{\partial r} + \boldsymbol{e}_\theta\frac{1}{r}\frac{\partial\varphi}{\partial\theta}\right)$$

$$= \frac{p}{4\pi\varepsilon_0 r^3}(2\cos\theta\boldsymbol{e}_r + \sin\theta\boldsymbol{e}_\theta) \tag{2-2-19}$$

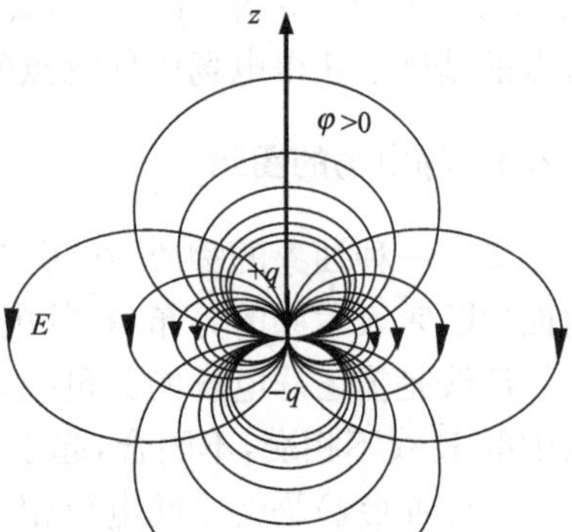

图 2-10　电偶极子的电场

电偶极子的电场分布如图 2-10 所示。图中带箭头的线为电力线，无箭头的线为等位线。从式(2-2-19)可知，电偶极子的电场强度与距离 r^3 成反比，即当 r 增大时，它比点电荷的电场衰减得更快，这是因为对远离偶极子的观察者来说，随着距离的增加，两电荷看起来靠得越近，正负电荷的电场抵消得越多。

---

① 电偶极子由两个电量相等，符号相反的点电荷对 $+q$ 和 $-q$ 构成，其间有一微小距离 d。电偶极子对外的电场效应由电偶极矩 $\boldsymbol{p} = q\boldsymbol{d}$ 来描述，单位为库仑·米(C·m)，其中位移 $\boldsymbol{d}$ 的方向由 $-q$ 指向 $+q$，大小为 d。

例 2-4 真空中有一无限长均匀线电荷，其电荷线密度为 τ，求电位 φ。

解 这是一个平行平面场问题，所求平面内的电位既可以用式(2-2-14)直接计算，也可从例 2-1 所得电场出发，应用电场强度与电位的积分关系式(2-2-9)计算，现采用后一种方法。若取空间某点 ρ_0 为电位参考点，则

$$\varphi=\int_{\rho}^{\rho_0}\boldsymbol{E}\cdot \mathrm{d}\rho\boldsymbol{e}_{\rho}=\int_{\rho}^{\rho_0}\frac{\tau}{2\pi\varepsilon_0\rho}\mathrm{d}\rho=\frac{\tau}{2\pi\varepsilon_0}\ln\frac{\rho_0}{\rho} \tag{2-2-20}$$

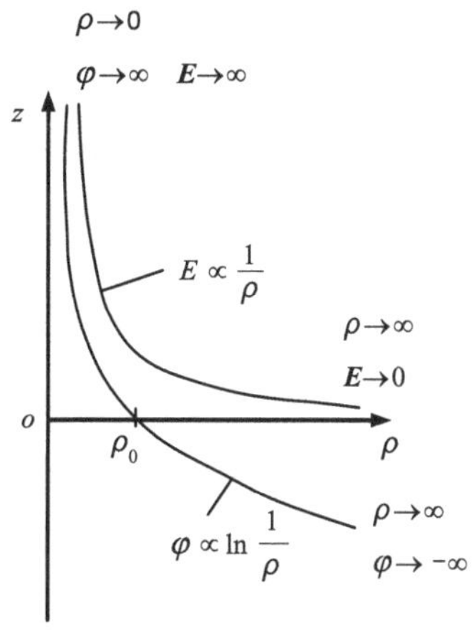

图 2-11 无限长均匀线电荷的电位与电场

从上述结果可知，如果将参考点选在线电荷所在处，也就是 $\rho_0=0$，由于 $\ln\rho_0\to-\infty$，则全空间的电位将为负无穷大，显然这不合理，这是因为线电荷所在处是电场的奇点。如果参考点选在无穷远处，即 $\rho_0\to\infty$，同样有全空间的电位为正无穷大，这是由于电荷分布伸向无穷远所造成的。由此可知，电场强度的奇点不能作为电位的参考点，当电荷作无限分布时，无限远处也不能作为电位的参考点。此时，应选定空间某一点作为电位参考点。如选定为 ρ_0，当 $\rho=\rho_0$ 时，$\varphi=0$，且在 $0<\rho<\infty$ 的有限空间，电位为有限值。

电位及电场强度值的空间分布如图 2-11 所示。

例 2-5 真空中有两条等值异号的无限长直平行线电荷，线电荷密度分别为 $+\tau$ 和 $-\tau$，相距为 $2b$，试分析电位 φ 的分布特性。

解 采用直角坐标系，令 z 轴方向与导线方向一致，如图 2-12(a)所示。线电荷周围的电场为平行平面场，电场分布与 z 轴无关，因此可以仅讨论图示 xoy 平面上的电场分布。

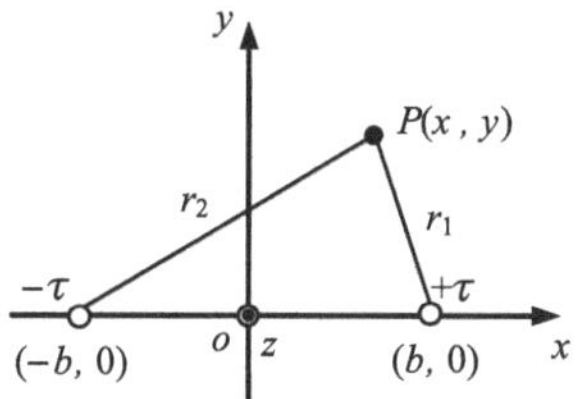

(a)

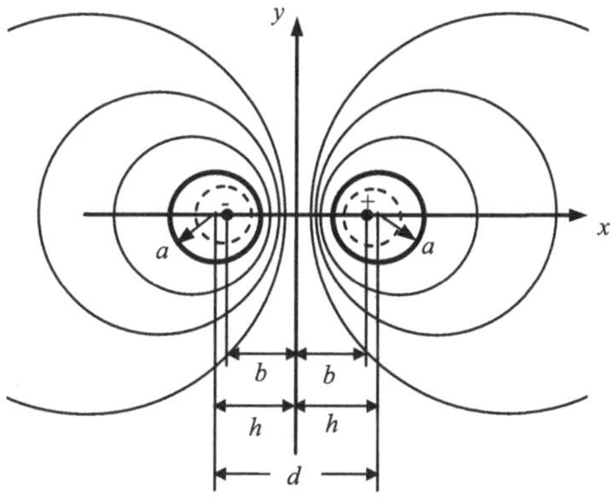

(b)

图 2-12 两平行长直线电荷的电场

(1) 电位的计算。设 r_0 点为电位参考点，根据式(2-2-9)，$+\tau$ 在 P 点产生的电位为

$$\varphi_1=\frac{\tau}{2\pi\varepsilon_0}\int_{r_1}^{r_0}\frac{\mathrm{d}r}{r}=-\frac{\tau}{2\pi\varepsilon_0}\ln r_1+C_1$$

$-\tau$ 在 P 点引起的电位为

$$\varphi_2 = \frac{\tau}{2\pi\varepsilon_0}\ln r_2 + C_2$$

式中，C_1 和 C_2 为积分常数，取决于电位参考点的选择。应用叠加原理，P 点的电位为

$$\varphi = \varphi_1 + \varphi_2 = \frac{\tau}{2\pi\varepsilon_0}\ln\frac{r_2}{r_1} + C$$

若令 $r_1 = r_2$ 时，$\varphi = 0$，即电位参考点选在 y 轴上，则 $C = 0$，可得电位的最简形式

$$\varphi = \frac{\tau}{2\pi\varepsilon_0}\ln\frac{r_2}{r_1} \tag{2-2-21}$$

(2) 电位的分布特性。由式(2-2-21)可知，当$\frac{r_2}{r_1} = K$ 时，φ 为常数，即成为等位线方程，又因

$$\frac{r_2^2}{r_1^2} = \frac{(x+b)^2 + y^2}{(x-b)^2 + y^2} = K^2 \tag{2-2-22}$$

经整理后得

$$\left(x - \frac{K^2+1}{K^2-1}b\right)^2 + y^2 = \left(\frac{2Kb}{K^2-1}\right)^2 \tag{2-2-23}$$

这是圆族方程，在 xoy 平面上，等位线是一族圆，圆心在 x 轴上，坐标为$\left(\frac{K^2+1}{K^2-1}b,\ 0\right)$，半径为$\left|\frac{2Kb}{K^2-1}\right|$，如图 2-12(b)所示。

如果令圆心横坐标为 h、圆半径为 a，即

$$h = \frac{K^2+1}{K^2-1}b \quad 和 \quad a = \left|\frac{2Kb}{K^2-1}\right|$$

易推得 h，a 和 b 三者的关系为

$$h^2 = a^2 + b^2 \tag{2-2-24}$$

这个关系称为反演关系，对每一个等位圆均成立，线电荷所在的点称为反演点。如果把上式写成如下形式

$$a^2 = h^2 - b^2 = (h+b)(h-b)$$

表明与圆心在同一条直线上的两个反演点，它们各自与同一等位圆心距离的乘积等于该等位圆半径的平方，如图 2-12(b)所示。

2.3 导体与电介质

前两节讨论了不同分布形式的电荷在真空中产生的电场，这是为了突出场源与场量之间的关系，场空间被理想化成自由空间。实际的电场分布还与空间存在的物质情况有关，也就是说，有物质存在时的电场与自由空间中的电场是有区别的。根据物质的导电性能，在静电场中可把物质分为两大类：导体与电介质。导体在电场作用下产生静电感应现象，介质在电场作用下产生极化现象，两者都会影响空间电场的分布。

2.3.1 静电场中的导体

导体内部存在大量的自由电子(自由电荷)，导体可视为自由电子可以在其中自由运动的物质，金属是最常见的导体。能自由运动的电荷可以是自由电子和离子，当把导体放入电场中，导体内部的自由电子将受到外电场的作用，使它们逆着电场的方向运动。这时导体表面会出现所谓的感应电荷，这些感应电荷的作用结果在导体内部又产生一个附加的电场，方向与外加电场反向，处处抵消在导体内部的外加电场。随着感应电荷的不断积累，最后导体将达到静电平衡状态。当导体在电场中达到静电平衡以后，会出现下列现象(图 2-13)：

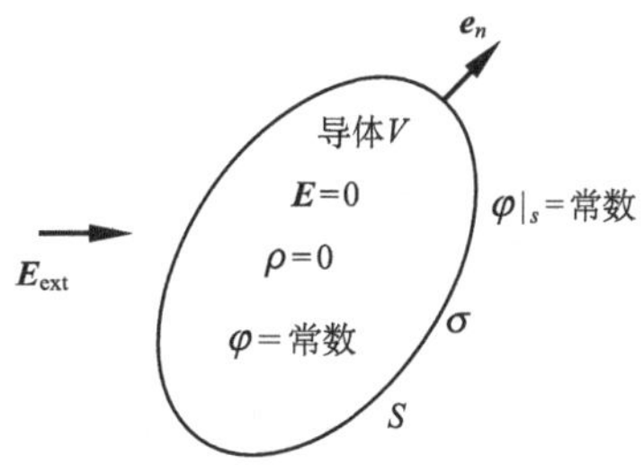

图 2-13 静电场中的导体

(1) 导体内部电场为零。否则，导体内的自由电荷将受电场力作用而移动，这就不属静电问题了。

(2) 导体电位为常数。也就是说，在静电平衡状态下导体为等位体。

(3) 导体表面任一点的电场强度方向与导体表面垂直，显然这是导体表面为等位面的必然结果。

(4) 电荷(包含感应电荷)只分布在导体表面无限薄的一层，形成面电荷。电荷以面密度的形式呈现，且分布密度与表面的曲率有关，曲率越大，面电荷密度越大。

综上所述，所谓导体在静电场中达到静电平衡状态，就是导体表面形成一定的面电荷分布，使导体成为等位体，其表面成为等位面。因此，对于静电平衡状态下的导体，可以说某个导体电位是多少伏。但对于后面所述的绝缘体，则决不能说某个绝缘体的电位是多少伏，这是因为静电场中的绝缘体并不构成等位体。

2.3.2 静电场中的电介质

1. 电介质的极化

电介质(绝缘体)是与导体相对的一类物质，它在静电场中的行为特征截然不同于导体。与导体相比，电介质中几乎没有自由电荷。电介质不导电，其内部存在的正负带电粒子被原子内在力、分子内在力和分子之间的作用力束缚着，不能自由运动，故称这些粒子所带的电荷为束缚电荷。

现实中的电介质在不同的电场情况下有不同的显性，上述定义是强调电介质的不导电性，而将电介质的微弱导电性忽略了，以反映其主要特征。

电介质的分子可分为两大类。一类是极性分子，如 H_2O、N_2O、SO_2和有机酸等物质。在没有电场作用时，分子内部的正负电荷作用中心不重合，可以视为电偶极子，但电介质中许许多多分子的电偶极矩排列杂乱无章，不产生宏观电矩，对外呈电中性。另一类是非极性分子，如 H_2、N_2、O_2、CCl_4等物质，在没有电场作用时，分子内部的正负电荷作用中心重合，对外呈电中性。

当有电场作用时，极性分子的电偶极子发生偏转，电偶极矩趋向外电场的方向；非极性分子内部的正负电荷作用中心沿电场方向发生偏移，形成了一个个电偶极子。在外电场作用下，上述极性分子的电偶极子发生偏转或非极性分子内部的正负电荷作用中心沿电场方向发生偏移的现象称为电介质的极化。极化的结果将使它们的等效偶极子电矩的矢量和不再为零，从而影响原电场的分布。因此，要计算有电介质空间中的电场就必须考虑电介质极化的作用。

为了定量表征介质极化的程度，引入极化强度矢量 $\boldsymbol{P}$，它等于单位体积内的分子电偶极矩的矢量和，即

$$\boldsymbol{P}=\lim_{\Delta V\to 0}\frac{\Delta \boldsymbol{p}_{eq}}{\Delta V}=\frac{\mathrm{d}\boldsymbol{p}_{eq}}{\mathrm{d}V} \tag{2-3-1}$$

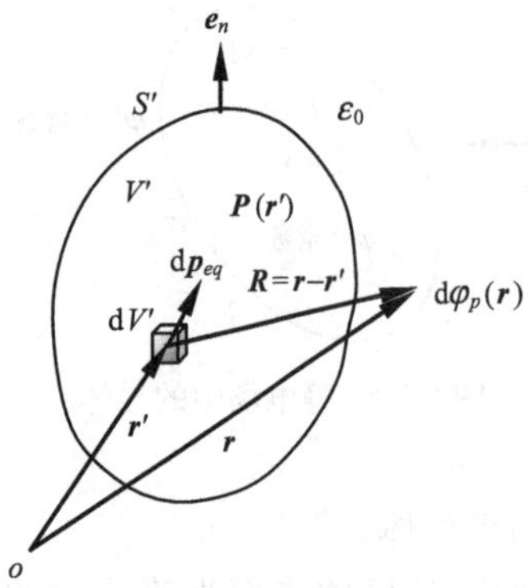

图 2-14　电介质极化建立的电位

式中，等效偶极矩 $\Delta \boldsymbol{p}_{eq}=\sum \boldsymbol{p}_i$ 为体积元 ΔV 内所有分子电矩的矢量和。由式(2-3-1)可知，$\boldsymbol{P}$ 也表示电偶极矩的体密度，单位为库仑/米^2(C/m^2)。

极化后的电介质可视为在真空中作体分布的电偶极子群，也是产生电场强度 $\boldsymbol{E}$ 的场源。

2. 电介质极化后的附加电场效应

设有一体积为 V' 的电介质，V' 的周界为闭合曲面 S'，如图 2-14 所示。电介质在外电场作用下发生极化，设极化强度为 $\boldsymbol{P}(\boldsymbol{r}')$。在电介质内 $\boldsymbol{r}'$ 处取体积元 $\mathrm{d}V'$，其内的等效电偶极矩 $\mathrm{d}\boldsymbol{p}_{eq}=\boldsymbol{P}(\boldsymbol{r}')\mathrm{d}V'$。$\mathrm{d}\boldsymbol{p}_{eq}$ 在空间 $\boldsymbol{r}$ 处产生的元电位 $\mathrm{d}\varphi_p(\boldsymbol{r})$ 可用例 2-3 的结果式(2-2-18)，有

$$\mathrm{d}\varphi_p(\boldsymbol{r})=\frac{\mathrm{d}\boldsymbol{p}_{eq}(\boldsymbol{r}')\cdot\boldsymbol{e}_R}{4\pi\varepsilon_0 R^2}=\frac{\boldsymbol{P}(\boldsymbol{r}')\cdot\boldsymbol{e}_R}{4\pi\varepsilon_0 R^2}\mathrm{d}V'$$

$$=\frac{\boldsymbol{P}(\boldsymbol{r}')\mathrm{d}V'}{4\pi\varepsilon_0}\cdot\nabla'\frac{1}{R}$$

上式推导中利用了矢量恒等式 $\frac{\boldsymbol{e}_R}{R^2}=\nabla'\frac{1}{R}$。

因此，整个电介质在 $\boldsymbol{r}$ 处产生的电位可通过对体积 V' 积分得到，即

$$\varphi_p(\boldsymbol{r})=\frac{1}{4\pi\varepsilon_0}\int_{V'}\boldsymbol{P}(\boldsymbol{r}')\cdot\nabla'\frac{1}{R}\mathrm{d}V'$$

利用矢量恒等式 $\boldsymbol{P}(\boldsymbol{r}')\cdot\nabla'\frac{1}{R}=\nabla'\cdot\frac{\boldsymbol{P}(\boldsymbol{r}')}{R}-\frac{\nabla'\cdot\boldsymbol{P}(\boldsymbol{r}')}{R}$，对上式中被积函数作变换，则

$$\varphi_p(\boldsymbol{r})=\frac{1}{4\pi\varepsilon_0}\left[\int_{V'}\nabla'\cdot\frac{\boldsymbol{P}(\boldsymbol{r}')}{R}\mathrm{d}V'-\int_{V'}\frac{\nabla'\cdot\boldsymbol{P}(\boldsymbol{r}')}{R}\mathrm{d}V'\right]$$

对上式右边第一项应用高斯散度定理得

$$\varphi_p(\boldsymbol{r})=\frac{1}{4\pi\varepsilon_0}\oint_{S'}\frac{\boldsymbol{P}(\boldsymbol{r}')\cdot\boldsymbol{e}_n}{R}\mathrm{d}S'+\frac{1}{4\pi\varepsilon_0}\int_{V'}\frac{-\nabla'\cdot\boldsymbol{P}(\boldsymbol{r}')}{R}\mathrm{d}V' \tag{2-3-2}$$

$\boldsymbol{e}_n$ 是闭合面 S' 的外法线方向的单位矢量。

将上式与自由电荷产生的电位式(2-2-12)和式(2-2-13)比较，如果定义

$$\rho_p=-\nabla'\cdot\boldsymbol{P}(\boldsymbol{r}') \tag{2-3-3}$$

为体极化电荷密度，和

$$\sigma_p=\boldsymbol{P}(\boldsymbol{r}')\cdot\boldsymbol{e}_n \tag{2-3-4}$$

为面极化电荷密度，则式(2-3-2)可写成

$$\varphi_p(\boldsymbol{r}) = \frac{1}{4\pi\varepsilon_0}\int_{V'} \frac{\rho_p(\boldsymbol{r}')}{|\boldsymbol{r}-\boldsymbol{r}'|}\mathrm{d}V' + \frac{1}{4\pi\varepsilon_0}\oint_{S'} \frac{\sigma_p(\boldsymbol{r}')}{|\boldsymbol{r}-\boldsymbol{r}'|}\mathrm{d}S' \tag{2-3-5}$$

与自由电荷产生电位的计算式在形式上完全一样。于是

$$\boldsymbol{E}_p = -\nabla\varphi_p(\boldsymbol{r}) = \frac{1}{4\pi\varepsilon_0}\int_{V'} \frac{\rho_p(\boldsymbol{r}')(\boldsymbol{r}-\boldsymbol{r}')}{|\boldsymbol{r}-\boldsymbol{r}'|^3}\mathrm{d}V' + \frac{1}{4\pi\varepsilon_0}\oint_{S'} \frac{\sigma_p(\boldsymbol{r}')(\boldsymbol{r}-\boldsymbol{r}')}{|\boldsymbol{r}-\boldsymbol{r}'|^3}\mathrm{d}S' \tag{2-3-6}$$

所以,介质极化后产生的附加电场,归结为极化电荷以体密度 ρ_p 和面密度 σ_p 分布的形式按库仑定律在真空中作用的结果,这时空间任一点的电场是由自由电荷产生的电场 $\boldsymbol{E}_f$ 和由极化电荷产生的电场 $\boldsymbol{E}_p$ 的矢量和,即

$$\boldsymbol{E} = \boldsymbol{E}_f + \boldsymbol{E}_p \tag{2-3-7}$$

且满足

$$\nabla\times\boldsymbol{E} = 0$$

因此,电介质中的静电场恒为无旋场。

从以上讨论可知,电介质在电场中表现出二重性。即一方面它受外电场作用而极化,极化强弱程度可用 $\boldsymbol{P}$ 来描述。另一方面极化后出现的宏观电矩体分布作为二次场源也要产生附加电场去影响原电场,而附加电场可用 $\boldsymbol{P}$ 定义的极化电荷体密度 ρ_p 和极化电荷面密度 σ_p 分别按式(2-3-3)和式(2-3-4)计算。但是 $\boldsymbol{P}$ 一般是未知的,这就必须先找出 $\boldsymbol{P}$ 和 $\boldsymbol{E}$ 的关系。

实验结果表明,对于各向同性、线性电介质,极化强度 $\boldsymbol{P}$ 与该点的电场强度 $\boldsymbol{E}$ 成正比(注意这里的 $\boldsymbol{E}$ 是合成电场),有

$$\boldsymbol{P} = \chi_e\varepsilon_0\boldsymbol{E} \tag{2-3-8}$$

式中,χ_e 为介质的电极化率,是一无量纲的常数。对于非线性介质,χ_e 的值与电场强度的大小有关;对于各向异性介质,$\boldsymbol{P}$ 和 $\boldsymbol{E}$ 的方向不一致,并且 $\boldsymbol{P}$ 的大小和方向与 $\boldsymbol{E}$ 的方向有关,它们之间的关系要用矩阵来表示。本书只讨论各向同性线性介质。

由式(2-3-8)可知,电场强度越大,电介质的极化越强烈。但是,这种状况是有一定限度的,当电场强度的值超过某一数值时,电介质中的束缚电荷就会脱离分子的控制,成为自由电子,我们说该电介质不再是绝缘物质,它被击穿了。我们把材料能够承受的最大电场强度称为电介质强度或击穿场强。

2.4 高斯定理

在 2.2 节讨论了静电场的环量特性,得到静电场的一个基本性质,即静电场的保守性。本节将讨论描述静电场通量特性的高斯定理。

2.4.1 真空中的高斯定理

真空中的高斯定理是指:在真空中,电场强度 $\boldsymbol{E}$ 通过任意闭合面 S 的电场通量等于闭合面内电荷的代数和比上真空介电常数 ε_0。其数学表达式为

$$\oint_S \boldsymbol{E}\cdot\mathrm{d}\boldsymbol{S} = \frac{q}{\varepsilon_0} \tag{2-4-1}$$

下面以点电荷产生的静电场来证明这一定律。设自由空间中有点电荷 q,产生的电场为 $\boldsymbol{E} = \frac{q}{4\pi\varepsilon_0 R^2}\boldsymbol{e}_R$,任一包含点电荷 q 的闭合面的电场强度 $\boldsymbol{E}$ 的通量为

$$\oint_S \boldsymbol{E} \cdot \mathrm{d}\boldsymbol{S} = \frac{q}{4\pi\varepsilon_0}\oint_S \frac{\boldsymbol{e}_R}{R^2} \cdot \mathrm{d}\boldsymbol{S} \tag{2-4-2}$$

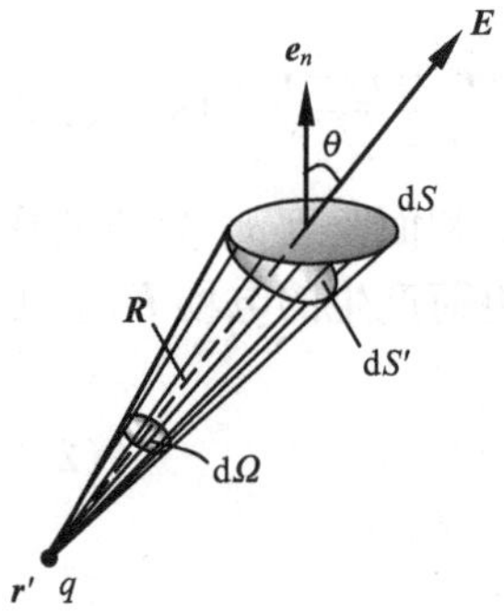

图 2-15　dS 和 dS′所张的立体角相等

在上式的被积函数中，因 $\boldsymbol{e}_R \cdot \mathrm{d}\boldsymbol{S} = \cos\theta\, \mathrm{d}S$，因此被积函数可写成

$$\frac{\boldsymbol{e}_R \cdot \mathrm{d}\boldsymbol{S}}{R^2} = \frac{\cos\theta \mathrm{d}S}{R^2}$$

这个被积函数的数学意义可以用立体角来说明。

以 q 所在的点 $\boldsymbol{r}'$ 为球心，R 为半径作一球面 S'，面元 dS 在球面 S' 上的投影则为 $\cos\theta \mathrm{d}S = \mathrm{d}S'$，如图 2-15 所示。$\mathrm{d}S'$ 对球心 $\boldsymbol{r}'$ 形成一个空间锥，这个空间锥所形成的空间角称为立体角，用 dΩ 表示。从图 2-15 中可以看出，dS 和 dS′对 $\boldsymbol{r}'$ 所张的立体角是相等的。定义立体角 dΩ 为球面上面元 dS′与该面元到球心距离平方之比，即

$$\mathrm{d}\Omega = \frac{\mathrm{d}S'}{R^2} = \frac{\cos\theta \mathrm{d}S}{R^2} = \frac{\boldsymbol{e}_R \cdot \mathrm{d}\boldsymbol{S}}{R^2} \tag{2-4-3}$$

由立体角的定义式可知，闭合球面 S' 对球心的立体角为 4π。

将式(2-4-3)代入式(2-4-2)得

$$\oint_S \boldsymbol{E} \cdot \mathrm{d}\boldsymbol{S} = \frac{q}{4\pi\varepsilon_0}\oint_S \mathrm{d}\Omega \tag{2-4-4}$$

任意形状的闭合面 S 对 $\boldsymbol{r}'$ 点所张的立体角分两种情形：一是 $\boldsymbol{r}'$ 位于 S 内，如图 2-16(a)所示，此时曲面 S 与球面 S' 对 $\boldsymbol{r}'$ 所张的立体角相等，为 4π。另一种情形是 $\boldsymbol{r}'$ 点在闭合面外，如图 2-16(b)所示。不难看出，闭合面 S 对 $\boldsymbol{r}'$ 所张的立体角为零。这是因为 S 的一部分曲面 S_1 对 $\boldsymbol{r}'$ 所张的立体角为正，而另一部分曲面 S_2 对 $\boldsymbol{r}'$ 所张的立体角为负，两部分的立体角等值异号互相抵消。把这一结论应用于式(2-4-4)，因此当闭面 S 包围点电荷 q 时，便得到式(2-4-1)。

依据叠加原理，式(2-4-1)可以推广到点电荷系、体电荷、面电荷和线电荷所产生的电场中，此时，式中的 q 应当表示闭面内的总净电荷。因此，式(2-4-1)表示真空中电场强度 $\boldsymbol{E}$ 的闭合面通量只与闭面内的电荷有关，而与闭面外的电荷无关。

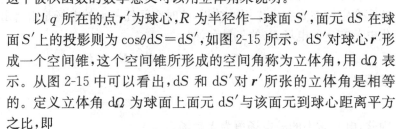

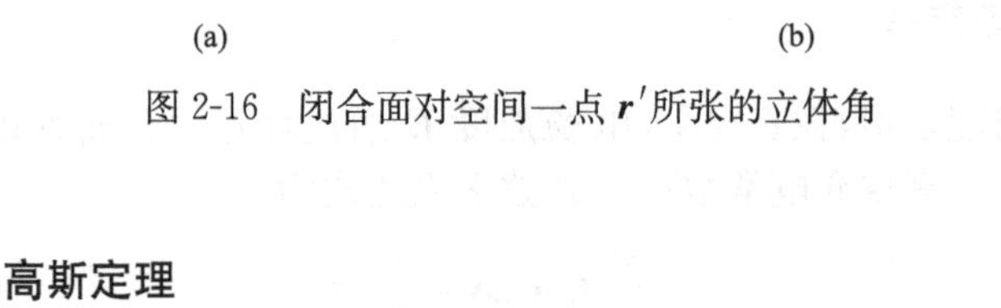

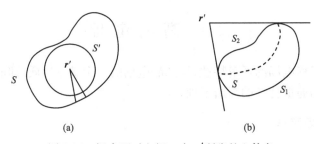

图 2-16　闭合面对空间一点 $\boldsymbol{r}'$ 所张的立体角

2.4.2　一般形式的高斯定理

当场域空间有电介质存在时，电介质受外电场作用发生极化，出现极化电荷，空间任一点的电场应是自由电荷 q 与极化电荷 q_p 在真空中共同产生的合成电场。此时真空中静电场的高斯定理仍然适用，但式(2-4-1)右边的总净电荷应包含自由电荷 q 和极化电荷 q_p，即

$$\oint_S \boldsymbol{E} \cdot \mathrm{d}\boldsymbol{S} = \frac{q + q_p}{\varepsilon_0} \tag{2-4-5}$$

考虑式(2-4-5)的任意闭面 S 不含有极化介质表面，于是闭面内只可能包含有自由电荷和极化介质的体极化电荷，因此

$$q_p = \int_V \rho_p \mathrm{d}V = \int_V -\nabla \cdot \boldsymbol{P} \mathrm{d}V = -\oint_S \boldsymbol{P} \cdot \mathrm{d}\boldsymbol{S}$$

代入式(2-4-5)得

$$\oint_S \boldsymbol{E} \cdot \mathrm{d}\boldsymbol{S} = \frac{q}{\varepsilon_0} - \frac{1}{\varepsilon_0}\oint_S \boldsymbol{P} \cdot \mathrm{d}\boldsymbol{S}$$

即

$$\oint_S (\varepsilon_0 \boldsymbol{E} + \boldsymbol{P}) \cdot \mathrm{d}\boldsymbol{S} = q$$

令

$$\boldsymbol{D} = \varepsilon_0 \boldsymbol{E} + \boldsymbol{P} \tag{2-4-6}$$

$\boldsymbol{D}$ 称为电位移矢量，单位是库仑/米^2(C/m^2)。于是

$$\oint_S \boldsymbol{D} \cdot \mathrm{d}\boldsymbol{S} = q \tag{2-4-7}$$

这就是一般形式的高斯定理，它表明电位移矢量 $\boldsymbol{D}$ 的通量只与闭面 S 内的自由电荷有关，与极化电荷无关，即与介质的电特性、分布无关，因此闭面 S 可以跨几种介质(但不含介质的边界)。由 $\boldsymbol{D}$ 的定义式可知，$\boldsymbol{D}$ 与自由电荷和介质的电特性、分布有关，$\boldsymbol{D}$ 本身表征着电介质极化的物理本质。

式(2-4-6)是联系电介质中 $\boldsymbol{D}$、$\boldsymbol{E}$ 的关系式，称为电介质的构成方程(或本构关系)。在各向同性、线性介质中，将 $\boldsymbol{P} = \chi_e \varepsilon_0 \boldsymbol{E}$ 代入式(2-4-6)，有

$$\boldsymbol{D} = \varepsilon_0 \boldsymbol{E} + \boldsymbol{P} = \varepsilon_0 (1 + \chi_e) \boldsymbol{E} = \varepsilon_0 \varepsilon_r \boldsymbol{E} = \varepsilon \boldsymbol{E}$$

即

$$\boldsymbol{D} = \varepsilon \boldsymbol{E} \tag{2-4-8}$$

称为各向同性、线性介质的构成方程。其中，$\varepsilon = (1 + \chi_e)\varepsilon_0 = \varepsilon_0 \varepsilon_r$ 称为电介质的介电常数，单位为 F/m；$\varepsilon_r = 1 + \chi_e$ 称为电介质的相对介电常数，无量纲。

式(2-4-7)是高斯定理的积分形式，描述了电场穿过整个闭合面的电通量与闭合面内总的净自由电荷之间的关系。为了反映空间各点电场与产生它的场源之间的关系，需要知道它们的微分关系，这可由式(2-4-7)导出。

在有体电荷分布的区域内，任取一闭面 S(S 上不含电介质的表面)，S 所包围的体积为 V，则按式(2-4-7)有

$$\oint_S \boldsymbol{D} \cdot \mathrm{d}\boldsymbol{S} = q = \int_V \rho \mathrm{d}V$$

应用高斯散度定理，可得

$$\int_V \nabla \cdot \boldsymbol{D} \mathrm{d}V = \int_V \rho \mathrm{d}V$$

考虑到 S 面的任意性，以及它所包围的区域 V 的任意性，必有

$$\nabla \cdot \boldsymbol{D} = \rho \tag{2-4-9}$$

上式称为高斯定理的微分形式，它说明空间某点 $\boldsymbol{D}$ 的散度只与该点的自由电荷体密度有关，而与其他点的电荷分布无关。

高斯定理的积分形式和微分形式，反映了静电场的另一基本性质，即静电场是有“源”场，电场的“源”为电荷，在空间体电荷不为零的区域电场是有散场、无旋场。

高斯定理的微分形式同时也说明，空间电荷密度不为零的点发出（$\rho>0$）或接受（$\rho<0$）电通量线（或电力线）。

对于无限大各向同性、线性、均匀介质中的电场，由于 $\boldsymbol{D}=\varepsilon\boldsymbol{E}$，高斯定理可写成

$$\oint_S \boldsymbol{E}\cdot \mathrm{d}\boldsymbol{S}=\frac{q}{\varepsilon}$$

与真空中的高斯定理比较可知，形式上只是把 ε_0 换成了介质中的介电常数 ε，由于 $\varepsilon>\varepsilon_0$，所以在同样自由电荷分布情况下，介质中的电场仅为真空中的 $1/\varepsilon_r$ 倍。也就是说介质极化后总是削弱原电场的。由此可知，在各向同性、线性无限大均匀介质中，真空中的库仑定律以及由此导出的其他场量的计算公式，只需将 ε_0 换成 ε，电荷只涉及自由电荷，则都可作为计算介质中场量的公式。

2.4.3 高斯定理的应用

高斯定理的积分形式为计算具有某种对称性（如球对称、圆柱对称和平面对称）的电场提供了一种简便的方法。应用高斯定理求解这类电场的关键是选择一个合适的闭合面（常称它为高斯面），使闭合面上的 $\boldsymbol{E}$ 或 $\boldsymbol{D}$ 为一类特定值，从而将矢量形式的电场闭面积分转化为标量形式的电场与闭面的乘积关系。下面将通过例子来说明这一方法的应用。

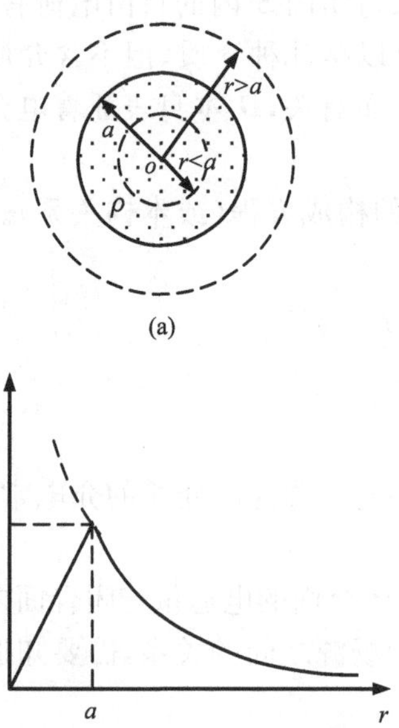

(a) (b)

图 2-17 均匀球体电荷及其在空间的电场分布

例 2-6 真空中有电荷以体密度 ρ 均匀分布于一半径为 a 的球内，试求球内、外的电场强度。

解 由于场分布具有球对称性，建立球坐标系，令原点与球心重合。将一半径为 r 的同心球面作为高斯面，在该高斯面上各点的电场强度大小相同，方向沿径向，与高斯面上的面元方向一致，如图 2-17 (a)所示。

当 $r<a$ 时，应用高斯定理得

$$\oint_S \boldsymbol{E}\cdot \mathrm{d}\boldsymbol{S}=\frac{4\pi r^3\rho}{3\varepsilon_0}$$

$$E\cdot 4\pi r^2=\frac{4\pi r^3\rho}{3\varepsilon_0}$$

$$\boldsymbol{E}=\frac{\rho r}{3\varepsilon_0}\boldsymbol{e}_r$$

当 $r>a$ 时，则

$$\oint_S \boldsymbol{E}\cdot \mathrm{d}\boldsymbol{S}=\frac{4\pi a^3\rho}{3\varepsilon_0}$$

$$E\cdot 4\pi r^2=\frac{4\pi a^3\rho}{3\varepsilon_0}$$

$$\boldsymbol{E}=\frac{\rho a^3}{3\varepsilon_0 r^2}\boldsymbol{e}_r=\frac{q}{4\pi\varepsilon_0 r^2}\boldsymbol{e}_r$$

式中，q 为球体的总电荷。

结果分析：均匀球体电荷外的电场，相当于电荷集中于球心的点电荷的电场。当 $r=a$ 时，$\boldsymbol{E}$ 值达到最大 $E_{\max}$；当 $r=0$ 时，$E=0$，如图 2-17 (b)所示。

例 2-7 具有两层介质(设 $\varepsilon_1>\varepsilon_2$)的长直同轴电缆，横截面尺寸如图 2-18(a)所示。已知内、外导体单位长度上的电荷分别为 τ 和 $-\tau$，试求介质中的 $\boldsymbol{D}$、$\boldsymbol{E}$、φ 以及介质分界面上的 σ_p。

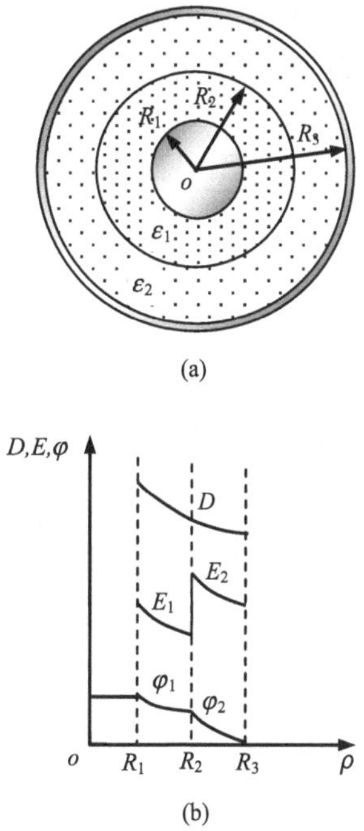

图 2-18 同轴电缆及电场分布

解 分析可知同轴电缆中的电场呈轴对称分布，现以电缆的轴线为 z 轴，建立圆柱坐标。

(1) 求 $\boldsymbol{D}$，$\boldsymbol{E}$

作半径为 ρ，长度为 l 的同轴圆柱闭合面 S 为高斯面，在圆柱面上 D 为定值，方向沿径向，而圆柱两底面的外法线方向与电场方向始终垂直，对闭合面通量无贡献。因此，应用高斯定理可得

$$\oint_S \boldsymbol{D}\cdot \mathrm{d}\boldsymbol{S}=(2\pi\rho l)D=\tau l$$

$$\boldsymbol{D}=\frac{\tau}{2\pi\rho}\boldsymbol{e}_\rho \qquad (R_1\leqslant\rho\leqslant R_3)$$

$$\boldsymbol{E}_1=\frac{\boldsymbol{D}}{\varepsilon_1}=\frac{\tau}{2\pi\varepsilon_1\rho}\boldsymbol{e}_\rho \qquad (R_1\leqslant\rho\leqslant R_2)$$

$$\boldsymbol{E}_2=\frac{\boldsymbol{D}}{\varepsilon_2}=\frac{\tau}{2\pi\varepsilon_2\rho}\boldsymbol{e}_\rho \qquad (R_2\leqslant\rho\leqslant R_3)$$

(2) 求 φ

将电位参考点设在外导体上，即$\varphi_2|_{\rho=R_3}=0$，则

$$\varphi_2=\int_\rho^{R_3}\boldsymbol{E}_2\cdot(\mathrm{d}\rho\boldsymbol{e}_\rho)=\frac{\tau}{2\pi\varepsilon_2}\ln\frac{R_3}{\rho} \qquad (R_2\leqslant\rho\leqslant R_3)$$

$$\varphi_1=\int_\rho^{R_3}\boldsymbol{E}\cdot\mathrm{d}\rho\boldsymbol{e}_\rho=\int_\rho^{R_2}\boldsymbol{E}_1\cdot(\mathrm{d}\rho\boldsymbol{e}_\rho)+\varphi_2|_{\rho=R_2}$$

$$=\frac{\tau}{2\pi\varepsilon_1}\ln\frac{R_2}{\rho}+\frac{\tau}{2\pi\varepsilon_2}\ln\frac{R_3}{R_2} \qquad (R_1\leqslant\rho\leqslant R_2)$$

(3) 求 σ_P

因为分界面是由两种介质构成，每一种介质面上都有极化电荷面密度，因此介质分界面上的极化电荷面密度应是这两种极化电荷面密度之和，即

$$\sigma_P|_{\rho=R_2}=(\sigma_{P_1}+\sigma_{P_2})_{\rho=R_2}=(\boldsymbol{P}_1\cdot\boldsymbol{e}_{n1}+\boldsymbol{P}_2\cdot\boldsymbol{e}_{n2})_{\rho=R_2}$$

$$=[(\boldsymbol{D}_1-\varepsilon_0\boldsymbol{E}_1)\cdot\boldsymbol{e}_\rho-(\boldsymbol{D}_2-\varepsilon_0\boldsymbol{E}_2)\cdot\boldsymbol{e}_\rho]_{\rho=R_2}$$

$$=\varepsilon_0(E_2-E_1)_{\rho=R_2}=\frac{\varepsilon_0\tau}{2\pi R_2}\left(\frac{1}{\varepsilon_2}-\frac{1}{\varepsilon_1}\right)$$

结果分析：由于电场的存在，在两种极化介质的分界面上将出现剩余的极化电荷，该极化电荷是导致电场强度 $\boldsymbol{E}$ 突变的源。各场量在同轴电缆中的分布如图 2-18(b)所示。

2.5 静电场基本方程 介质分界面的衔接条件

2.5.1 静电场的基本方程

在第 1 章中曾指出矢量场的基本性质可以用矢量场的环量特性及通量特性来描述，得到的方程称为矢量场的基本方程。现根据前几节对静电场环量特性及通量特性的讨论，可得静电场的基本方程

$$\oint_l \boldsymbol{E} \cdot \mathrm{d}\boldsymbol{l} = 0 \tag{2-5-1}$$

$$\oint_S \boldsymbol{D} \cdot \mathrm{d}\boldsymbol{S} = q \tag{2-5-2}$$

$$\nabla \times \boldsymbol{E} = 0 \tag{2-5-3}$$

$$\nabla \cdot \boldsymbol{D} = \rho \tag{2-5-4}$$

电介质的构成方程为

$$\boldsymbol{D} = \varepsilon_0 \boldsymbol{E} + \boldsymbol{P} \tag{2-5-5a}$$

对于各向同性、线性电介质

$$\boldsymbol{D} = \varepsilon \boldsymbol{E} \tag{2-5-5b}$$

以上五个方程包含了静电场的所有基本性质。前两个方程是静电场基本方程的积分形式，方程(2-5-1)说明静电场是保守场，尽管是在讨论真空中的静电场时获得的，但同样适用于介质中的静电场，也就是说，只要是静电场都存在这一关系。方程(2-5-2)说明电荷产生电场这一客观事实，这一方程不但适用于静电场，也适用于时变场。方程(2-5-3)和方程(2-5-4)是静电场基本方程的微分形式，这两个方程的重要性在于它直接反映场中各点的场量与场源之间的关系，从数学意义上说，它们用场的旋度和散度描述了各点场与源的情况。另外，从矢量场的唯一性定理来看，有了散度和旋度，再加上边界条件就可唯一地确定静电场。方程(2-5-5a)和方程(2-5-5b)是联系 $\boldsymbol{D}$、$\boldsymbol{E}$ 的构成方程，方程(2-5-5a)对任何介质均成立，方程(2-5-5b)只适用于各向同性线性介质。

2.5.2 介质分界面的衔接条件

在不同介质的分界面上，可能存在着极化电荷和自由电荷，场量 $\boldsymbol{D}$、$\boldsymbol{E}$ 的大小和方向都可能发生突变。这种情况下场量的微分已失去意义，静电场基本方程的微分形式不再适用，但是分界面两旁的这些场量仍然满足基本方程的积分形式。将静电场基本方程的积分形式应用于分界面上，可导出介质分界面场量的衔接条件。

把分界面上的场量分解成平行分界面的切向分量和垂直分界面的法向分量，并且约定分界面的法线正方向由介质 1 指向介质 2(这一约定将始终贯穿本书)。

1. 分界面上电场的切向分量

根据静电场的保守性来研究电场的切向分量关系。在分界面处作一小矩形闭合回路，如图 2-19 所示。该回路在分界面两侧的长度各为 Δl，其间的距离为 Δm，Δl 长度足够短，可认为其上的电场强度近似不变，令 $\Delta m \to 0$，但始终保持 Δl 位于分界面两侧。对这个小回路应用式(2-5-1)，可得

$$\oint_l \boldsymbol{E} \cdot \mathrm{d}\boldsymbol{l} = E_{2t}\Delta l - E_{1t}\Delta l = 0$$

故得电场强度的介质分界面衔接条件

$$E_{1t} = E_{2t} \tag{2-5-6}$$

或

$$\boldsymbol{e}_n \times (\boldsymbol{E}_2 - \boldsymbol{E}_1) = 0 \tag{2-5-7}$$

式(2-5-6)或式(2-5-7)表明，在不同介质分界面上，电场强度的切向分量总是连续的。

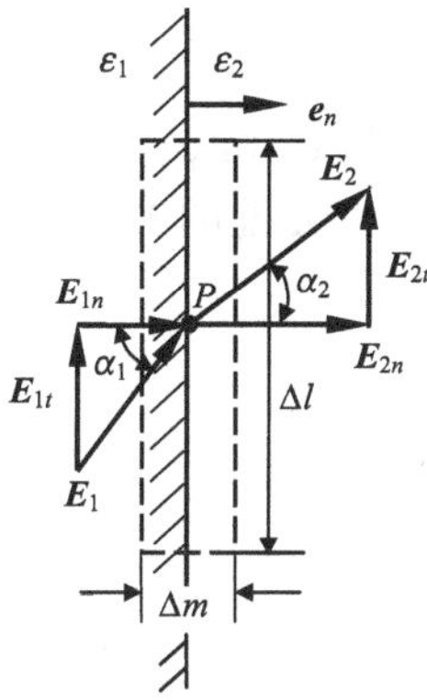

图 2-19　分界面上 E_t 的边界条件

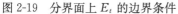

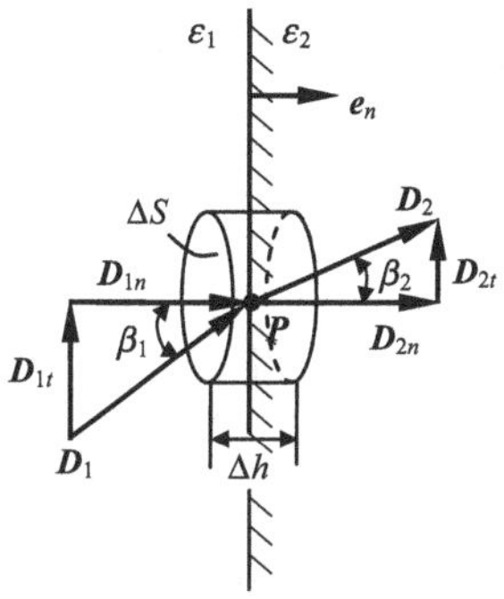

图 2-20　分界面上 D_n 的边界条件

2. 分界面上电位移矢量的法向分量

根据高斯定理研究分界面上电位移矢量的法向分量。在分界面上作一小的扁圆柱，两个底面为 ΔS，柱高为 Δh，ΔS 面元很小，可认为其上的电位移矢量近似不变，Δh 则趋于零，如图 2-20所示。设分界面上的自由电荷面密度为 σ，介质中的自由电荷体密度为 ρ，对于这个小闭合面应用高斯定理，当 $\Delta h \to 0$ 时，体电荷对通量的贡献为零，于是

$$\oint_S \boldsymbol{D} \cdot \mathrm{d}\boldsymbol{S} = D_{2n}\Delta S - D_{1n}\Delta S = \sigma\Delta S$$

因此，电位移矢量的介质分界面衔接条件为

$$D_{2n} - D_{1n} = \sigma \tag{2-5-8}$$

或

$$\boldsymbol{e}_n \cdot (\boldsymbol{D}_2 - \boldsymbol{D}_1) = \sigma \tag{2-5-9}$$

式(2-5-8)或式(2-5-9)说明若介质分界面上有自由面电荷，则介质分界面两侧的电位移矢量不连续。

如果分界面上不存在自由面电荷，即 $\sigma=0$，且这两种各向同性线性介质的介电常数分别为 ε_1 和 ε_2，则有 $\boldsymbol{D}_1=\varepsilon_1\boldsymbol{E}_1$，$\boldsymbol{D}_2=\varepsilon_2\boldsymbol{E}_2$ 和 $\alpha_1=\beta_1$，$\alpha_2=\beta_2$，于是 $\boldsymbol{E}$、$\boldsymbol{D}$ 的分界面衔接条件可写成

$$E_1\sin\alpha_1 = E_2\sin\alpha_2$$

$$\varepsilon_1 E_1\cos\alpha_1 = \varepsilon_2 E_2\cos\alpha_2$$

两式相除得

$$\frac{\tan\alpha_1}{\tan\alpha_2} = \frac{\varepsilon_1}{\varepsilon_2} \tag{2-5-10}$$

上式称为静电场的折射定律。

2.5.3 电位的介质分界面衔接条件

作为静电场的基本物理量，电位的分界面衔接条件可由 $\boldsymbol{E}$、$\boldsymbol{D}$ 的衔接条件导出。在介质分界面上，由 $E_{1t}=E_{2t}$，得

$$-\frac{\partial\varphi_1}{\partial t}=-\frac{\partial\varphi_2}{\partial t}$$

等式两端分别对 t 积分，有

$$\varphi_2=\varphi_1+C$$

式中，C 为积分常数。由于是分析分界面上某点的情况，因为 φ_1 和 φ_2 是分界面两侧无限靠近的两点 1 和 2 的电位，当 1、2 两点的距离 $d_{12}\to 0$，要保证分界面处的电场强度为有限值，积分常数 C 必须为零（$E_{12}=(\varphi_2-\varphi_1)/d_{12}=C/d_{12}$），故得

$$\varphi_1=\varphi_2 \tag{2-5-11}$$

再由 $D_{2n}-D_{1n}=\sigma$，得

$$\varepsilon_1\frac{\partial\varphi_1}{\partial n}-\varepsilon_2\frac{\partial\varphi_2}{\partial n}=\sigma \tag{2-5-12}$$

式(2-5-11)和式(2-5-12)为电位的介质分界面衔接条件。

2.5.4 导体与介质的分界面衔接条件

假设与导体相界的是介质 2，由式(2-5-7)和式(2-5-9)，在紧靠导体表面的介质侧有

$$\boldsymbol{e}_n\times\boldsymbol{E}_2=0 \tag{2-5-13}$$

$$\boldsymbol{e}_n\cdot\boldsymbol{D}_2=\sigma \tag{2-5-14}$$

上两式是式(2-5-7)和式(2-5-9)的特殊情况。同时，式(2-5-14)也是计算导体表面面电荷密度的公式。

设导体的电位为 φ_1，用电位来描述的导体-介质的分界面条件为

$$\varphi_2=\varphi_1 \tag{2-5-15}$$

$$\varepsilon_2\frac{\partial\varphi_2}{\partial n}=-\sigma \tag{2-5-16}$$

下面通过算例来了解分界面衔接条件在解决静电场问题中的作用。

例 2-8 两种介质构成的平板电容器如图 2-21 和图 2-22 所示，介电常数分别为 ε_1 和 ε_2。在图 2-21 中，已知两种介质的厚度 d_1、d_2，极板间电压 U_0；在图 2-22 中，已知极板的两部分面积 S_1、S_2，以及极板上的总电荷 q_0，试分别求出其中的电场强度。

解 对于平板电容器问题，往往忽略边缘效应，其中的场为平行平面场。

(1) 图 2-21 所示平板电容器两介质分界面上，$\boldsymbol{D}$ 相等，但 $\boldsymbol{E}$ 不相等，有

$$\begin{cases}\varepsilon_1E_1=\varepsilon_2E_2\\ E_1d_1+E_2d_2=U_0\end{cases}$$

求得解为

$$\boldsymbol{E}_1=\frac{\varepsilon_2}{\varepsilon_1d_2+\varepsilon_2d_2}U_0\boldsymbol{e}_x,\quad \boldsymbol{E}_2=\frac{\varepsilon_1}{\varepsilon_1d_2+\varepsilon_2d_2}U_0\boldsymbol{e}_x$$

分析结果可知，如果 $\varepsilon_1 > \varepsilon_2$，则 $E_2 > E_1$。也就是说，在 ε 较小区域中的电场强度要比 ε 较大区域中的电场强度大，这点是有实际意义的。在电气设备中，常采用多层不同的绝缘材料以改善电场分布情况，使最大的电场强度不超过击穿场强。

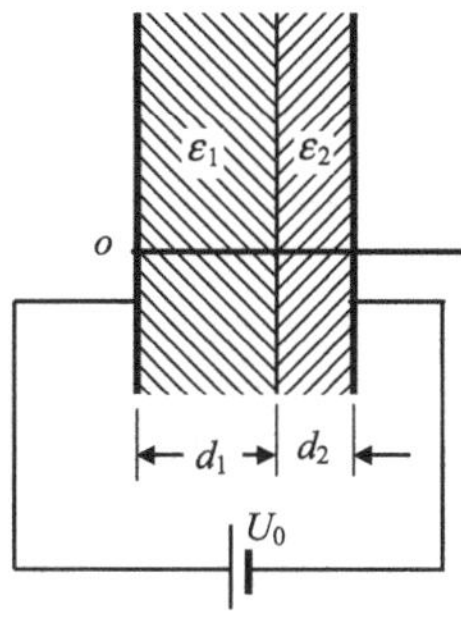

图 2-21

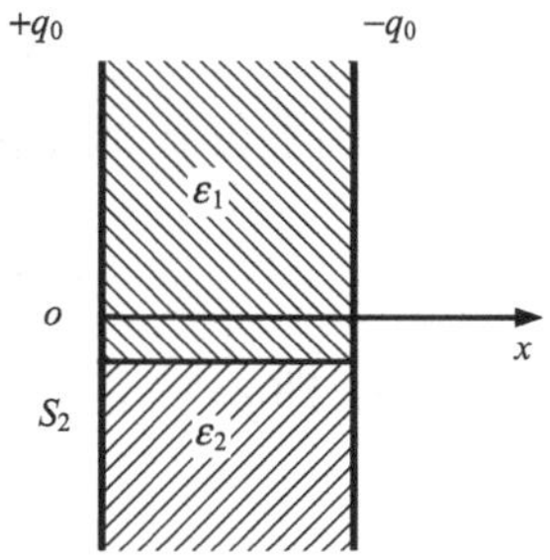

图 2-22

(2) 图 2-22 所示平板电容器两介质分界面上，两介质中的 $\boldsymbol{E}$ 相等，但极板 S_1 和 S_2 两部分面积上 $\boldsymbol{D}$ 不相等，使得相应的电荷密度 σ_1 和 σ_2 不相等，由已知条件得

$$\begin{cases} \sigma_1/\varepsilon_1 = \sigma_2/\varepsilon_2 \\ \sigma_1 S_1 + \sigma_2 S_2 = q_0 \end{cases}$$

解得

$$\sigma_1 = \frac{\varepsilon_1}{\varepsilon_1 S_1 + \varepsilon_2 S_2} q_0, \quad \sigma_2 = \frac{\varepsilon_2}{\varepsilon_1 S_1 + \varepsilon_2 S_2} q_0$$

待求电场强度为

$$\boldsymbol{E}_1 = \boldsymbol{E}_2 = \frac{D_1}{\varepsilon_1} \boldsymbol{e}_x = \frac{\sigma_1}{\varepsilon_1} \boldsymbol{e}_x = \frac{1}{\varepsilon_1 S_1 + \varepsilon_2 S_2} q_0 \boldsymbol{e}_x$$

2.6 静电场的边值问题与求解方法

由前几节所研究的静电场问题可知，静电场问题可分成两类：第一类是已知电荷分布，求电场强度 $\boldsymbol{E}$ 或电位 φ。第二类是相反的问题，在已知电场强度 $\boldsymbol{E}$ 或电位 φ 的情况下，求电荷分布。关于第一类问题，对于某些简单的电荷分布情况，电场强度可以通过库仑定律或高斯通量定律直接求解，也可以应用电位的场源关系来计算 φ，再取负梯度得 $\boldsymbol{E}$。关于第二类问题，可由高斯通量定律的微分形式求得，即 $\rho = \nabla \cdot \boldsymbol{D}$。介质分界面或导体表面的电荷分布则应用衔接条件 $\sigma = \boldsymbol{e}_n \cdot (\boldsymbol{D}_2 - \boldsymbol{D}_1)$。

但是在现实生活中大量遇到的实际问题却是复杂的。例如，场仅分布在有限区域且不具有对称性，也不能直接表示成形如 $\boldsymbol{E} = \frac{1}{4\pi\varepsilon}\int_{V'} \frac{\rho \boldsymbol{e}_R}{R^2} \mathrm{d}V'$ 或 $\varphi = \frac{1}{4\pi\varepsilon}\int_{V'} \frac{\rho}{R} \mathrm{d}V'$ 的场源关系式。另一些情况可能是知道某一有限区域内电荷的分布，而对区域外的电荷分布一无所知，但知道区域边界上电位 φ 或 $\frac{\partial \varphi}{\partial n}$ 的值，因此需要讨论求解静电场问题更一般的方法。

2.6.1 电位的微分方程

在各向同性、线性、局部均匀介质区域的静电场中，将 $\boldsymbol{E}=-\nabla\varphi$ 和 $\boldsymbol{D}=\varepsilon\boldsymbol{E}$ 代入 $\nabla\cdot\boldsymbol{D}=\rho$ 中，得

$$\nabla\cdot\varepsilon(-\nabla\varphi)=\rho$$

对于均匀介质，ε 为常数，则电位 φ 满足微分方程

$$\nabla^2\varphi=-\frac{\rho}{\varepsilon} \tag{2-6-1}$$

称为泊松方程。在无源区，即 $\rho=0$ 的空间区域，此时电位的微分方程为拉普拉斯方程

$$\nabla^2\varphi=0 \tag{2-6-2}$$

电位的微分方程表达了场中各点电位的空间变化与该点自由电荷之间的关系，因此，所有静电场问题的求解都可归结为寻求泊松方程或拉普拉斯方程的解的问题。

2.6.2 静电场的边值问题

利用高等数学的知识，可以求解电位的泊松方程和拉普拉斯方程。从理论上讲，φ 的二阶偏微分方程的解有无数多个，它反映在微分方程通解的积分常数上，然而，满足特定边界条件的电位就只有一个，这种在给定边界条件下求解电位微分方程的定解问题称为静电场的边值问题。

根据给定边界条件的不同，静电场的边值问题可分为以下 3 种类型：

(1) 在整个场域边界 S 上，电位 φ 的值已知，即

$$\varphi\big|_S=f(\boldsymbol{r}) \tag{2-6-3}$$

称为第一类边值问题，或狄里赫利问题。

(2) 在整个场域边界 S 上，电位的法向导数已知，即给定

$$\left.\frac{\partial\varphi}{\partial n}\right|_S=g(\boldsymbol{r}) \tag{2-6-4}$$

称为第二类边值问题，或纽曼问题。

(3) 对于整个场域边界 $S=S_1+S_2$，在 S_1 上电位 φ 的值已知，在 S_2 上电位法向导数已知，即给定

$$\varphi\big|_{S_1}=f(\boldsymbol{r}) \tag{2-6-5}$$

$$\left.\frac{\partial\varphi}{\partial n}\right|_{S_2}=g(\boldsymbol{r}) \tag{2-6-6}$$

称为第三类边值问题或混合边值问题。

针对场域伸展到无限远处所谓的无界问题，如果电荷分布在有限区域，则在无限远处电位值为零，即有

$$\lim_{r\to\infty} r\varphi=\text{有限值} \tag{2-6-7}$$

称为自然边界条件。

当整个场域中电介质不是完全均匀的，但能分成几个均匀介质的子区域时，可针对各均匀电介质的子区域分别写出泊松方程(或拉普拉斯方程)，并加上相应介质区域分界面上的衔接

条件作为定解条件，形成对应电场问题的边值问题。

例 2-9 一长直电缆的横截面如图 2-23 所示，电缆外导体的半径为 R，内导体的横截面为 $2a\times 2b$ 的长方形，内外导体的几何轴线重合，其间填充有介电常数为 ε 的电介质，外导体接地，两导体间的电压为 U，试写出电缆内部静电场的边值问题。

解 该问题可看成平行平面场，以中心为坐标原点 o，建立直角坐标系，如图 2-23 所示。电位 φ 仅是 x，y 的函数，且满足拉普拉斯方程。由于场域分布的对称性，只需考虑有代表性的一部分，即图中斜线部分。因此，电缆内部静电场的边值问题为

$$\nabla^2\varphi=\frac{\partial^2\varphi}{\partial x^2}+\frac{\partial^2\varphi}{\partial y^2}=0$$

$$\varphi\Big|_{(x=a,0\leqslant y\leqslant b \text{及} y=b,0\leqslant x\leqslant a)}=U$$

$$\varphi\Big|_{(x^2+y^2=R^2,0\leqslant x\leqslant R,0\leqslant y\leqslant R)}=0$$

$$\frac{\partial\varphi}{\partial x}\Big|_{(x=0,b<y<R)}=0$$

$$\frac{\partial\varphi}{\partial y}\Big|_{(y=0,a<x<R)}=0$$

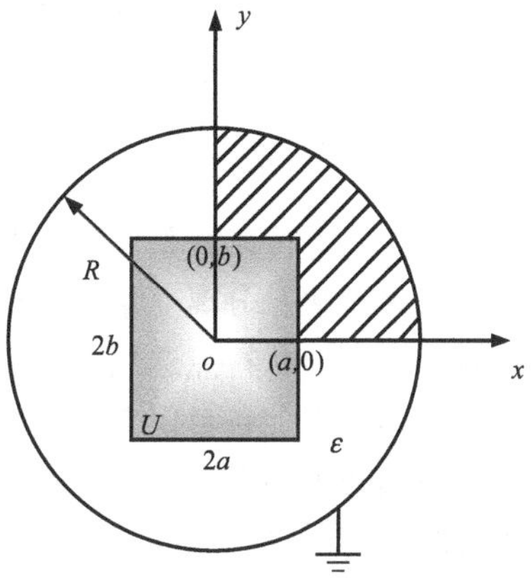

图 2-23 同心电缆的边值问题

例 2-10 平板电容器的极板间有两层介质，第一层介质厚度 $d_1=0.2\text{cm}$，介电常数 $\varepsilon_1=\varepsilon_0$；第二层介质的厚度 $d_2=0.8\text{cm}$，介电常数 $\varepsilon_2=2\varepsilon_0$。极板的板面尺寸远大于 d_1、d_2，如图 2-24 所示。设两极板间的电位差 $U_0=110\text{V}$，求介质中的电位及电场强度的分布。

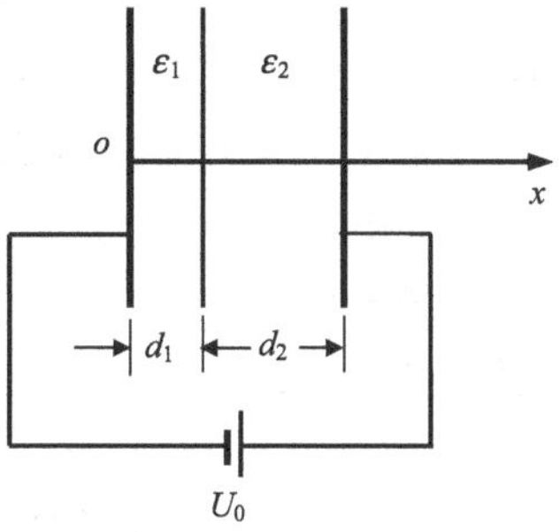

图 2-24 分界面与导板平行的平板电容器

解 电容器极板间有两种不同介质，应分成两个子区域来研究。令介电常数 ε_1 区域中的电位为 φ_1，介电常数 ε_2 区域中的电位为 φ_2。φ_1、φ_2 分别满足拉普拉斯方程。由于极板的尺寸远大于 d_1、d_2，可认为电位仅是 x 坐标的函数，因此，满足的拉普拉斯方程简化为

$$\frac{\mathrm{d}^2\varphi_1}{\mathrm{d}x^2}=0\,,\quad \frac{\mathrm{d}^2\varphi_2}{\mathrm{d}x^2}=0$$

对上述方程积分两次，得

$$\varphi_1=C_1x+C_2,\qquad 0\leqslant x\leqslant d_1$$

$$\varphi_2=C_3x+C_4,\qquad d_1\leqslant x\leqslant d_1+d_2$$

下面根据给定的边界条件（含分界面的衔接条件）来确定各个积分常数。

由 $x=0,\varphi_1=0$，得 $\qquad C_2=0 \qquad$ (1)

由 $x=d_1+d_2,\varphi_2=U_0$，得 $\qquad C_3\times 10^{-2}+C_4=110 \qquad$ (2)

由 $x=d_1,\varphi_1(d_1)=\varphi_2(d_1)$，得 $\qquad C_1\times 0.2\times 10^{-2}+C_2=C_3\times 0.2\times 10^{-2}+C_4 \qquad$ (3)

由 $\varepsilon_1\dfrac{\mathrm{d}\varphi_1}{\mathrm{d}x}\Big|_{x=d_1}=\varepsilon_2\dfrac{\mathrm{d}\varphi_2}{\mathrm{d}x}\Big|_{x=d_1}$，得 $\qquad C_3=\dfrac{\varepsilon_1}{\varepsilon_2}C_1=\dfrac{C_1}{2} \qquad$ (4)

联解式(1) ～ 式(4)，得

$$C_1=18330,\quad C_2=0,\quad C_3=9166,\quad C_4=18.33$$

所以，电位分布为

$$\varphi_1(x)=18330x \quad \text{V}$$

$$\varphi_2(x)=(9166x+18.33) \quad \text{V}$$

根据 $\boldsymbol{E}=-\nabla\varphi=-\dfrac{\mathrm{d}\varphi}{\mathrm{d}x}\boldsymbol{e}_x$，可得两介质中的电场强度分别为

$$\boldsymbol{E}_1=-18330\boldsymbol{e}_x \quad \text{V/m}$$

$$\boldsymbol{E}_2=-9166\boldsymbol{e}_x \quad \text{V/m}$$

这个结果与图 2-21 的电容结论一致，当两种不同绝缘材料同时使用时，介电常数小的材料将承受较大的电场强度。

2.6.3 分离变量法

如果待求电位函数是两个或两个以上坐标变量的函数时，电位的偏微分方程有时可用分离变量法来求解。分离变量法用于求解拉普拉斯方程定解问题时的具体步骤是：首先，结合场域边界的几何形状特点选用合适的坐标系，给出待求场的边值问题表达式。其次，设待求函数由两个或两个以上各自仅含一个坐标变量的函数的乘积构成，并将这种乘积形式的待求函数代入边值问题中的拉普拉斯方程。借助函数的分离得到一种常数关系，使原来的偏微分方程转化为两个或两个以上的常微分方程。然后，分别求解这些常微分方程得到其通解，并以相乘的形式组合这些通解成为原偏微分方程的通解。最后，通过相应的边界条件确定通解中的待定常数。

下面通过一个例题，说明分离变量法的求解思路和应用。

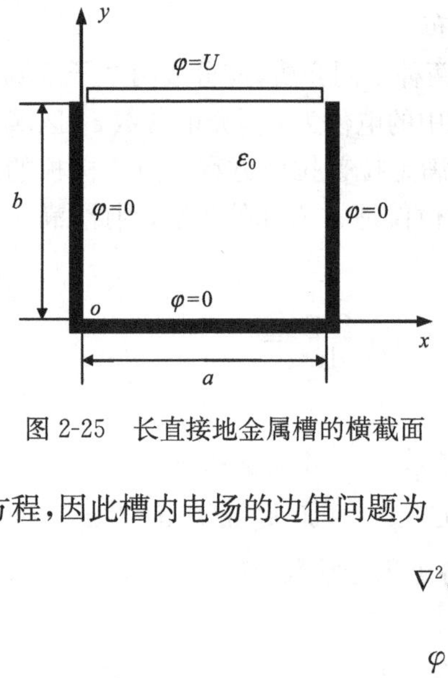

图 2-25 长直接地金属槽的横截面

例 2-11 一矩形截面的长直接地金属槽，槽宽为 a，高为 b，槽长为 l，如图 2-25 所示。槽的侧壁和底面电位均为零，槽壁与顶盖相互绝缘，顶盖电位为 U。槽内真空且无电荷分布，若 l 远大于 a 和 b，求槽内的电位分布。

解 该问题可以通过以下步骤来求解。

第一步，给出槽内电场边值问题的表达式。

根据场域边界的定值坐标面为平面的特点，建立直角坐标系，如图 2-25 所示。由于 $l\gg a$ 和 b，槽内的电场视为平行平面场，电位 φ 与 z 坐标无关，且满足拉普拉斯方程，因此槽内电场的边值问题为

$$\nabla^2\varphi(x,y)=\frac{\partial^2\varphi}{\partial x^2}+\frac{\partial^2\varphi}{\partial y^2}=0 \tag{2-6-8}$$

$$\varphi(0,y)=0, \quad 0\leqslant y<b \tag{2-6-9}$$

$$\varphi(x,0)=0, \quad 0\leqslant x\leqslant a \tag{2-6-10}$$

$$\varphi(a,y)=0, \quad 0\leqslant y<b \tag{2-6-11}$$

$$\varphi(x,b)=U, \quad 0<x<a \tag{2-6-12}$$

第二步，分离变量方程。

设电位函数的分离变量形式为

$$\varphi(x,y)=X(x)Y(y) \tag{2-6-13}$$

即电位是两个函数 X 和 Y 的乘积，且 X 是单变量 x 的函数，Y 是单变量 y 的函数。将二元函数 $\varphi(x,y)$分离成两个独立变量函数 $X(x)$和 $Y(y)$的乘积是应用分离变量法的关键，把式(2-6-13)代入式(2-6-8)，经变换后可得

$$\frac{1}{X}\frac{\mathrm{d}^2X}{\mathrm{d}x^2}=-\frac{1}{Y}\frac{\mathrm{d}^2Y}{\mathrm{d}y^2}$$

上式左边与 y 无关，右边与 x 无关，因此在 x 和 y 取任何值时等式都成立的情况下必然导致两边都为同一个常数。令该常数为 λ，于是得到两个常微分方程

$$\frac{\mathrm{d}^2X}{\mathrm{d}x^2}-\lambda X=0,\quad \frac{\mathrm{d}^2Y}{\mathrm{d}y^2}+\lambda Y=0$$

这样便把式(2-6-8)的偏微分方程分离成两个常微分方程，λ 称为分离常数。

第三步，求解常微分方程，并将常微分方程的通解组合成为原偏微分方程的通解。

根据分离常数λ的取值可分别得出上述常微分方程的三组通解。

当 $\lambda=0$ 时　　$X(x)=A_0x+B_0$，　　$Y(y)=C_0y+D_0$

当 $\lambda=k_n^2>0$ 时　　$X(x)=A_{1n}\mathrm{sh}k_nx+B_{1n}\mathrm{ch}k_nx$，　$Y(y)=C_{1n}\sin k_ny+D_{1n}\cos k_ny$

当 $\lambda=-k_n^2<0$ 时　$X(x)=A_{2n}\sin k_nx+B_{2n}\cos k_nx$，$Y(y)=C_{2n}\mathrm{sh}k_ny+D_{2n}\mathrm{ch}k_ny$

$(n=1,2,3,\cdots)$

由于拉普拉斯方程是线性微分方程，适用叠加原理，所以将上述所有常微分方程解的组合代入式(2-6-13)，构成了偏微分方程式(2-6-8)的通解，即

$$\varphi=(A_0x+B_0)(C_0y+D_0)+\sum_{n=1}^{\infty}(A_{1n}\mathrm{sh}k_nx+B_{1n}\mathrm{ch}k_nx)(C_{1n}\sin k_ny+D_{1n}\cos k_ny)$$
$$+\sum_{n=1}^{\infty}(A_{2n}\sin k_nx+B_{2n}\cos k_nx)(C_{2n}\mathrm{sh}k_ny+D_{2n}\mathrm{ch}k_ny)\tag{2-6-14}$$

第四步，利用给定的边界条件式(2-6-9)～式(2-6-12)，逐一确定式(2-6-14)中的待定常数。

(1) 将边界条件式(2-6-9)代入式(2-6-14)，有

$$B_0(C_0y+D_0)+\sum_{n=1}^{\infty}B_{1n}(C_{1n}\sin k_ny+D_{1n}\cos k_ny)+\sum_{n=1}^{\infty}B_{2n}(C_{2n}\ \mathrm{sh}_ny+D_{2n}\mathrm{ch}k_ny)=0$$

上式对任意的 y 成立，只能是 $B_0=B_{1n}=B_{2n}=0$，将其代入式(2-6-14)，得

$$\varphi=A_0x(C_0y+D_0)+\sum_{n=1}^{\infty}A_{1n}\mathrm{sh}k_nx(C_{1n}\sin k_ny+D_{1n}\cos k_ny)$$
$$+\sum_{n=1}^{\infty}A_{2n}\sin k_nx(C_{2n}\mathrm{sh}k_ny+D_{2n}\mathrm{ch}k_ny)\tag{2-6-15}$$

(2) 根据边界条件式(2-6-10)，在 $y=0$ 处，$\varphi=0$，则由式(2-6-15)得

$$D_0(A_0x)+\sum_{n=1}^{\infty}D_{1n}(A_{1n}\mathrm{sh}k_nx)+\sum_{n=1}^{\infty}D_{2n}(A_{2n}\sin k_nx)=0$$

上式对于任意的 x 成立，可知 $D_0=D_{1n}=D_{2n}=0$，代入式(2-6-15)得

$$\varphi=A_0C_0xy+\sum_{n=1}^{\infty}E_n\mathrm{sh}k_nx\sin k_ny+\sum_{n=1}^{\infty}F_n\sin k_nx\mathrm{sh}k_ny\tag{2-6-16}$$

式中，$E_n=C_{1n}A_{1n}$，$F_n=C_{2n}A_{2n}$。

(3) 根据边界条件式(2-6-11)，在 $x=a$ 处，$\varphi=0$，则由式(2-6-16)得

$$A_0C_0ay+\sum_{n=1}^{\infty}E_n\mathrm{sh}k_na\sin k_ny+\sum_{n=1}^{\infty}F_n\sin k_na\,\mathrm{sh}k_ny=0$$

上式对任意的 y 成立，必有 $A_0C_0=0, E_n=0$，以及 $k_na=n\pi$，即 $k_n=\frac{n\pi}{a}(n=1,2,3,\cdots)$，将结果代入式(2-6-16)，即

$$\varphi=\sum_{n=1}^{\infty}F_n\sin\frac{n\pi}{a}x\,\mathrm{sh}\frac{n\pi}{a}y \tag{2-6-17}$$

(4) 再由边界条件式(2-7-12)，在 $y=b$ 处，$\varphi=U$，代入式(2-6-17)有

$$\sum_{n=1}^{\infty}F_n\sin\frac{n\pi}{a}x\cdot\mathrm{sh}\frac{n\pi}{a}b=U$$

将上式两边同乘以 $\sin\frac{m\pi}{a}x$，并对 x 积分，积分区间为$[0,a]$，即

$$\sum_{n=1}^{\infty}\int_0^a F_n\mathrm{sh}\frac{n\pi}{a}b\cdot\sin\frac{n\pi}{a}x\cdot\sin\frac{m\pi}{a}x\mathrm{d}x=\int_0^a U\sin\frac{m\pi}{a}x\mathrm{d}x \tag{2-6-18}$$

式(2-6-18)左边利用三角函数的正交性，解得

$$\sum_{n=1}^{\infty}\int_0^a F_n\mathrm{sh}\frac{n\pi}{a}b\cdot\sin\frac{n\pi}{a}x\cdot\sin\frac{m\pi}{a}x\mathrm{d}x=\begin{cases}0 & (m\neq n)\\ \frac{a}{2}F_n\mathrm{sh}\frac{n\pi}{a}b & (m=n)\end{cases}$$

式(2-6-18)右边直接积分得

$$\int_0^a U\sin\frac{m\pi}{a}x\mathrm{d}x=\int_0^a U\sin\frac{n\pi}{a}x\mathrm{d}x=\begin{cases}\frac{2aU}{n\pi} & (n\text{ 为奇数})\\ 0 & (n\text{ 为偶数})\end{cases}$$

将积分结果代入式(2-6-18)可解出

$$F_n=\frac{4U}{n\pi\mathrm{sh}\frac{n\pi b}{a}}\quad(n\text{ 为奇数})$$

最后将上式结果代入式(2-6-17)，得到槽内电位为

$$\varphi(x,y)=\frac{4U}{\pi}\sum_{n=1}^{\infty}\frac{\sin\frac{(2n-1)\pi}{a}x\cdot\mathrm{sh}\frac{(2n-1)\pi}{a}y}{(2n-1)\cdot\mathrm{sh}\frac{(2n-1)\pi b}{a}}$$

利用分离变量法求解静电场边值问题得到的解答是一无穷级数，但通常取前面若干项之和便能得到精度令人满意的近似解。

如果场域边界是圆柱面或球面时，一般可选取圆柱坐标系或球坐标系建立求解场域的边值问题表达式，求解过程与例 2-11 类似，但分离出的微分方程较复杂，且通解涉及特殊函数，因此这里不作介绍。

2.6.4 静电场唯一性定理

以实际问题为背景的静电场边值问题，其结果应是唯一的。依据赫姆霍兹定理，静电场解的唯一性定理可作如下描述："对于任一静电场，当场域内的电荷分布以及整个边界条件为已知时，该场域的各个部分就被唯一地确定下来了"。或者更为简洁地表述为"满足给定边界条件的泊松方程的解是唯一的"。

由静电场的唯一性定理可知，只要保证场源的分布不变、相应的边界条件得到满足，那么不管采用何种方法求解，其计算结果应该是一致的，即唯一的。这个结论为求解静电场问题的多种方法提供了保证。

2.7 镜 像 法

从前面的讨论可知，任何静电场问题可以通过求解电位满足的偏微分方程，加上边界约束条件来求得。而实际上，由于电荷分布的多样性、介质特性和边界条件的复杂性，要直接求解电位微分方程的定解问题是困难的，甚至是不可能的。在这种情况下，其他一些间接求解方法能使某些复杂问题得到很好的解决。这一节介绍的镜像法就是静电场边值问题的间接解法，它基于静电场的唯一性定理，能把复杂问题转化成简单问题来求解。

镜像法主要用于边界面为平面（无限大或半无限大）或导体球面的边值问题求解，其基本过程是：在保证所求场域内电荷分布不变、边界条件不变的情况下，用设置在场域边界之外分布简单的电荷代替实际边界上未知的复杂的电荷分布，从而使原问题得以简化求解。这种虚设于场域边界之外的电荷称为镜像电荷，通过寻求镜像电荷的大小和位置，使原问题得到简化求解的方法称为镜像法。

2.7.1 无限大接地导体平面上方点电荷的电场

首先讨论最简单的点电荷对无限大接地导体平面的镜像问题。如图 2-26(a)所示，在导体表面上方的介质空间中，有一点电荷 q，试分析介质空间中的电场分布。

由于无限大导体板的存在，其上方的点电荷在周围空间产生的电场分布发生变化。导体对点电荷产生的电场的影响是由于导体表面上的感应电荷引起的，因此介质中的电场应该是点电荷 q 和分布在导体表面上的感应电荷共同产生。

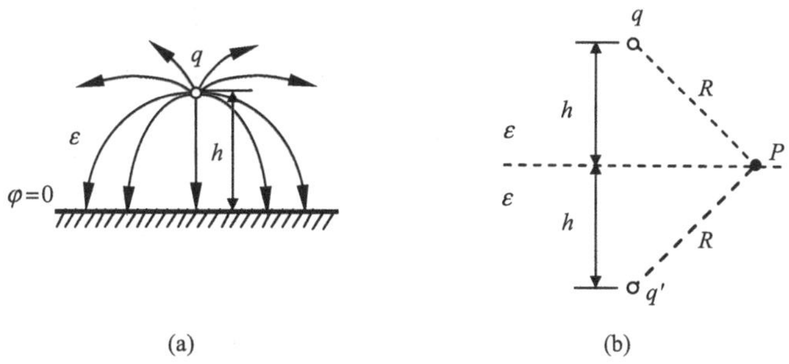

图 2-26 无限大接地导体附近的点电荷及其镜像

本问题对应的边值问题为

$$\nabla^2\varphi=0 \qquad \text{除点电荷所在处外的介质空间中}$$

$$\varphi|_S=0 \qquad \text{导体表面及无穷远处}$$

从导体表面 $\varphi=0$ 的边界条件出发，若在点电荷 q 相对于导体表面对称的镜像位置，放置一个镜像电荷 q' 取代面电荷的作用，抽去无限大导体平板，并使原导体平板下半空间也充满相同介电常数为 ε 的介质，参见图 2-26(b)，则由边界条件

$$\varphi=\frac{q}{4\pi\varepsilon R}+\frac{q'}{4\pi\varepsilon R}=0$$

得镜像电荷 $q'=-q$。

这样，上半介质空间的电场便简化为在无限大介质空间中由点电荷 q 与镜像电荷 q' 共同产生的电场问题。因而，无限大导体平板上方介质中任一点的电位为

$$\varphi=\frac{q}{4\pi\varepsilon r_1}+\frac{-q}{4\pi\varepsilon r_2}=\frac{q}{4\pi\varepsilon}\left(\frac{1}{r_1}-\frac{1}{r_2}\right)$$

式中，r_1、r_2 分别为原点电荷和镜像电荷到空间场点的距离。

按上式求得介质中的电场后，也可求出导体表面的感应面电荷密度，进一步可证明导体上的感应电荷 $Q=\int_S\sigma\mathrm{d}S=-q$。电荷 q 所受的力可看成是镜像电荷 q' 对它的作用力，即

$$f=-\frac{q^2}{4\pi\varepsilon(2h)^2}$$

负号表示点电荷受到的是镜像电荷的吸引力，也是导体上的感应电荷对点电荷的吸引力。

应用镜像法时需特别注意有效区域。在以上所讨论的问题中，有效区域只是导电平板以上的介质区域，导电平板下半空间区域实际上并不存在电场，是无效区域。

例 2-12 设在平地上有一条与地面平行的长直带电线，该带电线离地高 h，单位长度带电量为 τ，试计算该长直带电线周围的电位分布。

解 长直带电导线产生的电场为平行平面场，场分布如图 2-27(a)所示，可只研究与带电线垂直的平面内的场分布。在该平面上，以带电线的投影点为坐标原点，建立直角坐标系，如图 2-27(b)所示。对应的边值问题为

$$\nabla^2\varphi=0 \qquad \text{除长直带电线所在处以外的空间}$$

$$\varphi|_S=0 \qquad \text{地面}$$

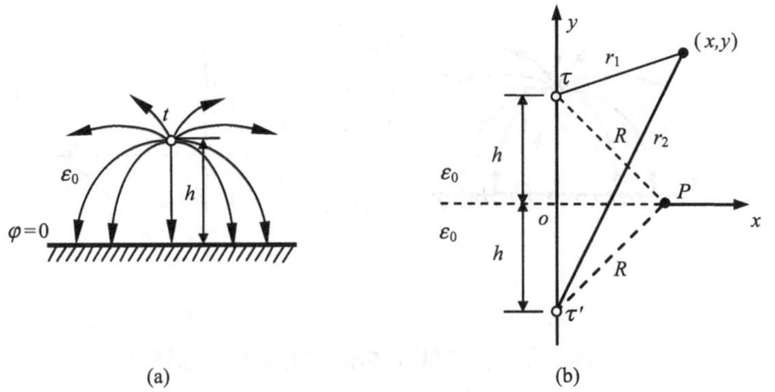

图 2-27　无限大地面上方的长直电荷及其镜像

由地面 $\varphi=0$ 的边界条件，若在线电荷 τ 相对于地面对称的镜像位置放置一镜像线电荷 τ'取代地面的感应电荷，撤去地面，并使地面以下的半空间也充满空气，则地面处的电位

$$\varphi=\frac{\tau}{2\pi\varepsilon_0}\ln\frac{R_0}{R}+\frac{\tau'}{2\pi\varepsilon_0}\ln\frac{R_0}{R}=0 \qquad (R_0\text{ 为电位参考点})$$

解得镜像电荷 $\tau'=-\tau$。

这样，地面上方空气中的电场便简化为原线电荷 τ 与镜像线电荷 τ'产生的电场之和。因而，地面上方空气中任一点的电位为

$$\varphi=\frac{\tau}{2\pi\varepsilon_0}\ln\frac{R_0}{r_1}+\frac{-\tau}{2\pi\varepsilon_0}\ln\frac{R_0}{r_2}=\frac{\tau}{2\pi\varepsilon_0}\ln\frac{r_2}{r_1}$$

式中，r_1、r_2分别为原线电荷和镜像线电荷到空间场点的距离。

2.7.2 无限大介质分界平面上方点电荷的电场

设有介电常数分别为 ε_1和 ε_2的两种介质，分界面为无限大平面，在分界面上方 ε_1区域有点电荷 q，如图 2-28(a)所示。试分析介质中的电场分布。

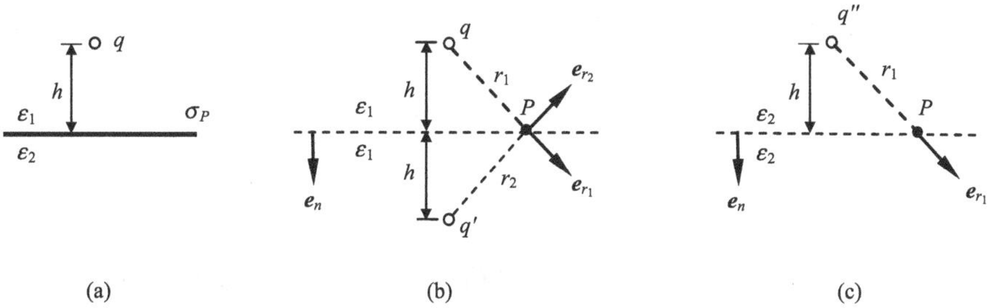

图 2-28 点电荷对无限大介质分界平面的镜像

由于介质极化，在介质分界面上将出现分布复杂的面极化电荷 σ_P，因此两介质中的电场应由点电荷 q 与极化面电荷σ_P共同产生。尽管 σ_P分布未知，但可以应用镜像法虚设镜像点电荷 q'和 q''来代替面极化电荷的作用，镜像电荷的大小按介质分界面的衔接条件确定。

与无限大导体分界面情况不同，现在两种介质中都存在有电场，必须分区求解。设 ε_1 和 ε_2 两个区域的电位函数分别是 φ_1 和 φ_2，该静电场的边值问题为

$$\nabla^2\varphi_1=0 \qquad \text{除点电荷所在处以外的上半空间区域}$$

$$\nabla^2\varphi_2=0 \qquad \text{下半空间区域}$$

$$\varphi_1=0,\quad \varphi_2=0 \qquad r\to\infty\text{的自然边界条件}$$

$$\begin{cases}\varphi_1=\varphi_2\\ \varepsilon_1\dfrac{\partial\varphi_1}{\partial n}=\varepsilon_2\dfrac{\partial\varphi_2}{\partial n}\end{cases} \qquad \text{分界面衔接条件}$$

在计算介质 1 中的电场时，用镜像点电荷 q'代替分界面上的面极化电荷，同时去掉分界面，将整个空间用介质 ε_1填充，如图 2-28(b)所示。在计算介质 2 中的电场时，则用 q''代替原电荷 q 和面极化电荷，将它放在原电荷处，并把整个空间用介质 ε_2填充，如图 2-28(c)所示。在两介质中，电位的表达式分别为

$$\varphi_1=\frac{1}{4\pi\varepsilon_1}\left(\frac{q}{r_1}+\frac{q'}{r_2}\right)$$

$$\varphi_2=\frac{1}{4\pi\varepsilon_2}\frac{q''}{r_1}$$

在分界面上的 P 点处 $r_1=r_2$，由分界边条件 $\varphi_1=\varphi_2$，可得

$$\frac{q}{\varepsilon_1}+\frac{q'}{\varepsilon_1}=\frac{q''}{\varepsilon_2} \tag{2-7-1}$$

又因

$$\varepsilon_1\frac{\partial\varphi_1}{\partial n}=\varepsilon_1\nabla\varphi_1\big|_n=\frac{1}{4\pi}\left[\left(-\frac{q}{r_1^2}\boldsymbol{e}_{r1}\right)\cdot\boldsymbol{e}_n+\left(-\frac{q'}{r_2^2}\boldsymbol{e}_{r2}\right)\cdot\boldsymbol{e}_n\right]$$

$$\varepsilon_2\frac{\partial\varphi_2}{\partial n}=\varepsilon_2\nabla\varphi_2\big|_n=\frac{1}{4\pi}\left(-\frac{q''}{r_1^2}\boldsymbol{e}_{r1}\right)\cdot\boldsymbol{e}_n$$

将上两式代入在 $r_1=r_2$ 处的分界面条件 $\varepsilon_1\dfrac{\partial\varphi_1}{\partial n}=\varepsilon_2\dfrac{\partial\varphi_2}{\partial n}$，并注意 $\boldsymbol{e}_{r1}\cdot\boldsymbol{e}_n=-\boldsymbol{e}_{r2}\cdot\boldsymbol{e}_n$，有

$$q-q'=q'' \tag{2-7-2}$$

联立求解式(2-7-1)和式(2-7-2)，得

$$\left.\begin{aligned}q'&=\frac{\varepsilon_1-\varepsilon_2}{\varepsilon_1+\varepsilon_2}q\\q''&=\frac{2\varepsilon_2}{\varepsilon_1+\varepsilon_2}q\end{aligned}\right\} \tag{2-7-3}$$

显然，用式(2-7-3)得到的镜像电荷代替极化电荷的作用，满足前面所述问题的静电场边值问题，根据唯一性定理，φ_1 和 φ_2 就是所求的正确解。

2.7.3 接地导体球附近点电荷的电场

设在介电常数为 ε 的介质空间中，有点电荷 q 和一接地导体球，如图 2-29(a)所示，介质中的静电场边值问题应为

$$\begin{aligned}&\nabla^2\varphi=0 && \text{导体球外除 } q \text{ 所在处}\\&\varphi=0 && r\to\infty \quad \text{(自然边界条件)}\\&\varphi=0 && \text{球面上} \quad \text{(给定边界条件)}\end{aligned}$$

由于接地导体球的存在，点电荷在导体球面上将引起感应电荷，导体球外部的电场由点电

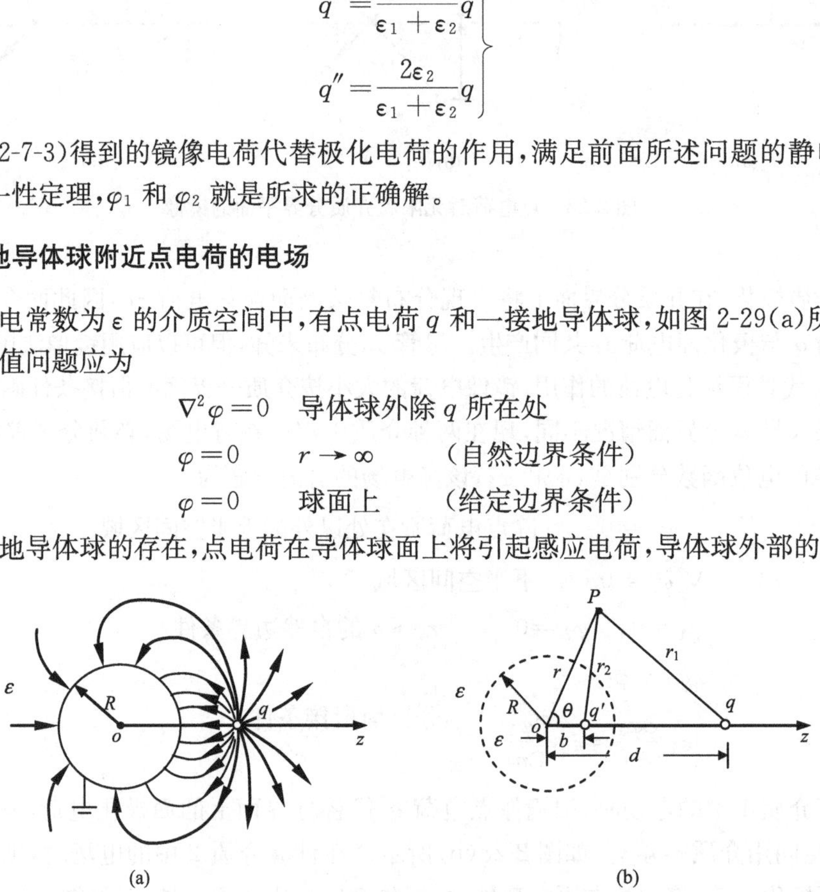

图 2-29　点电荷对接地导体球的镜像

荷和球面上的感应电荷共同产生，仍然可以应用镜像法来求解该问题。以介电常数为 ε 的介质球置换导体球，在球内相应点上设置镜像电荷 q' 以代替球面上感应电荷对球外电场的影响，原问题便成为无限大均匀介质空间点电荷的电场问题。根据场分布的对称性，取球坐标系，坐标原点设在球心处，q 距坐标原点的距离为 d，在球心与点电荷 q 的连线上距球心 b 处设置镜像电荷 q'，如图 2-29(b)所示。于是，球外任一点 P 的电位为

$$\varphi=\frac{q}{4\pi\varepsilon r_1}+\frac{q'}{4\pi\varepsilon r_2}=\frac{q}{4\pi\varepsilon\sqrt{r^2+d^2-2rd\cos\theta}}+\frac{q'}{4\pi\varepsilon\sqrt{r^2+b^2-2rb\cos\theta}}$$

现在需要确定镜像电荷 q' 和位置 b，对上式应用球面上的边界条件，有

$$\frac{q}{4\pi\varepsilon\sqrt{R^2+d^2-2Rd\cos\theta}}+\frac{q'}{4\pi\varepsilon\sqrt{R^2+b^2-2Rb\cos\theta}}=0$$

上式对任意 θ 角均成立，因此，可在球面上取两个特殊点：$\theta=0$ 和 $\theta=\pi$，得

$$\frac{q}{d-R}+\frac{q'}{R-b}=0$$

$$\frac{q}{R+d}+\frac{q'}{R+b}=0$$

联立求解上两式，得

$$q'=-\frac{R}{d}q \tag{2-7-4}$$

$$b=\frac{R^2}{d} \tag{2-7-5}$$

值得注意的是：

(1) 由式(2-7-4)可知，$|q'|<|q|$。这是因为导体球与大地联在一起，点电荷 q 发出的 $\boldsymbol{E}$ 线一部分终止在球面上，一部分终止于大地。可以证明，镜像电荷 q' 的量值正好等于导体球面上的感应电荷。

(2) 导体球外部空间是有效区域，镜像电荷 q' 只能放置在求解区域之外，即导体球所在区域。电荷 q 与 q' 所在位置对球心正好互为反演点，式(2-7-5)称为反演关系。

(3) 当点电荷偏心地位于内半径为 R 的导体球壳内，要求解导体球壳内的电场时，式(2-7-4)和式(2-7-5)同样适用，这时由于 $d<R$，因此会出现 $|q'|>|q|$，并且其位置 $b=\dfrac{R^2}{d}>d$。

例 2-13 在半径为 a 的不接地且带电的导体球外，距球心 d 处有点电荷 q，如图 2-30 所示。已知导体球的电位为 φ_0，试求：(1)球壳所带的电荷 Q；(2)q 所受的静电力 $\boldsymbol{f}_q$。

解 (1) 根据前面的分析，电荷 q 和它的镜像电荷 $q'=-\dfrac{a}{d}q$ 的作用将保持原导体球面为零值等位面。若要保证原导体球面电位为 φ_0，只能是导体所带的电荷 Q 以及感应电荷 $q''(=-q')$ 均匀分布在球面上，亦可认为等效集中在球心处，即

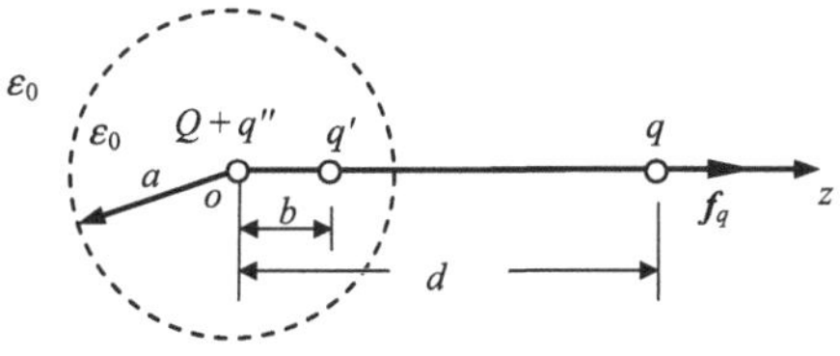

图 2-30 求外电场的等效计算图

$$\varphi_0=\frac{Q+q''}{4\pi\varepsilon_0 a}=\frac{1}{4\pi\varepsilon_0 a}\left(Q+\frac{a}{d}q\right)$$

解上式可得

$$Q=4\pi\varepsilon_0 a\varphi_0-\frac{a}{d}q$$

(2) q 所受的静电力 $\boldsymbol{f}_q$，等效为 Q、q'和 q''对它的作用力，所以

$$\boldsymbol{f}_q=\frac{q}{4\pi\varepsilon_0}\left[\frac{q'}{(d-b)^2}+\frac{Q+q''}{d^2}\right]\boldsymbol{e}_z=\frac{q}{4\pi\varepsilon_0}\left[\frac{-\frac{a}{d}q}{\left(d-\frac{a^2}{d}\right)^2}+\frac{4\pi\varepsilon_0 a\varphi_0}{d^2}\right]\boldsymbol{e}_z$$

$$=\left[\frac{a\varphi_0 q}{d^2}-\frac{adq^2}{4\pi\varepsilon_0(d^2-a^2)^2}\right]\boldsymbol{e}_z$$

2.8 电容与部分电容

2.8.1 电容

电路理论中，电容被描述成电容器的特性参数，但并不是只有电容器才具有电容特性，实际上，任何两个相互接近彼此绝缘的导体都具有电容特性。当在两导体之间施加电压 U 时，两导体上将出现等值异号的电荷，如果设两导体的电荷分别为$+Q$ 和$-Q$，则有

$$C=\frac{Q}{U} \tag{2-8-1}$$

式中，C 称为电容，单位为法拉(F)。

电容是电磁场理论中的一个重要参数，它仅与导体形状、尺寸、相互位置以及两导体间的介质有关，而与所带的电荷、电压无关。式(2-8-1)反映出了电容的计算思路：即可以根据设定导体上的电荷，通过计算获得导体间的电压，从而计算出电容，也可以通过假设导体间的电压，然后计算出导体上的电荷，进而得到电容。

例 2-14 计算两线输电线单位长度的电容，尺寸如图 2-31所示，设 $a\ll d$。

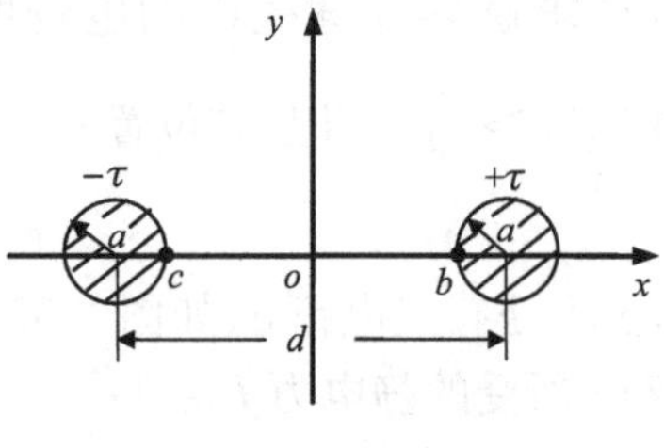

图 2-31 两线输电线

解 设两线输电线导体上单位长度所带电荷分别为$+\tau$和$-\tau$，由于 $a\ll d$，可认为电荷集中在输电线的几何轴线上，由例 2-5 的式(2-2-21)可知，b 点和 c 点的电位分别为

$$\varphi_b=\frac{\tau}{2\pi\varepsilon_0}\ln\frac{d-a}{a},\quad \varphi_c=\frac{\tau}{2\pi\varepsilon_0}\ln\frac{a}{d-a}$$

因此，两线间电压为

$$U=\varphi_b-\varphi_c=\frac{\tau}{\pi\varepsilon_0}\ln\frac{d-a}{a}$$

单位长度导线的电容

$$C'=\frac{\tau}{U}=\frac{\pi\varepsilon_0}{\ln\frac{d-a}{a}}$$

由于 $a \ll d$，所以

$$C' \approx \frac{\pi\varepsilon_0}{\ln(d/a)}$$

2.8.2 静电独立系统与部分电容

由两个以上的导体构成的系统称为多导体系统。在多导体系统中，任意两导体上的电荷一般不是等值异号的，前面所述的电容概念不能直接引用，需要将电容概念加以扩展，从而引入部分电容的概念。

如果一个带电系统由 $N+1$ 个导体构成，其中电场分布只与系统内各带电体的形状、尺寸、相互位置和空间电介质的分布有关，而与该系统外的带电体无关，并且所有电力线全部从系统内的带电体发出又全部终止于同一系统内的带电体上，即有

$$\sum_{i=1}^{N+1} q_i = 0 \tag{2-8-2}$$

这种符合电荷守恒的导体系统称为静电独立系统。

现有 N 个导体和大地构成了静电独立系统(该系统共有 $N+1$ 个导体)，取大地的电位为零。在该多导体系统中，每个导体的电位不仅取决于该导体的几何形状、电荷及周围的介质，而且还与其他导体的形状、位置及电荷有关。当导体所带电荷分别为 q_1、q_2、…、q_N时，根据导体的电位与各导体电荷的线性关系，可写出各导体的电位表达式如下

$$\begin{aligned}
\varphi_1 &= \alpha_{11}q_1 + \alpha_{12}q_2 + \cdots + \alpha_{1i}q_i + \cdots + \alpha_{1N}q_{1N} \\
\varphi_2 &= \alpha_{21}q_1 + \alpha_{22}q_2 + \cdots + \alpha_{2i}q_i + \cdots + \alpha_{2N}q_{2N} \\
&\vdots \\
\varphi_i &= \alpha_{i1}q_1 + \alpha_{i2}q_2 + \cdots + \alpha_{ii}q_i + \cdots + \alpha_{iN}q_{iN} \\
&\vdots \\
\varphi_N &= \alpha_{N1}q_1 + \alpha_{N2}q_2 + \cdots + \alpha_{Ni}q_i + \cdots + \alpha_{NN}q_{NN}
\end{aligned} \tag{2-8-3}$$

式(2-8-3)可用矩阵表示，即

$$[\varphi] = [\alpha][q] \tag{2-8-4}$$

$[\alpha]$称为电位系数矩阵。其中的元素 α_{ii} 称为自有电位系数，α_{ij} $(i \neq j)$称为互有电位系数，它们可分别通过下列关系式获取

$$\alpha_{ii} = \frac{\varphi_i}{q_i}\bigg|_{q_1=q_2=\cdots=q_{i-1}=q_{i+1}=\cdots=q_N=0}$$

$$\alpha_{ij} = \frac{\varphi_i}{q_j}\bigg|_{q_1=q_2=\cdots=q_{j-1}=q_{j+1}=\cdots=q_N=0}$$

电位系数的性质如下：

(1) 电位系数都是正值；

(2) 自有电位系数 α_{ii} 大于与它有关的互有电位系数 α_{ij}；

(3) 电位系数只与导体的几何形状、尺寸、相互位置和电介质的介电常数有关；

(4) $\alpha_{ij} = \alpha_{ji}$，即$[\alpha]$为对称阵。

由矩阵方程(2-8-4)可得各导体的电荷

$$[q]=[\alpha]^{-1}[\varphi]=[\beta][\varphi] \tag{2-8-5}$$

即

$$\begin{aligned}
q_1 &= \beta_{11}\varphi_1+\beta_{12}\varphi_2+\cdots+\beta_{1i}\varphi_i+\cdots+\beta_{1N}\varphi_N \\
q_2 &= \beta_{21}\varphi_1+\beta_{22}\varphi_2+\cdots+\beta_{2i}\varphi_i+\cdots+\beta_{2N}\varphi_N \\
&\vdots \\
q_i &= \beta_{i1}\varphi_1+\beta_{i2}\varphi_2+\cdots+\beta_{ii}\varphi_i+\cdots+\beta_{iN}\varphi_N \\
&\vdots \\
q_N &= \beta_{N1}\varphi_1+\beta_{N2}\varphi_2+\cdots+\beta_{Ni}\varphi_i+\cdots+\beta_{NN}\varphi_N
\end{aligned} \tag{2-8-6}$$

式中，$[\beta]$称为静电感应系数矩阵。其中元素β_{ii}为自有感应系数，$\beta_{ij}(i\neq j)$为互有感应系数。它们也只与导体的几何形状、尺寸、相互位置以及空间介电常数有关，并可通过电位系数或下列关系式获取

$$\beta_{ii}=\frac{q_i}{\varphi_i}\bigg|_{\varphi_1=\varphi_2=\cdots=\varphi_{i-1}=\varphi_{i+1}=\cdots=\varphi_N=0}$$

$$\beta_{ij}=\frac{q_i}{\varphi_j}\bigg|_{\varphi_1=\varphi_2=\cdots=\varphi_{j-1}=\varphi_{j+1}=\cdots=\varphi_N=0}$$

感应系数的性质如下：

(1) 自有感应系数均为正值；

(2) 互有感应系数均为负值；

(3) 自有感应系数β_{ii}大于与它有关的互有感应系数的绝对值$|\beta_{ij}|$。

如果将式(2-8-6)表示成电荷与电压的关系，如

$$q_1=(\beta_{11}+\beta_{12}+\cdots+\beta_{1N})(\varphi_1-0)-\beta_{12}(\varphi_1-\varphi_2)-\beta_{13}(\varphi_1-\varphi_3)-\cdots-\beta_{1N}(\varphi_1-\varphi_N)$$

其中，(φ_1-0)是1号导体与大地之间的电压。令$C_{10}=\beta_{11}+\beta_{12}+\cdots+\beta_{1N}$，$C_{12}=-\beta_{12}$，$C_{13}=-\beta_{13}$，…，$C_{1N}=-\beta_{1N}$，则有

$$q_1=C_{10}U_{10}+C_{12}U_{12}+C_{13}U_{13}+\cdots+C_{1N}U_{1N}$$

于是方程组式(2-8-6)转化成

$$\begin{aligned}
q_1 &= C_{10}U_{10}+C_{12}U_{12}+\cdots+C_{1i}U_{1i}+\cdots+C_{1N}U_{1N} \\
q_2 &= C_{21}U_{21}+C_{20}U_{20}+\cdots+C_{2i}U_{2i}+\cdots+C_{2N}U_{2N} \\
&\vdots \\
q_i &= C_{i1}U_{i1}+C_{i2}U_{i2}+\cdots+C_{i0}U_{i0}+\cdots+C_{iN}U_{iN} \\
&\vdots \\
q_N &= C_{N1}U_{N1}+C_{N2}U_{N2}+\cdots+C_{Ni}U_{Ni}+\cdots+C_{N0}U_{N0}
\end{aligned} \tag{2-8-7}$$

对上式的两点说明：

(1) 在式(2-8-7)中，每个导体上的电荷都有N个分量，它们是该号导体与其余N个导体(包含0号导体)之间的电压按正比关系分配的。又因电压有正有负，相应电荷分量也有正有负，所以1～N号导体上的电荷都为N个分量的代数和，每个电荷分量称为部分电荷。

(2) 因为是静电独立系统，各部分电荷都是以等值异号的面目出现的(凡带有“0”下标的其余N个部分电荷均在“0”号导体上)。例如，导体1上的部分电荷$q_{1i}=C_{1i}U_{1i}$，导体i上的

部分电荷 $q_{i1}=C_{i1}U_{i1}$，因有 $U_{i1}=-U_{1i}$，所以 $q_{i1}=-q_{1i}$。

因此，式(2-8-7)中这种电荷与电压的关系式与式(2-8-1)便有了可比之处，系数 C_{ij} 具有电容的量纲，称为部分电容，其中导体与大地之间的电容 C_{i0} 称为自有部分电容，两导体之间的电容 $C_{ij}=C_{ji}$，称为互有部分电容。所有的部分电容恒为正值且仅与导体的几何形状、尺寸、相互位置以及空间介质有关。

一般而言，在 $N+1$ 个导体组成的系统中共有 $N(N+1)/2$ 个部分电容。用其构成电容网络，就把一个静电场问题变为一个电容构成的电路问题，从而把场的概念和路的概念联系起来，并通过电路的方法来分析场的问题。图 2-32(a)所示为由三个导体和大地组成的四导体系统，图 2-32(b)所示为由六个部分电容构成的对应电容网络。

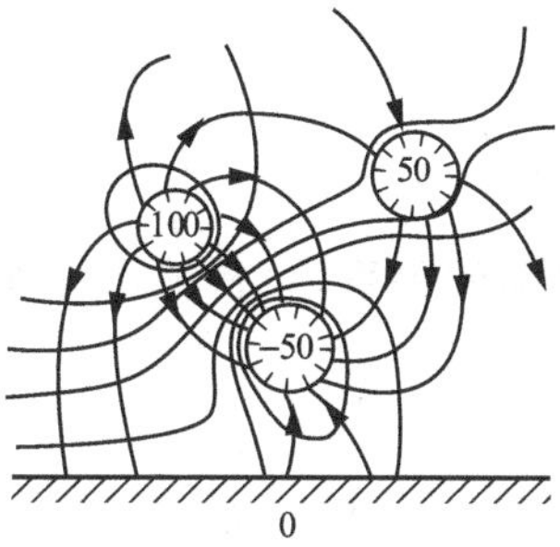

(a)

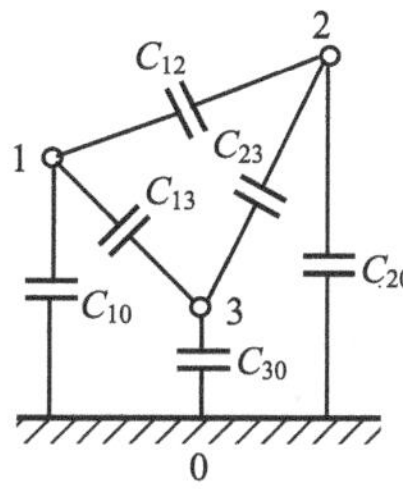

(b)

图 2-32　多导体系统的部分电容

例 2-15　设二输电线距地面高度为 h，线间距离为 d，导线半径为 a 且 $a \ll d$，$a \ll h$，如图 2-33(a)所示。试计算考虑大地影响时的二线传输系统的各部分电容，及二输电线间的等效电容①。

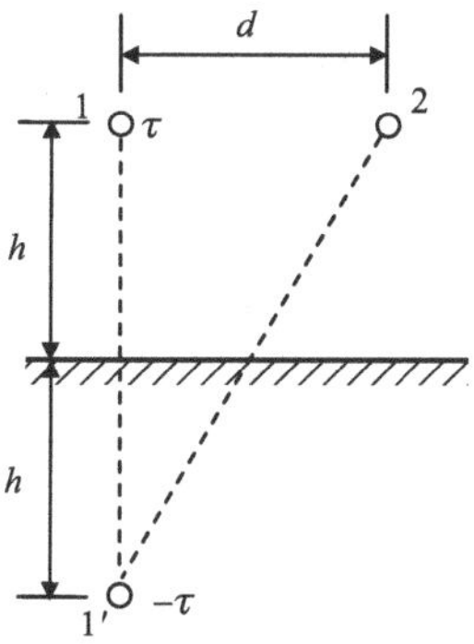

(a)

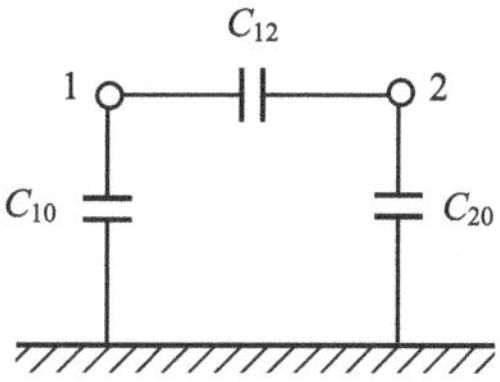

(b)

图 2-33　二线输电线

解　整个系统是由二个导体加上大地组成的静电独立系统，共有三个部分电容，如图 2-33(b)所示。为了计算部分电容，首先计算电位系数。因为

① 在多导体系统中，将任意两导体看做电容器的两个极板，假设在这两个电极间加电压 U，极板上所带电荷分别为 $\pm q$，则把比值 q/u 叫做这两导体间的等效电容或称工作电容。

$$\varphi_1 = \alpha_{11}\tau_1 + \alpha_{12}\tau_2$$

$$\varphi_2 = \alpha_{21}\tau_1 + \alpha_{22}\tau_2$$

令 $\tau_1=\tau, \tau_2=0$，计算此情况下的 φ_1、φ_2，将地面的影响用镜像电荷代替，并略去导线 2 上感应电荷的影响，由式(2-2-21)得导线上的电位

$$\varphi_1 = \frac{\tau}{2\pi\varepsilon_0}\ln\frac{2h}{a},\quad \varphi_2 = \frac{\tau}{2\pi\varepsilon_0}\ln\frac{r'_{21}}{r_{21}} = \frac{\tau}{2\pi\varepsilon_0}\ln\frac{\sqrt{4h^2+d^2}}{d}$$

所以

$$\alpha_{11} = \frac{\varphi_1}{\tau} = \frac{1}{2\pi\varepsilon_0}\ln\frac{2h}{a},\quad \alpha_{21} = \frac{\varphi_2}{\tau} = \frac{1}{2\pi\varepsilon_0}\ln\frac{\sqrt{4h^2+d^2}}{d}$$

同理可得

$$\alpha_{22} = \frac{1}{2\pi\varepsilon_0}\ln\frac{2h}{a}$$

然后，根据部分电容、静电感应系数和电位系数之间的关系，可得输电系统单位长度各部分电容

$$C_{10} = C_{20} = \beta_{11} + \beta_{12} = \frac{\alpha_{22}-\alpha_{12}}{\Delta} = \frac{2\pi\varepsilon_0}{\ln\dfrac{2h\sqrt{4h^2+d^2}}{ad}}$$

$$C_{12} = C_{21} = -\beta_{12} = \frac{\alpha_{21}}{\Delta} = \frac{2\pi\varepsilon_0 \ln\dfrac{\sqrt{4h^2+d^2}}{d}}{\left(\ln\dfrac{2h}{a}\right)^2 - \left(\ln\dfrac{\sqrt{4h^2+d^2}}{d}\right)^2}$$

其中，$\Delta = \begin{vmatrix} \alpha_{11} & \alpha_{12} \\ \alpha_{21} & \alpha_{22} \end{vmatrix}$。

最后，根据图 2-33(b)，可得二输电导线间单位长度的等效电容为

$$C_{eq} = C_{12} + \frac{C_{10}C_{20}}{C_{10}+C_{20}} = \frac{\pi\varepsilon_0}{\ln\left(\dfrac{2h}{a}\dfrac{d}{\sqrt{4h^2+d^2}}\right)}$$

2.9 静电能量与电场力

静电场最基本的特征是对电荷有作用力，并能移动电荷做功，表明静电场是一个具有做功本领的系统——能量系统。在静电条件下，静电能量是以电荷相互作用所引起的位能形式存在的。静电能量的变化，可用静电力所做的功来量度，因此，静电力与静电能量密切相关。这一节介绍静电能量的计算与分布，以及计算静电力的虚位移法。

2.9.1 静电场的能量

根据能量守恒与转换定律，静电场中的储能应是在电场建立过程中，由外力做功转化而来的，因此，可根据建立静电场时外力所做的功来计算电场能量。下面分析静电场完全建立后，电荷密度为 $\rho(\boldsymbol{r})$，电位为 $\varphi(\boldsymbol{r})$时的静电能量。

假设系统中的介质是线性的，充电过程非常缓慢，以致任意时刻的电场均可视为静电场，没有电磁辐射等损耗，因此外力所做的功将全部转换成静电能量。设在充电过程中某一时刻，场中某点的电位是 $\varphi'(\boldsymbol{r})$，若再将电荷增量，即元电荷 δq 从无穷远处移至该点，外力需做功

$$\delta A=\varphi'\delta q \tag{2-9-1}$$

因为静电能量只与电荷分布的最终状态有关，而与建立这一电荷分布的过程无关，因此可以选择一种便于计算能量的充电方式：假设在充电过程中，各点的电荷密度按同一比例因子增长，即各点的电荷密度同时由零开始，并同时达终值。令此比例因子为 m，且 $0\leqslant m\leqslant 1$，于是任一时刻的电荷 $\rho'(\boldsymbol{r})=m\rho(\boldsymbol{r})$。当 $m=0$ 时，对应充电开始时刻，$\rho'(\boldsymbol{r})=0$，当 $m=1$ 时，$\rho'(\boldsymbol{r})=\rho(r)$。在任何中间时刻，电荷密度的增量为

$$\delta\rho'(\boldsymbol{r})=\delta[m\rho(\boldsymbol{r})]=\rho(\boldsymbol{r})\delta m$$

所以电荷的增量

$$\delta q=\rho\delta m\,\mathrm{d}V \tag{2-9-2}$$

因各点电荷按同一比例增长，故在任一瞬间电场的相对分布状况不变，而其强弱则与该瞬间的电荷值成比例，因此，任何中间时刻各点电位与终值电位的关系为

$$\varphi'(\boldsymbol{r})=m\varphi(\boldsymbol{r}) \tag{2-9-3}$$

将式(2-9-2)和式(2-9-3)代入式(2-9-1)，并对其积分便可得系统总静电能量

$$W_{\mathrm{e}}=\int_0^1 m\delta m\int_V\rho\varphi\,\mathrm{d}V=\frac{1}{2}\int_V\rho\varphi\,\mathrm{d}V \tag{2-9-4}$$

这就是连续电荷系统的静电能量。如果电荷作面分布，其密度为 σ，则

$$W_{\mathrm{e}}=\frac{1}{2}\int_S\sigma\varphi\,\mathrm{d}S \tag{2-9-5}$$

如果带电体是多个导体，因为每个导体的电位为常数，上式便成为

$$W_{\mathrm{e}}=\frac{1}{2}\sum_{i=1}^{n}q_i\varphi_i \tag{2-9-6}$$

式中，$q_i=\int_S\sigma_i\,\mathrm{d}S$ 是第 i 号导体的总电荷。

2.9.2 静电场能量的分布

以上讨论仅涉及静电场能量的计算，并未说明静电能量在空间是如何分布的。下面推导静电场能量的另一种表达式，从而说明静电场能量的分布特性。

将 $\rho=\nabla\cdot\boldsymbol{D}$ 代入式(2-9-4)，得

$$W_{\mathrm{e}}=\frac{1}{2}\int_V(\nabla\cdot\boldsymbol{D})\varphi\,\mathrm{d}V \tag{2-9-7}$$

根据矢量恒等式 $\nabla\cdot(f\boldsymbol{F})=\nabla f\cdot\boldsymbol{F}+f\,\nabla\cdot\boldsymbol{F}$，式(2-9-7)的被积函数可写成

$$(\nabla\cdot\boldsymbol{D})\varphi=\nabla\cdot(\varphi\boldsymbol{D})-\nabla\varphi\cdot\boldsymbol{D}=\nabla\cdot(\varphi\boldsymbol{D})+\boldsymbol{E}\cdot\boldsymbol{D}$$

因而

$$W_{\mathrm{e}}=\frac{1}{2}\int_V\nabla\cdot(\varphi\boldsymbol{D})\,\mathrm{d}V+\frac{1}{2}\int_V\boldsymbol{E}\cdot\boldsymbol{D}\,\mathrm{d}V$$

将上式积分区域 V 扩大到整个空间，S 是限定 V 的外表面，可认为 S 是半径 $R\to\infty$ 的球

面，这样做并不影响积分的结果。对上式右边第一个积分应用高斯散度定理，得

$$W_e=\frac{1}{2}\oint_S(\varphi\boldsymbol{D})\cdot d\boldsymbol{S}+\frac{1}{2}\int_V\boldsymbol{E}\cdot\boldsymbol{D}dV$$

由于在 S 表面上的 φ 和 $\boldsymbol{D}$ 分别与 $1/R$ 和 $1/R^2$ 成正比，因此，$|\varphi\boldsymbol{D}|$ 将与 $1/R^3$ 成正比，而 S 与 R^2 成正比，当 $R\to\infty$ 时，上式中的面积分为零，从而得到

$$W_e=\int_V\frac{1}{2}\boldsymbol{E}\cdot\boldsymbol{D}dV \tag{2-9-8}$$

由式(2-9-8)不难看出，静电能量的体密度为

$$w_e=\frac{1}{2}\boldsymbol{E}\cdot\boldsymbol{D} \tag{2-9-9}$$

w_e 的单位为焦耳/米^3。显然，它是一个空间坐标的函数，它表明凡是有静电场存在的空间，就有静电能量分布，因此用它来描述静电能量在空间的分布特性。

对于各向同性线性介质，由于 $\boldsymbol{D}=\varepsilon\boldsymbol{E}$，所以静电能量体密度可写成

$$w_e=\frac{1}{2}\varepsilon E^2=\frac{1}{2\varepsilon}D^2 \tag{2-9-10}$$

例 2-16 真空中一半径为 R 的球体内，分布有体密度为 ρ_0 的电荷，试计算电场空间的静电能量。

解 本题既可以通过式(2-9-4)计算，也可以通过式(2-9-8)计算。首先，根据对称性选取球坐标，应用高斯定律很容易得到球内、外的电场强度 $\boldsymbol{E}$ 和电位函数 φ，电位参考点取在无限远处。

球外 $r>R$

$$\boldsymbol{E}=\frac{q}{4\pi\varepsilon_0r^2}\boldsymbol{e}_r=\frac{\frac{4}{3}\pi R^3\rho_0}{4\pi\varepsilon_0r^2}\boldsymbol{e}_r=\frac{R^3\rho_0}{3\varepsilon_0r^2}\boldsymbol{e}_r$$

$$\varphi=\int_r^\infty\boldsymbol{E}\cdot d\boldsymbol{r}=\int_r^\infty\frac{R^3\rho_0}{3\varepsilon_0r^2}\boldsymbol{e}_r\cdot d\boldsymbol{r}=\frac{R^3\rho_0}{3\varepsilon_0r}$$

球内 $r<R$

$$\boldsymbol{E}=\frac{\frac{4}{3}\pi r^3\rho_0}{4\pi\varepsilon_0r^2}\boldsymbol{e}_r=\frac{r\rho_0}{3\varepsilon_0}\boldsymbol{e}_r$$

$$\varphi=\int_r^\infty\boldsymbol{E}\cdot d\boldsymbol{r}=\int_r^R\frac{r\rho_0}{3\varepsilon_0}\boldsymbol{e}_r\cdot d\boldsymbol{r}+\frac{R^3\rho_0}{3\varepsilon_0R}=\frac{R^2\rho_0}{2\varepsilon_0}-\frac{r^2\rho_0}{6\varepsilon_0}$$

由式(2-9-4)，得

$$W_e=\frac{1}{2}\int_0^R\rho_0\left(\frac{R^2\rho_0}{2\varepsilon_0}-\frac{r^2\rho_0}{6\varepsilon_0}\right)4\pi r^2dr=\frac{4}{15}\frac{\pi\rho_0^2}{\varepsilon_0}R^5$$

由式(2-9-8)，计算得

$$W_e=\frac{1}{2}\int_0^R\varepsilon_0\left(\frac{\rho_0r}{3\varepsilon_0}\right)^2 4\pi r^2dr+\frac{1}{2}\int_R^\infty\varepsilon_0\left(\frac{\rho_0R^3}{3\varepsilon_0r^2}\right)^2 4\pi r^2dr=\frac{4}{15}\frac{\pi\rho_0^2}{\varepsilon_0}R^5$$

两种方法所得结果相同。

2.9.3 电场力

带电体在静电场中会受到静电力的作用,因这个力遵从库仑定律,故也称为库仑力。原则上可以应用库仑定律,或应用电场强度的定义式 $\boldsymbol{f}=q\boldsymbol{E}$ 来计算静电力。对于电荷作体分布或面分布的带电体,受的力可以表示成

$$\boldsymbol{f}=\int_V \rho \boldsymbol{E}\,\mathrm{d}V$$

或

$$\boldsymbol{f}=\oint_S \sigma \boldsymbol{E}\,\mathrm{d}S$$

上述矢量积分一般比较复杂,因此希望用更简单的方法计算电场力。在力学中根据能量守恒原理,利用物体位能的空间变化率来计算力有时是很方便的,这种方法称为虚位移法,现将其引入到静电力的计算中。采用虚位移法计算静电力要涉及广义坐标和广义力的概念,广义坐标是确定系统中各物体形状、大小、位置或相互位置的一些独立几何量,如距离、面积、体积、角度等。广义力是指企图改变系统中该物体的某一种广义坐标的力的泛称。在量纲上广义坐标与相应广义力的乘积应等于功。因此,与广义坐标距离、面积、体积和角度对应的广义力分别是机械力、表面张力、压强和力矩。

设有一多导体带电系统,假设除了 p 号导体外其余的导体不动,且 p 号导体受广义力 f 的作用也只有一个广义坐标 g 有微小变化 $\mathrm{d}g$,则广义力做功为 $f\mathrm{d}g$。此时按功能守恒原理应有如下功能关系

$$\mathrm{d}W=\mathrm{d}W_{\mathrm{e}}+f\mathrm{d}g \tag{2-9-11}$$

式中,$\mathrm{d}W=\sum\varphi_k \mathrm{d}q_k$ 表示与各带电体相连接的电源提供的能量,$\mathrm{d}W_{\mathrm{e}}$ 和 $f\mathrm{d}g$ 分别表示静电能量的增量和电场力做的功。

下面分别对导体系统与电源是否相连接的两种方式进行讨论。

1. 常电荷系统

导体系统充电后撤去电源。当 p 号导体受电场力 f 的作用导致坐标 g 有微小变化 $\mathrm{d}g$ 时,各带电体的电荷维持不变,即 $\mathrm{d}W=0$。因此,式(2-9-11)为

$$0=\mathrm{d}W_{\mathrm{e}}+f\mathrm{d}g$$

从而得

$$f=-\left.\frac{\mathrm{d}W_{\mathrm{e}}}{\mathrm{d}g}\right|_{q_k=\mathrm{const}}=-\left.\frac{\partial W_{\mathrm{e}}}{\partial g}\right|_{q_k=\mathrm{const}} \tag{2-9-12}$$

这说明由于导体系统与外部电源隔绝,电场力做功只能靠减少电场中的静电能量来实现。

2. 常电位系统

导体系统充电后各导体仍与电源相连。当 p 号导体受电场力 f 的作用使 g 有微小变化 $\mathrm{d}g$ 时,各带电体的电位维持不变。根据式(2-9-6),有

$$\mathrm{d}W_{\mathrm{e}}=\mathrm{d}\left(\frac{1}{2}\sum_{i=1}^{n}q_i\varphi_i\right)=\frac{1}{2}\sum_{i=1}^{n}\varphi_i\mathrm{d}q_i=\frac{1}{2}\mathrm{d}W$$

上式表明外电源提供的能量一半用于静电能量的增量,另一半则用于电场力做功,显然电场力做功等于静电能量的增量,即

$$f\,\mathrm{d}g = \mathrm{d}W_{\mathrm{e}}\big|_{\varphi_k=\mathrm{const}}$$

从而有

$$f = \frac{\partial W_{\mathrm{e}}}{\partial g}\bigg|_{\varphi_k=\mathrm{const}} \tag{2-9-13}$$

以上两种情况所得结果应是相同的。实际上,上述分析过程中带电体并未移动,位移是假想的,故称上述计算电场力的方法为虚位移法。因此对于同一个问题,在假设 q 一定,或假设 φ 一定时,计算得到的静电力是相同的。

下面以电容器中的电场力为例来验证上述结论。因电场能量 $W_{\mathrm{e}}=\frac{1}{2}CU^2=\frac{q^2}{2C}$,式中 C 是电容,U 是电压。分别用式(2-9-12)和式(2-9-13)求力,可得

$$f = -\frac{\partial W_{\mathrm{e}}}{\partial g}\bigg|_{q=\mathrm{const}} = -\frac{q^2}{2}\frac{\partial}{\partial g}\left(\frac{1}{C}\right) = \frac{q^2}{2C^2}\frac{\partial C}{\partial g} = \frac{U^2}{2}\frac{\partial C}{\partial g}$$

和

$$f = \frac{\partial W_{\mathrm{e}}}{\partial g}\bigg|_{\varphi=\mathrm{const}} = \frac{U^2}{2}\frac{\partial C}{\partial g}$$

结果相同。可以看出,在电场力的作用下,有使电容 C 增大的趋势。

例 2-15 平行板电容器极板间充有两种不同的介质,如图 2-34 所示。求介质分界面上单位面积所受的电场力。

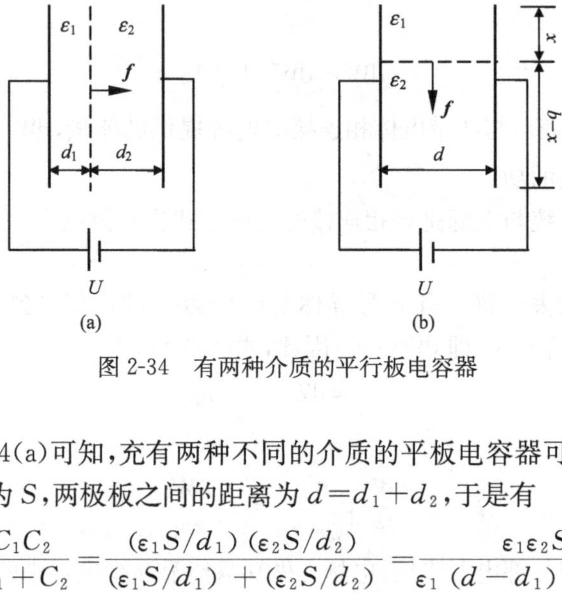

图 2-34 有两种介质的平行板电容器

解 (1) 由图 2-34(a)可知,充有两种不同的介质的平板电容器可看做两个电容器串联。设电容器的极板面积为 S,两极板之间的距离为 $d=d_1+d_2$,于是有

$$C = \frac{C_1C_2}{C_1+C_2} = \frac{(\varepsilon_1S/d_1)(\varepsilon_2S/d_2)}{(\varepsilon_1S/d_1)+(\varepsilon_2S/d_2)} = \frac{\varepsilon_1\varepsilon_2S}{\varepsilon_1(d-d_1)+\varepsilon_2d_1}$$

由式(2-9-13),可得分界面上受力大小为

$$f = \frac{\partial W_{\mathrm{e}}}{\partial g}\bigg|_{U=\mathrm{const}} = \frac{\partial}{\partial d_1}\left(\frac{1}{2}CU^2\right) = \frac{U^2}{2}\frac{\partial}{\partial d_1}\left(\frac{\varepsilon_1\varepsilon_2S}{\varepsilon_1(d-d_1)+\varepsilon_2d_1}\right)$$

$$= \frac{U^2\varepsilon_1\varepsilon_2S}{2}\frac{\varepsilon_1-\varepsilon_2}{[\varepsilon_1(d-d_1)+\varepsilon_2d_1]^2} = \frac{(CU)^2}{2}\frac{\varepsilon_1-\varepsilon_2}{\varepsilon_1\varepsilon_2S} = \frac{q^2}{2S}\left(\frac{1}{\varepsilon_2}-\frac{1}{\varepsilon_1}\right)$$

所以分界面上单位面积受力大小为

$$f' = \frac{f}{S} = \frac{\sigma^2}{2}\left(\frac{1}{\varepsilon_2} - \frac{1}{\varepsilon_1}\right) = \frac{D^2}{2}\left(\frac{1}{\varepsilon_2} - \frac{1}{\varepsilon_1}\right)$$

(2) 对图 2-34(b),可以看做两电容器并联,即

$$C = C_1 + C_2 = \frac{\varepsilon_1 S_1}{d} + \frac{\varepsilon_2 S_2}{d} = \frac{\varepsilon_1 ax}{d} + \frac{\varepsilon_2 a(b-x)}{d}$$

a 为极板垂直纸面方向上的宽度。所以分界面上受力大小为

$$f = \frac{\partial W_e}{\partial g}\bigg|_{U=\text{const}} = \frac{\partial}{\partial x}\left(\frac{1}{2}CU^2\right) = \frac{U^2}{2}\frac{\partial}{\partial x}\left[\frac{\varepsilon_1 ax}{d} + \frac{\varepsilon_2 a(b-x)}{d}\right] = \frac{E^2}{2}ad(\varepsilon_1 - \varepsilon_2)$$

分界面上单位面积受力大小为

$$f' = \frac{f}{ad} = \frac{E^2}{2}(\varepsilon_1 - \varepsilon_2)$$

上述结果说明,当有电场垂直或平行于两种介质的分界面时,作用在分界面处的力总是和分界面垂直,并且指向 ε 小的介质一侧,这个结果对任意两种介质分界面都是正确的。

小　　结

1) 库仑定律是基本实验定律,是静电场的基础。

$$\boldsymbol{F} = \frac{q_2 q_1}{4\pi\varepsilon_0 R^2}\boldsymbol{e}_R$$

2) 电场强度是静电场的基本场量。真空中位于原点的点电荷 q 在场点 $\boldsymbol{r}$ 处引起的电场强度

$$\boldsymbol{E} = \frac{q}{4\pi\varepsilon_0 r^2}\boldsymbol{e}_r$$

连续分布的电荷引起的电场强度

$$\boldsymbol{E}(\boldsymbol{r}) = \frac{1}{4\pi\varepsilon_0}\int \frac{\boldsymbol{r}-\boldsymbol{r}'}{|\boldsymbol{r}-\boldsymbol{r}'|^3}\mathrm{d}q$$

其中,$\mathrm{d}q$ 可以是 $\rho(\boldsymbol{r}')\mathrm{d}V'$、$\sigma(\boldsymbol{r}')\mathrm{d}S'$、$\tau(\boldsymbol{r}')\mathrm{d}l'$ 或它们的组合。

3) 介质极化的程度可用极化强度 $\boldsymbol{P}$ 表示

$$\boldsymbol{P} = \lim_{\Delta V \to 0}\frac{\sum \boldsymbol{p}_i}{\Delta V}$$

极化电荷的体密度与面密度分别为

$$\rho_p = -\nabla\cdot\boldsymbol{P}, \quad \sigma_p = \boldsymbol{P}\cdot\boldsymbol{e}_n$$

4) 电位移矢量 $\boldsymbol{D} = \varepsilon_0\boldsymbol{E} + \boldsymbol{P}$,也称为电介质的构成方程。在各向同性线性介质中

$$\boldsymbol{P} = \chi_e\varepsilon_0\boldsymbol{E}, \quad \boldsymbol{D} = \varepsilon\boldsymbol{E}$$

5) 静电场基本方程的两种形式

$$\oint_l \boldsymbol{E}\cdot\mathrm{d}\boldsymbol{l} = 0 \qquad \nabla\times\boldsymbol{E} = 0$$

$$\oint_S \boldsymbol{D}\cdot\mathrm{d}\boldsymbol{S} = q \qquad \nabla\cdot\boldsymbol{D} = \rho$$

在不同介质分界面上,场量的分界面衔接条件为

$$\boldsymbol{e}_n \times (\boldsymbol{E}_2 - \boldsymbol{E}_1) = 0, \quad \boldsymbol{e}_n\cdot(\boldsymbol{D}_2 - \boldsymbol{D}_1) = \sigma$$

6) 由静电场的无旋性,可引入标量电位 $\varphi(\boldsymbol{r})$,电位与电场强度的微分和积分关系是

$$\boldsymbol{E} = -\nabla\varphi$$

和

$$\varphi_P = \int_P^Q \boldsymbol{E} \cdot \mathrm{d}\boldsymbol{l}$$

积分上限是电位的参考点。

在已知电荷分布时，可直接写出电位与电荷的关系式

$$\varphi(\boldsymbol{r}) = \frac{1}{4\pi\varepsilon}\int \frac{\mathrm{d}q}{|\boldsymbol{r}-\boldsymbol{r}'|}$$

7）均匀介质中电位满足泊松方程或拉普拉斯方程

$$\nabla^2\varphi = -\frac{\rho}{\varepsilon} \quad 或 \quad \nabla^2\varphi = 0$$

从电位满足的微分方程和给定的边界条件来求解电位，称为静电场的边值问题。边界条件分以下三类：

第一类边界条件：$\varphi|_S = f(\boldsymbol{r})$。

第二类边界条件：$\left.\dfrac{\partial\varphi}{\partial n}\right|_S = g(\boldsymbol{r})$。

第三类边界条件（或混合边界条件）：边界 S 由 S_1 和 S_2 构成，在 S_1 上电位 $\varphi|_{S_1} = f(\boldsymbol{r})$，在 S_2 上电位法向导数 $\left.\dfrac{\partial\varphi}{\partial n}\right|_{S_2} = g(\boldsymbol{r})$。

另外，在不同介质的分界面上，电位的分界面衔接条件为

$$\varphi_1 = \varphi_2, \quad \varepsilon_1\frac{\partial\varphi_1}{\partial n} - \varepsilon_2\frac{\partial\varphi_2}{\partial n} = \sigma$$

静电场边值问题的解是唯一的。

8）分离变量法。

如果待求电位是两个或两个以上坐标变量的函数时，满足拉普拉斯方程的电位函数可分离成下面形式的表达式

$$\varphi(x,y) = X(x)Y(y)$$

进而可将偏微分方程转化为常微分方程，结合边界条件求解原来的场问题。

9）镜像法。

（1）点电荷对无限大接地导体平面的镜像：等量异号、位置对称，镜像电荷置于边界之外的非求解区域。

（2）点电荷对无限大电介质分界平面的镜像，其位置仍对称，但镜像电荷电量为

$$q' = \frac{\varepsilon_1-\varepsilon_2}{\varepsilon_1+\varepsilon_2}q \quad （适用区\ \varepsilon_1）$$

对非原点电荷所在区域求解时，在原点电荷处放置镜像电荷 q''，其电量为

$$q'' = \frac{2\varepsilon_2}{\varepsilon_1+\varepsilon_2}q \quad （适用区\ \varepsilon_2）$$

（3）点电荷对接地金属球面的镜像

镜像电荷 $\quad q' = -\dfrac{R}{d}q$

镜像电荷与球心的距离 $\quad b = \dfrac{R^2}{d}$

10）在多导体构成的静电独立系统中，各导体相互间均有影响，需要用方程组来表示其电荷与电位的关系，方程组的矩阵形式为

$$[\varphi] = [\alpha][q]$$

或

$$[q] = [\beta][\varphi]$$

引入部分电容概念后，有

$$[q]=[C][U]$$

可以把静电场问题变为一个电容电路问题。

11）静电能量计算式

$$W_e=\frac{1}{2}\int_{V'}\rho\varphi \mathrm{d}V'$$

或

$$W_e=\frac{1}{2}\int_{V}\boldsymbol{E}\cdot\boldsymbol{D}\mathrm{d}V$$

静电能量以位能形式储存在电场中，电场能量密度为

$$w_e=\frac{1}{2}\boldsymbol{E}\cdot\boldsymbol{D}$$

12）应用虚位移法可求静电力

$$f=\left.\frac{\partial W_e}{\partial g}\right|_{\varphi_k=\text{const}}=-\left.\frac{\partial W_e}{\partial g}\right|_{q_k=\text{const}}$$

习　　题

2-1　空中有两个同号点电荷：$q_1(=q)$和$q_2(=3q)$，它们的距离为d。试决定在它们的连线上，哪一点的电场强度为零；哪一点上由这两个电荷所引起的电场强度量值相等，方向一致。

2-2　真空中有一长度为l的细直线，均匀带电，电荷线密度为τ。试计算P点的电场强度：

(1) P点位于细直线的中垂线上，距离细直线中点l远处；

(2) P点位于细直线的延长线上，距离细直线中点l远处。

2-3　真空中两电荷q_1、q_2的位置如题2-3图所示，试计算场点P的电位$\varphi(r,\theta)$和电场强度$\boldsymbol{E}(r,\theta)$。

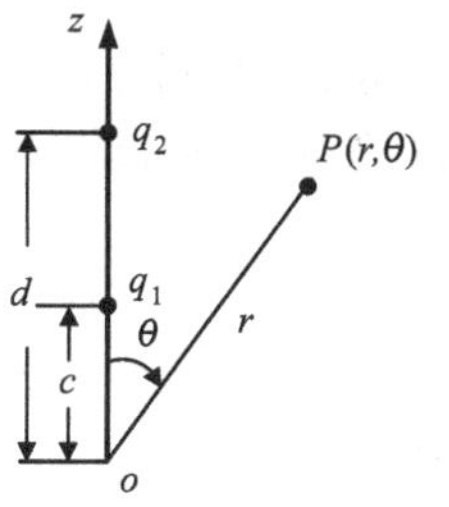

题2-3图

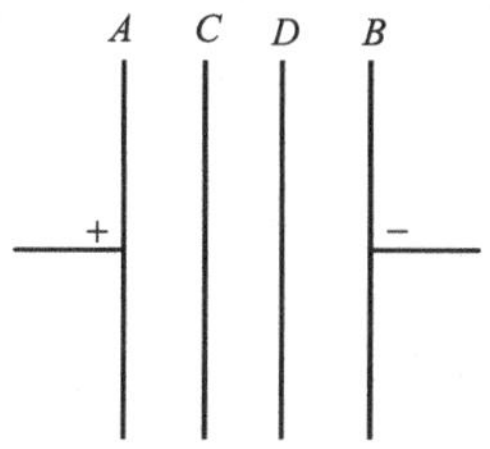

题2-4图

2-4　有一平行板电容器，两极板距离$AB=d$，中间平行地放入两块薄金属片C、D，且$AC=CD=DB=d/3$，见题2-4图。如将AB两板充电到电压U_0后拆去电源，问：

(1) AB、CD、BC间电压各为多少？C、D片上有无电荷？AC、CD、DB间电场强度各为多少？

(2) 若将C、D两片用导线连接，再断开，重答(1)问；

(3) 若充电前先连接C、D，然后依次拆去电源和C、D的连接线，再答(1)问；

(4) 若继(2)之后，又将A、B两板用导线短接，在断开，重新回答(1)中所问。

2-5　空气中有半径为b、电荷体密度为ρ_0分布的无限长圆柱，该圆柱内有一偏轴的、半径为a的无限长圆柱空洞，两者轴线距离为d，横截面如题2-5图所示。求空洞内各处的电场强度。（提示：可应用叠加原理）

2-6　半径为a、介电常数为ε的介质球内，已知极化强度$\boldsymbol{P}(r)=\frac{k}{r}\boldsymbol{e}_r$（$k$为常数）。试求：

(1) 极化电荷体密度 ρ_p 和面密度 σ_p；

(2) 自由电荷体密度 ρ；

(3) 介质球内、外的电场强度 $\boldsymbol{E}$。

2-7　具有两层同轴介质的圆柱形电容器，内导体的直径为 2cm，内层介质的相对介电常数 $\varepsilon_{r1}=3$，外层介质的相对介电常数 $\varepsilon_{r2}=2$，要使两层介质中的最大场强相等，并且内层介质所承受的电压和外层介质相等，问两层介质的厚度各为多少？

2-8　用双层电介质制成的同轴电缆如题 2-8 图所示，介电常数 $\varepsilon_1=4\varepsilon_0$，$\varepsilon_2=2\varepsilon_0$；内、外导体单位长度上所带电荷分别为 τ 和 $-\tau$。

(1) 试求两种电介质中以及 $\rho<R_1$ 和 $\rho>R_3$ 处的电场强度与电位移矢量；

(2) 试求两种电介质中的电极化强度；

(3) 试问何处有极化电荷？并求其密度。

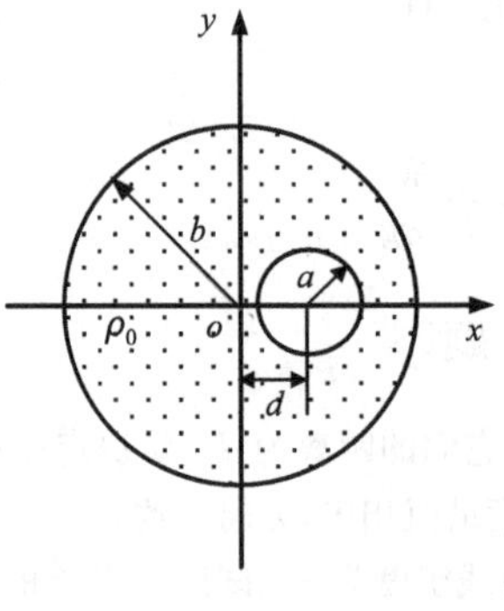

题 2-5 图

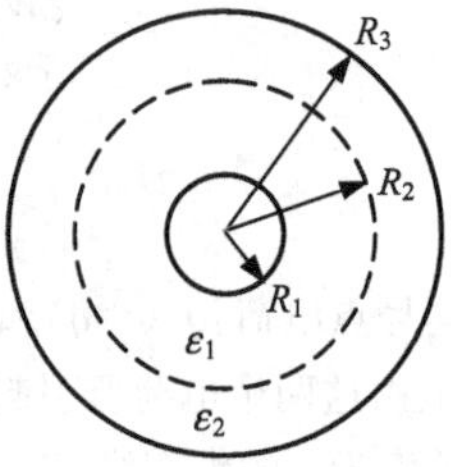

题 2-8 图

2-9　一平行板电容器，极板面积 $S=400\text{cm}^2$，两板相距 $d=0.5\text{cm}$，两板中间的一半厚度为玻璃所占，另一半为空气。已知玻璃的 $\varepsilon_r=7$，其击穿场强为 60kV/cm，空气的击穿场强为 30kV/cm。当电容器接到 10kV 的电源上时，会不会击穿？

2-10　在题 2-10 图所示的球形电容器中，对半地填充有介电常数分别为 ε_1 和 ε_2 两种均匀介质，两介质交界面是以球心为中心的圆环面。在内、外导体间施加电压 U 时，试求：

(1) 电容器中的电位函数和电场强度；

(2) 内导体两部分表面上的自由电荷密度。

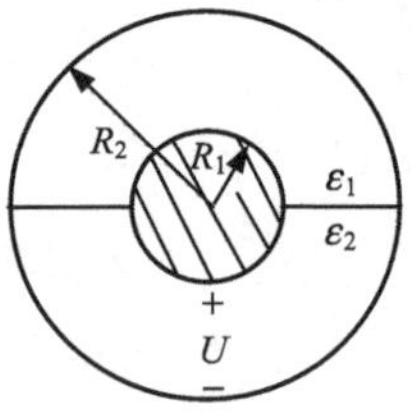

题 2-10 图

2-11　证明当电介质均匀时，静电场中的极化电荷密度为

$$\rho_p=-\left(1-\frac{\varepsilon_0}{\varepsilon}\right)\rho$$

2-12　试证明不均匀电介质在没有自由电荷体密度时可能有极化电荷体密度，并导出极化电荷体密度 ρ_p 的表达式。

2-13　如题 2-13 图所示，三个同心导体球壳的半径分别为 a_1、a_2 和 a_3($a_1<a_2<a_3$)，导体球壳之间是真空。已知球壳 2 上的电量为 q，内球壳 1 与外球壳 3 均接地。试求：

(1) 球壳 2 与内、外球壳之间的电场和电位分布；

(2) 内球壳 1 的外表面与外球壳 3 的内表面上的电荷面密度 σ_1 和 σ_2。

2-14　在相距为 d 的两平行导体平板之间，填充有 $d/2$ 厚的、介电常数为 ε 的介质，其余 $d/2$ 厚为真空，且真空中分布有密度为 ρ_0 的自由电荷，如题 2-14 图所示。设左、右板之间的电压为 U，在忽略边缘效应情况下，试用边值问题的方法求板间的电位函数，然后再计算电场强度。

2-15　在半径分别为 a 和 $b(>a)$ 的两同轴长圆筒形导体之间，充满密度为 ρ_0 的空间电荷，且内、外筒形导体间的电压为 U，如题 2-15 图所示。试用边值问题的方法求电荷区内的电位函数。

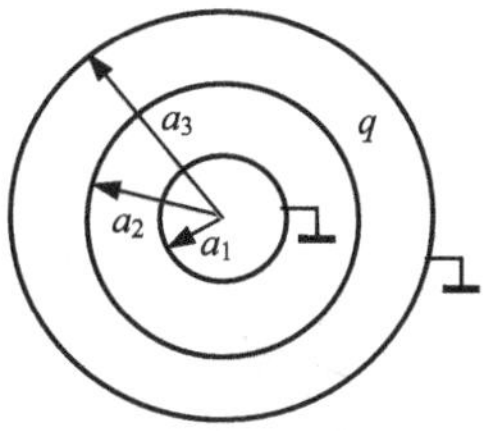

题 2-13 图

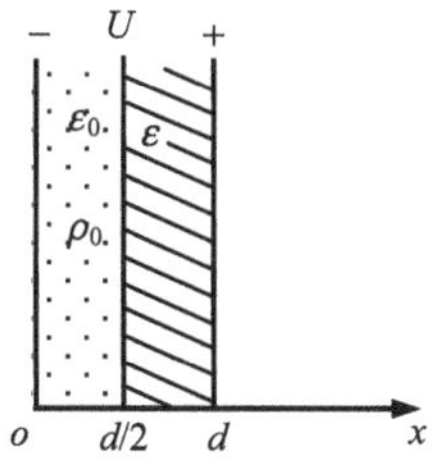

题 2-14 图

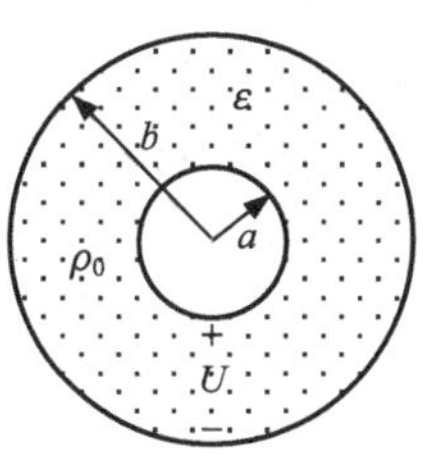

题 2-15 图

2-16　电荷按 $\rho=\dfrac{\alpha}{r^2}$ 的规律分布于 $R_1\leqslant r\leqslant R_2$ 的球壳层中，其中 α 为常数，试由泊松方程直接积分求电位分布。

2-17　两平行导体平板，相距为 d，板的尺寸远大于 d，一板电位为零，另一板电位为 U_0，两板间充满电荷，电荷体密度与距离成正比，即 $\rho(x)=\rho_0 x$。试求两板间的电位分布。(注：$x=0$ 处板的电位为零)

2-18　求两块半无限大平行导体板构成的无限长槽中的电位分布，槽周界的电位如题 2-18 图所示，与之垂直的底面电位为

$$\varphi(x,0)=\begin{cases}U_0 & (0<x\leqslant a/2)\\ 0 & (a/2<x<a)\end{cases}$$

2-19　设一横截面为矩形的无限长区域的电位边界条件如题 2-19 图所示，求该区域内的电位分布。

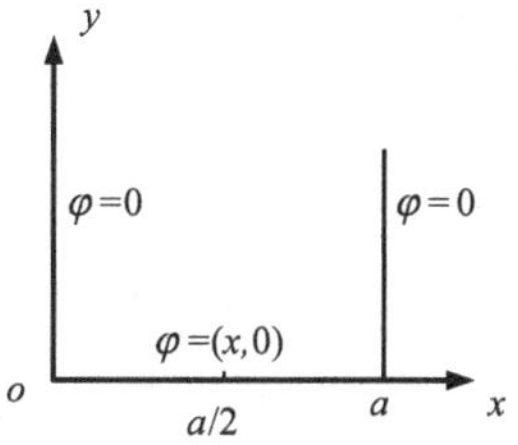

题 2-18 图

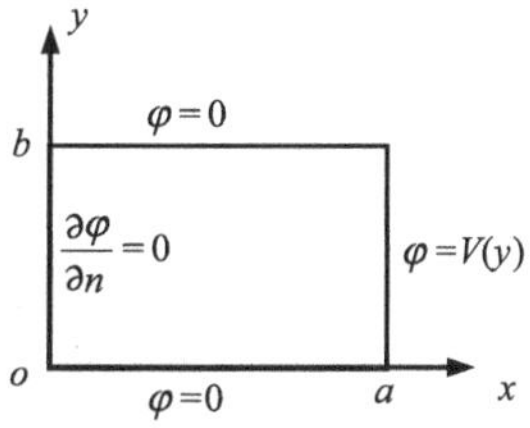

题 2-19 图

2-20　在无限大接地导体平面两侧各有一点电荷 q_1 和 q_2，与导体平面的距离均为 d，求空间的电位分布。

2-21　一个半径为 a 的球壳，同心地置于半径为 b 的球壳内，外壳接地。一点电荷 q 放在内球内距其球心为 d 处。问大球内各点的电位为多少？

2-22　真空中一点电荷 $q=10^{-6}$C，放在离金属球壳(半径为 $R=5$cm)的球心 15cm 处。试求：

(1) 球面上各点的 φ，$\boldsymbol{E}$ 表达式。何处场强最大，数值如何？

(2) 若将球壳接地，则情况如何？

(3) 若将该点电荷置于球壳内距球心 3cm 处，再求球内 φ 与 $\boldsymbol{E}$ 的表达式。

2-23　点电荷 q 置于导体 A 附近，导体有半球形凸起，如题 2-23 图所示。已知 q、h、R。试求此点荷所受的力。

2-24　若将某对称的三芯电缆中三个导体相连，测得导体与铅皮间的电容为 0.051μF，若将电缆中的两导体与铅皮相连，它们与另一导体间的电容为 0.037μF。试求：

(1) 电缆的各部分电容；

(2) 每一相的工作电容；

(3) 若在导体 1、2 之间加直流电压 100V，求导体每单位长度的电荷量。

2-25　在题 2-25 图的两同轴导体之间部分填充介电常数为 ε_1 和 ε_2 的两种电介质，内外导体间的电压为 U。试求：

(1) 内外导体间电介质中的电场和电位分布；

(2) 单位长度的电容；

(3) 单位长度的电场能量。

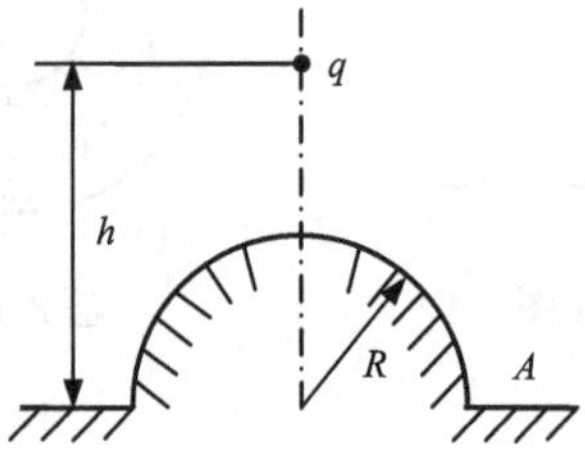

题 2-23 图

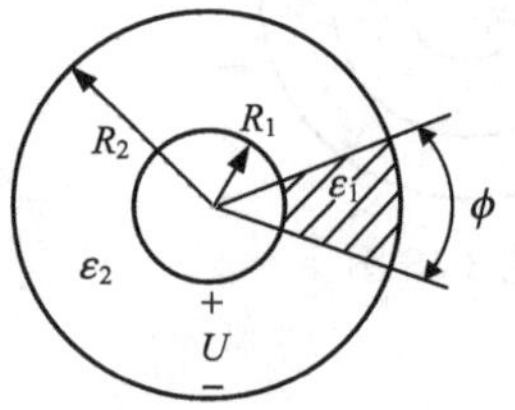

题 2-25 图

2-26 一个由下式决定的球形带电区域

$$\rho=\begin{cases}\rho_0\left(1-\dfrac{r}{a}\right) & (r\leqslant a)\\ 0 & (r>a)\end{cases}$$

式中，a 为球的半径，ρ_0为常数。试求：

(1) 空间各点的电场强度；

(2) 找出电场最大值出现的地方；

(3) 该带电球产生的电场能量。

2-27 用 8mm 厚、$\varepsilon_r=5$ 的电介质片隔开的两片金属盘，形成一电容为 1pF 的平行板电容器，并接到 1kV 电源。如果不计摩擦，要把电介质片从两金属盘间移出来，问在下列两种情况各需做多少功？

(1) 移动前，电源已断开；

(2) 移动中，电源一直连着。

2-28 一个由两只同心导电球壳构成的电容器，内球半径为 a，外球壳半径为 b，外球壳很薄，其厚度可略去不计，两球壳上所带电荷分别是 $+Q$ 和 $-Q$，均匀分布在球面上。求这个同心球形电容器的静电能量。

2-29 空气中，面积为 S，相隔 1cm 的两块平行导电平板充电到 100V 后脱离电源，然后将一厚度为 1mm 的绝缘导电片插入两极间。试问：

(1) 忽略边缘效应，导电片吸收了多少能量？这部分能量起到了什么作用？两板间的电压和电荷的改变量各为若干？最后储存在其中的能量多大？

(2) 如果电压源一直与两平行导电平板相连，重答前问。

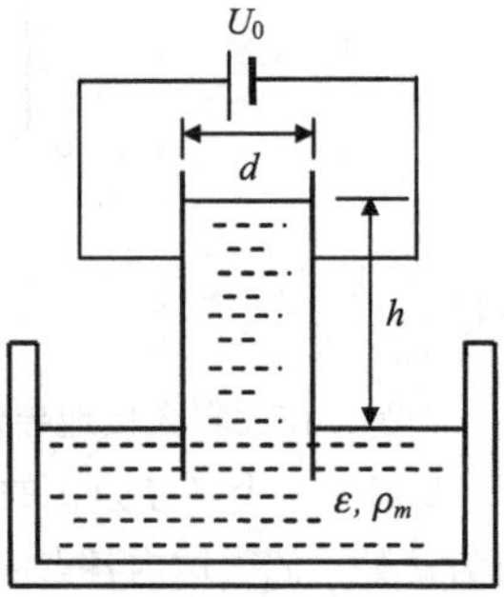

题 2-30 图

2-30 板间距为 d，电压为 U_0的两平行板电极，浸于介电常数为 ε 的液态介质中，如题 2-30 图所示。已知介质液体的质量密度是 ρ_m，问两极板间的液体将升高多少？

第3章　恒定电场

在静电场中，讨论了静止电荷的电场效应。由于静电场中的导体内部没有电场，没有电荷的运动，导体是等位体，导体表面是等位面，因此，静电场研究的是导体之外介质中的电场。

当导体中存在电场时，导体就不再是等位体，导体中的自由电荷在电场的作用下就会作定向运动，形成电流。如果导体中的电场保持不变，那么，运动着的自由电荷在导体中的分布将达到一种动态平衡，不随时间而改变，这种运动电荷形成的电流称为恒定电流，维持导体中具有恒定电流的电场称为恒定电场。

恒定电场中的导体表面有恒定的电荷分布，它们将在导体周围的介质中引起恒定电场，其性质与静电场类似，遵从与静电场相同的规律。

恒定电流的存在必然在其周围产生磁场，不过这种磁场并不影响原有恒定电场的分布，电场和磁场各自独立地存在于同一空间，可以分别进行研究。本章研究导电介质中的恒定电场，磁场的研究将在下一章进行。

3.1　电流与电流密度

3.1.1　电源与电动势

若用导线连接已充电的电容器正、负极板，电容器将放电，导线中有电流流过，但很快电流衰减为零，放电过程瞬间结束。可见，要维持导线中有恒定的电流，导线中必须维持有恒定的电场，恒定电场的产生依靠相连接的电源。一种能将其他形式的能量转换为电能的装置称为电源。

要在导体中产生恒定电场，需要连接直流电源。直流电源能将电源内的正电荷移向正极，负电荷移向负极。显然，电源的作用就是提供一种非静电力移动电荷作持续的定向运动，非静电力也称之为局外力，用 $\boldsymbol{f}_{\mathrm{e}}$表示。局外力在电源中是分布的，形成局外力场，其场强可仿照静电场的方式定义为

$$\boldsymbol{E}_{\mathrm{e}}=\lim_{q_t\to 0}\boldsymbol{f}_{\mathrm{e}}/q_t \tag{3-1-1}$$

称 $\boldsymbol{E}_{\mathrm{e}}$为局外场强，单位为伏特/米(V/m)。

需要注意的是，$\boldsymbol{E}_{\mathrm{e}}$不是电场，仅是一个等效的概念，便于从场的角度来描述电源的特性。将电源的电动势定义为局外力将单位正电荷由负极移到正极所做的功，即

$$\varepsilon=\int_l\boldsymbol{E}_{\mathrm{e}}\cdot\mathrm{d}\boldsymbol{l}=\int_A^B\boldsymbol{E}_{\mathrm{e}}\cdot\mathrm{d}\boldsymbol{l} \tag{3-1-2}$$

它的单位是伏特(V)。

局外场强对电源内电荷作用的结果，必然在正、负(图 3-1 中 A、B)极板分别积累正、负电荷，这些积累的电荷又将在电源内部产生库仑电场 $\boldsymbol{E}$，所以电源内部的合成场强 $\boldsymbol{E}_t$ 为

$$\boldsymbol{E}_t=\boldsymbol{E}_{\mathrm{e}}+\boldsymbol{E} \tag{3-1-3}$$

场强 $\boldsymbol{E}_{\mathrm{e}}$和 $\boldsymbol{E}$ 方向相反，如图 3-1 所示。

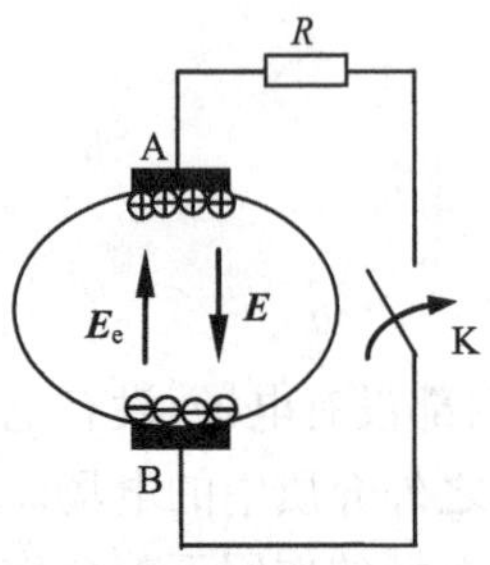

图 3-1　电源与内外电路

当外电路开路时，局外力不断移动正、负电荷，使库仑电场 $\boldsymbol{E}$ 逐步增强，直到 $|\boldsymbol{E}|=|\boldsymbol{E}_e|$，达到了动态平衡，此时有

$$\boldsymbol{E}_1=\boldsymbol{E}_e+\boldsymbol{E}=0 \tag{3-1-4}$$

电荷的移动结束。

当外电路接通时，在库仑电场作用下，电荷沿外电路作定向运动，形成电流。此时，正、负极板上累积的电荷 Q 和 $-Q$ 量值减少，库仑电场 $\boldsymbol{E}$ 量值减小，破坏了式(3-1-4)反映的动态平衡，局外力又将移动正、负电荷分别到正、负极板上，使库仑电场 $\boldsymbol{E}$ 量值升高。其结果将达到新的动态平衡，保持了外电路有一定的端电压，使外电路中有一恒定电场，从而在外电路中维持一恒定电流。

3.1.2　电流密度

导体中任一截面 S 上单位时间内通过的电荷量定义为通过该面积的电流，用 i 表示，由下式描述

$$i=\lim_{\Delta t\to 0}\frac{\Delta q}{\Delta t}=\frac{\mathrm{d}q}{\mathrm{d}t} \tag{3-1-5}$$

电流的单位是安培(A)，恒定电流一般用符号 I 表示。

电流反映的是单位时间内流过截面 S 的总电荷量，不能反映截面各点电荷运动情况，因此，有必要引入能描述空间各点电荷运动特性的量，即电流密度。

以体密度 ρ 分布的电荷，按速度 $\boldsymbol{v}$ 在空间做匀速运动，如图 3-2 所示。设在 Δt 时间内，体积 $\Delta V(=\Delta S\cdot\Delta l)$ 内的电荷通过 ΔS 端面全部流出，则流出 ΔS 面的电流为

$$\Delta I=\frac{\rho\Delta V}{\Delta t}=\frac{\rho\Delta\boldsymbol{S}\cdot\Delta\boldsymbol{l}}{\Delta t}=\frac{\rho\Delta\boldsymbol{S}\cdot\boldsymbol{v}\Delta t}{\Delta t}=\rho\boldsymbol{v}\cdot\Delta\boldsymbol{S}$$

ΔS 端面上某点的电流密度用 $\boldsymbol{J}$ 表示，电流密度方向为该点正电荷运动方向，大小等于通过该点并与正电荷运动方向垂直的单位横截面积上的电流，因此

$$\boldsymbol{J}=\lim_{\Delta S\to 0}\frac{\Delta I}{\Delta S}\boldsymbol{e}_n=\frac{\mathrm{d}I}{\mathrm{d}S}\boldsymbol{e}_n=\rho\boldsymbol{v} \tag{3-1-6}$$

称之为体电流密度(或称为体电流的面密度)，单位为安培/米^2(A/m^2)。

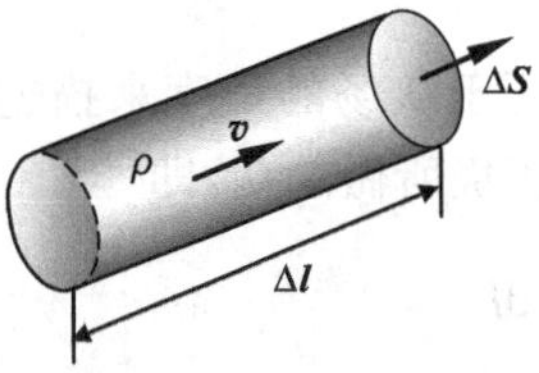

图 3-2　体电流密度计算

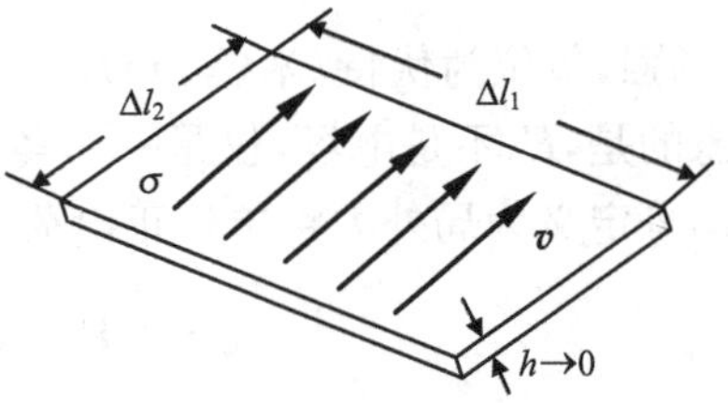

图 3-3　面电流密度

对于由电荷在一厚度可忽略不计的薄层导体面上运动形成的面分布电流，体电流密度 $\boldsymbol{J}$ 的描述失去意义，故需引入描述薄面上电荷运动特性的量。在薄层导体面上取一长为 Δl_1、宽为 Δl_2的微小面元，如图 3-3 所示。设面电荷密度为 σ，电荷沿 Δl_2以速度 $\boldsymbol{v}$ 运动。若 Δt 时间

内电荷全部通过 Δl_1，则流过 Δl_1 的电流为

$$\Delta I=\frac{\sigma\Delta l_1\Delta l_2}{\Delta t}=\sigma\Delta l_1\frac{\Delta l_2}{\Delta t}=\sigma\Delta l_1 v$$

Δl_1 上某点处的电流密度用 $\boldsymbol{K}$ 表示，$\boldsymbol{K}$ 的方向为该点正电荷运动方向，大小等于通过该点并与正电荷运动方向垂直的单位长度的电流，因此

$$\boldsymbol{K}=\lim_{\Delta l_1\to 0}\frac{\Delta I}{\Delta l_1}\boldsymbol{e}_n=\sigma\boldsymbol{v} \tag{3-1-7}$$

称 $\boldsymbol{K}$ 为面电流密度（或称为面电流的线密度），单位为安培/米（A/m）。

若导体截面可以忽略，可以看做线形导体，其上电荷运动方向取决于导线的走向。设导线电荷线密度为 τ，电荷以速度 $\boldsymbol{v}$ 沿导线运动，可定义线电流为

$$I=\tau v \tag{3-1-8}$$

单位是安培（A）。

取导体中的任意截面 S，S 面的周界 l 及其循行方向如图 3-4 所示。在 S 面内取一面元矢量 $\mathrm{d}\boldsymbol{S}$，方向与 l 的循行方向符合右手螺旋关系。若通过 $\mathrm{d}\boldsymbol{S}$ 的电流为 $\mathrm{d}I$，电流密度为 $\boldsymbol{J}$，应有 $\mathrm{d}I=\boldsymbol{J}\cdot\mathrm{d}\boldsymbol{S}$，于是截面 S 上通过的电流为

$$I=\int_S\mathrm{d}I=\int_S\boldsymbol{J}\cdot\mathrm{d}\boldsymbol{S} \tag{3-1-9}$$

由以上分析可见，电流是单位时间内通过正 S 面的净电荷量，它在 S 面上的具体分布及各点处电荷的运动方向只能由电流密度来描述，电流密度是恒定电场的基本场矢量。

计算流经薄导体曲面 S 内任意曲线 l 的电流 I，可参考图 3-5。将线元 $\mathrm{d}l$ 在曲面内且垂直于 $\mathrm{d}l$ 的单位矢量记为 $\boldsymbol{e}_\perp$，定义 $\mathrm{d}\boldsymbol{l}_\perp=\mathrm{d}l\boldsymbol{e}_\perp$，则流经 $\mathrm{d}l$ 的电流为 $\mathrm{d}I=\boldsymbol{K}\cdot\mathrm{d}\boldsymbol{l}_\perp$，通过曲线 l 的电流

$$I=\int_l\boldsymbol{K}\cdot\mathrm{d}\boldsymbol{l}_\perp \tag{3-1-10}$$

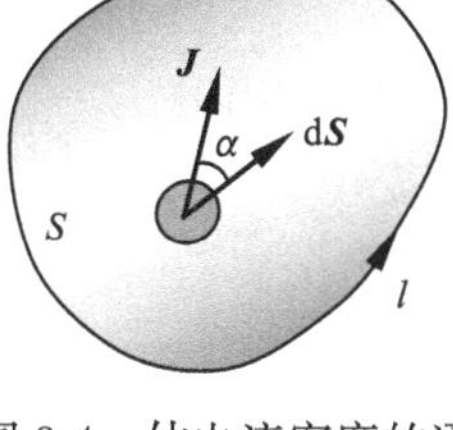

图 3-4　体电流密度的通量

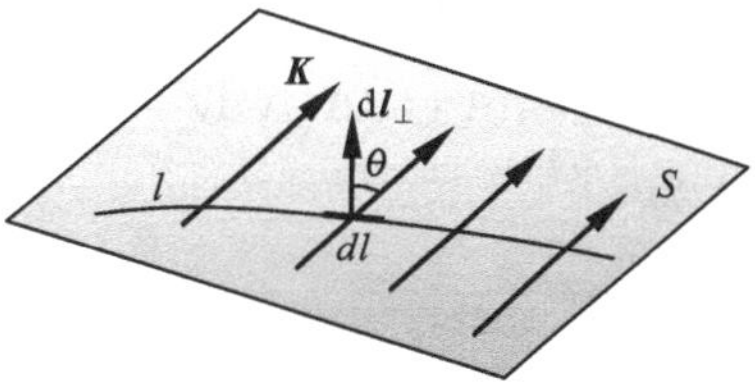

图 3-5　面电流密度的通量

若元电荷 $\mathrm{d}q$ 以速度 $\boldsymbol{v}$ 沿着导线运动，它们的乘积 $\mathrm{d}q\boldsymbol{v}$ 称为元电流段，其单位为库仑・米/秒或安培·米（A・m）。按运动电荷的体、面和线类型可分为如下 3 种元电流段。

$$\mathrm{d}q\boldsymbol{v}=\rho\mathrm{d}V\boldsymbol{v}=\boldsymbol{J}\mathrm{d}V \tag{3-1-11}$$

$$\mathrm{d}q\boldsymbol{v}=\sigma\mathrm{d}S\boldsymbol{v}=\boldsymbol{K}\mathrm{d}S \tag{3-1-12}$$

$$\mathrm{d}q\boldsymbol{v}=\tau\mathrm{d}l\boldsymbol{v}=I\mathrm{d}\boldsymbol{l} \tag{3-1-13}$$

由以上三式可知，元电流段是矢量，它们也是下章将介绍的恒定磁场的点源。

3.1.3 欧姆定律的微分形式

要维持导电介质中的恒定电流，必须有恒定电场施予的电场力，以克服自由电子在运动中所受的阻力。显然，电场强度应当是恒定电场的又一基本场量。

在导电介质中电荷运动形成的电流称为传导电流。根据有关导电理论和实验，在各向同性、线性导电介质中，电场强度与电流密度之间存在如下关系

$$\boldsymbol{J}=\gamma\boldsymbol{E} \tag{3-1-14}$$

式中，γ 是导电介质的电导率，反映了导电介质的导电特性，单位为西门子/米（S/m）。式(3-1-14)其实是电路中的欧姆定律的微分形式，又被称为导电介质的构成方程。此式也适用于场量随时间变化的时变场。

如果 $\gamma\neq 0$，上式又可表示为

$$\boldsymbol{E}=\rho_\gamma\boldsymbol{J} \tag{3-1-15}$$

ρ_γ 是导电介质的电阻率，单位是欧姆·米（Ω·m）。

3.1.4 功率和功率密度

在电场力作用下，自由电子作定向运动，不可避免地会和其他粒子发生碰撞，以致电子释放部分能量而发热，其运动速度因此下降。为了维持导电介质中的恒定电流，必须不断对运动电子提供能量，使之具有恒定的平均速度，以保持宏观上的动态平衡。

在各向同性、线性导电介质体积 V 中，任取一体积元 $\mathrm{d}V$，设其单位体积中有 N 个自由运动的电子，每个电子带电量为 $-e$，它们的平均运动速度为 $\boldsymbol{v}$，电流密度应为

$$\boldsymbol{J}=\rho\boldsymbol{v}=N(-e)\boldsymbol{v}$$

若导电介质中的场强为 $\boldsymbol{E}$，每个自由电子所受电场力 $\boldsymbol{f}=-e\boldsymbol{E}$，在 $\mathrm{d}t$ 时间内电子位移 $\mathrm{d}\boldsymbol{l}=\boldsymbol{v}\mathrm{d}t$，则电场力移动电子做元功

$$\mathrm{d}A_\mathrm{e}=\boldsymbol{f}\cdot\mathrm{d}\boldsymbol{l}=-e\boldsymbol{E}\cdot\boldsymbol{v}\mathrm{d}t$$

于是，电场力对体积元 $\mathrm{d}V$ 内所有电子做的元功

$$\mathrm{d}A=\mathrm{d}A_\mathrm{e}N\mathrm{d}V=N(-e)\,\boldsymbol{E}\cdot\boldsymbol{v}\mathrm{d}V\mathrm{d}t=\boldsymbol{J}\cdot\boldsymbol{E}\mathrm{d}V\mathrm{d}t$$

相应的元功率为

$$\mathrm{d}P=\frac{\mathrm{d}A}{\mathrm{d}t}=\boldsymbol{J}\cdot\boldsymbol{E}\mathrm{d}V$$

在体积 V 内电荷运动需要消耗的功率为

$$P=\int_V\mathrm{d}P=\int_V\boldsymbol{J}\cdot\boldsymbol{E}\mathrm{d}V \tag{3-1-16}$$

上式表明，电荷运动消耗了电功率，产生了热耗。积分式中的被积函数 $\boldsymbol{J}\cdot\boldsymbol{E}$ 表示单位体积导电介质消耗的电功率，反映了功率的空间分布特性，定义为功率密度，即

$$p=\boldsymbol{J}\cdot\boldsymbol{E} \tag{3-1-17}$$

单位是瓦/米^3（$\mathrm{W/m^3}$），又称它为焦耳定律的微分形式。

对于各向同性、线性导电介质，应用导电介质的构成方程(3-1-14)，式(3-1-17)还可写成

$$p=\gamma E^2\quad 或\quad p=\frac{J^2}{\gamma}$$

3.2 恒定电场基本方程

3.2.1 传导电流的连续性方程

依据电荷守恒定律，在导电介质中，净流出任一闭合面的传导电流恒等于单位时间内该闭合面内自由电荷的减少率，即

$$\oint_S \boldsymbol{J} \cdot \mathrm{d}\boldsymbol{S} = -\frac{\mathrm{d}q}{\mathrm{d}t} \tag{3-2-1}$$

这就是电流连续性方程(积分形式)的一般形式。

在导电介质中，流过恒定电流就意味着其中电荷的分布保持动态不变，即单位时间内有多少电荷流出一闭合面，就有多少电荷流入该闭合面，净流出该闭合面的电荷恒为零，因此，$\frac{\mathrm{d}q}{\mathrm{d}t}=0$。于是式(3-2-1)变为

$$\oint_S \boldsymbol{J} \cdot \mathrm{d}\boldsymbol{S} = 0$$

称为恒定电场中传导电流的连续性方程。

3.2.2 电场强度的环量

电荷产生的电场属于库仑场，是保守场，所以当选择的闭合路径 l 经过图 3-1 所示的电源时，有

$$\oint_l (\boldsymbol{E} + \boldsymbol{E}_\mathrm{e}) \cdot \mathrm{d}\boldsymbol{l} = \oint_l \boldsymbol{E} \cdot \mathrm{d}\boldsymbol{l} + \oint_l \boldsymbol{E}_\mathrm{e} \cdot \mathrm{d}\boldsymbol{l} = \int_B^A \boldsymbol{E}_\mathrm{e} \cdot \mathrm{d}\boldsymbol{l} = \varepsilon$$

当所选择的闭合路径 l 不经过电源时，有

$$\oint_l \boldsymbol{E} \cdot \mathrm{d}\boldsymbol{l} = 0$$

即在恒定电场中，导电介质中的电场强度环量恒为零。

3.2.3 导电介质中恒定电场的基本方程

综合以上讨论，导电介质中的恒定电场满足以下两个基本规律

$$\oint_l \boldsymbol{E} \cdot \mathrm{d}\boldsymbol{l} = 0 \tag{3-2-2}$$

$$\oint_S \boldsymbol{J} \cdot \mathrm{d}\boldsymbol{S} = 0 \tag{3-2-3}$$

即恒定电场基本方程的积分形式。

由斯托克斯定理和高斯散度定理，以上两式可直接推出基本方程的微分形式

$$\nabla \times \boldsymbol{E} = 0 \tag{3-2-4}$$

$$\nabla \cdot \boldsymbol{J} = 0 \tag{3-2-5}$$

这两个方程更为直接地反映了导电介质中恒定电场的基本性质：无旋、无散性。式(3-2-5)是传导电流连续性方程的微分形式。

导电介质的构成方程(3-1-14)建立了恒定电场中基本场量 $\boldsymbol{J}$ 和 $\boldsymbol{E}$ 的关系

$$\boldsymbol{J}=\gamma\boldsymbol{E}$$

另外，导体表面分布的恒定电荷在其周围介质中产生的恒定电场仍属于库仑场，介质中高斯通量定理的积分形式和微分形式、介质的构成方程以及分界面衔接条件仍然成立，即

$$\oint_S \boldsymbol{D}\cdot\mathrm{d}\boldsymbol{S}=q$$

$$\nabla\cdot\boldsymbol{D}=\rho$$

$$\boldsymbol{D}=\varepsilon_0\boldsymbol{E}+\boldsymbol{P}\quad \text{或}\quad \boldsymbol{D}=\varepsilon\boldsymbol{E}$$

$$\boldsymbol{e}_n\cdot(\boldsymbol{D}_2-\boldsymbol{D}_1)=\sigma$$

3.2.4 恒定电场中电位的微分方程

根据恒定电场的无旋性式(3-2-4)，可定义标量电位函数

$$\boldsymbol{E}=-\nabla\varphi \tag{3-2-6}$$

该电位的物理意义、性质、电位参考点的选择等都与静电场中的电位相同。电位仍可通过电场强度的线积分来计算

$$\varphi=\int_P^Q \boldsymbol{E}\cdot\mathrm{d}\boldsymbol{l} \tag{3-2-7}$$

在各向同性、线性导电介质中，将式(3-1-14)和式(3-2-6)代入式(3-2-5)，有

$$\nabla\cdot\boldsymbol{J}=\nabla\cdot\gamma(-\nabla\varphi)=-\gamma\,\nabla^2\varphi-\nabla\gamma\cdot\nabla\varphi=0$$

当导电介质均匀时，γ 为常数，$\nabla\gamma=0$，因此

$$\nabla^2\varphi=0 \tag{3-2-8}$$

上式表明，在恒定电场中电位函数满足拉普拉斯方程。

由式(3-2-8)，再加上恒定电场边界面上的定解条件，构成相应的边值问题。

3.2.5 导电介质中的体电荷

在不均匀导电介质中，电导率 γ 和介电系数 ε 都可能是空间坐标的函数。由传导电流连续性原理和高斯通量定理的微分形式

$$\nabla\cdot\boldsymbol{J}=\nabla\cdot(\gamma\boldsymbol{E})=\nabla\gamma\cdot\boldsymbol{E}+\gamma\,\nabla\cdot\boldsymbol{E}=0$$

$$\nabla\cdot\boldsymbol{D}=\nabla\cdot(\varepsilon\boldsymbol{E})=\nabla\varepsilon\cdot\boldsymbol{E}+\varepsilon\,\nabla\cdot\boldsymbol{E}=\rho$$

对上两式联立求解，消去 $\nabla\cdot\boldsymbol{E}$ 可得

$$\rho=\boldsymbol{E}\cdot\left(\nabla\varepsilon-\varepsilon\frac{\nabla\gamma}{\gamma}\right)=\gamma\boldsymbol{E}\cdot\left(\frac{\nabla\varepsilon}{\gamma}-\varepsilon\frac{\nabla\gamma}{\gamma^2}\right)=\gamma\boldsymbol{E}\cdot\nabla\left(\frac{\varepsilon}{\gamma}\right)=\boldsymbol{J}\cdot\nabla\left(\frac{\varepsilon}{\gamma}\right)$$

因此，在 γ 和 ε 不均匀的导电介质中一般有体电荷的累积。对于均匀导电介质，γ 和 ε 是常数，$\rho=0$，没有体电荷。

3.3 导电介质分界面的衔接条件

在不同导电介质分界面上，电导率的突变一般会引起基本场量的突变，导致介质分界面两侧场量不连续，恒定电场基本方程的微分形式不再成立。因此，当研究整个恒定电场空间场量

分布时，还需有场量在分界面的衔接条件。

3.3.1 导电介质分界面衔接条件

1. 场量 $\boldsymbol{E}$、$\boldsymbol{J}$ 的分界面衔接条件

采用与静电场中推导分界面衔接条件相同的方法，依据恒定电场基本方程的积分形式，见式(3-2-2)和式(3-2-3)，可分别导出电场强度和电流密度在介质分界面上的衔接条件。

$$\boldsymbol{e}_n \times (\boldsymbol{E}_2 - \boldsymbol{E}_1) = 0 \qquad (3\text{-}3\text{-}1)$$

$$\boldsymbol{e}_n \cdot (\boldsymbol{J}_2 - \boldsymbol{J}_1) = 0 \qquad (3\text{-}3\text{-}2)$$

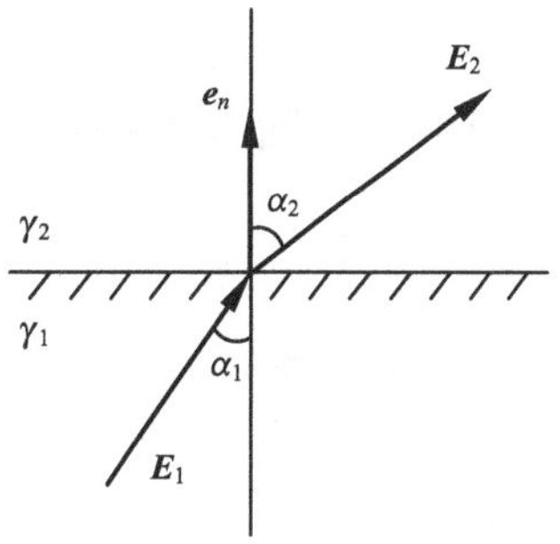

图 3-6 场量在分界面上的入射与折射

式中，$\boldsymbol{E}_1$、$\boldsymbol{J}_1$ 和 $\boldsymbol{E}_2$、$\boldsymbol{J}_2$ 分别是介质 1 和介质 2 中的场量；$\boldsymbol{e}_n$ 为分界面法线方向上的单位矢量，由介质 1 指向介质 2。

从量值上分析，有

$$E_{1t} = E_{2t} \qquad (3\text{-}3\text{-}3)$$

$$J_{1n} = J_{2n} \qquad (3\text{-}3\text{-}4)$$

即在介质分界面上电场强度的切向分量连续，电流密度的法向分量连续。

对于各向同性、线性介质，参考图 3-6，由式(3-1-14)、式(3-3-3)和式(3-3-4)，得

$$E_1 \sin\alpha_1 = E_2 \sin\alpha_2 \qquad (3\text{-}3\text{-}5)$$

$$\gamma_1 E_1 \cos\alpha_1 = \gamma_2 E_2 \cos\alpha_2 \qquad (3\text{-}3\text{-}6)$$

于是可得

$$\frac{\tan\alpha_1}{\tan\alpha_2} = \frac{\gamma_1}{\gamma_2} \qquad (3\text{-}3\text{-}7)$$

称为恒定电场中的折射定律。

根据 $\boldsymbol{E} = -\nabla\varphi$ 和 $\boldsymbol{J} = \gamma\boldsymbol{E}$，在介质分界面上，由 $E_{1t} = E_{2t}$ 和 $J_{1n} = J_{2n}$，得

$$\varphi_1 = \varphi_2 \qquad (3\text{-}3\text{-}8)$$

$$\gamma_1 \frac{\partial\varphi_1}{\partial n} = \gamma_2 \frac{\partial\varphi_2}{\partial n} \qquad (3\text{-}3\text{-}9)$$

2. 分界面上的自由面电荷

在不同导电介质的分界面上，通常会有自由面电荷存在，计算分界面上的自由面电荷 σ，可应用电位移矢量 $\boldsymbol{D}$ 的分界面条件，即

$$\sigma = \boldsymbol{e}_n \cdot (\boldsymbol{D}_2 - \boldsymbol{D}_1) = \frac{\varepsilon_2}{\gamma_2} J_{2n} - \frac{\varepsilon_1}{\gamma_1} J_{1n}$$

由式(3-3-4)，并令 $J_{1n} = J_{2n} = J_n$，则

$$\sigma = J_n \left(\frac{\varepsilon_2}{\gamma_2} - \frac{\varepsilon_1}{\gamma_1} \right) \qquad (3\text{-}3\text{-}10)$$

由此式可见，若导电介质的电导率和介电常数之间满足关系

$$\frac{\varepsilon_2}{\gamma_2} = \frac{\varepsilon_1}{\gamma_1} \qquad (3\text{-}3\text{-}11)$$

时，分界面上没有自由面电荷。一般情况导电介质分界面上累积有自由面电荷。

3.3.2 两种特殊的分界面情况

1. 导体与理想介质的分界面情况

设第 1 种介质为导体，电导率为 γ_1，第 2 种介质为理想介质(如空气)，电导率 $\gamma_2=0$。就电流密度而言，显然有 $\boldsymbol{J}_2=0$，故 $J_{1n}=J_{2n}=0$，即在导体表面电流密度没有法向分量，电流沿导体表面流动。对于电场强度来说，应有 $E_{1n}=0$，即在导体表面电场强度只有切向分量。根据式(3-3-3)，有 $E_{2t}=E_{1t}\neq 0$。

再由分界面衔接条件式(2-5-9)$\boldsymbol{e}_n\cdot(\boldsymbol{D}_2-\boldsymbol{D}_1)=\varepsilon_2 E_{2n}-\varepsilon_1 E_{1n}=\sigma$，以及 $E_{1n}=0$，可得 $E_{2n}=\sigma/\varepsilon_2$。因此，由于导体表面有自由面电荷存在，使得 $E_{2n}\neq 0$。这也说明，仅靠与电源连接的端面上的电荷维持导体内的恒定电场是不可能的，导体侧面必然另有电荷分布。

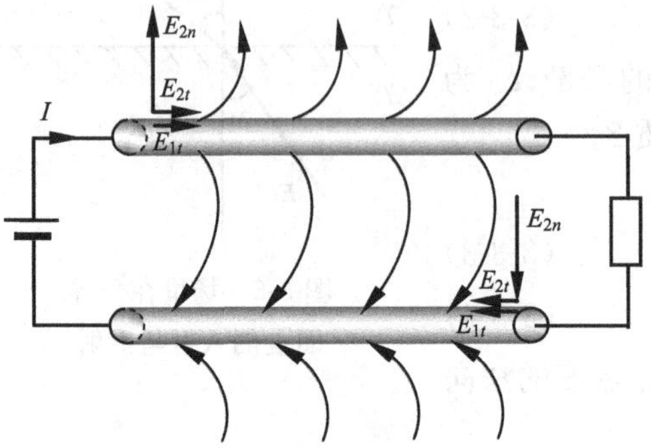

图 3-7 导体与空气相界

由以上分析可见，在理想介质侧紧靠分界面处，电场强度既有切向分量，也有法向分量，$\boldsymbol{E}$ 线不垂直于导体表面，导体表面也不是等位面。图 3-7 绘出了 $\boldsymbol{E}$ 线示意图。在实际应用中，一般有 $E_{2n}\gg E_{2t}$，为方便计算理想介质中的恒定电场，仍可近似认为 $\boldsymbol{E}$ 线垂直于分界面，介质侧表面近似作等位面处理。

2. 良导体与不良导体的分界面情况

设 γ_1 为良导体的电导率，γ_2 为不良导体的电导率，且 $\gamma_1\gg\gamma_2$，图 3-8 示出了良导体和不良导体相界的情况。只要入射角 $\alpha_1\neq 90°$，不论 α_1 取值如何，根据分界面的折射定律式(3-3-7)，都会有折射角 $\alpha_2\approx 0$，以至于紧靠介质分界面处，不良导体一侧的电流线可近似看成与分界面垂直。比如，金属导体接地情况，钢($\gamma_1=5\times 10^6\,\mathrm{S/m}$)与土壤($\gamma_2=10^{-2}\,\mathrm{S/m}$)的分界面上，当 $\alpha_1=89°59'50''$时，$\alpha_2=8''$。这说明在恒定电场中，当良导体和不良导体相界时，在紧靠分界面的不良导体一侧，电场强度和电流密度矢量近似与分界面垂直，分界面上不良导体侧可近似为一等位面，这为分析实际问题带来了很大的便利。

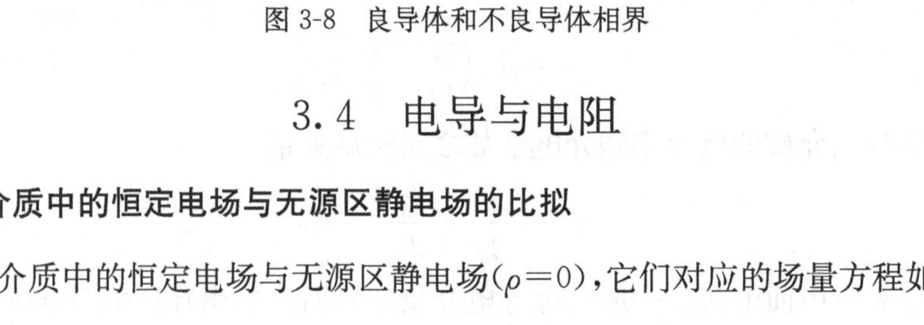

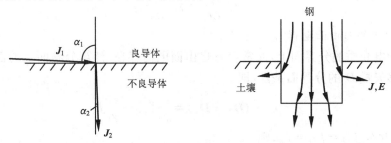

图 3-8 良导体和不良导体相界

3.4 电导与电阻

3.4.1 导电介质中的恒定电场与无源区静电场的比拟

对于导电介质中的恒定电场与无源区静电场($\rho=0$)，它们对应的场量方程如下：

恒定电场	无源区的静电场
$\nabla\times\boldsymbol{E}=0$	$\nabla\times\boldsymbol{E}=0$
$\boldsymbol{E}=-\nabla\varphi$	$\boldsymbol{E}=-\nabla\varphi$
$\nabla\cdot\boldsymbol{J}=0$	$\nabla\cdot\boldsymbol{D}=0$
$\boldsymbol{J}=\gamma\boldsymbol{E}$	$\boldsymbol{D}=\varepsilon\boldsymbol{E}$
$I=\int_S\boldsymbol{J}\cdot d\boldsymbol{S}$（$S$ 为导体横截面）	$q=\int_S\boldsymbol{D}\cdot d\boldsymbol{S}$（$S$ 为导体表面）
$\nabla^2\varphi=0$	$\nabla^2\varphi=0$

比较上述方程，两种场一一对应形成对偶关系。对偶量 $\boldsymbol{J}$ 与 $\boldsymbol{D}$、γ 与 ε、I 与 q 满足的基本方程在数学上的形式完全相同，因此，当满足的边界条件及介质特性相一致时，就会有相同形式的场图，并且上述两种场应有相似的计算方法。进一步可推知，在一种场中行之有效的计算方法可以推广到另一种场中去应用，也可以用一种场的模型模拟另一种场进行研究，所形成的这种场研究方法称为静电比拟。

3.4.2 电导

流经导体的电流与导体两端的电压之比称为电导，用 G 表示，定义式为

$$G=\frac{I}{U} \tag{3-4-1}$$

单位为西门子(S)。

电导的倒数称为电阻

$$R=\frac{U}{I}=\frac{1}{G} \tag{3-4-2}$$

单位为欧姆(Ω)。

导体的电导(电阻)值的大小与导体的电导率(电阻率)、形状、几何尺寸以及电极的位置等因素相关。将导体两端分别连接电源的正、负电极，并认为电极的电导率远大于导体的电导率，即 $\gamma_{极}\gg\gamma_{导}$。这样，可将它们之间的接触界面视为良导体和不良导体之间的介质分界面，并由式(3-4-1)计算导体的电导。一般情况下导体的形状并不规则，难于用解析的方法计算其电导(电阻)，可采用图解法或数值计算方法。

对于一段电导率和截面都均匀的导体，当导体中的电流密度和电场强度都均匀分布时，它的电导或电阻分别为

$$G=\frac{I}{U}=\frac{\gamma ES}{El}=\gamma\frac{S}{l}$$

$$R=\rho\frac{l}{S}$$

对于形状规则的导体，可由定义式求电导。当电流在导体横截面上分布均匀时，先假设流过导体的电流为 I，然后按 $I\rightarrow\boldsymbol{J}\rightarrow\boldsymbol{E}\rightarrow U\rightarrow G(R)$ 步骤计算电导(电阻)。也可以先假设导体两端的电压作为边界条件，通过求解电位的边值问题，按 $U\rightarrow\varphi\rightarrow\boldsymbol{E}\rightarrow\boldsymbol{J}\rightarrow I\rightarrow G(R)$ 步骤，求得电导(电阻)。

按以上方式计算电导可表示为

$$G=\frac{\int_S \boldsymbol{J}\cdot \mathrm{d}\boldsymbol{S}}{\int_l \boldsymbol{E}\cdot \mathrm{d}\boldsymbol{l}}=\frac{\int_S \gamma\boldsymbol{E}\cdot \mathrm{d}\boldsymbol{S}}{\int_l \boldsymbol{E}\cdot \mathrm{d}\boldsymbol{l}} \tag{3-4-3}$$

式中，l 是导体两端电极之间任一条路径，S 是导体端面上正电极的相应截面积，或是导体中的相应截面积。由此可见，电导计算的关键问题是求得导电介质中的恒定电场。

计算电导还可采用静电比拟的方法。在静电场中，均匀电介质条件下的电容计算式为

$$C=\frac{q}{U}=\frac{\varepsilon\int_S \boldsymbol{E}\cdot \mathrm{d}\boldsymbol{S}}{\int_l \boldsymbol{E}\cdot \mathrm{d}\boldsymbol{l}}$$

对比式(3-4-3)，可见只要静电场中的导体和恒定电场中的电极的形状、几何尺寸以及相对位置等条件完全相同，那么，电导和电容之间的关系应为

$$\frac{G}{C}=\frac{\gamma}{\varepsilon} \tag{3-4-4}$$

因此，若知道电容的表达式和介质参数，将对偶量进行互换，便可得到相应的电导表达式。

例 3-1 已知一同轴电缆，长为 l，内导体半径为 R_1，外导体内半径为 R_3($l\gg R_3$)，其间填充有介电系数分别为 ε_1 和 ε_2，电导率分别为 γ_1 和 γ_2 的两种非理想绝缘介质，介质分界面半径为 R_2，内外导体之间加有电压 U_0，如图 3-9 所示。试求：(1)介质中的电场强度 $\boldsymbol{E}$、漏电流密度 $\boldsymbol{J}'$ 和电位 φ；(2)介质分界面上的自由电荷面密度 σ；(3)同轴电缆的功率损耗 P、漏电导 G 和绝缘电阻 R。

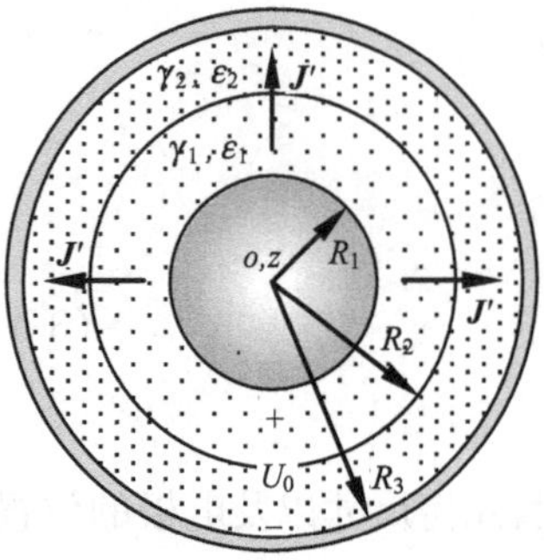

图 3-9 同轴电缆截面及尺寸等

解 由 $l\gg R_3$ 的条件，忽略边缘效应，电缆内部的场视为轴对称平行平面场。取圆柱坐标系，令 z 轴与电缆几何轴线重合，这样，电场的分布仅与径向坐标 ρ 相关。由于内外导体之间是非理想介质，当加有电压时，介质中的电流(称为漏电流)将呈均匀圆柱辐射状分布，如图 3-9 所示。非理想介质的电导称为漏电导，其倒数称为绝缘电阻。

(1) 设介质中的漏电流为 I'，取半径为 ρ、高为 l 的圆柱面。作面积分有

$$\int_S \boldsymbol{J}'\cdot \mathrm{d}\boldsymbol{S}=J'2\pi l\rho=I'$$

可得漏电流密度

$$\boldsymbol{J}'=\frac{I'}{2\pi l\rho}\boldsymbol{e}_\rho \qquad (R_1<\rho<R_3) \tag{3-4-5}$$

电场强度为

$$\boldsymbol{E}_1=\frac{\boldsymbol{J}'}{\gamma_1}=\frac{I'}{2\pi\gamma_1 l\rho}\boldsymbol{e}_\rho \quad (R_1<\rho<R_2) \tag{3-4-6}$$

$$\boldsymbol{E}_2=\frac{\boldsymbol{J}'}{\gamma_2}=\frac{I'}{2\pi\gamma_2 l\rho}\boldsymbol{e}_\rho \quad (R_2<\rho<R_3) \tag{3-4-7}$$

内外导体之间的电压

$$U_0=\int_{R_1}^{R_2}\boldsymbol{E}_1\cdot \mathrm{d}\boldsymbol{\rho}+\int_{R_2}^{R_3}\boldsymbol{E}_2\cdot \mathrm{d}\boldsymbol{\rho}=\int_{R_1}^{R_2}\frac{I'}{2\pi\gamma_1 l\rho}\boldsymbol{e}_\rho\cdot \mathrm{d}\rho\boldsymbol{e}_\rho+\int_{R_2}^{R_3}\frac{I'}{2\pi\gamma_2 l\rho}\boldsymbol{e}_\rho\cdot \mathrm{d}\rho\boldsymbol{e}_\rho$$

$$=\frac{I'}{2\pi l}\left(\frac{1}{\gamma_1}\ln\frac{R_2}{R_1}+\frac{1}{\gamma_2}\ln\frac{R_3}{R_2}\right)$$

解上式得漏电流

$$I'=\frac{2\pi l U_0}{\dfrac{1}{\gamma_1}\ln\dfrac{R_2}{R_1}+\dfrac{1}{\gamma_2}\ln\dfrac{R_3}{R_2}}$$

将上式结果代入式(3-4-5)～式(3-4-7)，于是

$$\boldsymbol{J}'=\frac{U_0}{\left(\dfrac{1}{\gamma_1}\ln\dfrac{R_2}{R_1}+\dfrac{1}{\gamma_2}\ln\dfrac{R_3}{R_2}\right)\rho}\boldsymbol{e}_\rho \quad (R_1<\rho<R_3)$$

$$\boldsymbol{E}_1=\frac{U_0}{\left(\ln\dfrac{R_2}{R_1}+\dfrac{\gamma_1}{\gamma_2}\ln\dfrac{R_3}{R_2}\right)\rho}\boldsymbol{e}_\rho \quad (R_1<\rho<R_2)$$

$$\boldsymbol{E}_2=\frac{U_0}{\left(\dfrac{\gamma_2}{\gamma_1}\ln\dfrac{R_2}{R_1}+\ln\dfrac{R_3}{R_2}\right)\rho}\boldsymbol{e}_\rho \quad (R_2<\rho<R_3)$$

电位参考点设在外导体上，两介质中的电位分别为

$$\varphi_2=\int_\rho^{R_3}\boldsymbol{E}_2\cdot \mathrm{d}\boldsymbol{\rho}=\int_\rho^{R_3}\frac{U_0}{\left(\dfrac{\gamma_2}{\gamma_1}\ln\dfrac{R_2}{R_1}+\ln\dfrac{R_3}{R_2}\right)\rho}\boldsymbol{e}_\rho\cdot \mathrm{d}\rho\boldsymbol{e}_\rho$$

$$=\frac{U_0}{\left(\dfrac{\gamma_2}{\gamma_1}\ln\dfrac{R_2}{R_1}+\ln\dfrac{R_3}{R_2}\right)}\ln\frac{R_3}{\rho} \quad (R_2<\rho<R_3)$$

$$\varphi_1=\int_\rho^{R_2}\boldsymbol{E}_1\cdot \mathrm{d}\boldsymbol{\rho}+\int_{R_2}^{R_3}\boldsymbol{E}_2\cdot \mathrm{d}\boldsymbol{\rho}$$

$$=\frac{U_0}{\dfrac{\gamma_2}{\gamma_1}\ln\dfrac{R_2}{R_1}+\ln\dfrac{R_3}{R_2}}\left(\ln\frac{R_3}{R_2}+\frac{\gamma_2}{\gamma_1}\ln\frac{R_2}{\rho}\right) \quad (R_1<\rho<R_2)$$

(2) 由式(3-3-10)，可得介质分界面($\rho=R_2$)上的自由电荷面密度

$$\sigma=J'_n\left(\frac{\varepsilon_2}{\gamma_2}-\frac{\varepsilon_1}{\gamma_1}\right)=\frac{(\varepsilon_2\gamma_1-\varepsilon_1\gamma_2)U_0}{\left(\gamma_2\ln\dfrac{R_2}{R_1}+\gamma_1\ln\dfrac{R_3}{R_2}\right)R_2}$$

(3) 介质中的功率损耗

$$P=U_0I'=\frac{2\pi l\gamma_1\gamma_2}{\gamma_2\ln\dfrac{R_2}{R_1}+\gamma_1\ln\dfrac{R_3}{R_2}}U_0^2$$

漏电导

$$G=\frac{I'}{U_0}=\frac{2\pi l\gamma_1\gamma_2}{\gamma_2\ln\dfrac{R_2}{R_1}+\gamma_1\ln\dfrac{R_3}{R_2}}$$

绝缘电阻

$$R = \frac{1}{G} = \frac{1}{2\pi l\gamma_1\gamma_2}\left(\gamma_2 \ln\frac{R_2}{R_1} + \gamma_1 \ln\frac{R_3}{R_2}\right)$$

例 3-2 薄导电弧片的厚度为 h，两端加有电压 U_0，如图 3-10 所示。试计算恒定电场的分布和沿弧片圆弧线方向的电导。

解 按图 3-10 所示与电源相连的导电弧片，电流沿圆弧线流动，在横截面上非均匀分布，所以采用求电导的第 2 种方法。以弧片圆心为原点建立圆柱坐标系，因弧片很薄，可视电位 φ 与 z 坐标无关，而且等位线分布与 ρ 坐标无关。因此，有电位微分方程

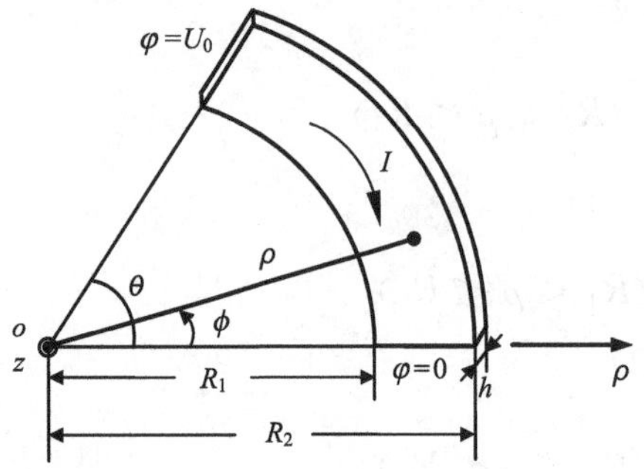

图 3-10 两端加恒定电压的导电弧片

$$\nabla^2\varphi = 0,\quad 0 < \phi < \theta$$

即

$$\frac{1}{\rho^2}\frac{\partial^2\varphi}{\partial\phi^2} = 0,\quad 0 < \phi < \theta$$

边界条件

当 $\phi = 0$ 时 $\varphi = 0$

当 $\phi = \theta$ 时 $\varphi = U_0$

电位微分方程的通解为

$$\varphi = C\phi + D$$

代入边界条件，可定积分常数

$$C = \frac{U_0}{\theta},\quad D = 0$$

故

$$\varphi = \frac{U_0}{\theta}\phi$$

所以在导电弧片中

$$\boldsymbol{E} = -\nabla\varphi = -\frac{1}{\rho}\frac{\partial\varphi}{\partial\phi}\boldsymbol{e}_\phi = -\frac{U_0}{\theta\rho}\boldsymbol{e}_\phi,\qquad \boldsymbol{J} = \gamma\boldsymbol{E} = -\frac{\gamma U_0}{\theta\rho}\boldsymbol{e}_\phi$$

导电弧片流过的总电流

$$I = \int_S \boldsymbol{J}\cdot \mathrm{d}\boldsymbol{S} = \int_{R_1}^{R_2}\frac{\gamma U_0}{\theta\rho}(-\boldsymbol{e}_\phi)\cdot h\,\mathrm{d}\rho(-\boldsymbol{e}_\phi) = \frac{\gamma h U_0}{\theta}\ln\frac{R_2}{R_1}$$

于是，图 3-10 所示情况下弧片的电导

$$G = \frac{I}{U_0} = \frac{\gamma h}{\theta}\ln\frac{R_2}{R_1}$$

3.4.3 接地电阻

电气设备工作时，为了保证电气设备正常工作，往往将设备的某一部分（如外壳）与大地连接，称其为工作接地。为了防止电气设备外壳由于绝缘损坏而危及操作人员的人身安全也会设置接入大地的装置，称为安全接地。接地装置包括接地体和接地线。接地体是埋入地下的金属导体，如圆钢、扁钢、球形钢体等，接地线是连接设备到接地体的导线。工作电流、短路电

流或雷电电流通过接地线流向接地体,再分散流入大地,如图 3-11 所示。接地电阻等于设备接地点对地电压与通过接地线、接地体流入大地的电流之比,它包括接地线、接地体的电阻,接地体与土壤之间的接触电阻,以及电流所流经土壤的电阻。其中土壤的电阻占主要部分,于是,把这一电阻近似作为接地电阻。

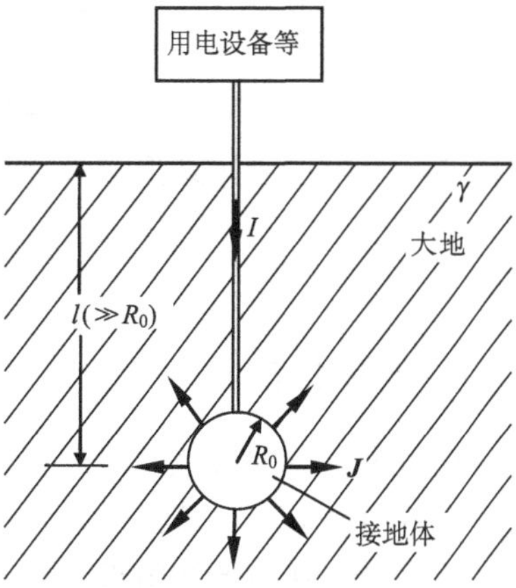

图 3-11　接地系统

为计算图 3-11 所示的接地电阻,可考虑以下几个因素。其一,利用恒定电场的分析计算方法,可计算直流或低频交流情况下的接地电阻;其二,相对于金属导体而言,土壤是一种不良导体,接地体可看做电极;其三,接地体附近土壤中电流密度较大,电压主要降落在这一区域,所以接地电阻主要集中在接地体附近,接地体可视为孤立导体。

当接地体深埋于地下时,可以忽略地表的影响。如图 3-11 所示,一个球形接地体深埋于地表下,土壤中的电场可看成是一孤立球形电极在无限大均匀导电介质中的恒定电场。在无限大均匀介质中孤立球形导体的电容为

$$C=4\pi\varepsilon R_0$$

利用静电比拟法 $G=C\dfrac{\gamma}{\varepsilon}$,接地电阻为

$$R=\frac{1}{G}=\frac{1}{4\pi\gamma R_0}$$

例 3-3　设半球形接地体埋入地表面,土壤电导率为 γ,如图 3-12(a)所示,当有电流 I 流入接地体时,用镜像法分析计算土壤中的电场和接地电阻。

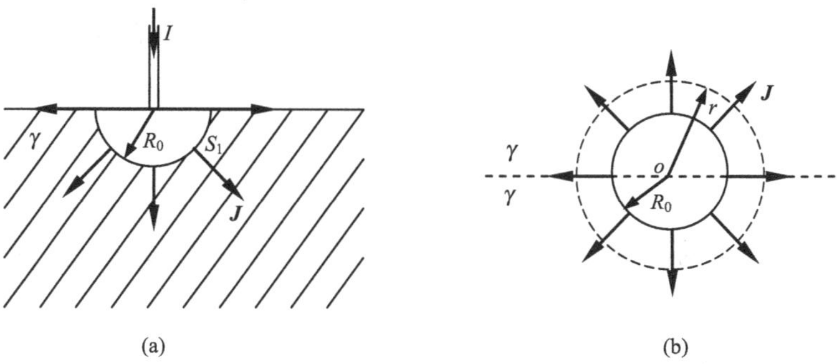

图 3-12　半球形接地极和它的镜像

解　根据镜像法,假设上半空间也用同种土壤填充,形成导电介质均匀的场域。在上半空间对称的放置一半球形镜像电极,其上的镜像电流也应该是 I,因此,有 $2I$ 电流由球面辐射流出,如图 3-12(b)所示。建立球坐标系,原点选在球心处,土壤中距球心 r 处的电流密度和电场强度分别为

$$\boldsymbol{J}=\frac{2I}{4\pi r^2}\boldsymbol{e}_r=\frac{I}{2\pi r^2}\boldsymbol{e}_r \quad 和 \quad \boldsymbol{E}=\frac{I}{2\pi\gamma r^2}\boldsymbol{e}_r$$

以无穷远为参考点，接地体的电位应为

$$\varphi=\int_{R_0}^{\infty}\boldsymbol{E}\cdot\mathrm{d}\boldsymbol{r}=\int_{R_0}^{\infty}\frac{I}{2\pi\gamma r^2}\mathrm{d}r=\frac{I}{2\pi\gamma R_0}$$

所以，图 3-12(a)中半球形接地体的接地电阻为

$$R=\frac{\varphi}{I}=\frac{1}{2\pi\gamma R_0}$$

3.4.4 跨步电压

在电力系统的接地体附近，由于接地电阻的存在，当有电流流入接地体时，在地面上将形成异常的电位分布。若人进入该区域，就可能使两足间电压(跨步电压)超过安全值，达到危及生命的程度。在接地体附近，跨步电压超过安全值的范围称为危险区。

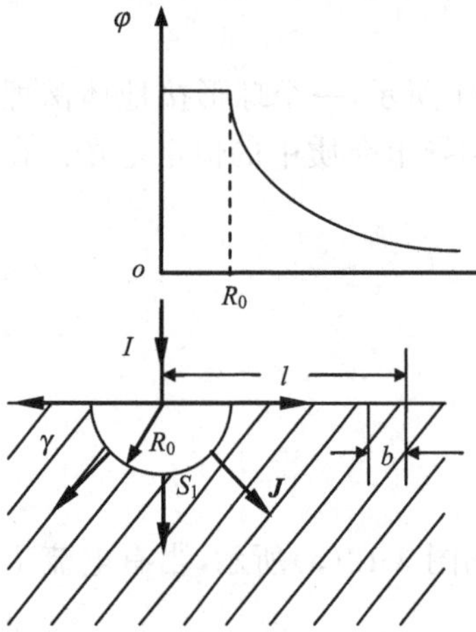

图 3-13 电位分布与跨步电压

跨步电压的计算利用例 3-3 的结果。

如图 3-13 所示，设人的跨步距离为 b，在地面上人到半球形接地体中心的距离为 l，则可知跨步电压为

$$U=\int_{l-b}^{l}\boldsymbol{E}\cdot\mathrm{d}r\boldsymbol{e}_r=\int_{l-b}^{l}\frac{I}{2\pi\gamma r^2}\mathrm{d}r=\frac{I}{2\pi\gamma}\left(\frac{1}{l-b}-\frac{1}{l}\right)$$

如果跨步电压的安全限值为 U_0(U_0 一般为 50～70V)，危险区半径为 L_0，则由式

$$U_0=\frac{I}{2\pi\gamma}\left(\frac{1}{L_0-b}-\frac{1}{L_0}\right)=\frac{I}{2\pi\gamma}\,\frac{b}{(L_0-b)\,L_0}$$

解得 L_0。若 $b\ll L_0$，可确定危险区半径为

$$L_0=\sqrt{\frac{Ib}{2\pi\gamma U_0}}$$

已知半球形接地器的接地电阻 $R=\dfrac{1}{2\pi\gamma R_0}$，即 $RR_0=\dfrac{1}{2\pi\gamma}$

代入上式得

$$L_0=\sqrt{\frac{IbRR_0}{U_0}}$$

由上式可知，通过减小接地电阻、流入大地的电流，可减小危险区半径 L_0，缩小危险区域范围。

小 结

1) 恒定电场中的基本场量是电流密度和电场强度。

体电流密度 $\boldsymbol{J}=\dfrac{\mathrm{d}I}{\mathrm{d}S}\boldsymbol{e}_n$ 或 $\boldsymbol{J}=\rho\boldsymbol{v}$

面电流密度 $\boldsymbol{K}=\dfrac{\mathrm{d}I}{\mathrm{d}l}\boldsymbol{e}_n$ 或 $\boldsymbol{K}=\sigma\boldsymbol{v}$

线电流与线电荷的关系 $I=\tau v$

电流与电流密度的关系 $I=\int_S\boldsymbol{J}\cdot\mathrm{d}\boldsymbol{S}$

$$I=\int_l\boldsymbol{K}\cdot\mathrm{d}\boldsymbol{l}$$

各向同性线性导电介质中电流密度与电场强度的关系

$$\boldsymbol{J}=\gamma\boldsymbol{E}$$

γ 是介质的电导率，上式是导电介质的构成方程，也称为欧姆定律的微分形式。

2）电源以外的导电介质中恒定电场的基本方程

$$\oint_S \boldsymbol{J}\cdot \mathrm{d}\boldsymbol{S}=0,\quad \nabla\cdot\boldsymbol{J}=0$$

$$\oint_l \boldsymbol{E}\cdot \mathrm{d}\boldsymbol{l}=0,\quad \nabla\times\boldsymbol{E}=0$$

3）恒定电场介质分界面上场量的衔接条件

$$\boldsymbol{e}_n\times(\boldsymbol{E}_2-\boldsymbol{E}_1)=0\quad 或\quad E_{2t}=E_{1t}$$

$$\boldsymbol{e}_n\cdot(\boldsymbol{J}_2-\boldsymbol{J}_1)=0\quad 或\quad J_{2n}=J_{1n}$$

折射定律

$$\frac{\tan\alpha_1}{\tan\alpha_2}=\frac{\gamma_1}{\gamma_2}$$

4）功率密度（焦耳定律的微分形式）

$$p=\boldsymbol{J}\cdot\boldsymbol{E}$$

导电介质消耗的功率

$$P=\int_V p\,\mathrm{d}V=\int_V \boldsymbol{J}\cdot\boldsymbol{E}\,\mathrm{d}V$$

5）在电源以外的导电介质中，电位满足拉普拉斯方程

$$\nabla^2\varphi=0$$

电位的分界面衔接条件

$$\varphi_1=\varphi_2$$

$$\gamma_1\frac{\partial\varphi_1}{\partial n}=\gamma_2\frac{\partial\varphi_2}{\partial n}$$

6）导电介质中的恒定电场与无源区的静电场有相似的关系，当两者边界条件及介质分布相同时，可进行静电比拟。

7）导体的电导（电阻）是恒定电场的重要参数，可按定义式计算，也可应用静电比拟法获得。

8）绝缘电阻可用来衡量非理想电介质的绝缘效果，绝缘电阻等于施加于电介质两端电极间的电压除以介质中的漏电流。

9）接地电阻等于接地体与无限远处的电位差除以通过接地体流入大地的电流。

习　题

3-1　电导率为 γ 的均匀、各向同性的导体球，其表面上的电位为 $\varphi_0\cos\theta$，其中 θ 是球坐标 (r,θ,ϕ) 的一个变量。试确定表面上各点的电流密度 $\boldsymbol{J}$。

3-2　球形电容器的内半径为 R_1，外半径为 R_2，中间的非理想介质的电导率为 γ。已知两极间电压为 U_0（外极板电位为零），试用恒定电场边值问题的方法求：

(1) 两球面之间任意点的 $\boldsymbol{E}$、$\boldsymbol{J}$ 和 φ；

(2) 球形电容器的漏电导。

3-3　球形电容器由两层电介质构成，介质分界面为同心球面，球形电容器内半径为 R_1，外半径为 R_2，分界面半径为 R_0。介质 1 的电导率为 γ_1，介质 2 的电导率为 γ_2，若两极间电压为 U_0（外极板电位为零），试求：

(1) 两种介质中的 $\boldsymbol{E}$、$\boldsymbol{J}$ 和 φ；

(2) 该球形电容器的漏电导；

(3) 介质中的功率损耗。

3-4　一导电弧片由两块不同电导率的薄片构成，如题 3.4 图所示。若导电薄片 1 的电导率为 γ_1，导电薄片 2 的电导率为 γ_2，导电片厚度为 h，电极间电压为 U。设 $\gamma_{电极} \gg \gamma_1$ 及 $\gamma_{电极} \gg \gamma_2$，试求：

(1) 弧片内的电位分布(设 x 轴上的电极为零电位)；

(2) 总电流 I 和弧片电阻 R；

(3) 在分界面上，$\boldsymbol{D}$、$\boldsymbol{E}$、$\boldsymbol{J}$ 是否突变？

(4) 分界面上的电荷密度 σ；

(5) 导电介质中的功率损耗。

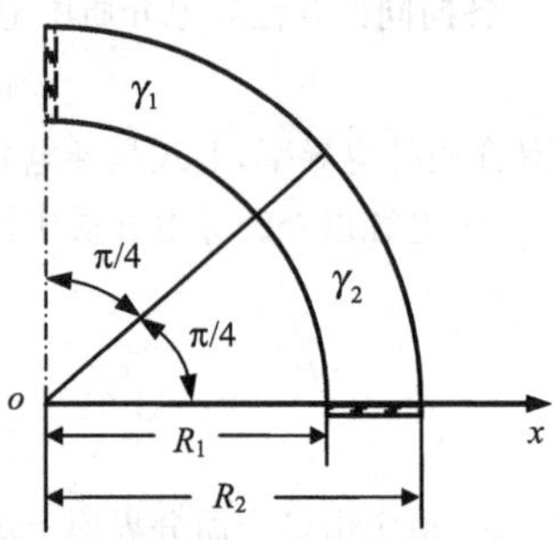

题 3-4 图

3-5　以橡胶作为绝缘的电缆绝缘电阻是通过下述办法测定的：把长度为 l 的电缆浸入盐水溶液中(应使露出的电缆导体在盐水溶液之外)，然后在电缆导体和溶液之间加电压，从而可测得电流。有一段 3m 长的电缆，浸入溶液后加电压 200V，测得电流 2×10^{-9}A；已知绝缘层的厚度与中心导体的半径相等，求绝缘层的电阻率。

3-6　一个由钢条组成的接地系统，已知其接地电阻为 100Ω，土壤的电导率 $\gamma=10^{-2}$S/m，设有短路电流 500A 从钢条流入地中，有人正以 0.6m 的步距向此接地系统前进，前足距钢条中心 2m，试求跨步电压。(解题时，可将接地系统用一等效的半球形接地器代替)

第 4 章　恒定磁场

在导电介质中，恒定电场引起了恒定电流，而恒定电流在它的周围空间又产生了不随时间变化的磁场，称为恒定磁场。在本章中，研究恒定磁场的思路、方法和步骤与第 2 章静电场类似。从恒定磁场的基本实验定律——安培力定律出发，定义描述恒定磁场的基本场量——磁感应强度 $\boldsymbol{B}$。通过分析场量 $\boldsymbol{B}$ 的闭合面积分和闭合回路线积分，说明恒定磁场具有的基本特性、所遵循的基本规律和基本方程。研究磁介质的磁效应，建立一般形式的安培环路定律和磁介质分界面衔接条件。讨论磁场的能量及其分布问题，介绍电感和磁场力的计算方法。

引入矢量磁位 $\boldsymbol{A}$ 和标量磁位 φ_{m}，得到它们满足的偏微分方程。通过求解给定边界条件的偏微分方程获得磁场的分布，是一种有效的分析磁场的方法。

值得注意的是，由于场源的性质不同，所以恒定磁场的基本特性与静电场有本质的不同。

4.1　安培力定律　磁感应强度

4.1.1　安培力定律

在静电场中，库仑定律描述了两个点电荷之间的电场力，由此引入了表征静电场特性的基本物理量——电场强度 $\boldsymbol{E}$。同样，安培（1775～1836 年）通过大量实验获得了载流回路之间作用力所遵从的定律，即恒定磁场的基本实验定律——安培力定律。

设真空中有两个载流回路 l_1 和 l_2，流经的电流分别为 I_1 和 I_2，如图 4-1 所示。将它们剖分成若干个元电流段，设回路 l_1 和 l_2 的元电流段数量分别为 m 和 n，因此共有 $m\times n$ 对元电流段，与静电场中两个点电荷之间的电场力类似，每对元电流段之间的磁场力也是成对出现的。当元电流段 $I_1\mathrm{d}\boldsymbol{l}_1$ 和 $I_2\mathrm{d}\boldsymbol{l}_2$ 相互作用时，$I_1\mathrm{d}\boldsymbol{l}_1$ 对 $I_2\mathrm{d}\boldsymbol{l}_2$ 的磁场力为

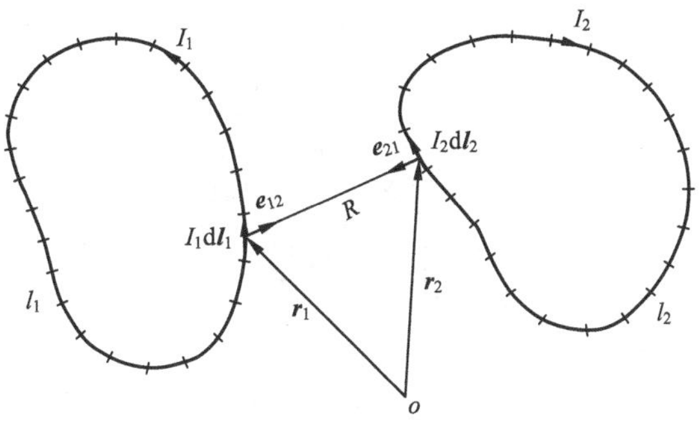

图 4-1　两载流回路之间的安培力

$$\mathrm{d}\boldsymbol{f}_{21}=I_2\mathrm{d}\boldsymbol{l}_2\times\left(\frac{\mu_0}{4\pi}\frac{I_1\mathrm{d}\boldsymbol{l}_1\times\boldsymbol{e}_{12}}{R^2}\right) \tag{4-1-1}$$

同时 $I_2\mathrm{d}\boldsymbol{l}_2$ 对 $I_1\mathrm{d}\boldsymbol{l}_1$ 的磁场力为

$$\mathrm{d}\boldsymbol{f}_{12}=I_1\mathrm{d}\boldsymbol{l}_1\times\left(\frac{\mu_0}{4\pi}\frac{I_2\mathrm{d}\boldsymbol{l}_2\times\boldsymbol{e}_{21}}{R^2}\right) \tag{4-1-2}$$

其中，μ_0 为真空的磁导率，在国际单位制中，$\mu_0=4\pi\times10^{-7}$ 亨利/米（H/m）。式（4-1-1）和式（4-1-2）表明 $I_1\mathrm{d}\boldsymbol{l}_1$ 和 $I_2\mathrm{d}\boldsymbol{l}_2$ 的相互作用力正比于它们之间的矢量积 $I_1\mathrm{d}\boldsymbol{l}_1\times I_2\mathrm{d}\boldsymbol{l}_2$，反比于它们之间距离的平方。

由式(4-1-1)和式(4-1-2)可知 $\mathrm{d}\boldsymbol{f}_{21} \neq -\mathrm{d}\boldsymbol{f}_{12}$，说明两个元电流段之间的作用力不遵从牛顿第三定律，这是因为不存在孤立的元电流段，可以证明载流回路 l_1 和 l_2 的相互作用力是遵从牛顿第三定律的。

每个载流回路所受的磁场力应是该回路所有元电流段受力的矢量和，因此，回路 l_1 对回路 l_2 的磁场力

$$\boldsymbol{f}_{21} = \frac{\mu_0}{4\pi}\oint_{l_2}\oint_{l_1}\frac{I_2\mathrm{d}\boldsymbol{l}_2 \times (I_1\mathrm{d}\boldsymbol{l}_1 \times \boldsymbol{e}_{12})}{R^2} \tag{4-1-3}$$

回路 l_2 对回路 l_1 的磁场力

$$\boldsymbol{f}_{12} = \frac{\mu_0}{4\pi}\oint_{l_1}\oint_{l_2}\frac{I_1\mathrm{d}\boldsymbol{l}_1 \times (I_2\mathrm{d}\boldsymbol{l}_2 \times \boldsymbol{e}_{21})}{R^2} \tag{4-1-4}$$

式(4-1-1)～式(4-1-4)为安培力定律的数学形式，是研究恒定磁场的基础。

4.1.2 磁感应强度

将 l_1 作为源回路，l_2 作为实验回路，具体分析元电流段 $I_1\mathrm{d}\boldsymbol{l}_1$ 对 $I_2\mathrm{d}\boldsymbol{l}_2$ 的磁场力，这一磁场力是通过 $I_1\mathrm{d}\boldsymbol{l}_1$ 产生的磁场作用到 $I_2\mathrm{d}\boldsymbol{l}_2$ 上的。在式(4-1-1)中引入矢量

$$\mathrm{d}\boldsymbol{B}(\boldsymbol{r}_2) = \frac{\mu_0}{4\pi}\frac{I_1\mathrm{d}\boldsymbol{l}_1 \times \boldsymbol{e}_{12}}{R^2} \tag{4-1-5}$$

称矢量 $\boldsymbol{B}$ 为磁感应强度，单位是特斯拉(T)。将式(4-1-1)重写为

$$\mathrm{d}\boldsymbol{f}_{21} = I_2\mathrm{d}\boldsymbol{l}_2 \times \mathrm{d}\boldsymbol{B} \tag{4-1-6}$$

式(4-1-6)定义了磁感应强度，以上定义也适合于时变磁场。

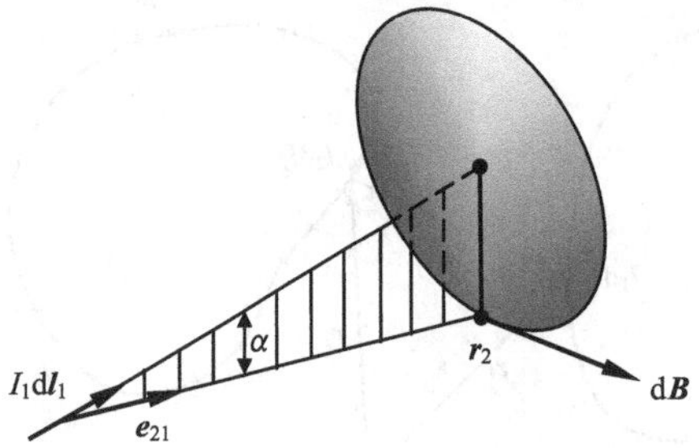

图 4-2　元电流段 $I_1\mathrm{d}\boldsymbol{l}_1$ 产生的磁感应强度

式(4-1-5)称为毕奥-萨伐尔定律，该定律描述了元电流段 $I_1\mathrm{d}\boldsymbol{l}_1$ 在场点 $\boldsymbol{r}_2$ 处产生的磁感应强度，它给出了 $\mathrm{d}\boldsymbol{B}$ 的大小和方向。在场点 $\boldsymbol{r}_2$ 处，$\mathrm{d}\boldsymbol{B}$ 的大小正比于 $I_1\mathrm{d}\boldsymbol{l}_1 \times \boldsymbol{e}_{12}$，反比于 $\boldsymbol{r}_2$ 到 $I_1\mathrm{d}\boldsymbol{l}_1$ 的距离的平方。由 $I_1\mathrm{d}\boldsymbol{l}_1 \times \boldsymbol{e}_{12}$ 可知，当 $\boldsymbol{r}_2$ 位于 $I_1\mathrm{d}\boldsymbol{l}_1$ 的轴线上时，$\mathrm{d}\boldsymbol{B}=0$，当 $\boldsymbol{r}_2$ 离开 $I_1\mathrm{d}\boldsymbol{l}_1$ 的轴线，并在以 $I_1\mathrm{d}\boldsymbol{l}_1$ 为圆心而半径一定的球面上移动时，$\mathrm{d}\boldsymbol{B}$ 逐渐增大，当 $\alpha=90°$ 时，$\mathrm{d}\boldsymbol{B}$ 最大。在场点 $\boldsymbol{r}_2$ 处，$\mathrm{d}\boldsymbol{B}$ 的方向垂直于 $I_1\mathrm{d}\boldsymbol{l}_1$ 和 $\boldsymbol{e}_{12}$ 决定的平面，指向与 $I_1\mathrm{d}\boldsymbol{l}_1 \times \boldsymbol{e}_{12}$ 一致，即绕 $I_1\mathrm{d}\boldsymbol{l}_1$ 的轴线右旋，如图 4-2 所示。所以 $\boldsymbol{B}$ 线是位于与 $I_1\mathrm{d}\boldsymbol{l}_1$ 轴线垂直的平面内并以该轴线上的点为圆心的圆族。可见元电流段 $I_1\mathrm{d}\boldsymbol{l}_1$ 产生的磁感应强度的大小和方向完全不同于点电荷产生的电场强度。点电荷的电场强度值在以点电荷为圆心半径一定的球面上不变，电场线从点电荷发出呈辐射状。

式(4-1-5)表明，真空中磁感应强度满足叠加原理，因此，源回路 l_1 在空间任意点 $\boldsymbol{r}$ 处产生的磁感应强度应是该回路所有元电流段产生的元磁场的矢量和，于是毕奥-萨伐尔定律的一般形式可表示成

$$\boldsymbol{B}(\boldsymbol{r}) = \frac{\mu_0}{4\pi}\oint_{l'}\frac{I\mathrm{d}\boldsymbol{l}' \times \boldsymbol{e}_R}{R^2} \tag{4-1-7}$$

对于体、面型元电流段 $I\mathrm{d}\boldsymbol{l} = \boldsymbol{J}\mathrm{d}V = \boldsymbol{K}\mathrm{d}S$，可对照上式写出相应分布电流所产生的磁感应强度

$$\boldsymbol{B}(\boldsymbol{r})=\frac{\mu_0}{4\pi}\int_{V'}\frac{\boldsymbol{J}\times\boldsymbol{e}_R}{R^2}\mathrm{d}V' \tag{4-1-8}$$

$$\boldsymbol{B}(\boldsymbol{r})=\frac{\mu_0}{4\pi}\int_{S'}\frac{\boldsymbol{K}\times\boldsymbol{e}_R}{R^2}\mathrm{d}S' \tag{4-1-9}$$

毕奥-萨伐尔定律又称为真空中磁感应强度的场源关系式。

例 4-1　长为 L 的直导线载电流为 I，试计算它在真空中产生的磁感应强度。

解　因结构上的对称性，载流直导线产生的磁场为轴对称子午面场。以导线轴线为 z 轴，一端为原点，建立圆柱坐标系，如图 4-3(a)所示。

研究几个典型区域中的磁感应强度 $\boldsymbol{B}$：

(1) 在 ρ 坐标轴上取点 $P(\rho,z)$。

在导线上任取一元电流段 $I\mathrm{d}\boldsymbol{l}'=I\mathrm{d}z'\boldsymbol{e}_z$，$\boldsymbol{R}=\boldsymbol{r}-\boldsymbol{r}'=\rho\boldsymbol{e}_\rho-z'\boldsymbol{e}_z$，参见图 4-3(a)。该元电流段在 P 点产生的磁感应强度

$$\mathrm{d}\boldsymbol{B}=\frac{\mu_0}{4\pi}\frac{I\mathrm{d}\boldsymbol{l}'\times\boldsymbol{R}}{R^3}=\frac{\mu_0}{4\pi}\frac{I\mathrm{d}z'\boldsymbol{e}_z\times(\rho\boldsymbol{e}_\rho-z'\boldsymbol{e}_z)}{(\rho^2+z'^2)^{3/2}}$$

$$=\frac{\mu_0 I\rho\mathrm{d}z'\boldsymbol{e}_\phi}{4\pi(\rho^2+z'^2)^{3/2}}$$

因此，载流直导线在 P 点产生的磁感应强度

$$\boldsymbol{B}_P=\frac{\mu_0 I\rho}{4\pi}\int_0^L\frac{\mathrm{d}z'\boldsymbol{e}_\phi}{(\rho^2+z'^2)^{3/2}}=\frac{\mu_0 I\rho}{4\pi}\left[\frac{z'}{\rho^2\sqrt{\rho^2+z'^2}}\right]_0^L\boldsymbol{e}_\phi$$

$$=\frac{\mu_0 I}{4\pi\rho}\frac{L}{\sqrt{\rho^2+L^2}}\boldsymbol{e}_\phi=\frac{\mu_0 I}{4\pi\rho}\sin\varphi\boldsymbol{e}_\phi$$

在 P' 点处也有相同的结果

$$\boldsymbol{B}_{P'}=\frac{\mu_0 I}{4\pi\rho}\sin\varphi\boldsymbol{e}_\phi$$

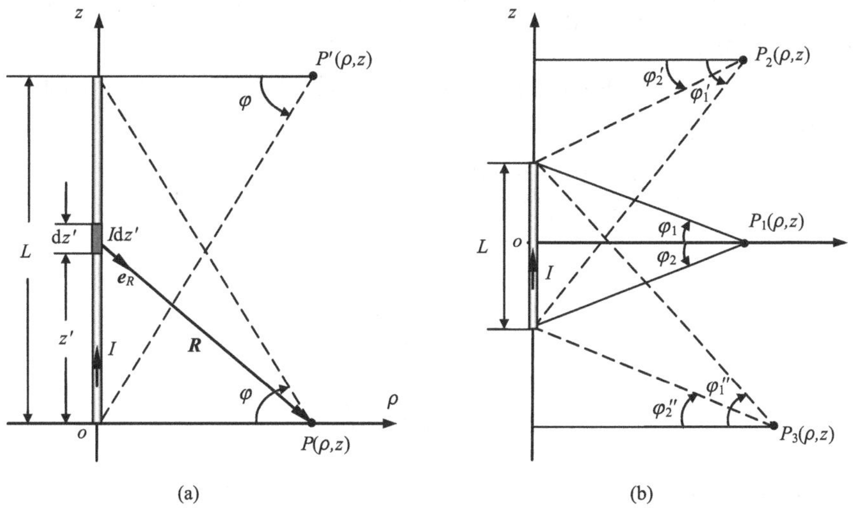

图 4-3　载流直导线在真空中产生的磁场

(2) 取场点 $P_1(\rho,z)$ $(0<z<L)$。

在 P_1 点,坐标轴 ρ 将导线 L 分为两段,分别对应两个角 φ_1 和 φ_2,参见图 4-3(b)。应用线性叠加原理得

$$\boldsymbol{B}_{P_1}=\frac{\mu_0 I}{4\pi\rho}(\sin\varphi_1+\sin\varphi_2)\,\boldsymbol{e}_\phi$$

(3) 取场点 $P_2(\rho,z)$ $(z>L)$。

从 P_2 点作 z 轴的垂线,与导线的延长线相交。利用前面的计算结果,减去延长的那段导线载流而产生的磁场。设它们对应的角度分别为 φ_1' 和 φ_2',有

$$\boldsymbol{B}_{P_2}=\frac{\mu_0 I}{4\pi\rho}(\sin\varphi_1'-\sin\varphi_2')\,\boldsymbol{e}_\phi$$

(4) 取场点 $P_3(\rho,z)$ $(z<0)$,则

$$\boldsymbol{B}_{P_3}=\frac{\mu_0 I}{4\pi\rho}(\sin\phi''_1-\sin\phi''_2)\,\boldsymbol{e}_\phi$$

(5) 当 $L\to\infty$ 时,成为无限长直载流导线,可利用(2)的计算结果。此时,$\varphi_1=\varphi_2=\pi/2$,于是

$$\boldsymbol{B}=\frac{\mu_0 I}{2\pi\rho}\boldsymbol{e}_\phi \tag{4-1-10}$$

例 4-2 由图 4-4 计算真空中半径为 a,电流为 I 的圆形载流回路轴线上的磁感应强度。

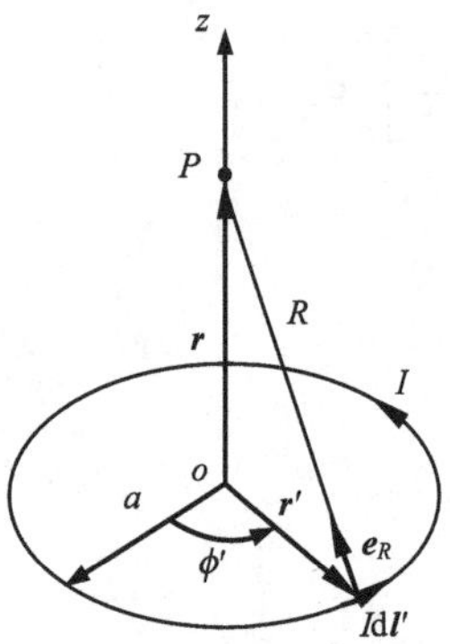

图 4-4 圆形载流回路的磁场

解 取回路中心为坐标原点,建立圆柱坐标系。在圆形载流回路上取一元电流段

$$I\mathrm{d}\boldsymbol{l}'=Ia\,\mathrm{d}\phi'\boldsymbol{e}_\phi$$

$$\boldsymbol{R}=\boldsymbol{r}-\boldsymbol{r}'=z\boldsymbol{e}_z-a\boldsymbol{e}_\rho$$

$$R=(z^2+a^2)^{1/2}$$

该元电流段产生的磁感应强度

$$\mathrm{d}\boldsymbol{B}=\frac{\mu_0}{4\pi}\frac{Ia\,\mathrm{d}\phi'\boldsymbol{e}_\phi\times(z\boldsymbol{e}_z-a\boldsymbol{e}_\rho)}{(z^2+a^2)^{3/2}}=\frac{\mu_0}{4\pi}\frac{Ia\,\mathrm{d}\phi'(z\boldsymbol{e}_\rho+a\boldsymbol{e}_z)}{(z^2+a^2)^{3/2}}$$

根据磁场分布的对称性,圆形载流回路轴线上的磁感应强度 $\boldsymbol{B}$ 只具有 z 方向的分量,所以

$$\boldsymbol{B}=\frac{\mu_0}{4\pi}\int_0^{2\pi}\frac{Ia^2\mathrm{d}\phi'}{(z^2+a^2)^{3/2}}\boldsymbol{e}_z=\frac{\mu_0 Ia^2}{2(z^2+a^2)^{3/2}}\boldsymbol{e}_z$$

在 $z=0$ 处

$$\boldsymbol{B}=\frac{\mu_0 I}{2a}\boldsymbol{e}_z$$

4.2 恒定磁场的特性

4.2.1 磁通与磁通连续性原理

1. 磁通

磁感应强度穿过任意曲面的通量称为磁通。在恒定磁场中的有向曲面 S 上,取一面元

dS，法向单位矢量 $\boldsymbol{e}_n$ 为其正方向，如图 4-5 所示。在面元 dS 上的磁感应强度为 $\boldsymbol{B}$，则 dS 上 $\boldsymbol{B}$ 的通量为

$$d\Phi = B dS \cos\alpha = \boldsymbol{B} \cdot d\boldsymbol{S}$$

于是曲面 S 上 $\boldsymbol{B}$ 的通量

$$\Phi = \int_S \boldsymbol{B} \cdot d\boldsymbol{S} \tag{4-2-1}$$

磁通 Φ 的单位为韦伯(Wb)。显然，磁通是标量，其正负决定于 S 面取定的正方向。式(4-2-1)表明 $\boldsymbol{B}$ 的另一单位是韦伯/米^2($\mathrm{Wb/m^2}$)，所以也称磁感应强度 $\boldsymbol{B}$ 为磁通密度，简称磁密。

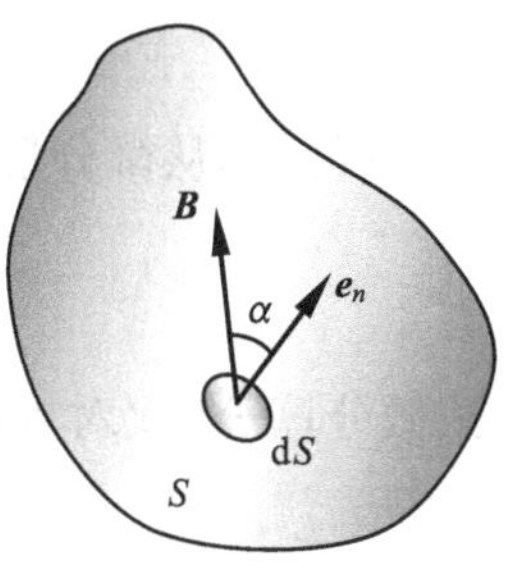

图 4-5 曲面上的磁通

2. *磁通连续性原理*

应用矢量分析式(1-2-18)和式(1-4-11)，对毕奥-萨伐尔定律的表达式(4-1-8)作数学变换，有

$$\boldsymbol{B}(\boldsymbol{r}) = \frac{\mu_0}{4\pi}\int_{V'} \frac{\boldsymbol{J}(\boldsymbol{r}') \times (\boldsymbol{r}-\boldsymbol{r}')}{|\boldsymbol{r}-\boldsymbol{r}'|^3} dV' = \frac{\mu_0}{4\pi}\int_{V'} -\boldsymbol{J}(\boldsymbol{r}') \times \nabla \frac{1}{|\boldsymbol{r}-\boldsymbol{r}'|} dV'$$

$$= \frac{\mu_0}{4\pi}\int_{V'} \left(\nabla \times \frac{\boldsymbol{J}(\boldsymbol{r}')}{|\boldsymbol{r}-\boldsymbol{r}'|} - \frac{1}{|\boldsymbol{r}-\boldsymbol{r}'|} \nabla \times \boldsymbol{J}(\boldsymbol{r}')\right) dV'$$

因为在上式第 2 项中 $\nabla \times \boldsymbol{J}(\boldsymbol{r}') = 0$，于是上式可写成

$$\boldsymbol{B}(\boldsymbol{r}) = \nabla \times \left(\frac{\mu_0}{4\pi}\int_{V'} \frac{\boldsymbol{J}(\boldsymbol{r}')}{|\boldsymbol{r}-\boldsymbol{r}'|} dV'\right) \tag{4-2-2}$$

对式(4-2-2)等式两边取散度，可得

$$\nabla \cdot \boldsymbol{B} = 0 \tag{4-2-3}$$

任取一闭合曲面 S，再对 $\boldsymbol{B}$ 作闭合面通量，运用高斯散度定理，有

$$\oint_S \boldsymbol{B} \cdot d\boldsymbol{S} = \int_V (\nabla \cdot \boldsymbol{B}) dV = 0$$

即

$$\oint_S \boldsymbol{B} \cdot d\boldsymbol{S} = 0 \tag{4-2-4}$$

式(4-2-4)反映出恒定磁场的一个基本特性：磁感应强度 $\boldsymbol{B}$ 对于任意闭合曲面的面积分恒等于零，即有多少 $\boldsymbol{B}$ 线穿入 S 面，就有多少 $\boldsymbol{B}$ 线穿出 S 面。恒定磁场的这一基本特性称为磁通连续性原理，式(4-2-3)和式(4-2-4)分别为磁通连续性原理的微分形式和积分形式。

由式(4-2-3)和式(4-2-4)可以说明，当我们用 $\boldsymbol{B}$ 线来形象地描述恒定磁场时，$\boldsymbol{B}$ 线是一条无头无尾的闭合矢量线，反映出磁通的连续性。与静电场完全不同，磁场是无散场，没有通量场源存在，这一结论正好符合迄今为止没有发现单独的磁荷存在这一客观事实。据此，判断一个矢量场 $\boldsymbol{F}$ 是否是磁场的必要条件，就是要看条件 $\nabla \cdot \boldsymbol{F} = 0$ 是否成立。

磁通连续性原理这一基本特性和相应的基本方程，对于时变磁场也同样适合。

4.2.2 真空中的安培环路定律

真空中的安培环路定律表明：在真空磁场中，沿任一回路取 $\boldsymbol{B}$ 的线积分，等于真空磁导率乘以该回路所限定的面积上穿过的电流，即

$$\oint_l \boldsymbol{B} \cdot \mathrm{d}\boldsymbol{l} = \mu_0 \sum I \tag{4-2-5}$$

同样采用从微分形式到积分形式的证明方法，对式(4-2-2)两边取旋度有

$$\nabla \times \boldsymbol{B}(\boldsymbol{r}) = \nabla \times \nabla \times \left(\frac{\mu_0}{4\pi}\int_{V'} \frac{\boldsymbol{J}(\boldsymbol{r}')}{|\boldsymbol{r}-\boldsymbol{r}'|}\mathrm{d}V'\right)$$

上式微分算子∇仅对场点$\boldsymbol{r}$运算，而积分求积仅对源点$\boldsymbol{r}'$进行，故可交换微分和积分顺序

$$\nabla \times \boldsymbol{B}(\boldsymbol{r}) = \frac{\mu_0}{4\pi}\int_{V'} \nabla \times \nabla \times \frac{\boldsymbol{J}(\boldsymbol{r}')}{|\boldsymbol{r}-\boldsymbol{r}'|}\mathrm{d}V'$$

利用矢量恒等式$\nabla \times (\nabla \times \boldsymbol{F}) = \nabla(\nabla \cdot \boldsymbol{F}) - \nabla^2 \boldsymbol{F}$，则上式可写成

$$\begin{aligned}\nabla \times \boldsymbol{B}(\boldsymbol{r}) &= \frac{\mu_0}{4\pi}\int_{V'} \left\{\nabla\left[\nabla \cdot \frac{\boldsymbol{J}(\boldsymbol{r}')}{|\boldsymbol{r}-\boldsymbol{r}'|}\right] - \nabla^2 \frac{\boldsymbol{J}(\boldsymbol{r}')}{|\boldsymbol{r}-\boldsymbol{r}'|}\right\}\mathrm{d}V' \\ &= \frac{\mu_0}{4\pi}\nabla\int_{V'} \nabla \cdot \frac{\boldsymbol{J}(\boldsymbol{r}')}{|\boldsymbol{r}-\boldsymbol{r}'|}\mathrm{d}V' - \frac{\mu_0}{4\pi}\int_{V'} \nabla^2 \frac{\boldsymbol{J}(\boldsymbol{r}')}{|\boldsymbol{r}-\boldsymbol{r}'|}\mathrm{d}V' \end{aligned} \tag{4-2-6}$$

由于$\nabla \cdot \dfrac{\boldsymbol{J}(\boldsymbol{r}')}{|\boldsymbol{r}-\boldsymbol{r}'|} = -\nabla' \cdot \dfrac{\boldsymbol{J}(\boldsymbol{r}')}{|\boldsymbol{r}-\boldsymbol{r}'|}$，代入式(4-2-6)右边第1项的体积分部分，并应用高斯散度定理，有

$$\int_{V'} \nabla \cdot \frac{\boldsymbol{J}(\boldsymbol{r}')}{|\boldsymbol{r}-\boldsymbol{r}'|}\mathrm{d}V' = -\int_{V'} \nabla' \cdot \frac{\boldsymbol{J}(\boldsymbol{r}')}{|\boldsymbol{r}-\boldsymbol{r}'|}\mathrm{d}V' = -\oint_{S'} \frac{\boldsymbol{J}(\boldsymbol{r}')}{|\boldsymbol{r}-\boldsymbol{r}'|} \cdot \mathrm{d}\boldsymbol{S}' = 0$$

式中，S'为包含所有电流分布区域的表面；$\boldsymbol{J}(\boldsymbol{r}')$在$S'$表面上流动，与$\mathrm{d}\boldsymbol{S}'$处处正交，故有$\boldsymbol{J}(\boldsymbol{r}') \cdot \mathrm{d}\boldsymbol{S}' = 0$。这样式(4-2-6)简化为

$$\nabla \times \boldsymbol{B}(\boldsymbol{r}) = -\frac{\mu_0}{4\pi}\int_{V'} \nabla^2 \frac{\boldsymbol{J}(\boldsymbol{r}')}{|\boldsymbol{r}-\boldsymbol{r}'|}\mathrm{d}V' = \int_{V'} \mu_0 \boldsymbol{J}(\boldsymbol{r}')\left(-\frac{1}{4\pi}\nabla^2 \frac{1}{|\boldsymbol{r}-\boldsymbol{r}'|}\right)\mathrm{d}V'$$

在例1-5中，证明了$-\dfrac{1}{4\pi}\nabla^2 \dfrac{1}{|\boldsymbol{r}-\boldsymbol{r}'|}$是$\delta$函数，所以

$$\nabla \times \boldsymbol{B}(\boldsymbol{r}) = \int_{V'} \mu_0 \boldsymbol{J}(\boldsymbol{r}')\delta(\boldsymbol{r}-\boldsymbol{r}')\mathrm{d}V' = \mu_0 \boldsymbol{J}(\boldsymbol{r})$$

即

$$\nabla \times \boldsymbol{B} = \mu_0 \boldsymbol{J} \tag{4-2-7}$$

式(4-2-7)称为真空中安培环路定律的微分形式，求其任意开面的面积分

$$\int_S \nabla \times \boldsymbol{B} \cdot \mathrm{d}\boldsymbol{S} = \int_S \mu_0 \boldsymbol{J} \cdot \mathrm{d}\boldsymbol{S}$$

对上式左边面积分应用斯托克斯定理转换成闭合曲线积分有

$$\oint_l \boldsymbol{B} \cdot \mathrm{d}\boldsymbol{l} = \mu_0 \int_S \boldsymbol{J} \cdot \mathrm{d}\boldsymbol{S} \tag{4-2-8}$$

其中，回路l是开面S的周界，其循行方向与$\mathrm{d}\boldsymbol{S}$方向符合右手螺旋关系。式(4-2-8)为真空中安培环路定律的积分形式。当穿过回路l所界定曲面S的电流是多个线电流时，那么式(4-2-8)右边的面积分则变成求和，即为式(4-2-5)。

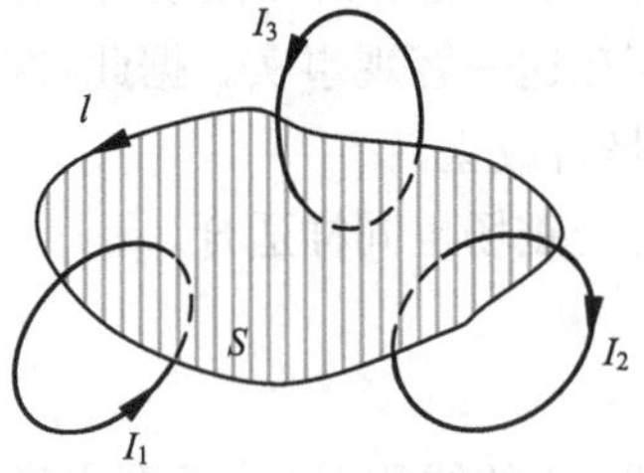

图4-6 穿过l所界定面积S的电流

如图4-6所示，穿过回路l所界定曲面S的电流为三个线电流，根据式(4-2-5)有

$$\oint_l \boldsymbol{B} \cdot \mathrm{d}\boldsymbol{l} = \mu_0 (I_1 + I_2 - I_3) = \mu_0 \sum_{k=1}^{3} I_k$$

式中，I_k 的正负取决于 I_k 的流向与回路 l 的循行方向是否符合右手螺旋关系，相符为正，反之为负。

应注意的是，真空中的安培环路定律积分形式所反映的磁感应强度沿任意闭合回路的线积分，仅与穿过回路所界定曲面的电流的总量相关，而与其他电流无关。但是，磁感应强度本身则与产生磁场的所有电流都相关。

真空中的安培环路定律反映了恒定磁场的有旋性，它表明真空中的恒定磁场是由漩涡源（电流）产生的无散场或非保守场。因为沿着任一条闭合的 **B** 线，必有 $\oint_l \boldsymbol{B} \cdot \mathrm{d}\boldsymbol{l} \neq 0$，因此所有的 **B** 线（闭合的）都必须与闭合的 **J** 线相交链，恒定磁场的这一性质决定了它与静电场的本质区别。

4.2.3 安培环路定律的应用

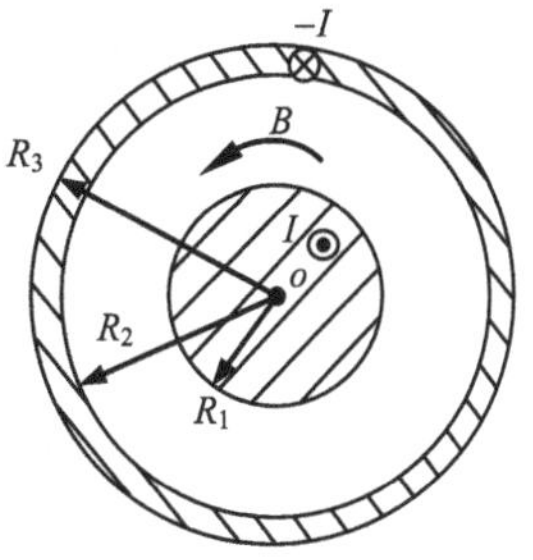

图 4-7 长直同轴电缆的磁场

例 4-3 载流无限长直同轴电缆，其横截面尺寸如图 4-7 所示。已知内、外导体以及它们之间的磁介质的磁导率均为 μ_0，内、外导体的电流均匀分布，试求各部分的磁感应强度 **B**。

解 场源分布和磁介质结构的轴对称性，决定了同轴电缆的磁场为轴对称平行平面场。建立圆柱坐标系，z 轴与同轴电缆的几何轴线重合，根据磁感应强度 **B** 与电流满足右手螺旋法则，**B** 只有 ϕ 分量，且仅是 ρ 的函数，即 $\boldsymbol{B} = B(\rho)\boldsymbol{e}_\phi$。在半径为 ρ 的同心圆上应用安培环路定律，安培环路交链的部分电流设为 I'，于是有

$$\oint_l \boldsymbol{B} \cdot \mathrm{d}\boldsymbol{l} = \mu_0 I'$$

$0 < \rho < R_1$

$$I' = \frac{\rho^2}{R_1^2} I$$

$$2\pi\rho B = \mu_0 \frac{I}{R_1^2}\rho^2$$

$$\boldsymbol{B} = \frac{\mu_0 I \rho}{2\pi R_1^2}\boldsymbol{e}_\phi$$

$R_1 < \rho < R_2$

$$I' = I$$

$$2\pi\rho B = \mu_0 I$$

$$\boldsymbol{B} = \frac{\mu_0 I}{2\pi\rho}\boldsymbol{e}_\phi$$

$R_2 < \rho < R_3$

$$I' = \frac{R_3^2 - \rho^2}{R_3^2 - R_2^2} I$$

$$2\pi\rho B = \mu_0 \frac{R_3^2 - \rho^2}{R_3^2 - R_2^2} I$$

$$\boldsymbol{B} = \frac{\mu_0 I (R_3^2 - \rho^2)}{2\pi (R_3^2 - R_2^2)\rho}\boldsymbol{e}_\phi$$

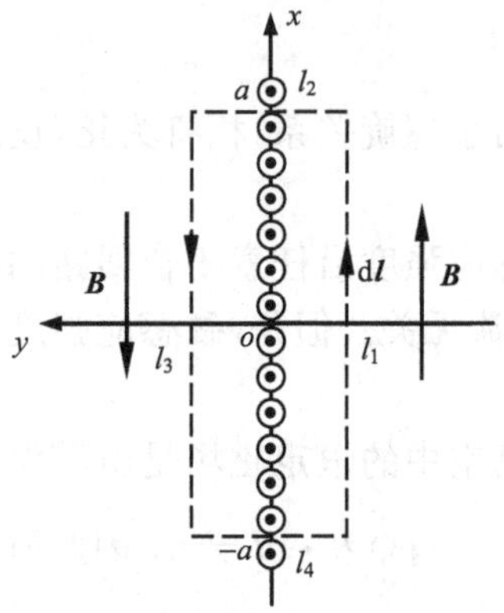

图 4-8　无限大平面电流的磁场

当 $\rho>R_3$ 时，因为 $I'=0$，所以同轴电缆外部磁场为零。

例 4-4　已知在 xoz 平面上有一无限大导电片，其电流面密度 $\boldsymbol{K}=K_0\boldsymbol{e}_z$。试求该导电片两侧真空中的磁场分布。

解　磁场的分布以 xoz 平面为对称面：$y>0$，$\boldsymbol{B}=B(-\boldsymbol{e}_x)$；$y<0$，$\boldsymbol{B}=B\boldsymbol{e}_x$，如图 4-8 所示。若在图中跨 xoz 平面对称地作一长边为 $2a$ 的矩形闭合回路 $l(l=l_1+l_2+l_3+l_4)$，按图示的巡行方向，运用安培环路定律对磁感应强度作线积分，有

$$\oint_l \boldsymbol{B}\cdot \mathrm{d}\boldsymbol{l}=\int_{l_1}\boldsymbol{B}\cdot \mathrm{d}\boldsymbol{l}+\int_{l_2}\boldsymbol{B}\cdot \mathrm{d}\boldsymbol{l}+\int_{l_3}\boldsymbol{B}\cdot \mathrm{d}\boldsymbol{l}+\int_{l_4}\boldsymbol{B}\cdot \mathrm{d}\boldsymbol{l}$$

在 l_2 和 l_4 两段积分路径上，$\boldsymbol{B}$ 与 $\mathrm{d}\boldsymbol{l}$ 垂直，因此上式右边第 2 项和第 4 项对环量的贡献为零，所以

$$\begin{aligned}\oint_l \boldsymbol{B}\cdot \mathrm{d}\boldsymbol{l}&=\int_{l_1}\boldsymbol{B}\cdot \mathrm{d}\boldsymbol{l}+\int_{l_3}\boldsymbol{B}\cdot \mathrm{d}\boldsymbol{l}\\&=\int_{-a}^{a}B\boldsymbol{e}_x\cdot \mathrm{d}x\boldsymbol{e}_x+\int_{a}^{-a}B(-\boldsymbol{e}_x)\cdot(-\mathrm{d}x)(-\boldsymbol{e}_x)\\&=4Ba=\mu_0 2aK_0\end{aligned}$$

解得

$$B=\frac{\mu_0}{2}K_0$$

故

$$\boldsymbol{B}=\frac{\mu_0}{2}K_0(-\boldsymbol{e}_x),\quad y>0$$

$$\boldsymbol{B}=\frac{\mu_0}{2}K_0\boldsymbol{e}_x,\quad y<0$$

例 4-5　空气中有长直螺旋管，单位长度上密绕的线圈匝数为 n，现通有电流 I，如图 4-9 所示，求管内外的磁感应强度 $\boldsymbol{B}$。

解　长直螺线管的长度远大于它的半径 R，忽略边缘效应，可视该螺线管为无限长。由结构的轴对称性可知，螺线管的磁场为轴对称平行平面场，建立圆柱坐标系，且 z 轴与螺线管几何轴线重合，这样，$\boldsymbol{B}$ 仅是 ρ 的函数，再根据 $\boldsymbol{B}$ 与电流满足右手螺旋法则和 $\boldsymbol{B}$ 线的闭合性，因此管内、外的 $\boldsymbol{B}_\mathrm{i}$、$\boldsymbol{B}_\mathrm{o}$ 的方向如图 4-9 所示。跨螺线管壁作一矩形回路 l，它的长边 l_1 与管壁平行。由安培环路定律得

$$\begin{aligned}\oint_l \boldsymbol{B}\cdot \mathrm{d}\boldsymbol{l}&=\int_{l_1}\boldsymbol{B}_\mathrm{i}\cdot \mathrm{d}\boldsymbol{l}+\int_{l_1}\boldsymbol{B}_\mathrm{o}\cdot \mathrm{d}\boldsymbol{l}\\&=B_\mathrm{i}(\rho_i)l_1+B_\mathrm{o}(\rho_\mathrm{o})l_1=\mu_0 nIl_1\end{aligned}$$

即

$$B_\mathrm{i}(\rho_\mathrm{i})+B_\mathrm{o}(\rho_\mathrm{o})=\mu_0 nI \tag{4-2-9}$$

当 $\rho_\mathrm{o}\to\infty$ 时，根据磁通的连续性可知，螺线管内的磁通应等于螺线管外的磁通，应为有限值，所以必有 $B_\mathrm{o}(\infty)=0$，则由式(4-2-9)得

$$B_\mathrm{i}(\rho_\mathrm{i})=\mu_0 nI \tag{4-2-10}$$

式中，ρ_i 为任意值，将式(4-2-10)代入有一般性的式(4-2-9)，可得

$$B_o(\rho_o)=0 \tag{4-2-11}$$

这时 ρ_o 为任意值，表明长直螺线管外的磁场处处为零。结合式(4-2-9)和式(4-2-11)考虑，可知式(4-2-10)在管内处处成立，即

$$\boldsymbol{B}_i=\mu_0 nI\boldsymbol{e}_z \tag{4-2-12}$$

式(4-2-12)表明，长直螺线管内的磁场是与半径 R 无关的均匀场。

推广：对于在无限长直圆柱管表面沿 ϕ 方向分布均匀的面电流 $\boldsymbol{K}=K_0\boldsymbol{e}_\phi$，因为 K_0 与螺线管的 nI 等价，于是管内的磁感应强度为

$$\boldsymbol{B}_i=\mu_0 K_0\boldsymbol{e}_\phi\times\boldsymbol{e}_R=\mu_0 K_0\boldsymbol{e}_\phi\times(-\boldsymbol{e}_\rho)=\mu_0 K_0\boldsymbol{e}_z$$

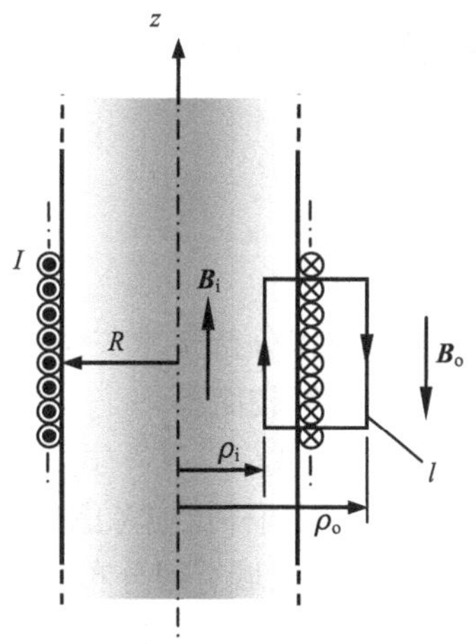

图 4-9　长直螺线管的磁场

4.3 矢量磁位

4.3.1 矢量磁位的定义与库伦规范

毕奥-萨伐尔定律表明磁感应强度的计算涉及矢量积分，而且磁感应强度与场源电流在方向上存在复杂的关系，所以应用毕奥-萨伐尔定律计算磁感应强度是很困难的。在静电场中，由静电场的无旋性引入了电位函数，它使静电场的研究和计算得以简化。如果在恒定磁场中，也能参照静电场的做法，依据磁场的基本规律引入某种位函数，那么，通过它来计算磁感应强度就有减少计算量的可能。

由恒定磁场的基本特性 $\nabla\cdot\boldsymbol{B}=0$，表明磁场是无散场。若定义一矢量场函数 $\boldsymbol{A}$，使得

$$\boldsymbol{B}=\nabla\times\boldsymbol{A} \tag{4-3-1}$$

则由矢量恒等式 $\nabla\cdot(\nabla\times\boldsymbol{A})=0$，能保证磁感应强度 $\nabla\cdot\boldsymbol{B}=0$ 成立，称所定义的矢量场函数 $\boldsymbol{A}$ 为矢量磁位，它的单位是韦伯/米(Wb/m)。

需要指出，矢量磁位 $\boldsymbol{A}$ 是为计算磁感应强度 $\boldsymbol{B}$ 而引入的中间计算量，它没有明确的物理意义，但从方便 $\boldsymbol{B}$ 的计算来说，$\boldsymbol{A}$ 的作用是很重要的。

根据赫姆霍兹定律，要确定一个矢量场，必须知道它的旋度和散度。由定义式(4-3-1)来看，矢量磁位 $\boldsymbol{A}$ 的旋度规定为磁感应强度 $\boldsymbol{B}$，它的散度没有加以限制，也就是说 $\boldsymbol{A}$ 并没有被确定下来。若令 $\boldsymbol{A}'=\boldsymbol{A}+\nabla\psi$，其中 ψ 是有一阶连续偏导数的标量函数。对 $\boldsymbol{A}'$ 求旋度 $\nabla\times\boldsymbol{A}'=\nabla\times\boldsymbol{A}+\nabla\psi=\nabla\times\boldsymbol{A}=\boldsymbol{B}$，可见 $\boldsymbol{A}$ 和 $\boldsymbol{A}'$ 描述的是同一磁场，说明仅依据定义式(4-3-1)确定的矢量磁位 $\boldsymbol{A}$ 是多值的。为了限制 $\boldsymbol{A}$ 的多值性，还应确定 $\boldsymbol{A}$ 的散度，确定 $\boldsymbol{A}$ 的散度称为规范选择。在恒定磁场中，通常选择

$$\nabla\cdot\boldsymbol{A}=0 \tag{4-3-2}$$

称上式为库仑规范。

将式(4-3-1)与式(4-2-2)进行对比，可以直接得到矢量磁位 $\boldsymbol{A}$ 与场源电流的关系式

$$\boldsymbol{A}(r)=\frac{\mu_0}{4\pi}\int_{V'}\frac{\boldsymbol{J}(\mathrm{r}')}{|\boldsymbol{r}-\boldsymbol{r}'|}\mathrm{d}V'+\boldsymbol{C} \tag{4-3-3}$$

对于面分布和线分布的恒定电流，根据元电流段的等价关系 $\boldsymbol{J}\mathrm{d}V'=\boldsymbol{K}\mathrm{d}S'=I\mathrm{d}\boldsymbol{l}'$，与之相对应的矢量磁位 $\boldsymbol{A}$ 的场-源关系式为

$$\boldsymbol{A}=\frac{\mu_0}{4\pi}\int_{S'}\frac{\boldsymbol{K}\mathrm{d}S'}{R}+\boldsymbol{C} \tag{4-3-4}$$

$$\boldsymbol{A}=\frac{\mu_0}{4\pi}\int_{l'}\frac{I\mathrm{d}\boldsymbol{l}'}{R}+\boldsymbol{C} \tag{4-3-5}$$

式中，$\boldsymbol{C}$ 为积分待定常矢量。由矢量磁位 $\boldsymbol{A}$ 的场-源关系式可知，$\boldsymbol{A}$ 的方向取决于电流的流向，积分计算较简单。

在应用式(4-3-3)～式(4-3-5)计算 $\boldsymbol{A}$ 时应注意到：作为位函数，如同电场中的电位一样，矢量磁位 $\boldsymbol{A}$ 同样也应考虑参考点的选择问题，即正确选择常矢量 $\boldsymbol{C}$ 的值，以保证 $\boldsymbol{A}$ 的唯一解答。当电流区域有限分布时，参考点应选在无限远处；当电流区域无限分布时，参考点应选在有限远处；在参考点处 $\boldsymbol{A}=0$。

4.3.2 真空中 A 的微分方程

对式(4-3-1)的等式两边取旋度，利用矢量微分公式，得

$$\nabla\times\boldsymbol{B}=\nabla\times\nabla\times\boldsymbol{A}=\nabla(\nabla\cdot\boldsymbol{A})-\nabla^2\boldsymbol{A}$$

由 $\nabla\times\boldsymbol{B}=\mu_0\boldsymbol{J}$ 和 $\nabla\cdot\boldsymbol{A}=0$，得 $\boldsymbol{A}$ 的微分方程

$$\nabla^2\boldsymbol{A}=-\mu_0\boldsymbol{J} \tag{4-3-6}$$

称上式为 $\boldsymbol{A}$ 的泊松方程，在 $\boldsymbol{J}=0$ 的无源区，$\boldsymbol{A}$ 满足拉普拉斯方程，即

$$\nabla^2\boldsymbol{A}=0 \tag{4-3-7}$$

因此，恒定磁场的边值问题就是在给定边界条件下，求式(4-3-6)或式(4-3-7)的定解问题。

4.3.3 由 A 计算磁通

将式(4-3-1)代入计算磁通的式(4-2-1)中，有

$$\Phi=\int_S\boldsymbol{B}\cdot\mathrm{d}\boldsymbol{S}=\int_S(\nabla\times\boldsymbol{A})\cdot\mathrm{d}\boldsymbol{S}$$

应用斯托克斯定理，得计算式

$$\Phi=\int_S(\nabla\times\boldsymbol{A})\cdot\mathrm{d}\boldsymbol{S}=\oint_l\boldsymbol{A}\cdot\mathrm{d}\boldsymbol{l} \tag{4-3-8}$$

根据上式以矢量磁位 $\boldsymbol{A}$ 计算磁通，我们又多了一种选择。

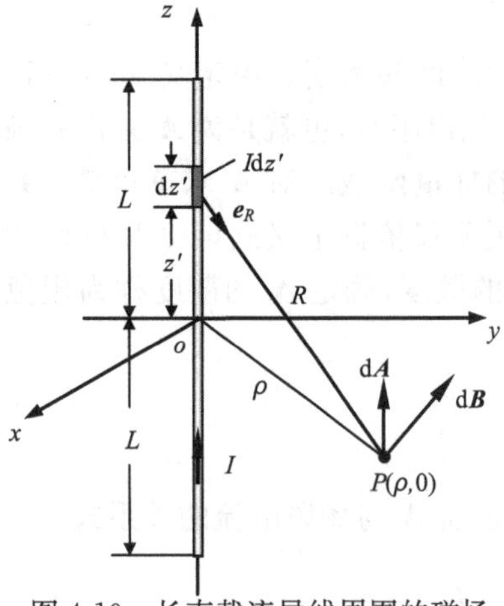

图 4-10 长直载流导线周围的磁场

例 4-6 计算长直载流导线在周围真空中产生的矢量磁位和磁感应强度。

解 设长直导线长为 $2L$，场点位置矢量的模 $r\ll L$，于是研究的磁场问题属于平行平面场问题。又因场源和场域结构的对称性，场的分布呈圆柱对称，建立圆柱坐标系，使 z 轴与载流导线重合，如图 4-10 所示。为了直观，同时也画出了直角坐标系。场点取在 $z=0$ 的平面上不失问题的一般性，实际计算在圆柱坐标系下

进行。

在 z 轴上取元电流段 $I\mathrm{d}\boldsymbol{l}'=I\mathrm{d}z'\boldsymbol{e}_z$，其位置矢量是 $\boldsymbol{r}'=z'\boldsymbol{e}_z$，场点的位置矢量是 $\boldsymbol{r}=\rho\boldsymbol{e}_\rho$，则 $\boldsymbol{R}=\boldsymbol{r}-\boldsymbol{r}'=\rho\boldsymbol{e}_\rho-z'\boldsymbol{e}_z$。由于电流沿 z 轴方向，矢量磁位 $\boldsymbol{A}$ 只有 z 分量，于是

$$\boldsymbol{A}=\frac{\mu_0}{4\pi}\int_{-L}^{L}\frac{I\mathrm{d}z'}{R}\boldsymbol{e}_z+\mathrm{C}=\frac{\mu_0}{2\pi}\int_0^L\frac{I\mathrm{d}z'}{\sqrt{\rho^2+z'^2}}\boldsymbol{e}_z+\boldsymbol{C}$$

$$=\frac{\mu_0 I}{2\pi}\left[\ln(z'+\sqrt{\rho^2+z'^2})\right]_0^L\boldsymbol{e}_z+\boldsymbol{C}$$

$$=\frac{\mu_0 I}{2\pi}\ln\frac{L+\sqrt{\rho^2+L^2}}{\rho}\boldsymbol{e}_z+\boldsymbol{C}$$

因 $L\gg\rho$，所以矢量磁位为

$$\boldsymbol{A}=\frac{\mu_0 I}{2\pi}\ln\frac{2L}{\rho}\boldsymbol{e}_z+\boldsymbol{C}$$

磁感应强度为

$$\boldsymbol{B}=\nabla\times\boldsymbol{A}=\begin{vmatrix}\dfrac{\boldsymbol{e}_\rho}{\rho} & \boldsymbol{e}_\phi & \dfrac{\boldsymbol{e}_z}{\rho}\\ \dfrac{\partial}{\partial\rho} & \dfrac{\partial}{\partial\phi} & \dfrac{\partial}{\partial z}\\ 0 & 0 & A_z\end{vmatrix}=-\frac{\partial A_z}{\partial\rho}\boldsymbol{e}_\phi=\frac{\mu_0 I}{2\pi\rho}\boldsymbol{e}_\phi$$

磁感应强度 $\boldsymbol{B}$ 的计算结果与例 4-1 相符。

当 $L\to\infty$ 时，电流区域无限分布，矢量磁位 $\boldsymbol{A}$ 是否有意义取决于参考点的选择。设 $\boldsymbol{A}(\rho_0)=0$，即将矢量磁位 $\boldsymbol{A}$ 的参考点选在 $\rho=\rho_0$ 的有限远处，则常矢量 $\boldsymbol{C}$ 为

$$\boldsymbol{C}=-\frac{\mu_0 I}{2\pi}\ln\frac{2L}{\rho_0}\boldsymbol{e}_z$$

可得无限长直载流导线的矢量磁位

$$\boldsymbol{A}=\frac{\mu_0 I}{2\pi}\ln\frac{\rho_0}{\rho}\boldsymbol{e}_z \tag{4-3-9}$$

例 4-7 试求两无限长直平行载流输电线在真空中产生的磁场。

解 如图 4-11 所示，依据无限长直输电线产生的磁场具有平行平面场的特点，建立直角坐标系，只需研究 xoy 平面的场分布即可。

在两长直平行载流输电线上各取相应的元电流段 $I\mathrm{d}\boldsymbol{l}'_1=I\mathrm{d}z'\boldsymbol{e}_z$ 和 $I\mathrm{d}\boldsymbol{l}'_2=-I\mathrm{d}z'\boldsymbol{e}_z$。

在 xoy 平面上取场点 $P(x,y,0)$，它与两长直平行载流输电线间的距离分别为 r_1、r_2。应用例 4-6 的计算结果，两长直平行导线电流在 P 点产生的矢量磁位

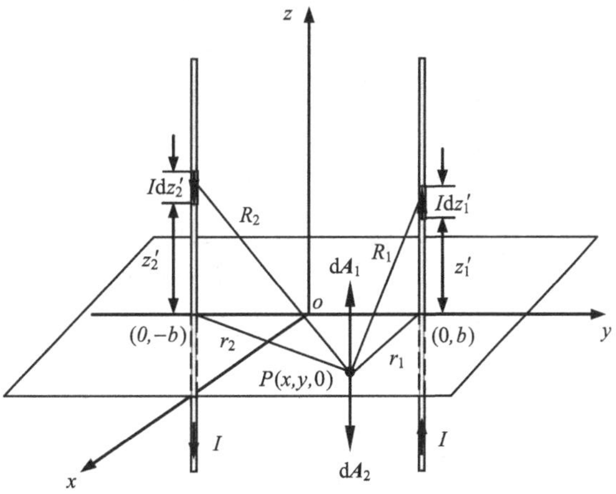

图 4-11 两长直平行载流输电线的磁场

$$\boldsymbol{A}=\boldsymbol{A}_1+\boldsymbol{A}_2=\frac{\mu_0 I}{2\pi}\left(\ln\frac{2L}{r_1}-\ln\frac{2L}{r_2}\right)\boldsymbol{e}_z+\boldsymbol{C}$$
$$=\frac{\mu_0 I}{2\pi}\ln\frac{r_2}{r_1}\boldsymbol{e}_z+\boldsymbol{C}$$

将矢量磁位的参考点 Q 选在 xoz 平面上，此时 $r_1=r_2$，$\boldsymbol{A}_Q=\boldsymbol{C}=0$。于是，两长直平行载流输电线产生的矢量磁位为

$$\boldsymbol{A}=A_z\boldsymbol{e}_z=\frac{\mu_0 I}{2\pi}\ln\frac{r_2}{r_1}\boldsymbol{e}_z=\frac{\mu_0 I}{2\pi}\ln\frac{\sqrt{x^2+(y+b)^2}}{\sqrt{x^2+(y-b)^2}}\boldsymbol{e}_z \tag{4-3-10}$$

上式与静电场中两平行长直线电荷在真空中产生的电位表达式十分相似。

磁感应强度 $\boldsymbol{B}$ 由矢量磁位 $\boldsymbol{A}$ 求得

$$\boldsymbol{B}=\nabla\times\boldsymbol{A}=\frac{\partial A_z}{\partial y}\boldsymbol{e}_x-\frac{\partial A_z}{\partial x}\boldsymbol{e}_y \tag{4-3-11}$$

上式表明，两长直电流产生的磁感应强度没有 z 分量，说明在 xoy 平面上 $\boldsymbol{B}$ 线为平面闭合矢量线，在 $\boldsymbol{B}$ 线上取一线元矢量 $\mathrm{d}\boldsymbol{l}=\mathrm{d}x\boldsymbol{e}_x+\mathrm{d}y\boldsymbol{e}_y$，由方程 $\boldsymbol{B}\times\mathrm{d}\boldsymbol{l}=0$ 有

$$B_y\mathrm{d}x-B_x\mathrm{d}y=0$$

将式(4-3-11)$\boldsymbol{B}$ 的两个分量代入上式，得

$$\frac{\partial A}{\partial x}\mathrm{d}x+\frac{\partial A}{\partial y}\mathrm{d}y=0$$

即 $\mathrm{d}A=0$ 或 $A=C$，因此由式(4-3-10)有

$$\frac{r_2^2}{r_1^2}=\frac{x^2+(y+b)^2}{x^2+(y-b)^2}=K^2$$

其中，K 为常数。上式与式(2-2-22)类似。可见在 xoy 平面上，$\boldsymbol{A}$ 的等值线是圆心在 y 轴上包围电流的偏心圆簇。

$\boldsymbol{A}$ 和 $\boldsymbol{B}$ 的计算结果说明，两长直输电线的磁场是典型的平行平面场，其 $\boldsymbol{B}$ 线与 $\boldsymbol{A}$ 的等值线重合。因此，作出 $\boldsymbol{A}$ 的等值线后可直接得到 $\boldsymbol{B}$ 线(方向与电流按右手螺旋关系确定)。由于 $\boldsymbol{B}$ 线的偏心性，使得导线表面不是 $\boldsymbol{A}$ 的等值线，这一点与静电场下导体表面为等位面不相同，所以 $\boldsymbol{B}$ 线与导体表面不重合。

例 4-8 半径为 a 的平面小载流圆环称为磁偶极子，试求其在远区产生的磁场。

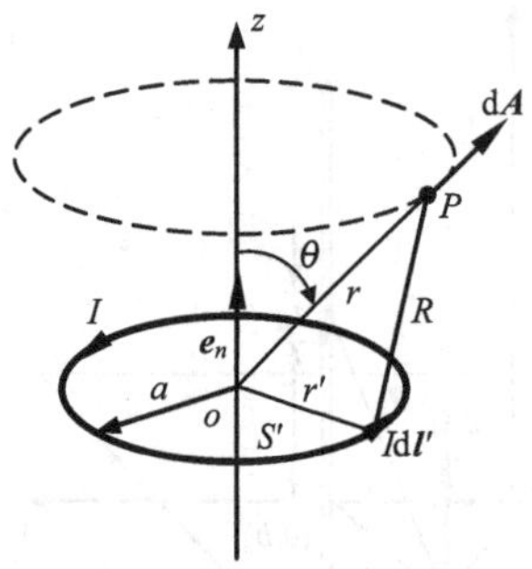

图 4-12 磁偶极子远区的磁场

解 平面小载流圆环产生的磁场为轴对称子午面场，对称轴是圆环几何轴线。由于场点到磁偶极子的距离远大于磁偶极子的几何尺寸，由此可将磁偶极子近似看作点源。建立球坐标系，坐标原点位于圆环中心，此时圆环 l' 为 $r'=a$ 和 $\theta'=\pi/2$ 的两个坐标面的交线，如图 4-12 所示。磁偶极子在场点 $P(r,\theta)$ 产生的矢量磁位为

$$\boldsymbol{A}=\frac{\mu_0}{4\pi}\oint_{l'}\frac{I\mathrm{d}\boldsymbol{l}'}{R}$$

由矢量积分恒等式(1-6-7)，可得

$$\boldsymbol{A}=\frac{\mu_0}{4\pi}\oint_{l'}\frac{I\mathrm{d}\boldsymbol{l}'}{R}=\frac{\mu_0 I}{4\pi}\int_{S'}-\left(\nabla'\frac{1}{R}\right)\times\mathrm{d}\boldsymbol{S}'=\frac{\mu_0 I}{4\pi}\int_{S'}\boldsymbol{e}_z\times\frac{\boldsymbol{e}_R}{R^2}\mathrm{d}S'$$

考虑到远区 $R\approx r$，$\boldsymbol{e}_R\approx\boldsymbol{e}_r$，代入上式

$$\boldsymbol{A}=\frac{\mu_0 I}{4\pi}\int_{S'}\frac{\boldsymbol{e}_z\times\boldsymbol{e}_r}{r^2}\mathrm{d}S'=\frac{\mu_0 IS'}{4\pi r^2}(\boldsymbol{e}_z\times\boldsymbol{e}_r)=\frac{\mu_0\boldsymbol{m}\times\boldsymbol{e}_r}{4\pi r^2}\tag{4-3-12}$$

式中，$\boldsymbol{m}=I\boldsymbol{S}=IS\boldsymbol{e}_n$ 为磁偶极子的磁矩，单位是安·米^2（A·m^2）；$\boldsymbol{e}_n$ 为 S 面正法向单位矢量（图 4-12 中沿 z 方向），它与小载流圆环的电流方向呈右手螺旋关系。又因 $\boldsymbol{e}_z\times\boldsymbol{e}_r=\sin\theta\boldsymbol{e}_\phi$，所以

$$\boldsymbol{A}=\frac{\mu_0 m}{4\pi r^2}\sin\theta\boldsymbol{e}_\phi$$

$$\boldsymbol{B}=\nabla\times\boldsymbol{A}=\frac{\mu_0 m}{4\pi r^3}[2\cos\theta\boldsymbol{e}_r+\sin\theta\boldsymbol{e}_\theta]\tag{4-3-13}$$

这一结果与真空中电偶极子产生的电场对偶。对于远区场，磁偶极子的形状是不关紧要的，即对任意形状的磁偶极子的远区场，上述 $\boldsymbol{A}$、$\boldsymbol{B}$ 的表达式仍然适用。

4.4 磁介质磁化 安培环路定律的一般形式

前几节讨论了恒定电流在真空中建立的磁场，没有考虑介质的磁效应。正如介质的存在对电场有影响一样，它对磁场也有影响。所以，在磁场中介质的电磁特性有何变化，磁介质中的磁场是否也具有无散有旋性是更值得关注和研究的问题。

4.4.1 磁介质磁化与磁化强度

从物质的结构来看，组成物质的最小单元是分子，分子中的电子绕核运动形成环形电流，称为分子电流或安培电流。分子电流对外的磁效应相当于一个磁偶极子，常用磁矩 $\boldsymbol{m}=I\boldsymbol{S}$ 表示。

在没有外磁场作用时，因热运动分子电流的磁矩随机取向，磁偶极子的磁效应互相抵消，宏观的合成磁矩为零，磁介质对外不显磁性。当磁介质处于外磁场中时，磁介质中的分子电流将受到磁场力的作用，分子磁矩发生偏转，下面具体分析外磁场对处于两种极端状态下的分子电流的作用过程。

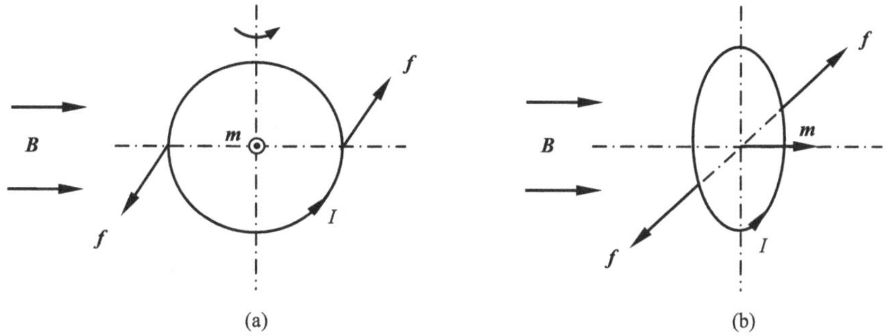

图 4-13 处在磁场中的偶极子

当分子电流所在平面与外磁场平行，即分子磁矩 $\boldsymbol{m}$ 的方向垂直于外磁场 $\boldsymbol{B}$ 时，外磁场对分子电流的转矩为 $\boldsymbol{T}=\boldsymbol{m}\times\boldsymbol{B}$，此时分子电流受到的转矩最大，驱使分子磁矩朝向外磁场方向偏转，如图 4-13(a)所示。

当分子磁矩 $\boldsymbol{m}$ 与外磁场 $\boldsymbol{B}$ 的方向一致，即分子电流所在平面垂直于外磁场时，分子电流受到的转矩为零，分子电流保持稳定状态，如图 4-13(b)所示。

处在其他情况时，磁介质中分子电流都将受到外磁场转矩的作用，使分子磁矩朝外磁场方向偏转，趋向于有序排列。外磁场越强，磁介质中分子电流的磁矩排列越趋向于一致，宏观的合成磁矩不为零，磁介质对外显磁性，这种现象称为磁介质的磁化。

上面简述的是磁场中介质磁化的机理。为了定量分析磁介质的磁化程度，在磁化的磁介质中取一体积元 ΔV，其中有 N 个分子电流，每一个分子电流的磁矩为 $\boldsymbol{m}=I\boldsymbol{S}$，于是 N 个分子电流对外表现出来的宏观磁矩为 $\sum\boldsymbol{m}$ 。用 $\boldsymbol{M}$ 表示磁化介质中每单位体积的宏观磁矩，即

$$\boldsymbol{M}=\lim_{\Delta V\to 0}\frac{\sum\boldsymbol{m}}{\Delta V} \tag{4-4-1}$$

式中，$\boldsymbol{M}$ 为磁化强度，单位是安培/米(A/m)。它表征磁化介质中各点磁化的强弱程度，当然，它也是空间坐标的矢量函数。磁化后的磁介质可视为在真空作体分布的磁偶极子群，也是产生磁场的源。

4.4.2 磁化介质的附加磁场与磁化电流密度

在磁化介质区域 V' 中，已知磁化强度为 $\boldsymbol{M}$，如图 4-14 所示。取体积元 $\mathrm{d}V'$，将其中所有的分子电流都等效为磁偶极子，它们所表现出来的等效元磁矩为

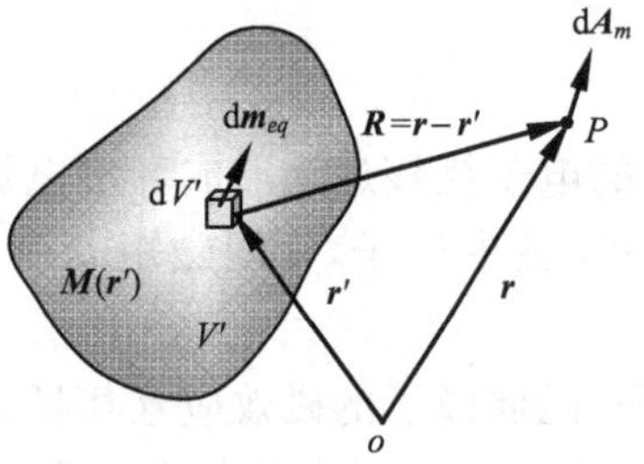

图 4-14 磁化介质产生的磁场

$$\mathrm{d}\boldsymbol{m}_{eq}=\boldsymbol{M}\mathrm{d}V'$$

等效元磁矩 $\mathrm{d}\boldsymbol{m}_{eq}$ 位于 $\boldsymbol{r}'$ 处，它在 $\boldsymbol{r}$ 处产生的元矢量磁位 $\mathrm{d}\boldsymbol{A}_{\mathrm{m}}$ 的表达式可参考式(4-3-12)获得，即将式(4-3-12)中的 r 和 $\boldsymbol{e}_r$ 分别用 R 和 $\boldsymbol{e}_R$ 替代，有

$$\mathrm{d}\boldsymbol{A}_{\mathrm{m}}(\boldsymbol{r})=\frac{\mu_0}{4\pi}\frac{\mathrm{d}\boldsymbol{m}_{eq}\times\boldsymbol{e}_R}{R^2}=\frac{\mu_0}{4\pi}\frac{\boldsymbol{M}(\boldsymbol{r}')\times\boldsymbol{e}_R}{R^2}\mathrm{d}V'$$

则区域 V' 中磁化介质产生的矢量磁位可表示为

$$\boldsymbol{A}_{\mathrm{m}}(\boldsymbol{r})=\frac{\mu_0}{4\pi}\int_{V'}\frac{\boldsymbol{M}(\boldsymbol{r}')\times\boldsymbol{e}_R}{R^2}\mathrm{d}V'=\frac{\mu_0}{4\pi}\int_{V'}\boldsymbol{M}(\boldsymbol{r}')\times\nabla'\left(\frac{1}{R}\right)\mathrm{d}V' \tag{4-4-2}$$

应用矢量恒等式(1-4-11)可将式(4-4-2)写为

$$\boldsymbol{A}_{\mathrm{m}}(\boldsymbol{r})=\frac{\mu_0}{4\pi}\int_{V'}\left[\frac{\nabla'\times\boldsymbol{M}(\boldsymbol{r}')}{R}-\nabla'\times\frac{\boldsymbol{M}(\boldsymbol{r}')}{R}\right]\mathrm{d}V' \tag{4-4-3}$$

再按矢量积分恒等式(1-6-6)，将式(4-4-3)右边第 2 项的体积分转化为面积分

$$\int_{V'}-\nabla'\times\left(\frac{\boldsymbol{M}(\boldsymbol{r}')}{R}\right)\mathrm{d}V'=\oint_{S'}\left(\frac{\boldsymbol{M}(\boldsymbol{r}')}{R}\right)\times\mathrm{d}\boldsymbol{S}'=\oint_{S'}\frac{\boldsymbol{M}(\boldsymbol{r}')\times\boldsymbol{e}_n}{R}\mathrm{d}S'$$

式(4-4-3)可写成

$$\boldsymbol{A}_{\mathrm{m}}(\boldsymbol{r})=\frac{\mu_0}{4\pi}\int_{V'}\frac{\nabla'\times\boldsymbol{M}(\boldsymbol{r}')}{R}\mathrm{d}V'+\frac{\mu_0}{4\pi}\oint_{S'}\frac{\boldsymbol{M}(\boldsymbol{r}')\times\boldsymbol{e}_n}{R}\mathrm{d}S' \tag{4-4-4}$$

将上式与式(4-3-3)和式(4-3-4)对比，可见它们具有相同的形式。由此，若采用等效观念，引出磁化电流的概念，可定义体磁化电流密度和面磁化电流密度。

体磁化电流密度

$$\boldsymbol{J}_{\mathrm{m}}=\nabla'\times\boldsymbol{M}(\boldsymbol{r}')\quad(\mathrm{A/m^2})\tag{4-4-5}$$

面磁化电流密度

$$\boldsymbol{K}_{\mathrm{m}}=\boldsymbol{M}(\boldsymbol{r}')\times\boldsymbol{e}_n\quad(\mathrm{A/m})\tag{4-4-6}$$

那么，由磁化电流产生的矢量磁位可按下式计算

$$\boldsymbol{A}_{\mathrm{m}}(\boldsymbol{r})=\frac{\mu_0}{4\pi}\int_{V'}\frac{\boldsymbol{J}_{\mathrm{m}}(\boldsymbol{r}')}{R}\mathrm{d}V'+\frac{\mu_0}{4\pi}\oint_{S'}\frac{\boldsymbol{K}_{\mathrm{m}}(\boldsymbol{r}')}{R}\mathrm{d}S'\tag{4-4-7}$$

上式与自由电流产生的矢量磁位计算式具有完全相同的形式。于是可得

$$\boldsymbol{B}_{\mathrm{m}}(\boldsymbol{r})=\frac{\mu_0}{4\pi}\int_{V'}\frac{\boldsymbol{J}_{\mathrm{m}}(\boldsymbol{r}')\times\boldsymbol{e}_R}{R^2}\mathrm{d}V'+\frac{\mu_0}{4\pi}\oint_{S'}\frac{\boldsymbol{K}_{\mathrm{m}}(\boldsymbol{r}')\times\boldsymbol{e}_R}{R^2}\mathrm{d}S'\tag{4-4-8}$$

由以上分析可见，磁化介质的附加磁效应可归结为体磁化电流和面磁化电流在真空中作用的结果。与自由电流一样，磁化电流也遵从毕奥-萨伐尔定理产生恒定磁场，通常将磁介质磁化后的磁化电流称为二次场源。在有磁介质存在的区域，任意一点处的磁感应强度应由自由电流和磁化电流在真空中产生的磁场的合成，即

$$\boldsymbol{B}=\boldsymbol{B}_{\mathrm{f}}+\boldsymbol{B}_{\mathrm{m}}\tag{4-4-9}$$

且有$\nabla\cdot\boldsymbol{B}=0$和$\nabla\times\boldsymbol{B}=\mu_0(\boldsymbol{J}+\boldsymbol{J}_{\mathrm{m}})$。

4.4.3 安培环路定律的一般形式

在有磁介质存在的磁场中，取一闭合回路 l，要求 l 不含有磁介质分界面上的线段，则真空中的安培环路定律可表述成如下形式

$$\oint_l\boldsymbol{B}\cdot\mathrm{d}\boldsymbol{l}=\mu_0\left(\sum I_k+\sum I_{\mathrm{m}}\right)\tag{4-4-10}$$

式中，I_k和I_{m}分别是闭合回路 l 所界定面积上穿过的自由电流和磁化电流，因此上式可写为

$$\oint_l\boldsymbol{B}\cdot\mathrm{d}\boldsymbol{l}=\mu_0\left(\sum I_k+\int_S\boldsymbol{J}_{\mathrm{m}}\cdot\mathrm{d}\boldsymbol{S}\right)$$

将式(4-4-5)代入上式，并应用斯托克斯定理，有

$$\oint_l\boldsymbol{B}\cdot\mathrm{d}\boldsymbol{l}=\mu_0\left(\sum I_k+\oint_l\boldsymbol{M}\cdot\mathrm{d}\boldsymbol{l}\right)$$

或写成

$$\oint_l\left(\frac{\boldsymbol{B}}{\mu_0}-\boldsymbol{M}\right)\cdot\mathrm{d}\boldsymbol{l}=\sum I_k\tag{4-4-11}$$

定义一个新的场量 $\boldsymbol{H}$，令

$$\boldsymbol{H}=\frac{\boldsymbol{B}}{\mu_0}-\boldsymbol{M}\tag{4-4-12}$$

这样，式(4-4-11)可写为

$$\oint_l\boldsymbol{H}\cdot\mathrm{d}\boldsymbol{l}=\sum_{k=1}^{n}I_k\tag{4-4-13}$$

上式表明 $\boldsymbol{H}$ 的环量只与自由电流有关，而与磁化介质的形状、结构以及所处的状态无关，避开了难以确定的磁化电流 $\boldsymbol{J}_{\mathrm{m}}$ 和 $\boldsymbol{K}_{\mathrm{m}}$，而且积分路径 l 可跨越几种磁介质。式(4-4-13)比真空中的安培环路定律更为简洁，更具有一般性。称它为安培环路定律的一般形式。被积函数 $\boldsymbol{H}$ 称为磁场强度，它的单位为安培/米(A/m)。于是式(4-4-13)表示，磁场强度沿闭合路线的积分等于该闭合路线所界定面积上通过的自由电流代数和，I_k 的正负取决于 I_k 的流向与 l 回路的循行方向是否符合右手螺旋关系，相符为正，否则为负。

通常自由电流是以体电流分布的，式(4-4-13)可以改写为

$$\oint_l \boldsymbol{H}\cdot \mathrm{d}\boldsymbol{l}=\int_S \boldsymbol{J}\cdot \mathrm{d}\boldsymbol{S}$$

式中，$\mathrm{d}\boldsymbol{S}$ 的正方向与 l 回路的循行方向符合右手螺旋关系。由斯托克斯定理，有

$$\oint_l \boldsymbol{H}\cdot \mathrm{d}\boldsymbol{l}=\int_S \nabla\times\boldsymbol{H}\cdot \mathrm{d}\boldsymbol{S}=\int_S \boldsymbol{J}\cdot \mathrm{d}\boldsymbol{S}$$

考虑到积分回路 l 选择的任意性，其所界定面积 S 也具有任意性，要使上式成立，必有

$$\nabla\times\boldsymbol{H}=\boldsymbol{J} \tag{4-4-14}$$

成立。上式表明磁场强度 $\boldsymbol{H}$ 在空间某点的旋度就是该点的自由电流密度，与磁化电流无关。但应指出，由 $\boldsymbol{H}$ 的定义式(4-4-12)表明，$\boldsymbol{H}$ 本身已包含了与磁化介质结构和所处状态有关的磁化强度矢量 $\boldsymbol{M}$。称式(4-4-13)和式(4-4-14)分别为安培环路定律一般形式的积分形式和微分形式。

4.4.4 磁介质的构成方程

磁介质的构成方程就是磁场强度 $\boldsymbol{H}$ 的定义式，即式(4-4-12)，或写为

$$\boldsymbol{B}=\mu_0(\boldsymbol{H}+\boldsymbol{M}) \tag{4-4-15}$$

它直接反映了磁化介质的影响，以及 $\boldsymbol{B}$ 和 $\boldsymbol{H}$ 两个基本场量之间的关系。

磁介质的磁化强度 $\boldsymbol{M}$ 与所加磁场 $\boldsymbol{H}$ 有关，也取决于磁介质的导磁性。实验表明，在各向同性线性磁介质中，有

$$\boldsymbol{M}=\chi_{\mathrm{m}}\boldsymbol{H} \tag{4-4-16}$$

式中，χ_{m} 称为磁介质的磁化率，是一个无量纲的纯数，它可以是坐标的函数。对于均匀磁介质，χ_{m} 为常数。将上式代入式(4-4-15)得

$$\boldsymbol{B}=\mu_0(\boldsymbol{H}+\chi_{\mathrm{m}}\boldsymbol{H})=\mu_0(1+\chi_{\mathrm{m}})\boldsymbol{H}=\mu_0\mu_{\mathrm{r}}\boldsymbol{H}=\mu\boldsymbol{H} \tag{4-4-17}$$

式中，$\mu_{\mathrm{r}}=1+\chi_{\mathrm{m}}$ 称为磁介质的相对磁导率，$\mu=\mu_0\mu_{\mathrm{r}}$ 称为磁介质的磁导率。对于一般非磁性物质，$\chi_{\mathrm{m}}=0$，$\mu=\mu_0$。对于铁磁物质，有 $\chi_{\mathrm{m}}\gg 1$，因此 $\mu_{\mathrm{r}}\gg 1$，$\mu\gg\mu_0$。

因为同一自由电流在真空和无限大均匀线性介质中产生相同的 $\boldsymbol{H}$，对比 $\boldsymbol{B}=\mu_0\boldsymbol{H}$ 和 $\boldsymbol{B}=\mu\boldsymbol{H}$，可知后者中的 $\boldsymbol{B}$ 是前者 $\boldsymbol{B}$ 的 μ_{r} 倍，此时，只需将式(4-1-7)～式(4-1-9)中的真空磁导率 μ_0 换为磁介质的磁导率 μ 即可。据此，介质中的毕奥-萨伐尔定理可表述为

$$\boldsymbol{B}(\boldsymbol{r})=\frac{\mu}{4\pi}\int_{\Omega'}\frac{\mathrm{d}q\boldsymbol{v}\times(\boldsymbol{r}-\boldsymbol{r}')}{|\boldsymbol{r}-\boldsymbol{r}'|^3} \tag{4-4-18}$$

同理，磁矢量位也有相应的表示

$$\boldsymbol{A}(\boldsymbol{r})=\frac{\mu}{4\pi}\int_{\Omega'}\frac{\mathrm{d}q\boldsymbol{v}}{|\boldsymbol{r}-\boldsymbol{r}'|}+\boldsymbol{C} \tag{4-4-19}$$

上两式中，当源区 Ω' 分别为 V'、S'、l' 时，元电流段 $\mathrm{d}q\boldsymbol{v}$ 应分别取 $\boldsymbol{J}\mathrm{d}V'$、$\boldsymbol{K}\mathrm{d}S'$ 和 $I\mathrm{d}\boldsymbol{l}'$。

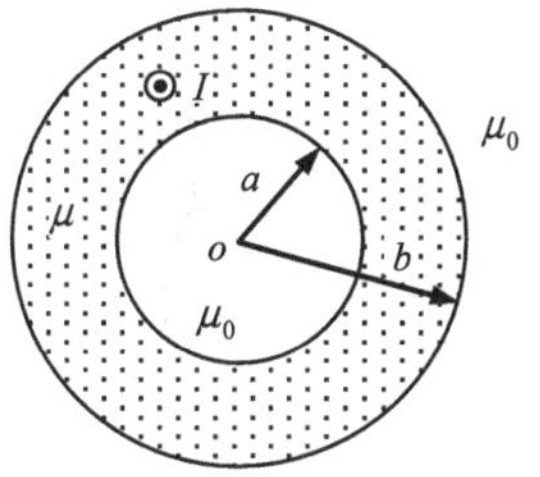

图 4-15　圆柱铁管的截面

例 4-9　已知长直圆柱铁管内外半径分别为 a 和 b，铁管的磁导率为 μ，其中通有电流 I。试求：(1) 磁感应强度 $\boldsymbol{B}$；(2) 铁管中的磁化强度 $\boldsymbol{M}$；(3) 铁管中的磁化电流密度 $\boldsymbol{J}_{\mathrm{m}}$、$\boldsymbol{K}_{\mathrm{m}}$。

解　激励电流和介质的分布使磁场为轴对称子午面平行平面场，取一截面如图 4-15 所示，建立圆柱坐标系，z 轴与圆柱铁管的几何轴线重合，有 $\boldsymbol{B}=B(\rho)\boldsymbol{e}_{\phi}$。

(1) 取圆心在原点处、半径为 ρ 的圆周为积分路径，由安培环路定律有

$\rho<a$

$$\oint_l \boldsymbol{H}\cdot \mathrm{d}\boldsymbol{l}=2\pi\rho H=0$$

$$\boldsymbol{H}=\boldsymbol{B}=0$$

$a<\rho<b$

$$\oint_l \boldsymbol{H}\cdot \mathrm{d}\boldsymbol{l}=\int_0^{2\pi} H\boldsymbol{e}_{\phi}\cdot \rho\,\mathrm{d}\phi\boldsymbol{e}_{\phi}=I'$$

$$2\pi\rho H=\frac{I}{(b^2-a^2)}(\rho^2-a^2)$$

$$\boldsymbol{H}=\frac{I(\rho^2-a^2)}{2\pi(b^2-a^2)\rho}\boldsymbol{e}_{\phi},\quad \boldsymbol{B}=\frac{\mu I(\rho^2-a^2)}{2\pi(b^2-a^2)\rho}\boldsymbol{e}_{\phi}$$

$\rho>b$

$$\oint_l \boldsymbol{H}\cdot \mathrm{d}\boldsymbol{l}=2\pi\rho H=I$$

$$\boldsymbol{H}=\frac{I}{2\pi\rho}\boldsymbol{e}_{\phi},\quad \boldsymbol{B}=\frac{\mu I}{2\pi\rho}\boldsymbol{e}_{\phi}$$

(2) 铁管的磁化强度（$a<\rho<b$）

$$\boldsymbol{M}=\frac{\boldsymbol{B}}{\mu_0}-\boldsymbol{H}=\left(\frac{\mu}{\mu_0}-1\right)\boldsymbol{H}=\left(\frac{\mu}{\mu_0}-1\right)\frac{I(\rho^2-a^2)}{2\pi(b^2-a^2)\rho}\boldsymbol{e}_{\phi}$$

(3) 铁管中的磁化电流密度

$a<\rho<b$

$$\boldsymbol{J}_{\mathrm{m}}=\nabla\times\boldsymbol{M}=\begin{vmatrix}\frac{1}{\rho}\boldsymbol{e}_{\rho} & \boldsymbol{e}_{\phi} & \frac{1}{\rho}\boldsymbol{e}_{z}\\ \frac{\partial}{\partial\rho} & \frac{\partial}{\partial\phi} & \frac{\partial}{\partial z}\\ 0 & \rho M_{\phi} & 0\end{vmatrix}=\frac{1}{\rho}\frac{\partial}{\partial\rho}(\rho M_{\phi})\boldsymbol{e}_z=\left(\frac{\mu}{\mu_0}-1\right)\frac{I}{\pi(b^2-a^2)}\boldsymbol{e}_z$$

体磁化电流　$$I_{\mathrm{m1}}=\int_S J_{\mathrm{m}}\cdot \mathrm{d}\boldsymbol{S}=J_{\mathrm{m}}\pi(b^2-a^2)=\left(\frac{\mu}{\mu_0}-1\right)I$$

$\rho=a$

$$\boldsymbol{K}_{\mathrm{m}}=\boldsymbol{M}\times\boldsymbol{e}_n=0$$

$\rho=b$

$$\boldsymbol{K}_{\mathrm{m}}=\boldsymbol{M}\times\boldsymbol{e}_n=\left(\frac{\mu}{\mu_0}-1\right)\frac{I}{2\pi b}(-\boldsymbol{e}_z)$$

面磁化电流　$$I_{\mathrm{m2}}=\oint_l \boldsymbol{K}_{\mathrm{m}}\cdot \mathrm{d}l\boldsymbol{e}_z=-\left(\frac{\mu}{\mu_0}-1\right)I$$

总的磁化电流　$$I_{\mathrm{m}}=I_{\mathrm{m1}}+I_{\mathrm{m2}}=0$$

例 4-10 在一含有气隙的环形铁心上，紧密绕制 N 匝线圈，如图 4-16 所示。环形铁心的磁导率为 $\mu(\mu\gg\mu_0)$，其平均半径为 R，截面半径为 $a(a\ll R)$，气隙宽度为 $d(d\ll R)$。当线圈通有电流 I 时，若忽略漏磁通，试求铁心及气隙中的 $\boldsymbol{B}$ 和 $\boldsymbol{H}$ 。

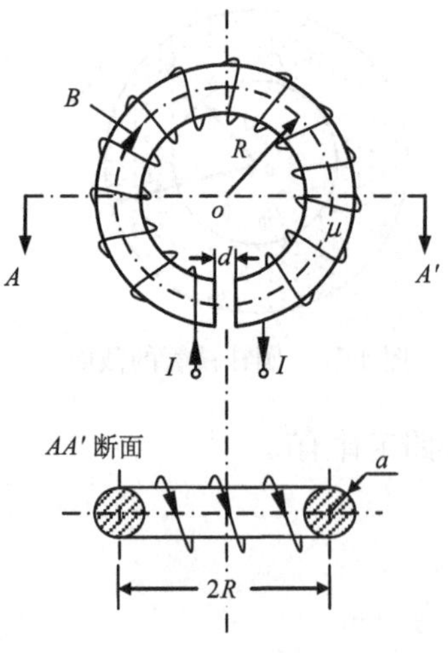

图 4-16 含气隙的环形铁心线圈

解 磁场分布具有轴对称性，建立圆柱坐标。根据 $\boldsymbol{B}$ 与电流满足右螺旋关系，故 $\boldsymbol{B}$ 的方向如图 4-16 所示。在忽略漏磁通的假设下，由于 $a\ll R$，可认为铁心中的磁场是均匀的，且等于半径 R 处的磁场。在半径为 R 的圆周上应用安培环路定律，有

$$\oint_l \boldsymbol{H}\cdot \mathrm{d}\boldsymbol{l}=\int_{l-d}\boldsymbol{H}_{\mathrm{i}}\cdot \mathrm{d}\boldsymbol{l}+\int_d \boldsymbol{H}_\delta\cdot \mathrm{d}\boldsymbol{l}$$

$$=H_{\mathrm{i}}(2\pi R-d)+H_\delta d=NI$$

式中，$\boldsymbol{H}_{\mathrm{i}}$ 和 $\boldsymbol{H}_\delta$ 分别为铁心和气隙中的磁场强度。根据磁通连续性原理可知铁心和气隙中的磁感应强度是相等的，于是

$$\frac{B}{\mu}(2\pi R-d)+\frac{B}{\mu_0}d=NI$$

所以

$$\boldsymbol{B}=\frac{NI}{(2\pi R-d)/\mu+d/\mu_0}\boldsymbol{e}_\phi$$

铁心中的磁场强度为

$$\boldsymbol{H}_{\mathrm{i}}=\frac{\boldsymbol{B}}{\mu}=\frac{\mu_0 NI}{2\pi R\mu_0+d(\mu-\mu_0)}\boldsymbol{e}_\phi$$

气隙中的磁场强度为

$$\boldsymbol{H}_\delta=\frac{\boldsymbol{B}}{\mu_0}=\frac{\mu NI}{2\pi R\mu_0+d(\mu-\mu_0)}\boldsymbol{e}_\phi$$

由于 $\mu\gg\mu_0$，可见 $\boldsymbol{H}_\delta\gg\boldsymbol{H}_{\mathrm{i}}$，气隙磁场强度占了绝对比例，电机就是利用这个原理进行有效的能量转换。

4.5 标量磁位

由于恒定磁场的有旋性，我们不能像静电场那样引入一个标量位函数来表征整个磁场的特性。然而对于局部 $\boldsymbol{J}=0$ 的区域，却有 $\nabla\times\boldsymbol{H}=0$，因此，对于无源区的局部磁场，可以引入一个标量位函数来简化磁场的计算。

4.5.1 标量磁位的概念

在 $\nabla\times\boldsymbol{H}=0$ 的无源区，仿照静态电场中电位的定义，有

$$\boldsymbol{H}=-\nabla\varphi_{\mathrm{m}} \tag{4-5-1}$$

式中，φ_{m} 为标量磁位，其单位是安培(A)。

应注意到，基于场的无旋性引入的标量磁位 φ_{m}，仅在 $\boldsymbol{J}=0$ 的区域，标量磁位 φ_{m} 的定义

才有意义。标量磁位 φ_m 的引入反映了计算上的需要，它没有明确的物理意义。在实际应用中，与电位一样，标量磁位 φ_m 有参考点的选择问题。

以 Q 点为参考点，P 点的标量磁位为

$$\varphi_{mP}=\int_P^Q \boldsymbol{H}\cdot d\boldsymbol{l} \tag{4-5-2}$$

在磁场中，由于磁场力总是垂直于磁感应强度 $\boldsymbol{B}$ 或磁场强度 $\boldsymbol{H}$，因此，标量磁位 φ_m（$\boldsymbol{H}$ 的线积分）与磁场力做功问题没有联系。

与静电场一样，可以定义出等磁位面(线)的代数方程 $\varphi_m(\boldsymbol{r})=C$，$C$ 为某一个具体的磁位值。同样，在等磁位面(线)上，处处都有 $\boldsymbol{H}$ 垂直于等磁位面(线)，作等磁位面(线)场图的原则也同静态电场。

4.5.2 标量磁位的多值性

磁场中，从 A 点到 B 点的标量磁位差定义为磁压，即

$$U_{mAB}=\int_A^B \boldsymbol{H}\cdot d\boldsymbol{l}=\int_A^Q \boldsymbol{H}\cdot d\boldsymbol{l}-\int_B^Q \boldsymbol{H}\cdot d\boldsymbol{l}$$
$$=\varphi_{mA}-\varphi_{mB}$$

在静电场中，两点间的电压只与该两点的位置有关，而与积分路径无关，参考点确定后，场中各点的电位就是唯一的。而标量磁位可能与积分路径有关，因而存在多值性问题。

有一载流回路 l，如图 4-17 所示。取闭合回路 $ApBqA$ 为积分回路，根据安培环路定律，应有

$$\oint_{ApBqA} \boldsymbol{H}\cdot d\boldsymbol{l}=\int_{ApB} \boldsymbol{H}\cdot d\boldsymbol{l}+\int_{BqA} \boldsymbol{H}\cdot d\boldsymbol{l}=0$$

$$U_{mAB}=\int_{ApB} \boldsymbol{H}\cdot d\boldsymbol{l}=\int_{AqB} \boldsymbol{H}\cdot d\boldsymbol{l}$$

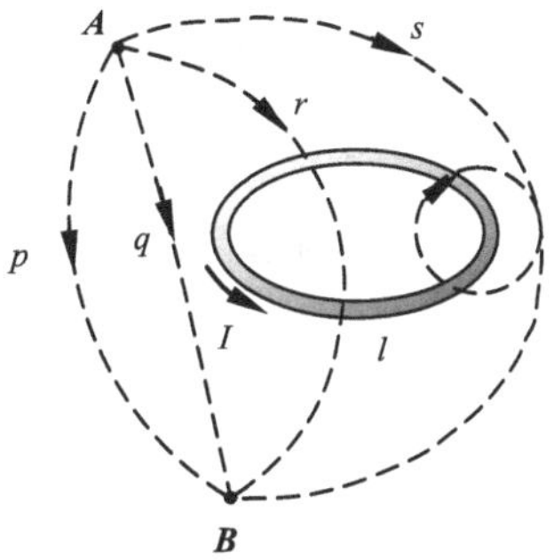

图 4-17 标量磁位的多值性

若取闭合回路 $ApBrA$ 为积分回路，则

$$\oint_{ApBrA} \boldsymbol{H}\cdot d\boldsymbol{l}=\int_{ApB} \boldsymbol{H}\cdot d\boldsymbol{l}-\int_{ArB} \boldsymbol{H}\cdot d\boldsymbol{l}=I$$

$$U_{mAB}=\int_{ApB} \boldsymbol{H}\cdot d\boldsymbol{l}=\int_{ArB} \boldsymbol{H}\cdot d\boldsymbol{l}+I$$

若取 $ApBsA$ 为积分回路，且在 BsA 段沿载流回路 l 绕了 k 次，则

$$\oint_{ApBsA} \boldsymbol{H}\cdot d\boldsymbol{l}=\int_{ApB} \boldsymbol{H}\cdot d\boldsymbol{l}-\int_{AsB} \boldsymbol{H}\cdot d\boldsymbol{l}=kI$$

$$U_{mAB}=\int_{ApB} \boldsymbol{H}\cdot d\boldsymbol{l}=\int_{AsB} \boldsymbol{H}\cdot d\boldsymbol{l}+kI$$

由上面计算结果可见，A、B 两点间的磁压与所选取的积分路径有关。若以 B 点为参考点，显然 A 点的磁位具有多值性。尽管磁位的多值性不会影响磁场强度 $\boldsymbol{H}$ 的计算，但多值性问题对磁场的分析是不方便的。

产生多值性的原因是因为磁场强度 $\boldsymbol{H}$ 的积分回路穿过或多次穿过了载流回路所界定的面积。据此，如果将载流回路所决定的面称为磁屏障面，并规定 $\boldsymbol{H}$ 的积分回路不得穿过磁屏障面，那么，标量磁位的单值性就得到了保证。

4.5.3 标量磁位的微分方程

在满足 $\nabla \cdot \boldsymbol{B}=0$、$\nabla \times \boldsymbol{H}=0$ 两个基本方程的恒定磁场中，可定义标量磁位 φ_m。设这一恒定磁场介质的磁导率为 μ，构成方程为 $\boldsymbol{B}=\mu\boldsymbol{H}$，将它带入 $\boldsymbol{B}$ 的散度方程，有

$$\nabla \cdot \boldsymbol{B}=\nabla \cdot (\mu \boldsymbol{H})=0$$

将式(4-5-1)代入上式，得

$$\nabla \cdot (-\mu \nabla \varphi_m)=0$$

即

$$\mu \nabla^2 \varphi_m + \nabla \mu \cdot \nabla \varphi_m = 0$$

若磁场中磁介质是各向同性、线性、均匀介质，μ 为常数，则标量磁位 φ_m 应满足如下拉普拉斯方程

$$\nabla^2 \varphi_m = 0 \tag{4-5-3}$$

于是，可以按照解微分方程的方法来求解磁场，有关的求解方法见第 2 章静电场。

4.6 恒定磁场基本方程　磁介质分界面的衔接条件

4.6.1 基本方程与构成方程

磁通的连续性和安培环路定律反映了恒定磁场的基本特性，因此它们的数学表达式也就是恒定磁场的基本方程，方程的积分形式

$$\oint_S \boldsymbol{B} \cdot d\boldsymbol{S} = 0 \tag{4-6-1}$$

$$\oint_l \boldsymbol{H} \cdot d\boldsymbol{l} = \sum I \tag{4-6-2}$$

方程的微分形式

$$\nabla \cdot \boldsymbol{B} = 0 \tag{4-6-3}$$

$$\nabla \times \boldsymbol{H} = \boldsymbol{J} \tag{4-6-4}$$

它们描述了恒定磁场无散有旋的基本特性。

有磁介质存在的恒定磁场中，磁介质的构成方程为

$$\boldsymbol{B} = \mu_0 (\boldsymbol{H} + \boldsymbol{M}) \tag{4-6-5}$$

在各向同性线性磁介质中，磁介质的构成方程可表示为

$$\boldsymbol{B} = \mu \boldsymbol{H} \tag{4-6-6}$$

与静电场一样，恒定磁场基本方程的积分形式适用于各种不同的场域形式、不同的磁介质分布情况，而它的微分形式只适用于磁介质连续的区域。要获得恒定磁场的分布，需要求解磁场的微分方程，而解答的确定，需要磁介质分界面(线)上的场量衔接条件。

4.6.2 磁介质分界面的衔接条件

磁介质分界面是典型的磁介质不连续的分布形式，在磁介质分界面上场矢量通常会发生突变，这时基本方程的微分形式不再适用，而基本方程的积分形式仍然是适用的。在磁介质分

界面上磁感应强度和磁场强度究竟发生了什么样的变化，这就需要应用基本方程的积分形式来研究。

1. *磁场强度* $\boldsymbol{H}$ *的分界面衔接条件*

取有两种磁介质 1 和 2 的场域空间，它们的磁导率为 μ_1 和 μ_2，在分界面上取一点 P，如图 4-18(a)所示。设 $\boldsymbol{e}_n$ 为 P 点处该分界面法线方向上的单位矢量，其方向由磁介质 1 指向磁介质 2，$\boldsymbol{K}$ 表示分界面上的面电流密度。图中示出了磁场强度 $\boldsymbol{H}$ 的入射和折射情况，相应的入射角为 α_1 和折射角为 α_2。取矩形回路 l 包围 P 点，其长边 Δl_1 与分界面平行，短边 $\Delta l_2 \to 0$。

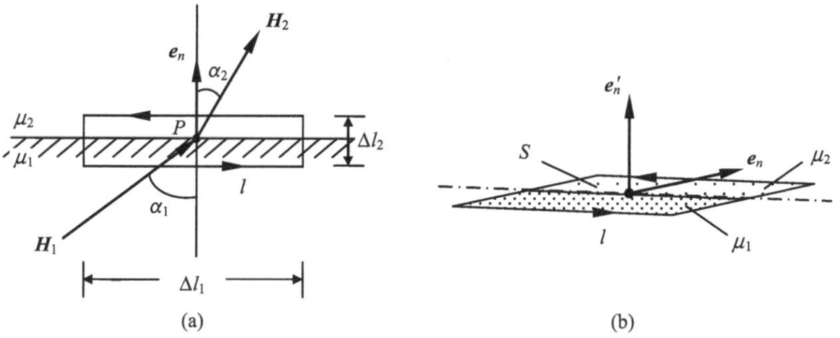

图 4-18　磁介质分界面上的磁场强度

设 $\boldsymbol{e}'_n$ 为回路 l 所界定面积 S 正方向的单位矢量，与 l 的绕向符合右螺旋关系，如图 4-18(b)所示。根据安培环路定律

$$\oint_l \boldsymbol{H} \cdot \mathrm{d}\boldsymbol{l} = \boldsymbol{H}_2 \cdot \Delta \boldsymbol{l}_1 + \boldsymbol{H}_1 \cdot \Delta \boldsymbol{l}_1 = \boldsymbol{K} \cdot \boldsymbol{e}'_n \Delta l_1$$

即

$$(\boldsymbol{H}_2 - \boldsymbol{H}_1) \cdot (\boldsymbol{e}'_n \times \boldsymbol{e}_n) \Delta l_1 = \boldsymbol{K} \cdot \boldsymbol{e}'_n \Delta l_1$$

对上式左边应用矢量恒等式 $\boldsymbol{A} \cdot (\boldsymbol{B} \times \boldsymbol{C}) = \boldsymbol{B} \cdot (\boldsymbol{C} \times \boldsymbol{A})$，可得

$$\boldsymbol{e}'_n \cdot [\boldsymbol{e}_n \times (\boldsymbol{H}_2 - \boldsymbol{H}_1)] = \boldsymbol{K} \cdot \boldsymbol{e}'_n$$

于是

$$\boldsymbol{e}_n \times (\boldsymbol{H}_2 - \boldsymbol{H}_1) = \boldsymbol{K} \qquad (4\text{-}6\text{-}7)$$

当 $\boldsymbol{K}=0$ 时，有

$$\boldsymbol{e}_n \times (\boldsymbol{H}_2 - \boldsymbol{H}_1) = 0 \qquad (4\text{-}6\text{-}8)$$

即

$$H_{1t} = H_{2t} \qquad (4\text{-}6\text{-}9)$$

说明当磁介质分界面上无面电流分布时，磁场强度 $\boldsymbol{H}$ 的切向分量是连续的。

2. *磁感应强度* $\boldsymbol{B}$ *的分界面衔接条件*

在如图 4-19 所示的磁介质分界面上，做一个扁平圆柱面，使其正好跨过分界面，且上、下底面平行于分界面。在底面积 ΔS 上可认为各处的磁感应强度相等，令其高 $\Delta h \to 0$，图中的 β_1 和 β_2 分别为磁感应强度 $\boldsymbol{B}$ 的入

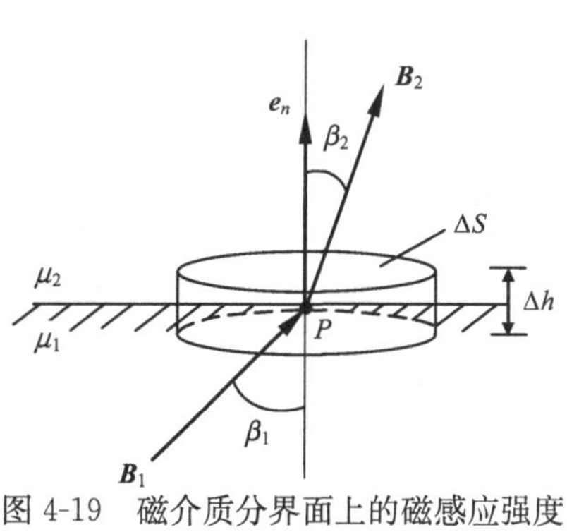

图 4-19　磁介质分界面上的磁感应强度

射角和折射角。根据磁通连续性原理，有

$$\oint_S \boldsymbol{B}\cdot \mathrm{d}\boldsymbol{S}=\boldsymbol{B}_2\cdot \Delta S\boldsymbol{e}_n+\boldsymbol{B}_1\cdot \Delta S(-\boldsymbol{e}_n)$$

$$=\boldsymbol{e}_n\cdot(\boldsymbol{B}_2-\boldsymbol{B}_1)\Delta S=0$$

有

$$\boldsymbol{e}_n\cdot(\boldsymbol{B}_2-\boldsymbol{B}_1)=0 \tag{4-6-10}$$

或

$$B_{1n}=B_{2n} \tag{4-6-11}$$

即在磁介质分界面上，磁感应强度的法向分量连续。

3. 折射定律

若上面 1 和 2 中的磁介质是各向同性、线性的，即 $\alpha_1=\beta_1$、$\alpha_2=\beta_2$，且在磁介质分界面上面电流密度 $\boldsymbol{K}=0$，由式(4-6-9)、式(4-6-11)和式(4-6-6)可以导出

$$\frac{\tan\alpha_1}{\tan\alpha_2}=\frac{\mu_1}{\mu_2} \tag{4-6-12}$$

称为磁场中的折射定律。

考虑常见的情况，第 1 种介质是铁磁物质，$\mu_1\gg\mu_0$，第 2 种介质是空气，$\mu_2=\mu_0$。若设 $\mu_1=7000\mu_0$，当 $\alpha_1=89°$时，$\alpha_2=\arctan\left(\frac{\mu_0}{7000\mu_0}\tan\alpha_1\right)=\arctan(8.184\times10^{-3})=28'$。可见当磁场由铁磁物质进入非铁磁物质时，不管入射角大小如何，只要 $\alpha_1\neq\frac{\pi}{2}$，则分界面上紧靠非铁磁物质一侧的 $\boldsymbol{B}$ 线近似与分界面垂直，分界面近似可看做是等标量磁位面。

4.6.3 用磁位表示的磁介质分界面衔接条件

根据式(4-6-10)和式(4-6-7)，可以导出用矢量磁位表示的磁介质分界面衔接条件为

$$\boldsymbol{A}_1=\boldsymbol{A}_2 \tag{4-6-13}$$

$$\boldsymbol{e}_n\times\left(\frac{1}{\mu_2}\nabla\times\boldsymbol{A}_2-\frac{1}{\mu_1}\nabla\times\boldsymbol{A}_1\right)=\boldsymbol{K} \tag{4-6-14}$$

在没有自由电流存在的场域空间，根据式(4-6-8)和式(4-6-10)可以导出用标量磁位表示的磁介质分界面衔接条件

$$\varphi_{\mathrm{m1}}=\varphi_{\mathrm{m2}} \tag{4-6-15}$$

$$\mu_1\frac{\partial\varphi_{\mathrm{m1}}}{\partial n}=\mu_2\frac{\partial\varphi_{\mathrm{m2}}}{\partial n} \tag{4-6-16}$$

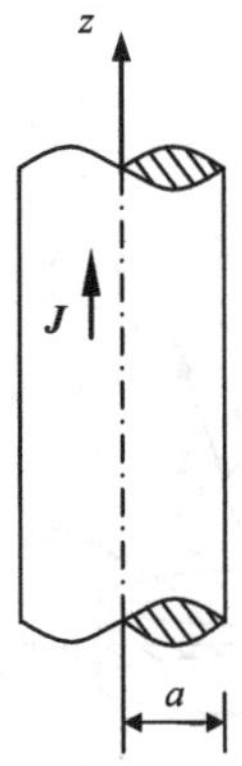

图 4-20 长直圆柱载流导体

例 4-11 已知长直圆柱载流导体置于空气中，其半径为 a，体电流密度为 $\boldsymbol{J}=J_0\boldsymbol{e}_z$，试通过矢量磁位 $\boldsymbol{A}$ 的边值型问题来求磁感应强度 $\boldsymbol{B}$。

解 尽管磁介质均匀分布，但由于两个区域满足的微分方程不同，所以需要分区求解。根据场源和磁介质分布的轴对称性，建立圆柱坐标系，如图 4-20 所示，显然，矢量磁位 $\boldsymbol{A}=A(\rho)\boldsymbol{e}_z$，分区求解如下：

(1) $0\leqslant\rho\leqslant a$

$$\nabla^2\boldsymbol{A}_1=\frac{1}{\rho}\frac{\partial}{\partial\rho}\left(\rho\frac{\partial A_1}{\partial\rho}\right)\boldsymbol{e}_z=-\mu_0J_0\boldsymbol{e}_z$$

$$A_1=-\frac{\mu_0 J_0}{4}\rho^2+C_1\ln\rho+C_2$$

当 $\rho\to 0$ 时，$\boldsymbol{A}_1$ 和 $\boldsymbol{B}_1$ 应为有限值，但 $\lim\limits_{\rho\to 0}\ln\rho\to-\infty$，故令 $C_1=0$ 以排除对数项，所以

$$A_1=-\frac{\mu_0 J_0}{4}\rho^2+C_2$$

(2) $\rho\geqslant a$

$$\nabla^2\boldsymbol{A}_2=\frac{1}{\rho}\frac{\partial}{\partial\rho}\left(\rho\frac{\partial A_2}{\partial\rho}\right)\boldsymbol{e}_z=0$$

$$A_2=C_3\ln\rho+C_4$$

上式中，虽然有 $\lim\limits_{\rho\to\infty}\ln\rho\to\infty$，但 $\rho\to\infty$ 时，$\boldsymbol{B}_2=0$，且在有限远处，$\boldsymbol{A}_2$ 为有限值，故应保留对数项。

由 $\boldsymbol{B}=\nabla\times\boldsymbol{A}=-\frac{\partial A}{\partial\rho}\boldsymbol{e}_\phi$，可得

$$B_{1\phi}=-\frac{\partial A_1}{\partial\rho}=\frac{\mu_0 J_0}{2}\rho,\quad B_{2\phi}=-\frac{\partial A_2}{\partial\rho}=-\frac{C_3}{\rho}$$

(3) 在 $\rho=a$ 分界面处，因无面电流分布，应有 $H_{1t}=H_{2t}$，即

$$\frac{1}{2}J_0 a=-\frac{C_3}{\mu_0 a}$$

故 $C_3=-\frac{1}{2}\mu_0 J_0 a^2$。于是有

$$0\leqslant\rho\leqslant a\qquad \boldsymbol{B}_1=\frac{\mu_0 J_0}{2}\rho\boldsymbol{e}_\phi$$

$$\rho\geqslant a\qquad \boldsymbol{B}_2=\frac{1}{2}\mu_0 a^2 J_0\frac{1}{\rho}\boldsymbol{e}_\phi=\frac{\mu_0 I}{2\pi\rho}\boldsymbol{e}_\phi$$

例 4-12 一环形磁心分别由磁导率为 μ_1 和 μ_2 的磁性材料构成，在磁心轴心线上有一条无限长直载流导线，尺寸及参数如图 4-21 所示。试求：磁心内的 $\boldsymbol{B}$ 和 $\boldsymbol{H}$；在磁介质分界面上，$\boldsymbol{B}$ 和 $\boldsymbol{H}$ 是否发生突变？

解 无限长直线电流产生的磁场为轴对称子午面平行平面场，由环形磁心结构的轴对称性可知，磁心内的磁场不改变磁场的对称分布特性。建立圆柱坐标系，并应用安培环路定律 $\oint_l \boldsymbol{H}\cdot d\boldsymbol{l}=I$，有

$$a\leqslant\rho\leqslant c\qquad \boldsymbol{H}=\frac{I}{2\pi\rho}\boldsymbol{e}_\phi$$

根据磁场的构成方程 $\boldsymbol{B}=\mu\boldsymbol{H}$，有

$$a\leqslant\rho<b\qquad \boldsymbol{B}=\frac{\mu_1 I}{2\pi\rho}\boldsymbol{e}_\phi$$

$$b<\rho\leqslant c\qquad \boldsymbol{B}=\frac{\mu_2 I}{2\pi\rho}\boldsymbol{e}_\phi$$

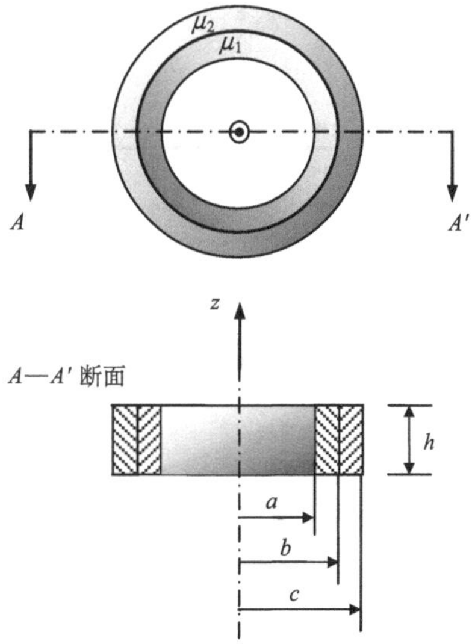

图 4-21 两种磁介质构成的环形磁心

在分界面上 $\boldsymbol{B}$ 和 $\boldsymbol{H}$ 只有切向分量，且分界面上无自由面电流，所以有 $H_{1t}=H_{2t}$，于是当 $\rho=b$ 时

$$\boldsymbol{H}_1 = \boldsymbol{H}_2$$

即磁场强度在分界面上是连续的。

因 $\mu_1 \neq \mu_2$，由 $B_{1t} = \mu_1 H_{1t}$ 和 $B_{2t} = \mu_2 H_{2t}$，必有 $B_{1t} \neq B_{2t}$，故当 $\rho = b$ 时

$$\boldsymbol{B}_1 \neq \boldsymbol{B}_2$$

即磁感应强度在分界面上是不连续的。

4.7 恒定磁场的镜像法

根据恒定磁场解答的唯一性，类比静电场的镜像法，在恒定磁场中也可以应用这种间接方法将看似复杂的问题转化成简单问题来求解。本节将解决磁介质分界面为无限大平面的长直载流导体的镜像问题。

4.7.1 无限大磁介质分界平面上方线电流的磁场

场域空间分布有磁导率分别为 μ_1 和 μ_2 的两种磁介质，其分界面为无限大平面。现有一长直载流导体置于介质 1 中，并与磁介质分界面平行，如图 4-22(a)所示，求解上下空间两种磁介质中的磁场分布。

由于磁介质的磁化，在磁介质分界面上会出现面磁化电流，因此，两种磁介质中的磁场应该由介质 1 中的电流 I 和分界面上的面磁化电流共同产生。与静电场的镜像法类似，求解介质 1 的磁场时，将下半空间用磁导率为 μ_1 的介质填充，并在分界面下方对称地放置一镜像电流 I'，以代替面磁化电流，如图 4-22(b)所示。这样，介质 1 的磁场便转化成在无界均匀介质 μ_1 中，由电流 I 和镜像电流 I' 共同产生的磁场问题。求解介质 2 的磁场时，将上半空间用磁导率为 μ_2 的介质填充，并在分界面上方原来放置电流 I 的位置处，用一镜像电流 I'' 代替电流 I 和分界面上的面磁化电流，如图 4-22(c)所示。于是介质 2 的磁场便转化成在无界均匀介质 μ_2 中，由镜像电流 I'' 所产生的磁场问题。现在需要解决的问题是，镜像电流 I' 和 I'' 如何确定？

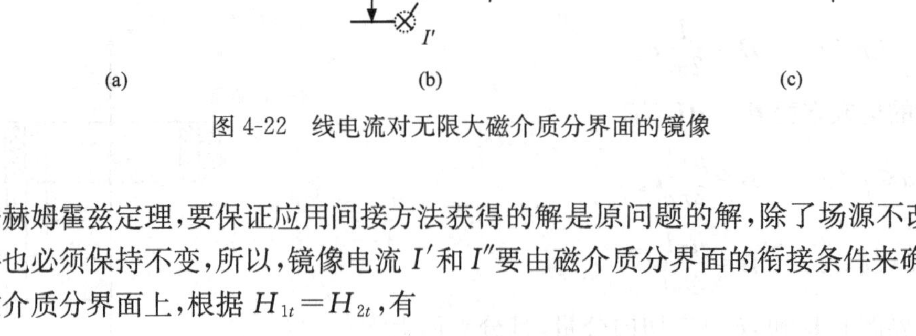

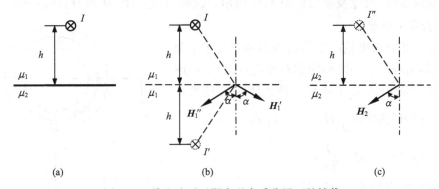

图 4-22　线电流对无限大磁介质分界面的镜像

根据赫姆霍兹定理，要保证应用间接方法获得的解是原问题的解，除了场源不改变以外，边界条件也必须保持不变，所以，镜像电流 I' 和 I'' 要由磁介质分界面的衔接条件来确定。

在磁介质分界面上，根据 $H_{1t} = H_{2t}$，有

$$\frac{I}{2\pi r}\sin\alpha - \frac{I'}{2\pi r}\sin\alpha = \frac{I''}{2\pi r}\sin\alpha$$

解得

$$I - I' = I'' \tag{4-7-1}$$

再由 $B_{1n} = B_{2n}$，有

$$\mu_1 \frac{I}{2\pi r}\cos\alpha + \mu_1 \frac{I'}{2\pi r}\cos\alpha = \mu_2 \frac{I''}{2\pi r}\cos\alpha$$

得

$$\mu_1(I + I') = \mu_2 I'' \tag{4-7-2}$$

联立解式(4-7-1)和式(4-7-2)，可得

$$I' = \frac{\mu_2 - \mu_1}{\mu_2 + \mu_1} I \tag{4-7-3}$$

$$I'' = \frac{2\mu_1}{\mu_2 + \mu_1} I \tag{4-7-4}$$

在式(4-7-3)和式(4-7-4)中，镜像电流 I'和 I''的参考方向都规定和 I 的参考方向一致。可以看出，I''总是正的，即它的方向总是与 I 的方向一致，而 I'的方向则取决于 μ_1 和 μ_2 的相对大小。

4.7.2 两种特殊磁介质分界面附近线电流的磁场

(1) 设图 4-22(a)中上半空间是空气，磁导率 $\mu_1 = \mu_0$，下半空间为铁磁物质，磁导率 $\mu_2 \to \infty$，载流导体置于空气中，由式(4-7-3)和式(4-7-4)，可得

$$I' = \frac{\mu_2 - \mu_0}{\mu_2 + \mu_0} I \approx I$$

$$I'' = \frac{2\mu_0}{\mu_2 + \mu_0} I \approx 0$$

由于 $I'' \approx 0$，所以铁磁物质中的磁场强度 $\boldsymbol{H}_2 \approx 0$，但磁感应强度 $\boldsymbol{B}_2$ 并不为零。实际上

$$B_2 = \mu_2 H_2 = \mu_2 \frac{I''}{2\pi r} = \mu_2 \left(\frac{2\mu_0}{\mu_2 + \mu_0} I\right) \frac{1}{2\pi r} = \frac{\mu_0 I}{\pi r}$$

(2) 磁介质分布如图 4-23 所示，载流导体置于下半空间的铁磁物质中，即 $\mu_1 \to \infty$，$\mu_2 = \mu_0$。于是

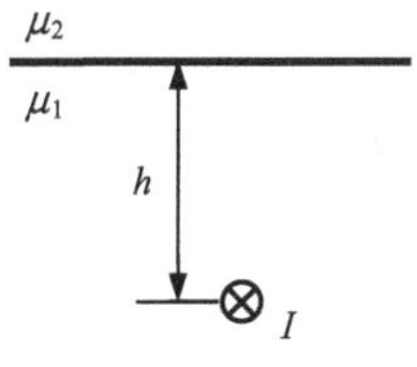

图 4-23 $\mu_1 \gg \mu_2$

$$I' = \frac{\mu_0 - \mu_1}{\mu_0 + \mu_1} I \approx -I$$

$$I'' = \frac{2\mu_1}{\mu_0 + \mu_1} I \approx 2I$$

由于 $I'' \approx 2I$，所以此时空气中的磁场与整个空间都充满空气(即铁磁物质不存在)时相比，增大了一倍。

设铁磁物质的磁导率为 $9\mu_0$，图 4-24 和图 4-25 分别表示上述两种特殊磁介质分界面的磁感应强度线。

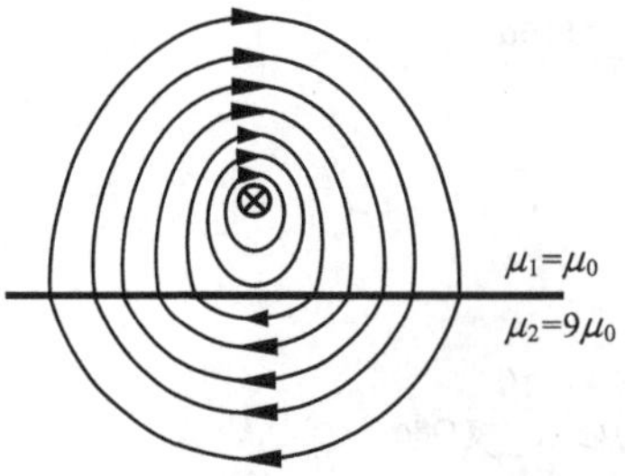

图 4-24　电流位于非磁介质中的磁场分布

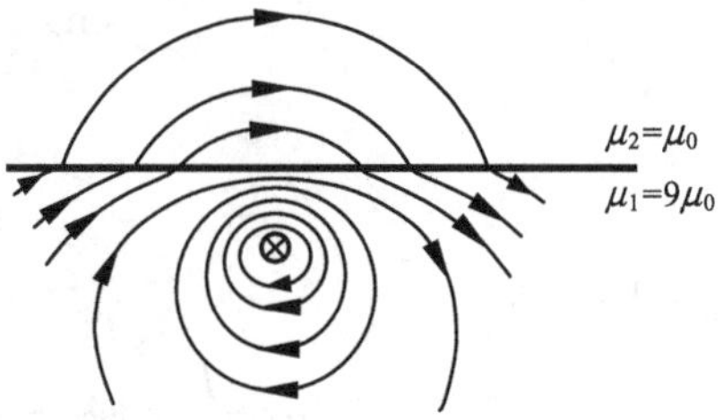

图 4-25　电流位于磁介质中的磁场分布

4.8 电　　感

根据导体回路是否为单个回路而把电感分成自感和互感，它们都是按磁链来定义的。电感的计算在地位上与电容 C 和电导 G 的计算相当，计算步骤也十分相似。但是必须指出，电感的计算要复杂得多，除极简单的问题可应用本节给出的方法计算电感外，一般都需要采用经验公式或用仪器测定。

1. *磁链*

在线性磁介质中，一个载流回路在空间任意点产生的磁感应强度 $\boldsymbol{B}$ 与回路电流成正比，因此，穿过任意形状固定的回路的磁通 Φ 也与电流成正比。如果该回路由 N 匝线圈构成，则回路的总磁通为各匝线圈的磁通之和，将总磁通称为磁链，用 Ψ 表示。于是，磁通和磁链的关系为

$$\Psi=\sum_{k=1}^{N}\Phi_k \tag{4-8-1}$$

显然，磁链的单位也是韦伯，且与回路电流仍然存在正比关系。如果线圈线径很细，且密绕在一起，可认为穿过每匝线圈所界定面积的磁通是相等的，则 $\Psi=N\Phi$。

2. 自感与互感

由电流回路产生，与回路自身相交链的磁链称为自感磁链，用 Ψ_L 表示。自感磁链 Ψ_L 与产生它的电流 I 成正比，比例系数用 L 表示，则有

$$L=\frac{\Psi_L}{I} \tag{4-8-2}$$

称 L 为自感，其单位为亨利(H)。自感是一个只与回路形状、几何尺寸以及周围磁介质和导体材料的磁导率有关，而与电流无关的物理量，它表示处于线性磁介质中的导体回路通有单位电流时，产生与自身相交链的磁链的能力。

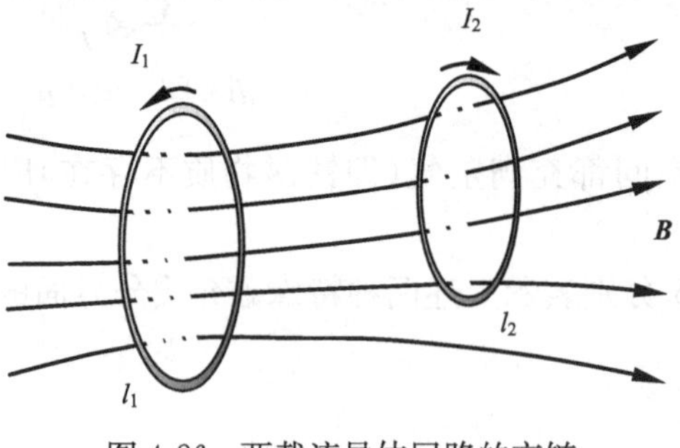

图 4-26　两载流导体回路的交链

当线性磁介质中存在两个或以上形状固定、位置固定的导体回路时，由其中一回路的电流产生的交链另一回路的磁链也与该电流成正比，如图 4-26 所示。当 1 号回路单独通有电流 I_1 时，产生的交链 2 号回路的磁链称为互感磁链，用 Ψ_{21}表示，它与 1 号回路的电流成正比，于是将比例系数称为 1 号回路对 2 号回路的互感，即

$$M_{21}=\frac{\Psi_{21}}{I_1} \tag{4-8-3}$$

同理，当 2 号回路单独通有电流 I_2 时，产生的交链 1 号回路的互感磁链为 Ψ_{12}，则 2 号回路对 1 号回路的互感为

$$M_{12}=\frac{\Psi_{12}}{I_2} \tag{4-8-4}$$

互感反映了一回路通有单位电流时，产生的与另一回路相交链的磁链的能力，它除了与回路形状、几何尺寸、周围磁介质和导体材料的磁导率有关外，还与两回路的相对位置有关，可以证明 $M_{12}=M_{21}$。

3. 内自感和外自感

当导体半径相对回路的几何尺寸不能忽略不计时，由载流导体产生的与自身交链的磁通分为两部分——内磁通和外磁通。图 4-27所示为粗导线载流回路产生的 $\boldsymbol{B}$ 线在一横断面上的分布情况。由穿过导体或位于导体内部的 $\boldsymbol{B}_i$ 线贡献的部分磁通为内磁通 Φ_i，它们仅仅交链部分导体电流，相应的磁链为内磁链 Ψ_i。而由存在于导体之外的 $\boldsymbol{B}_o$ 线所贡献的部分磁通为外磁通 Φ_o，它们与整个导体电流相交链，相应的磁链为外磁链 Ψ_o。于是载流导体回路总的自感磁链为

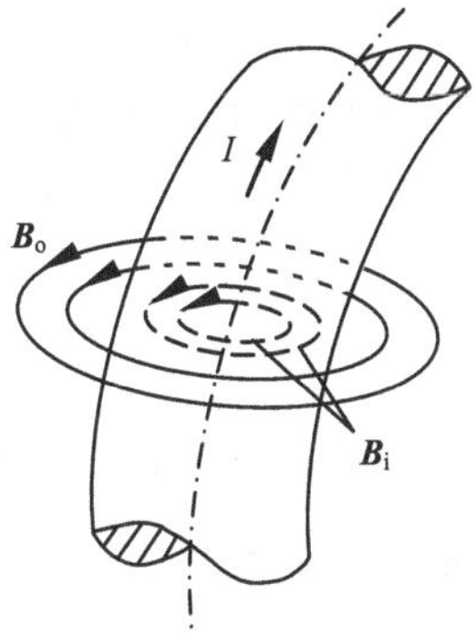

$$\Psi=\Psi_i+\Psi_o \tag{4-8-5}$$

图 4-27　内磁链与外磁链

其自感为

$$L=\frac{\Psi}{I}=\frac{\Psi_i}{I}+\frac{\Psi_o}{I}=L_i+L_o \tag{4-8-6}$$

式中，L_i与 L_o分别称为导体的内自感和外自感。

例 4-13　有一长直同轴电缆，内、外导体半径分别为 R_1、R_2、外导体厚度可忽略，构成电缆的所有材料的磁导率均为 μ_0，如图4-28(a)所示。试求单位长度的自感。

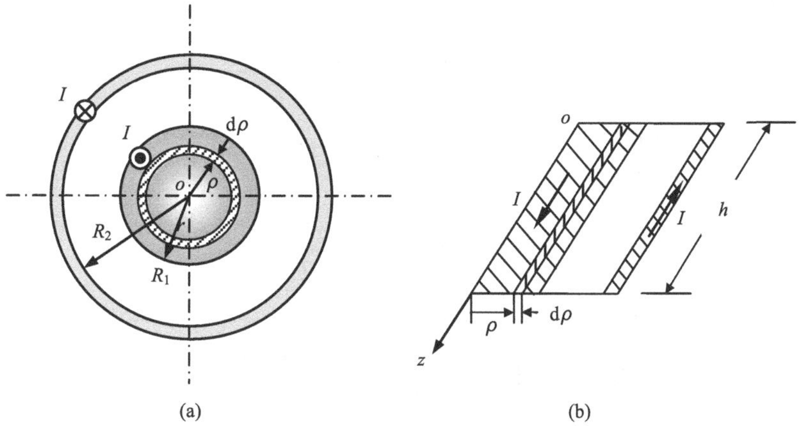

图 4-28　长直同轴电缆的截面

解 设同轴电缆中电流为 I，长度为 l，按图 4-28 中设置的电缆截面，显然其磁场为轴对称平行平面场，建立圆柱坐标系，z 轴与同轴电缆的几何轴线重合，按 $\boldsymbol{B}\to\Psi_i$、$\Psi_o\to L_i$、L_o的思路计算。

(1) 求 $\boldsymbol{B}$(参见例 4-3)。

内导体中电流密度 $\boldsymbol{J}=\dfrac{I}{\pi R_1^2}\boldsymbol{e}_z$，于是

$$0<\rho<R_1 \qquad \boldsymbol{B}=\frac{\mu_0 I\rho}{2\pi R_1^2}\boldsymbol{e}_\phi$$

$$R_1<\rho<R_2 \qquad \boldsymbol{B}=\frac{\mu_0 I}{2\pi\rho}\boldsymbol{e}_\phi$$

$$\rho>R_2 \qquad \boldsymbol{B}=0$$

(2) 求内磁链、内自感。

如图 4-28(b)，在 ρ 处取一长为 h，宽为 $\mathrm{d}\rho$ 的面元 $\mathrm{d}\boldsymbol{S}$，方向与 $\boldsymbol{B}$ 一致，其上的元磁通

$$\mathrm{d}\Phi_i=\boldsymbol{B}\cdot\mathrm{d}\boldsymbol{S}=\frac{\mu_0 I\rho}{2\pi R_1^2}\boldsymbol{e}_\phi\cdot h\,\mathrm{d}\rho\boldsymbol{e}_\phi=\frac{\mu_0 Ih}{2\pi R_1^2}\rho\,\mathrm{d}\rho$$

计算内磁链时应注意到，与 $\mathrm{d}\Phi_i$ 相交链的电流不是整个 I，而只是其中的一部分 $I'\left(=\dfrac{\rho^2}{R_1^2}I\right)$，此时电缆匝数以电流 I 为基数，看做 1 匝，则电流 I'对应的匝数为小于 1 的分匝数，其值为

$$\frac{I'}{I}=\frac{\rho^2}{R_1^2}$$

因此，与 $\mathrm{d}\Phi_i$ 相应的元磁链为

$$\mathrm{d}\Psi_i=\frac{I'}{I}\mathrm{d}\Phi_i=\frac{\rho^2}{R_1^2}\mathrm{d}\Phi_i=\frac{\mu_0 Ih}{2\pi R_1^4}\rho^3\,\mathrm{d}\rho$$

与内导体交链的内磁链

$$\Psi_i=\frac{\mu_0 Il}{2\pi R_1^4}\int_0^{R_1}\rho^3\,\mathrm{d}\rho=\frac{\mu_0 Ih}{8\pi}$$

单位长度的内自感

$$L_i'=\frac{\Psi_i}{Ih}=\frac{\mu_0}{8\pi} \tag{4-8-7}$$

(3) 求外磁链和外自感

内外导体之间的元磁通为

$$\mathrm{d}\Phi_o=\boldsymbol{B}\cdot\mathrm{d}\boldsymbol{S}=\frac{\mu_0 I}{2\pi\rho}h\,\mathrm{d}\rho$$

$\mathrm{d}\Phi_o$ 与整个电流 I 相交链，有 $\mathrm{d}\Psi_o=\mathrm{d}\Phi_o$，于是

$$\Psi_o=\int\mathrm{d}\Phi_o=\frac{\mu_0 Ih}{2\pi\rho}\int_{R_1}^{R_2}\frac{\mathrm{d}\rho}{\rho}=\frac{\mu_0 Ih}{2\pi}\ln\frac{R_2}{R_1}$$

单位长度的外自感

$$L_o'=\frac{\Psi_o}{Ih}=\frac{\mu_0}{2\pi}\ln\frac{R_2}{R_1}$$

因此，同轴电缆单位长度的自感为

$$L' = L'_i + L'_o = \frac{\mu_0}{8\pi} + \frac{\mu_0}{2\pi}\ln\frac{R_2}{R_1}$$

以上计算表明，同轴电缆内导体的内自感是一个与半径无关的常数。这一结果可以推广应用于由实心圆柱形非磁性导体构成的任意线性回路，以估算内自感，此时计算长度可取几何轴线的长度。

例 4-14 在空气中，有半径为 r_0 的两长直圆柱形传输线，如图 4-29 所示，试求传输线单位长度的自感。

解 将二线传输线视为在其两端闭合的一个环形电流回路，设其中的电流为 I，流向如图中所示。设电流均匀分布，计算外磁通时，可认为电流集中在导线几何轴线上，忽略边缘效应($L \gg D, D \gg r_0$)，传输线产生的磁场为平行平面场。

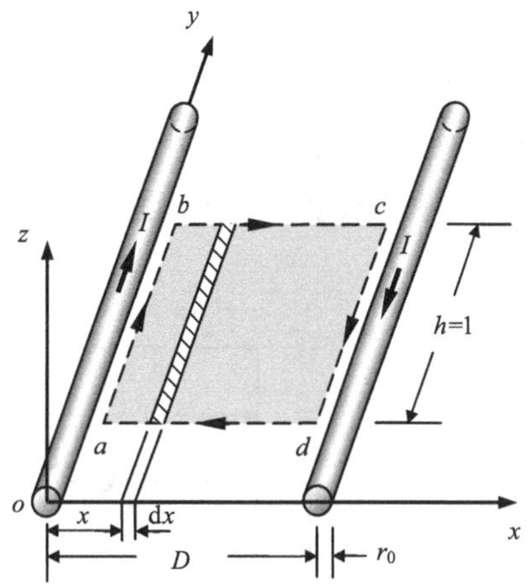

图 4-29 二线传输线的自感

内自感可直接利用例 4-13 的结果，所以只需计算外自感。下面分别通过 $\boldsymbol{B}$ 和 $\boldsymbol{A}$ 两种方法计算外磁链 Ψ_o，再由此求出单位长度外自感 L'_o。

(1) 取长度为 $h=1$ 的矩形回路 l_{abcda}，在回路 l_{abcda} 界定面积上，二线传输线在 x 处产生的 $\boldsymbol{B}$ 为

$$\boldsymbol{B} = \boldsymbol{B}_1 + \boldsymbol{B}_2 = \frac{\mu_0 I}{2\pi x}(-\boldsymbol{e}_z) + \frac{\mu_0 I}{2\pi(D-x)}(-\boldsymbol{e}_z)$$

$$= \frac{\mu_0 I}{2\pi}\left[\frac{1}{x} + \frac{1}{D-x}\right](-\boldsymbol{e}_z)$$

于是，穿过回路 l_{abcda} 界定面积并与电流 I 交链的外磁链为

$$\Psi_o = \Phi_o = \int_S \boldsymbol{B} \cdot d\boldsymbol{S} = \frac{\mu_0 I}{2\pi}\int_{r_0}^{D-r_0}\left(\frac{1}{x} + \frac{1}{D-x}\right)dx$$

$$= \frac{\mu_0 I}{2\pi}\left(\ln\frac{D-r_0}{r_0} - \ln\frac{r_0}{D-r_0}\right) = \frac{\mu_0 I}{\pi}\ln\frac{D-r_0}{r_0}$$

(2) 二线传输线产生的磁矢量位(参见例 4-7)。

$$\boldsymbol{A} = \frac{\mu_0 I}{2\pi}\ln\frac{r_2}{r_1}\boldsymbol{e}_y$$

式中，r_1、r_2 分别表示在 y 为定值的平面上(图 4-29)，正向、负向电流到场点的距离。对于矩形回路 l_{abcda}，在 $x=r_0$ 和 $x=D-r_0$ 的两个边上，$\boldsymbol{A}$ 为定值，方向与回路绕行方向一致，在与 x 轴平行的两个边上，$\boldsymbol{A}$ 与回路绕行方向垂直。因此，l_{abcda} 界定面积内的外磁链

$$\Psi_o = \Phi_o = \oint_l \boldsymbol{A} \cdot d\boldsymbol{l}$$

$$= \frac{\mu_0 I}{2\pi}\left[\int_{ab}\ln\frac{D-r_0}{r_0}dy + \int_{cd}\ln\frac{r_0}{D-r_0}(-dy)\right]$$

$$= \frac{\mu_0 I}{2\pi}\left(\ln\frac{D-r_0}{r_0} + \ln\frac{D-r_0}{r_0}\right) = \frac{\mu_0 I}{\pi}\ln\frac{D-r_0}{r_0}$$

由于 $D \gg r_0$，故二线传输线单位长度的自感为

$$L' = L'_i + L'_o = L'_i + \frac{\Psi_o}{I} = 2 \times \frac{\mu_0}{8\pi} + \frac{\mu_0}{\pi}\ln\frac{D}{r_0}$$

$$= \frac{\mu_0}{4\pi} + \frac{\mu_0}{\pi}\ln\frac{D}{r_0}$$

例 4-15 真空中有一条长直导线，通有电流 I_1，它的右上方是平行放置的两根通信线，通过的电流为 I_2，两个系统相对的位置关系及相关参数如图 4-30(a)所示。求载流导体与通信线之间单位长度的互感，假设通信线横截面尺寸可以忽略。

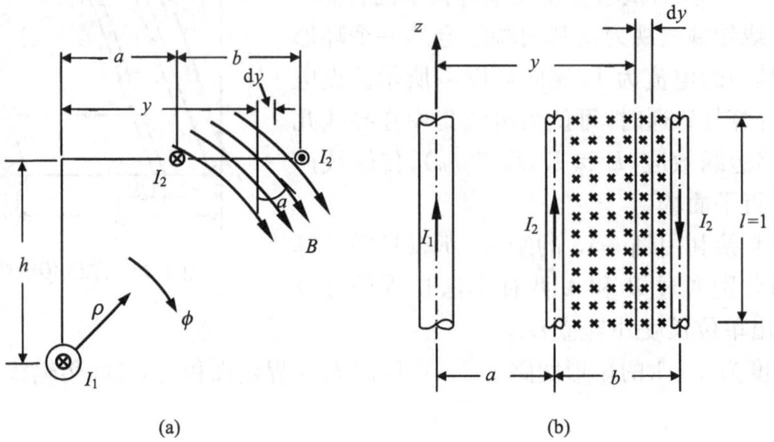

图 4-30　两个载流回路的互感

解 将长直载流导线看做回路的一部分，建立圆柱坐标系，令 z 轴与长直导线的几何轴线重合，正方向与电流 I_1 一致，则磁感应强度为(参见例 4-1)

$$\boldsymbol{B} = \frac{\mu_0 I_1}{2\pi\rho}\boldsymbol{e}_\phi$$

引进变量 y，在通信线构成的回路上取一长度为 $l=1$，宽度为 b 的矩形回路，如图 4-30(b)所示。在该矩形回路上取宽度为 $\mathrm{d}y$ 的面元 $\mathrm{d}\boldsymbol{S}$，穿过 $\mathrm{d}\boldsymbol{S}$ 的互感磁链为

$$\mathrm{d}\Psi_{21} = \boldsymbol{B} \cdot \mathrm{d}\boldsymbol{S} = B\,\mathrm{d}y\cos\alpha = \frac{\mu_0 I_1 y}{2\pi\,(h^2 + y^2)}\mathrm{d}y$$

式中，α 是 $\boldsymbol{B}$ 与 $\mathrm{d}\boldsymbol{S}$ 之间的夹角，于是与矩形回路交链的互感磁链为

$$\Psi_{21} = \int_a^{b+a}\mathrm{d}\Psi_{21} = \int_a^{b+a}\frac{\mu_0 I_1 y}{2\pi\,(h^2 + y^2)}\mathrm{d}y$$

$$\Psi_{21} = \frac{\mu_0 I_1}{4\pi}\ln\frac{h^2 + (a+b)^2}{h^2 + a^2}$$

所以，载流导体与通信线之间单位长度的互感为

$$M = \frac{\Psi_{21}}{I_1} = \frac{\mu_0}{4\pi}\ln\frac{h^2 + (a+b)^2}{h^2 + a^2}$$

4.9　磁场能量与磁场力

恒定磁场对载流导体有作用力，并推动导体做功，表明恒定磁场与静电场一样，是一个能

量系统。储存在磁场中的能量称为磁场能量,它是在磁场建立过程中由外源做功转换而来的。这一节将介绍磁场能量的计算方法、分布特性以及计算磁场力的虚位移法。

4.9.1 恒定磁场中的能量

在线性磁介质中,有一能量系统由 N 个与外源相连的导体回路构成,在建立电流与磁场的过程中,外源做了功。为简化磁场能量的计算过程,作如下几点假设:

(1) 磁场能量只与回路终值电流有关,与建立磁场的中间细节无关;

(2) 各回路是刚性的,且位置固定,没有机械能量损耗;

(3) 电流和磁场的建立过程十分缓慢,没有电磁能量辐射、涡流等其他损耗。

因此,外源提供的能量将全部转换成磁场能量。

根据假设(1),可认为磁场在刚开始建立时,各回路电流初始值为零,以后便以同一比例因子 m 增长,最后同时达到终值 $I_k(k=1,2,\cdots,N)$,此时各回路交链的磁链终值为 Ψ_k。假设在磁场建立过程中的某一中间时刻,回路 k 的电流和磁链可表示成

$$i_k=mI_k,\quad \psi_k=m\Psi_k\quad (k=1,2,\cdots,N)$$

式中,比例因子 m 是时间 t 的函数,在磁场建立的初始时刻 $m=0$,建成后 $m=1$,因此 m 的变化范围是 0~1。

当时间有微增量 $\mathrm{d}t$ 时,回路 k 的电流和磁链有相应的微增量

$$\mathrm{d}i_k=\mathrm{d}(mI_k)=I_k\mathrm{d}m$$

$$\mathrm{d}\psi_k=\mathrm{d}(m\Psi_k)=\Psi_k\mathrm{d}m$$

磁链的变化会在回路中激起感应电动势,即

$$\varepsilon_k=-\frac{\mathrm{d}\psi_k}{\mathrm{d}t}=-\Psi_k\frac{\mathrm{d}m}{\mathrm{d}t}$$

感应电动势 ε_k 企图阻止电流或磁链的变化。为了使回路电流能继续增加,外源应提供给回路一个与 ε_k 等值反号的电动势 ε'_k,以抵消 ε_k 的作用,所以有

$$\varepsilon'_k=\frac{\mathrm{d}\psi_k}{\mathrm{d}t}=\Psi_k\frac{\mathrm{d}m}{\mathrm{d}t}$$

ε'_k 在 $\mathrm{d}t$ 时刻内,移动元电荷 $\mathrm{d}q_k(=i_k\mathrm{d}t=mI_k\mathrm{d}t)$ 从回路 k 的电源负极到正极做了元功

$$\mathrm{d}A_k=e'_k\mathrm{d}q_k=\Psi_k\frac{\mathrm{d}m}{\mathrm{d}t}\cdot mI_k\mathrm{d}t=\Psi_kI_km\mathrm{d}m$$

因此,在 $\mathrm{d}t$ 时刻内,N 个电源克服感应电动势所做的元功之和为

$$\mathrm{d}A=\sum_{k=1}^{N}\mathrm{d}A_k=\sum_{k=1}^{N}\Psi_kI_km\mathrm{d}m$$

根据前面的假设,不考虑其他能量损失,由能量守恒与转换定律可知,外源所做的功应全部转换为系统的磁场能量增量,即

$$\mathrm{d}W_{\mathrm{m}}=\mathrm{d}A=\sum_{k=1}^{N}\Psi_kI_km\mathrm{d}m$$

所以在建立磁场的过程中,系统从外源那里获得的总能量为

$$W_{\mathrm{m}}=\int\mathrm{d}W_{\mathrm{m}}=\sum_{k=1}^{N}\Psi_kI_k\int_0^1m\mathrm{d}m=\frac{1}{2}\sum_{k=1}^{N}\Psi_kI_k \tag{4-9-1}$$

上式称为 N 个载流导体回路系统的磁场能量。由于磁链与电流呈线性关系，回路 k 所交链的磁链 Ψ_k 与各回路电流终值的关系如下

$$\Psi_k = M_{k1}I_1 + M_{k2}I_2 + \cdots + L_{kk}I_k + \cdots + M_{kN}I_N \tag{4-9-2}$$

将式(4-9-2)代入式(4-9-1)，同时注意到两回路互感相等，于是式(4-9-1)可写成

$$W_m = \frac{1}{2}\sum_{k=1}^{N} L_k I_k^2 + \sum_{i=1}^{N-1}\sum_{j=i+1}^{N} M_{ij} I_i I_j \tag{4-9-3}$$

式中，带自感 L_k 的项称为回路 k 的自有能；带互感 M_{ij} $(i \neq j)$ 的项称为回路 i 和 j 之间的相互作用能。自有能恒为正，相互作用能可正可负，当两个回路电流产生的磁场相互加强时为正，相互削弱时为负。由于自有能远大于相互作用能，所以始终有 $W_m > 0$。

特例 对于单个导体回路，此时磁场能量只有自有能，由式(4-9-3)可得

$$W_m = \frac{1}{2}LI^2$$

由此可见，我们也可以通过磁场能量来求电感。

如果回路都是单匝线形的，可将式(4-9-1)的磁链 Ψ_k 用矢量磁位的环路积分表示

$$\Psi_k = \oint_{l_k} \boldsymbol{A} \cdot \mathrm{d}\boldsymbol{l}_k$$

则式(4-9-1)为

$$W_m = \frac{1}{2}\sum_{k=1}^{N}\oint_{l_k} I_k \boldsymbol{A} \cdot \mathrm{d}\boldsymbol{l}_k \tag{4-9-4}$$

对于更一般的情况，电流可以不限制在线形导体内，而是分布在导电介质中。由于 $I\mathrm{d}\boldsymbol{l}'$ 与 $\boldsymbol{J}\mathrm{d}V'$、$\boldsymbol{K}\mathrm{d}S'$ 等价，在式(4-9-4)中，令 $N \to \infty$，和式便转化成积分，于是可得体、面电流分布的磁场能量为

$$W_m = \frac{1}{2}\int_{V'} \boldsymbol{A} \cdot \boldsymbol{J}\mathrm{d}V' \tag{4-9-5}$$

$$W_m = \frac{1}{2}\int_{S'} \boldsymbol{A} \cdot \boldsymbol{K}\mathrm{d}S' \tag{4-9-6}$$

4.9.2 磁场能量的分布特性

从磁场能量的几个计算公式看，均与电流有关，然而磁场能量并不仅存在于电流回路中，而是分布于磁场所在的整个空间。为了表明这一点，下面讨论磁场能量的分布特性。

将式(4-9-5)的积分范围扩展为整个空间，即

$$W_m = \frac{1}{2}\int_{V} \boldsymbol{A} \cdot \boldsymbol{J}\mathrm{d}V \tag{4-9-7}$$

由被积函数可知，积分有效区仍只是源区，因此式(4-9-5)与式(4-9-7)是等价的。

将安培环路定律 $\boldsymbol{J} = \nabla \times \boldsymbol{H}$ 代入式(4-9-7)，再根据如下矢量恒等式

$$\boldsymbol{A} \cdot (\nabla \times \boldsymbol{H}) = \nabla \cdot (\boldsymbol{H} \times \boldsymbol{A}) + \boldsymbol{H} \cdot (\nabla \times \boldsymbol{A})$$

所以有

$$W_m = \frac{1}{2}\int_{V} \nabla \cdot (\boldsymbol{H} \times \boldsymbol{A})\,\mathrm{d}V + \frac{1}{2}\int_{V} \boldsymbol{H} \cdot \boldsymbol{B}\mathrm{d}V$$

上式右边第 2 项利用了 $\boldsymbol{B}=\nabla\times\boldsymbol{A}$。对上式右边第 1 项应用高斯散度定律，即

$$W_{\mathrm{m}}=\frac{1}{2}\oint_S(\boldsymbol{H}\times\boldsymbol{A})\cdot\mathrm{d}\boldsymbol{S}+\frac{1}{2}\int_V\boldsymbol{H}\cdot\boldsymbol{B}\mathrm{d}V$$

式中，S 是包含整个空间的闭合曲面，可看做一个无限大球面。因为电流仅分布在该球面内一个有限区域，由于 $H\propto\frac{1}{r^2}$，$A\propto\frac{1}{r}$，而 $S\propto r^2$，当 $r\to\infty$时，第 1 项面积分趋于零。最后得

$$W_{\mathrm{m}}=\frac{1}{2}\int_V\boldsymbol{H}\cdot\boldsymbol{B}\mathrm{d}V \tag{4-9-8}$$

上式积分遍及整个场域空间，凡是磁场不为零的地方对磁场能量的计算就有贡献，表明磁场能量分布于磁场存在的空间中。将式(4-9-8)中的被积函数记为

$$w_{\mathrm{m}}=\frac{1}{2}\boldsymbol{H}\cdot\boldsymbol{B} \tag{4-9-9}$$

式中，w_{m} 为磁场能量体密度，表示单位体积中储存的磁场能量，单位为焦耳/米^3($\mathrm{J/m^3}$)。磁能体密度 w_{m} 是空间坐标的函数，描述了磁场能量的分布特性。

在各向同性线性磁介质中，将构成方程代入式(4-9-9)，有

$$w_{\mathrm{m}}=\frac{1}{2}\mu H^2=\frac{1}{2\mu}B^2$$

4.9.3 空气中磁场能量密度与电场能量密度的对比

在不引起空气击穿的前提下，空气中能够保持的最大电场强度大约是 $E_{\max}=3.3\times10^6\,\mathrm{V/m}$，因此空气中电场能量密度最大值约为

$$w_{\mathrm{e}}=\frac{1}{2}\varepsilon_0E_{\max}^2\approx48\quad(\mathrm{J/m^3})$$

对于磁场，在空气中产生 $B=1\mathrm{T}$ 的磁场很容易，此时的磁场能量密度为

$$w_{\mathrm{m}}=\frac{1}{2\mu_0}B^2\approx4\times10^5\quad(\mathrm{J/m^3})$$

可见，在空气中获得大的磁场能量密度要比获得大的电场能量密度容易得多。正因为这样，绝大多数电能与机械能转换装置都是利用磁场来进行转换的。例如，汽轮发电机、水轮发电机是把机械能通过磁场转换成电能①，而电动机、电磁炮则是把电能通过磁场转换成机械能。

例 4-16 长度为 L 的同轴电缆，截面尺寸、磁介质特性和载流情况如图 4-31 所示，试求同轴电缆单位长度的磁场能量 W'_{m}和自感 L'。

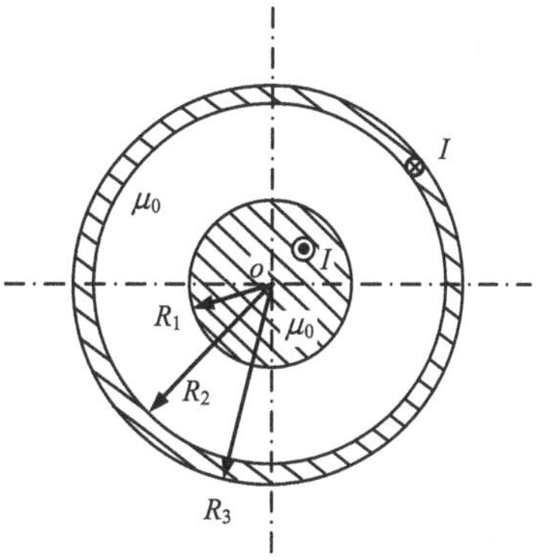

图 4-31 同轴电缆的磁场

解 同轴电缆长度 $L\gg R_3$，可忽略边沿效应，视其磁场为轴对称平行平面场，建立圆柱坐标，z 轴与同轴电缆几何轴线重合，且正方向与内导体电流方向一致，有 $\boldsymbol{B}=$

① 这里的“电能”是指以 kW·h 表示的供电能量。

$\boldsymbol{B}(\rho)\boldsymbol{e}_\phi$。

取圆心在坐标原点，半径为ρ的圆周l（即$\boldsymbol{B}$线）为积分回路，设I'为穿过l所界定面积的电流，由安培环路定律$\oint_l \boldsymbol{H}\cdot \mathrm{d}\boldsymbol{l}=I'$得

$$\boldsymbol{H}=\frac{I'}{2\pi\rho}\boldsymbol{e}_\phi$$

$\rho<R_1$

$$\boldsymbol{H}_1=\frac{1}{2\pi\rho}\cdot\frac{\pi\rho^2}{\pi R_1^2}I\boldsymbol{e}_\phi=\frac{I\rho}{2\pi R_1^2}\boldsymbol{e}_\phi$$

$$w_{\mathrm{m1}}=\frac{1}{2}\mu_0 H_1^2=\frac{\mu_0 I^2\rho^2}{8\pi^2 R_1^4}$$

内导体单位长度的磁场能量

$$W'_{\mathrm{m1}}=\int_V w_{\mathrm{m1}}\mathrm{d}V=\int_0^{R_1}\frac{\mu_0 I^2\rho^2}{8\pi^2 R_1^4}2\pi\rho\mathrm{d}\rho=\frac{\mu_0 I^2}{16\pi}$$

可见内导体储存的磁场能量与半径无关。

$R_1<\rho<R_2$

$$\boldsymbol{H}_2=\frac{I}{2\pi\rho}\boldsymbol{e}_\phi$$

$$w_{\mathrm{m2}}=\frac{1}{2}\mu_0 H_2^2=\frac{\mu_0 I^2}{8\pi^2\rho^2}$$

磁介质中单位长度的磁场能量

$$W'_{\mathrm{m2}}=\int_V w_{\mathrm{m2}}\mathrm{d}V=\int_{R_1}^{R_2}\frac{\mu_0 I^2}{8\pi^2\rho^2}2\pi\rho\mathrm{d}\rho=\frac{\mu_0 I^2}{4\pi}\ln\frac{R_2}{R_1}$$

$R_2<\rho<R_3$

$$\boldsymbol{H}_3=\frac{I}{2\pi\rho}\left[1-\frac{\pi(\rho^2-R_2^2)}{\pi(R_3^2-R_2^2)}\right]\boldsymbol{e}_\phi=\frac{I(R_3^2-\rho^2)}{2\pi\rho(R_3^2-R_2^2)}\boldsymbol{e}_\phi$$

$$w_{\mathrm{m3}}=\frac{1}{2}\mu_0 H_3^2=\frac{\mu_0 I^2(R_3^2-\rho^2)^2}{8\pi^2(R_3^2-R_2^2)^2\rho^2}$$

外导体单位长度的磁场能量

$$W'_{\mathrm{m3}}=\int_V w_{\mathrm{m3}}\mathrm{d}V=\int_{R_2}^{R_3}\frac{\mu_0 I^2(R_3^2-\rho^2)^2}{8\pi^2(R_3^2-R_2^2)^2\rho^2}2\pi\rho\mathrm{d}\rho$$

$$=\frac{\mu_0 I^2}{4\pi(R_3^2-R_2^2)^2}\left[R_3^4\ln\frac{R_3}{R_2}-R_3^2(R_3^2-R_2^2)+\frac{1}{4}(R_3^4-R_2^4)\right]$$

$R_3>\rho$

$$\boldsymbol{H}_4=0$$

在同轴电缆外部，因磁场为零，故无磁场能量分布。于是，同轴电缆单位长度的磁场能量为

$$W'_{\mathrm{m}}=W'_{\mathrm{m1}}+W'_{\mathrm{m2}}+W'_{\mathrm{m3}}$$

$$=\frac{\mu_0 I^2}{16\pi}+\frac{\mu_0 I^2}{4\pi}\ln\frac{R_2}{R_1}+\frac{\mu_0 I^2}{4\pi(R_3^2-R_2^2)}\left[R_3^4\ln\frac{R_3}{R_2}-R_3^2(R_3^2-R_2^2)+\frac{R_3^4-R_2^4}{4}\right]$$

同轴电缆单位长度的自感为

$$L' = \frac{2W'_{\mathrm{m}}}{I^2} = \frac{\mu_0}{8\pi} + \frac{\mu_0}{2\pi}\ln\frac{R_2}{R_1} + \frac{\mu_0}{4\pi(R_3^2 - R_2^2)^2}\left[R_3^4 \ln\frac{R_3}{R_2} - R_3^2(R_3^2 - R_2^2) + \frac{R_3^4 - R_2^4}{4}\right]$$

将这一结果与例 4-13 计算的电感相比较,可以分析内自感和外自感。

4.9.4 计算磁场力的虚位移法

载流导体在磁场中受到的作用力称为安培力或磁场力。根据式(4-1-6)磁场对元电流段的作用力,当电流作线、面或体分布时,可按下面的公式计算导体所受的磁场力。

$$\left.\begin{aligned} \boldsymbol{F} &= \int_{l'} I\,\mathrm{d}\boldsymbol{l}' \times \boldsymbol{B} \\ \boldsymbol{F} &= \int_{S'} (\boldsymbol{K} \times \boldsymbol{B})\,\mathrm{d}S' \\ \boldsymbol{F} &= \int_{V'} (\boldsymbol{J} \times \boldsymbol{B})\,\mathrm{d}V' \end{aligned}\right\} \tag{4-9-10}$$

其中,$\boldsymbol{B}$ 由除受力导体之外的其他场源电流所产生。

然而,除了十分特殊的情况外,磁场力的矢量积分通常是困难的。如能像静电场中的一样,应用虚位移法求解磁场力,则在很多问题中都能简化计算。

与静电场中的虚位移法类似,设 N 个载流回路构成的系统,各回路与外源相连,其电流分别为 $I_1, I_2, \cdots, I_N$。假设在磁场力的作用下,在 $\mathrm{d}t$ 时间内系统中仅有一个载流回路,且仅在一个广义坐标 g 的方向上发生了微小的位移 $\mathrm{d}g$,使得整个系统的磁场能量发生了变化,其功能平衡方程可表示为

$$\mathrm{d}W = \mathrm{d}W_{\mathrm{m}} + f\,\mathrm{d}g \tag{4-9-11}$$

式中,$\mathrm{d}W$ 是外源提供的能量;$\mathrm{d}W_{\mathrm{m}}$ 是磁场能量的增量;$f\,\mathrm{d}g$ 是磁场力所作的机械功。下面分析两种情况。

1. 系统中各回路电流 I_k 不变

由于系统功能发生变化,在电流不变的假设下,由式(4-9-1)可知,必然磁链会发生变化,此时磁场能量的增量为

$$\mathrm{d}W_{\mathrm{m}} = \frac{1}{2}\sum_{k=1}^{N} I_k\,\mathrm{d}\Psi_k$$

磁链变化会在回路中产生感应电动势 ε_k,其作用是企图改变回路电流 I_k。为了维持 I_k 不变,外源应提供一个电动势 $\varepsilon'_k = -\varepsilon_k$,于是外源在 $\mathrm{d}t$ 时刻移动元电荷 $\mathrm{d}q$ 从负极到正极所做的功为

$$\mathrm{d}W = \sum_{k=1}^{N} \varepsilon'_k\,\mathrm{d}q = \sum_{k=1}^{N} \frac{\mathrm{d}\Psi_k}{\mathrm{d}t} I_k\,\mathrm{d}t = \sum_{k=1}^{n} I_k\,\mathrm{d}\Psi_k = 2\mathrm{d}W_{\mathrm{m}}$$

由此可见,外源提供的能量一半用来增加系统的磁能,另一半则提供给磁场力做机械功。将 $\mathrm{d}W = 2\mathrm{d}W_{\mathrm{m}}$ 代入式(4-9-11),可得

$$f = \left.\frac{\mathrm{d}W_{\mathrm{m}}}{\mathrm{d}g}\right|_{I_k=\text{常量}} = \left.\frac{\partial W_{\mathrm{m}}}{\partial g}\right|_{I_k=\text{常量}} \tag{4-9-12}$$

2. 系统中各回路的磁链 Ψ_k 不变

因 $\mathrm{d}\Psi_k = 0$,各回路的感应电动势 ε_k 必为零,此时外源提供的电动势 $\varepsilon'_k = -\varepsilon_k = 0$,所以,外源提供的能量 $\mathrm{d}W = 0$。根据功能平衡关系式(4-9-11)有 $\mathrm{d}W_{\mathrm{m}} + f\,\mathrm{d}g = 0$,则

$$f=-\frac{dW_m}{dg}\bigg|_{\Psi_k=\text{常量}}=-\frac{\partial W_m}{\partial g}\bigg|_{\Psi_k=\text{常量}} \tag{4-9-13}$$

式(4-9-13)表明,磁场力做功是靠系统内磁场能量的减少来完成的。

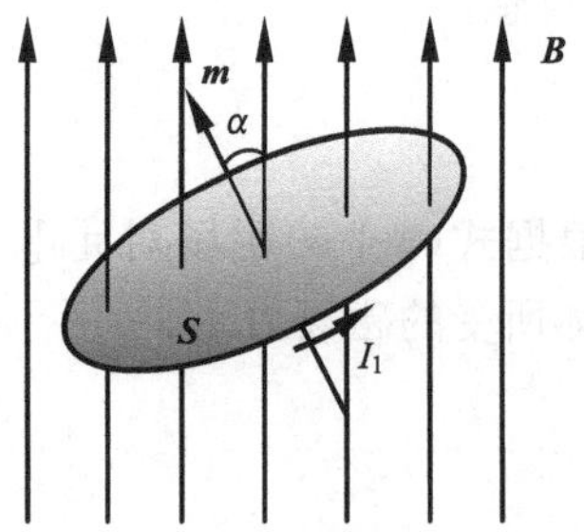

图 4-32　外磁场中的载流平面线圈

上述两个计算磁场力的公式虽然前提条件不同,但计算的结果应该是相同的。这是因为实际上载流回路并没有移动,磁场力也没有做功。此外,在实际问题中,有时只需要求系统中的相互作用力,这时,只要写出该系统的相互作用能的表达式,然后按式(4-9-12)或式(4-9-13)求解即可。

例 4-17　求图 4-32 中所示载流平面单匝线圈在均匀磁场中受到的力矩。设线圈中的电流为 I_1,线圈的面积为 S,其法线正方向与外磁场 $\boldsymbol{B}$ 的夹角为 α。

解　将均匀磁场 $\boldsymbol{B}$ 看成是由另一通有电流 I_2 的回路所产生(如长直螺线管),于是由两个回路构成的系统的磁场能量为

$$W_m=\frac{1}{2}L_1I_1{}^2+\frac{1}{2}L_2I_2^2+MI_1I_2=W_{m自}+W_{m互}$$

设导体回路是刚性的,即 L_1、L_2 不变,且 I_1、I_2 保持不变,因此 $W_{m自}$ 不变。当载流线圈在磁场力的作用下发生微小偏转时,将导致两线圈互感 M 发生变化,此时该系统的相互作用能 $W_{m互}$ 发生改变。因为相互作用能为

$$W_{m互}=I_1(MI_2)=I_1\Psi_{12}=I_1\Phi_{12}=I_1SB\cos\alpha$$

其中,广义坐标为 α,相应的广义力为力矩,于是可得线圈受的广义力为

$$T=\frac{\partial W_m}{\partial g}\bigg|_{I_k=\text{常量}}=\frac{\partial W_{m互}}{\partial \alpha}\bigg|_{I_k=\text{常量}}=-I_1SB\sin\alpha=-mB\sin\alpha$$

式中,m 为载流线圈磁矩 $\boldsymbol{m}=I\boldsymbol{S}$ 的模;“−”号表明广义力 T 企图使广义坐标 α 减小。由此可知力矩 T 的作用将使载流回路包围尽可能多的磁通,当 $\alpha=0$ 时,$T=0$,此时载流线圈处于平衡位置,穿过的磁通最大。

在规定力矩的方向与回路转动的方向符合右手螺旋关系的前提下,力矩的矢量表达式为

$$\boldsymbol{T}=\boldsymbol{m}\times\boldsymbol{B}$$

此例可以分析磁偶极子在外磁场中受到的转矩。

例 4-18　求图 4-33 所示边长为 $b\times b$ 的正方形载流线框所受的磁场力。

解　将长直载流细导线视为一个载流回路,它在无限远点闭合成为 l_1。实际上本题也是求两回路的相互作用力,因为系统的相互作用能为

$$W_{m互}=MI_1I_2=I_2(MI_1)=I_2\Psi_{21}$$

式中,Ψ_{21} 为 I_1产生的与线框交链的互感磁链,即

$$\Psi_{21}=\Phi_{21}=\int_S\boldsymbol{B}\cdot d\boldsymbol{S}$$

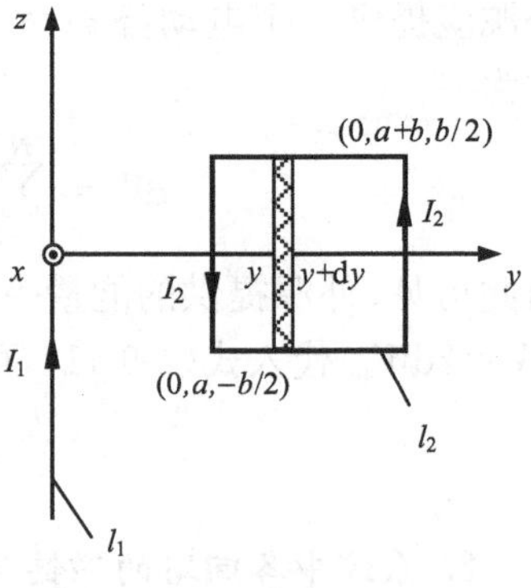

图 4-33　正方形载流回路所受磁场力

上式中的磁感应强度 $\boldsymbol{B}$ 由安培环路定律得

$$\boldsymbol{B}=\frac{\mu_0 I_1}{2\pi y}(-\boldsymbol{e}_x)$$

面元矢量 $\mathrm{d}\boldsymbol{S}$ 的大小为 $b\mathrm{d}y$，方向与回路电流 I_2 产生的磁感应强度方向一致，如图 4-33 阴影部分所示，有

$$\mathrm{d}\boldsymbol{S}=b\mathrm{d}y\boldsymbol{e}_x$$

所以

$$\Psi_{21}=\int_a^{a+b}-\frac{\mu_0 I_1}{2\pi y}\cdot b\mathrm{d}y=-\frac{\mu_0 I_1 b}{2\pi}\ln\frac{a+b}{a}$$

$$W_{\text{m互}}=I_2\Psi_{21}=-\frac{\mu_0 I_1 I_2 b}{2\pi}\ln\frac{a+b}{a}$$

相互作用能为负，表明电流 I_1 和 I_2 产生的与线框交链的磁链是相互削弱的。载流线框受的磁场力为

$$f=\left.\frac{\partial W_{\text{m互}}}{\partial g}\right|_{I_k=\text{常量}}=-\frac{\mu_0 b I_1 I_2}{2\pi}\frac{\partial}{\partial a}\ln\frac{a+b}{a}=\frac{\mu_0 I_1 I_2 b^2}{2\pi a(a+b)}$$

$f>0$ 说明线框受到的磁场力有使 a 增大的趋势，因此该磁场力的方向沿 y 轴的正方向，即

$$\boldsymbol{f}=\frac{\mu_0 I_1 I_2 b^2}{2\pi a(a+b)}\boldsymbol{e}_y$$

小　　结

1）安倍力定律是恒定磁场的基本实验定律，真空中两个载流线圈之间的安培力为

$$\boldsymbol{f}=\frac{\mu_0}{4\pi}\oint_l\oint_{l'}\frac{I\mathrm{d}\boldsymbol{l}\times(I'\mathrm{d}\boldsymbol{l}'\times\boldsymbol{e}_R)}{R^2}$$

式中，真空中的磁导率 $\mu_0=4\pi\times10^{-7}\,\mathrm{H/m}$。

2）描述磁场特性的基本物理量是磁感应强度，由安培力定律可以推导出由不同电流分布所产生的磁感应强度的场源关系式，即毕奥-萨伐尔定律

$$\boldsymbol{B}(\boldsymbol{r})=\frac{\mu_0}{4\pi}\oint_{l'}\frac{I\mathrm{d}\boldsymbol{l}'\times\boldsymbol{e}_R}{R^2}$$

$$\boldsymbol{B}(\boldsymbol{r})=\frac{\mu_0}{4\pi}\int_{S'}\frac{\boldsymbol{K}\times\boldsymbol{e}_R}{R^2}\mathrm{d}S'$$

$$\boldsymbol{B}(\boldsymbol{r})=\frac{\mu_0}{4\pi}\int_{V'}\frac{\boldsymbol{J}\times\boldsymbol{e}_R}{R^2}\mathrm{d}V'$$

3）磁介质的磁化程度，可以用磁化强度 $\boldsymbol{M}$ 来表示

$$\boldsymbol{M}=\lim_{\Delta V\to 0}\frac{\sum\boldsymbol{m}_i}{\Delta V}$$

4）磁化介质对磁场的作用，用磁化电流产生的附加磁场来等效描述，磁化电流的体密度和面密度分别是

$$\boldsymbol{J}_{\mathrm{m}}=\nabla\times\boldsymbol{M},\quad \boldsymbol{K}_{\mathrm{m}}=\boldsymbol{M}\times\boldsymbol{e}_n$$

5）恒定磁场是有旋无散场，磁通连续性原理表明磁场无通量源，$\boldsymbol{B}$ 线是无头无尾的闭合矢量线，且与电流线相交链。磁通连续性原理的积分形式和微分形式分别为

$$\oint_S\boldsymbol{B}\cdot\mathrm{d}\boldsymbol{S}=0,\quad \nabla\cdot\boldsymbol{B}=0$$

6）安培环路定律表征恒定磁场的有旋性，说明磁场是非保守场。在真空中，安培环路定理的积分形式和

微分形式分别为

$$\oint_l \boldsymbol{B}\cdot d\boldsymbol{l}=\mu_0\sum_{k=1}^{n}I_k,\quad \nabla\times\boldsymbol{B}=\mu_0\boldsymbol{J}$$

安培环路定律一般形式的积分形式和微分形式分别为

$$\oint_l \boldsymbol{H}\cdot d\boldsymbol{l}=\sum_{k=1}^{n}I_k,\quad \nabla\times\boldsymbol{H}=\boldsymbol{J}$$

磁通连续性原理和安培环路定律构成了恒定磁场的基本方程。

7）联系 $\boldsymbol{B}$、$\boldsymbol{H}$ 的介质构成方程为

$$\boldsymbol{H}=\frac{\boldsymbol{B}}{\mu_0}-\boldsymbol{M}$$

在各向同性、线性磁介质中，构成方程为

$$\boldsymbol{B}=\mu\boldsymbol{H}$$

8）在两种不同磁介质分界面上的衔接条件为

$$\boldsymbol{e}_n\cdot(\boldsymbol{B}_2-\boldsymbol{B}_1)=0,\quad \boldsymbol{e}_n\times(\boldsymbol{H}_2-\boldsymbol{H}_1)=\boldsymbol{K}$$

9）由$\nabla\cdot\boldsymbol{B}=0$，引入矢量磁位

$$\nabla\times\boldsymbol{A}=\boldsymbol{B}$$

在恒定磁场中，有$\nabla\cdot\boldsymbol{A}=0$，称为库仑规范。根据毕奥-萨伐尔定律，可导出矢量磁位的场源关系式

$$\boldsymbol{A}=\frac{\mu_0}{4\pi}\int_{V'}\frac{\boldsymbol{J}dV'}{R}+\boldsymbol{C}$$

$$\boldsymbol{A}=\frac{\mu_0}{4\pi}\int_{S'}\frac{\boldsymbol{K}dS'}{R}+\boldsymbol{C}$$

$$\boldsymbol{A}=\frac{\mu_0}{4\pi}\int_{l'}\frac{I d\boldsymbol{l}'}{R}+\boldsymbol{C}$$

式中，常矢量 $\boldsymbol{C}$ 由矢量磁位的参考点确定。矢量磁位在源区满足泊松方程$\nabla^2\boldsymbol{A}=-\mu\boldsymbol{J}$，在无源区满足拉氏方程$\nabla^2\boldsymbol{A}=0$。

10）在无电流区域，可以定义标量磁位 φ_m，使

$$\boldsymbol{H}=-\nabla\varphi_m$$

标量磁位满足拉普拉斯方程$\nabla^2\varphi_m=0$。

11）电感分为自感和互感，它们分别由磁链定义，即

$$L=\frac{\Psi_L}{I},\quad M_{21}=\frac{\Psi_{21}}{I_1}$$

12）在线性磁介质中，电流回路系统的磁场能量为

$$W_m=\frac{1}{2}\sum_{k=1}^{n}I_k\Psi_k$$

对于连续的分布电流，系统的磁场能量又可以写成

$$W_m=\frac{1}{2}\int_V \boldsymbol{H}\cdot\boldsymbol{B}dV$$

式中，被积函数

$$w_m=\frac{1}{2}\boldsymbol{H}\cdot\boldsymbol{B}$$

为磁场能量的体密度，表征磁场能量的分布特性。

13）虚位移法计算磁场力的两个公式

$$f=\frac{\partial W_m}{\partial g}\bigg|_{I_k=\text{常量}},\quad f=-\frac{\partial W_m}{\partial g}\bigg|_{\Psi_k=\text{常量}}$$

习　题

4-1　设两条半无限长直导线各通以电流 I，垂直交于 o 点，若竖直导线电流的流向为 y 轴正方向，水平导线电流的流向为 x 轴正方向，如题 4-1 图所示。在两导线所在 xoy 平面内，以 o 点为圆心作半径为 R 的圆。求圆周上 A、B、C、D、E、F 各点的磁感应强度。

4-2　xoy 平面上有一正 n 边形导线回路。回路的中心在原点，n 边形顶点到原点的距离为 R，导线中电流为 I。

（1）求此载流回路在原点产生的磁感应强度；

（2）证明当 n 趋近于无穷大时，所得磁感应强度与半径为 R 的圆形载流导线回路产生的磁感应强度相同；

（3）计算 $n=3$ 时原点的磁感应强度。

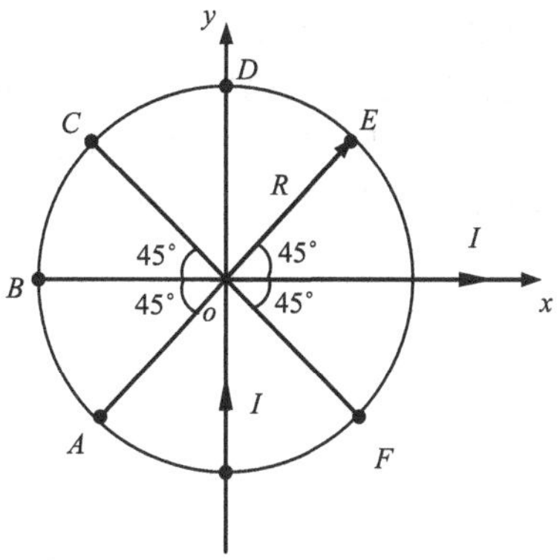

题 4-1 图

4-3　在自由空间中，下列矢量函数哪些可能是磁感应强度？哪些不是？回答并说明理由。

（1）$Ar\boldsymbol{e}_r$（球坐标系）；

（2）$A(x\boldsymbol{e}_y+y\boldsymbol{e}_x)$；

（3）$A(x\boldsymbol{e}_x-y\boldsymbol{e}_y)$；

（4）$Ar\boldsymbol{e}_\phi$（球坐标系）；

（5）$A\rho\boldsymbol{e}_\phi$（圆柱坐标系）。

4-4　相距为 d 的平行无限大平面电流，两平面分别在 $z=-d/2$ 和 $z=d/2$ 平行于 xoy 平面。相应的面电流密度分别为 $K\boldsymbol{e}_x$ 和 $K\boldsymbol{e}_y$，求由两无限大平面分割出的三个空间区域的磁感应强度。

4-5　求厚度为 d，中心在原点，沿 yoz 平面平行放置，体电流密度为 $J_0\boldsymbol{e}_z$ 的无穷大导电板产生的磁感应强度。

4-6　半径为 R 的小球壳表面上有沿 ϕ 方向流动的均匀面电流，其密度为 $\boldsymbol{K}$。试利用例 4-2 的结果，导出轴线上磁感应强度 $\boldsymbol{B}$ 的积分式。

4-7　设矢量磁位的参考点为无穷远处，计算半径为 R 的圆形导线回路通以电流 I 时，在其轴线上产生的矢量磁位。

4-8　半径为 a 的无限长圆柱，表面载有密度为 $K_0\boldsymbol{e}_\phi$ 的面电流。试通过矢量磁位求出磁感应强度，要求矢量磁位由微分方程求解。

4-9　如题 4-9 图所示，两无限长平行圆柱面之间均匀分布着密度为 $\boldsymbol{J}=J\boldsymbol{e}_z$ 的体电流。求小圆柱面内空洞中的磁感应强度。

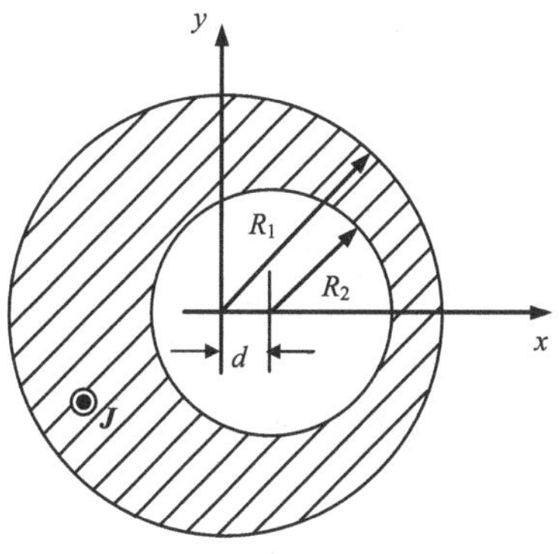

题 4-9 图

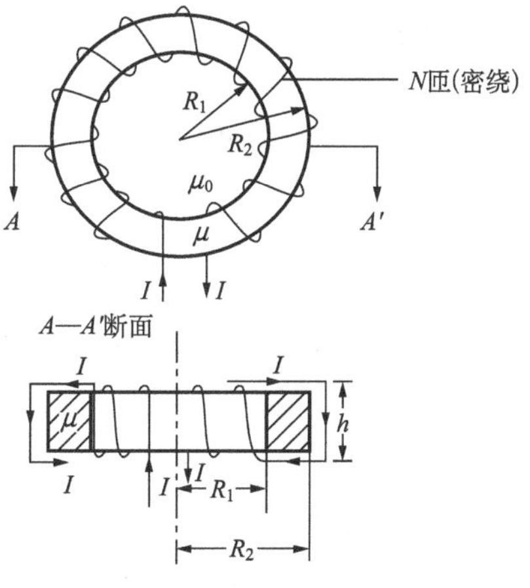

题 4-10 图

4-10　如题 4-10 图所示，内半径为 R_1，外半径为 R_2，厚度为 h，磁导率为 $\mu(\mu\gg\mu_0)$ 的圆环形铁心，其上均匀紧密绕有 N 匝线圈，线圈中电流为 I。求铁心中的磁感应强度和铁心截面上的磁通以及线圈的磁链。

4-11　在无限大磁介质分界面上，有一无限长直线电流 I，如题 4-11 图所示。求两种介质中的磁感应强度和磁场强度。

4-12　在沿 z 轴放置的长直导线电流产生的磁场中，求点(0,1,0)与点(0,−1,0)之间的矢量磁位差和标量磁位差(积分路径不得环绕电流)。

4-13　在磁导率 $\mu=7\mu_0$ 的半无限大导磁介质中，距磁介质分界面 2cm 处有一载流为 10A 的长直细导线，试求磁介质分界面另一侧(空气)中距分界面 1cm 处 P 点的感应强度 $\boldsymbol{B}$。

4-14　如题 4-14 图所示，半无限大铁磁介质表面上方有一对平行直导线，导线截面半径为 R。求这对导线单位长度的电感。

题 4-11 图

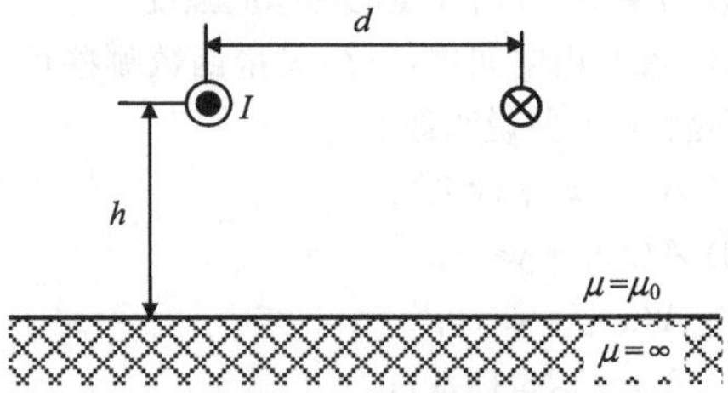

题 4-14 图

4-15　若在 4-10 题中的圆环轴线上放置一无限长单匝导线，求导线与圆环线圈之间的互感。若导线不是无限长，而是沿轴线穿过圆环后，绕到圆环外闭合，互感有何变化？若导线不沿轴线而是从任意点处穿过圆环后绕到圆环外闭合，互感有何变化？

4-16　如题 4-16 图所示，内半径为 R_1，外半径为 R_2，厚度为 h，磁导率为 $\mu(\mu\gg\mu_0)$ 的圆环形铁心，其上均匀紧密绕有 N 匝线圈。求此线圈的自感。若将铁心切割掉一小段，形成空气隙，空气隙对应的圆心角为 $\Delta\alpha$，求线圈的自感。

4-17　分别求如题 4-17 图所示两回路之间的互感。

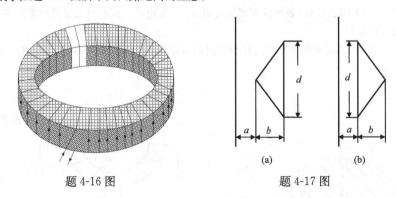

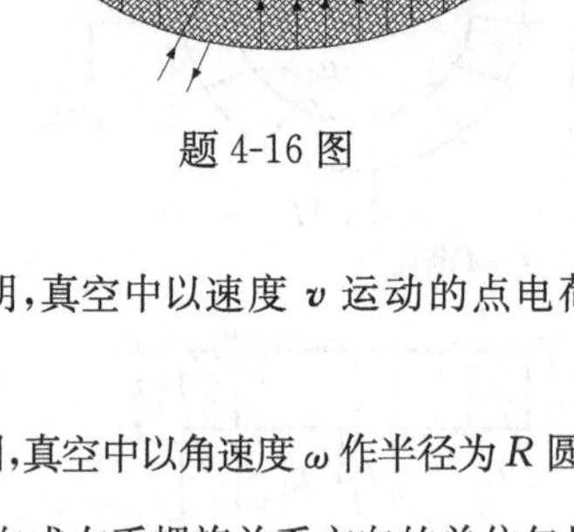

题 4-16 图

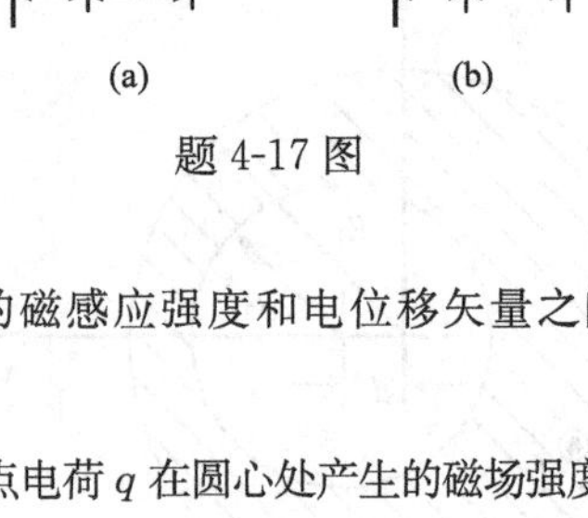

题 4-17 图

4-18　试证明，真空中以速度 $\boldsymbol{v}$ 运动的点电荷所产生的磁感应强度和电位移矢量之间的关系为 $\boldsymbol{H}=\boldsymbol{v}\times\boldsymbol{D}$。

4-19　试证明，真空中以角速度 ω 作半径为 R 圆周运动的点电荷 q 在圆心处产生的磁场强度为 $\boldsymbol{H}=\dfrac{q\omega}{4\pi R}\boldsymbol{e}_n$，$\boldsymbol{e}_n$ 是与圆周运动方向成右手螺旋关系方向的单位矢量。

4-20　如题 4-20 图所示，半径为 a，长度为 $2l$ 的永磁材料圆柱，被永久磁化到磁化强度 $\boldsymbol{M}=M_0\boldsymbol{e}_z$。求轴线上任一点的磁感应强度 $\boldsymbol{B}$ 和磁场强度 $\boldsymbol{H}$。

4-21　有两个相邻的线圈，设各线圈的磁链的参考方向与线圈自身电流的参考方向成右手螺旋关系，问：如何选取两线圈电流参考方向，才能使互感磁链相互抵消？如何选取两线圈电流参考方向，才能使互感磁链相互加强。

4-22　真空中线圈 1 的自感为 L_1，线圈 2 的自感为 L_2，它们之间的互感为 M，证明 $|M| \leqslant \sqrt{L_1 L_2}$。

4-23　对于题 4-23 图所示厚度为 D（垂直纸面方向）的电磁铁，试求：

(1) 磁感应强度、磁通和磁场能量；

(2) 线圈的自感；

(3) 可动部件所受的力。

（提示：忽略边缘效应，气隙磁场可视为均匀场）

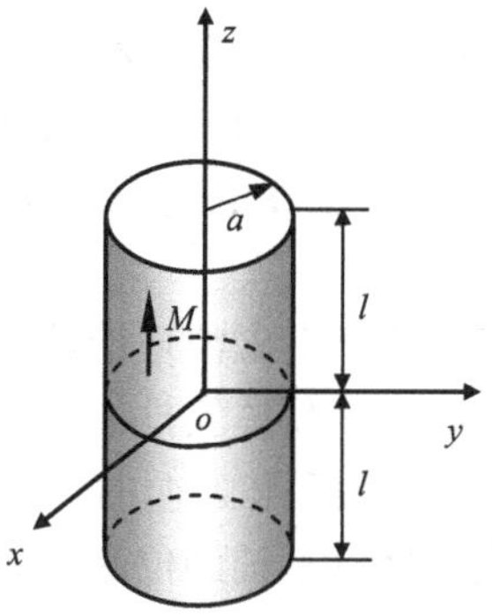

题 4-20 图

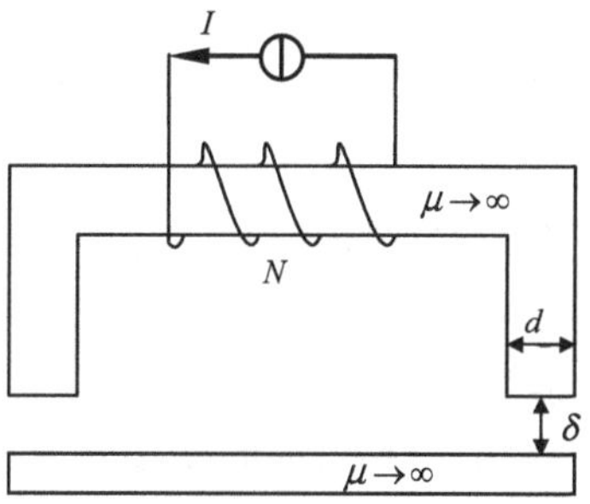

题 4-23 图

第 5 章 时变电磁场

电磁现象及其背后的物理场从本质上都是由电荷运动产生的效应，当电荷做匀速运动时对应为恒定场；而当电荷作非匀速运动时，将产生时变的电磁场。时变情形下，分布形态的电场与磁场相互依存、相互转换，因而波动是其基本运动形式，频率则是反映随时间变化快慢的基本参量。当时变场频率为零时即退化为恒定场；当频率较低时，在有限空间尺度下其波动现象不明显，因而研究仍关注于这种类似于恒定场（似稳场）的空间分布问题（但考虑电磁的相互转换）；而当频率很高时，即使是有限空间内的时变场也会表现出明显的波动现象，使得不同时刻场的空间分布差异显著，故研究侧重于时空变化问题（即时变场的运动过程），实质是对电磁波的探讨。

本章将系统介绍时变场理论，由它可以导出恒定场理论和电磁波理论，因而它是电磁理论的核心内容。同时对于全书，它也是场与波的有机衔接内容。具体安排如下：

(1) 时变场基本理论。包括阐述时变电场、磁场的相互关系和遵循的物理规律；基于场论思路给出基本方程和边界条件；时变场能量守恒与转化定理以及辅助位函数分析方法。

(2) 正弦电磁场理论。从时间参量角度选取按正弦变化的特殊时变场（即时谐稳态场）为对象，给出与一般时变场相对应的理论（或称为频域电磁场理论）。一方面，它通过相量变换消去了场函数中的时间变量以简化分析计算；另一方面，借助傅里叶变换可实现时、频域的相互转换，从而提供研究时变场的另一思路。

(3) 准静态电磁场理论。重点探讨介于恒定场和电磁波间的时变场，也称为似稳场，包括电准静态电磁场和磁准静态电磁场两种类型，它们广泛应用于电气工程领域。

5.1 电磁感应定律

在时变情形下，时变电场和时变磁场既是空间坐标的函数，又是时间的函数，它们不再彼此无关，它们相互影响，相互依存，互为因果，电生磁，磁生电，从而形成了一个不可分割的电磁场整体。本节主要介绍时变磁场激发时变电场的实验定律——电磁感应定律，在此基础上给出时变电场的基本方程——推广的电磁感应定律，下节介绍时变电场激发时变磁场的问题。

5.1.1 电磁感应定律及推广

1. 电磁感应定律的积分形式

1831 年法拉第在大量实验基础上归纳总结，提出了电磁感应定律。定律表明：当导体回路 l 所界定的面积 S 中的磁通随时间发生变化时，在这个回路中就要产生感应电动势，且在回路闭合时将形成感应电流。如果规定感应电动势的大小和磁通的参考方向符合右手螺旋关系，则电磁感应定律的数学形式为

$$\varepsilon = -\frac{\mathrm{d}\Phi_{\mathrm{m}}}{\mathrm{d}t} = -\frac{\mathrm{d}}{\mathrm{d}t}\left(\int_S \boldsymbol{B} \cdot \mathrm{d}\boldsymbol{S}\right) \tag{5-1-1}$$

上式表明，感应电动势的大小与磁通对时间的变化率成正比，感应电动势的方向由楞次定律确

定，体现在负号中，即感应电动势及其所产生的感应电流总是企图阻止与导体回路相交链的磁通的变化，因而楞次定律也称为电磁惯性定律。

$-\mathrm{d}\Phi_{\mathrm{m}}/\mathrm{d}t$ 包含了所有引起磁通变化的因素，但归纳起来不外乎以下三种情况：

(1) 磁场 $\boldsymbol{B}$ 随时间变化，但回路形状和位置不变，这种引起磁通改变产生的电动势称为感生电动势；

(2) 磁场 $\boldsymbol{B}$ 不随时间变化，但回路整体或局部在磁场中改变形状或移动，此时产生的电动势称为动生电动势；

(3)磁场 $\boldsymbol{B}$ 随时间变化，而且同时回路整体或局部在磁场中改变形状或移动，这种情况可看成感生电动势和动生电动势的叠加。

本书重点讨论第 1 种情况，也就是仅考虑磁场 $\boldsymbol{B}$ 随时间变化在导体回路中引起的磁通改变。因此，式(5-1-1)可写成

$$\varepsilon = -\frac{\mathrm{d}\Phi_{\mathrm{m}}}{\mathrm{d}t} = -\int_S \frac{\partial}{\partial t}\boldsymbol{B} \cdot \mathrm{d}\boldsymbol{S} \tag{5-1-2}$$

值得注意的是，磁感应强度 $\boldsymbol{B}$ 是时空坐标的函数，所以 $\boldsymbol{B}$ 对时间的变化率应写成偏微分形式。

2. 电磁感应定律的推广

当变化的磁场客观存在时，场中某一回路的磁通的变化情况也是客观存在的，如果在该处放置一导体回路，就可以测到感应电流和感应电动势，而感应电动势的存在说明回路中存在电场，这种电场称为感应电场，用 $\boldsymbol{E}_{\mathrm{ind}}$表示。于是由式(5-1-2)可得

$$\varepsilon = \oint_l \boldsymbol{E}_{\mathrm{ind}} \cdot \mathrm{d}\boldsymbol{l} = -\int_S \frac{\partial}{\partial t}\boldsymbol{B} \cdot \mathrm{d}\boldsymbol{S} \tag{5-1-3}$$

式中，l 为导体线圈回路。

法拉第电磁感应定律没有涉及导体回路的导电特性，说明感应电动势的大小与导体的电导率无关，电导率仅影响回路中的感应电流，因此麦克斯韦(Maxwell)在研究电磁场基本规律时将电磁感应定律推广到了任意假想回路。

假若在变化磁场中的某处设想有一假想回路存在，它所交链的磁链同样在变化，显然该假想回路中也应当有感应电场存在，也同样具有感应电动势，只不过我们不能测量到而已。由此，可以认为感应电场不仅仅存在于导体内，同样存在于变化磁场所存在的场域空间。于是，对于感应电场的看法由一个具体的导体回路扩展到了整个变化的磁场空间。而且当 $\partial\boldsymbol{B}/\partial t$ 不为零时，对于任一回路必有$\oint_l \boldsymbol{E}_{\mathrm{ind}} \cdot \mathrm{d}\boldsymbol{l} \neq 0$，这还进一步表明感应电场是有旋场。

由上面的分析，可以得到这样一个结论：变化的磁场能够在其周围空间激发出电场，时变场中的感应电场不满足守恒性。

5.1.2 时变电场的有旋性

对于式(5-1-3)所示的电磁感应定律，运用斯托克斯定理，得

$$\int_S \nabla\times\boldsymbol{E}_{\mathrm{ind}} \cdot \mathrm{d}\boldsymbol{S} = -\int_S \frac{\partial}{\partial t}\boldsymbol{B} \cdot \mathrm{d}\boldsymbol{S} \tag{5-1-4}$$

考虑到回路 l 的任意性，致使它所界定面积 S 也是任意的，欲使上式成立，必有

$$\nabla\times \boldsymbol{E}_{\text{ind}}=-\frac{\partial \boldsymbol{B}}{\partial t} \tag{5-1-5}$$

上式称为电磁感应定律的微分形式。它表明感应电场是有旋场，$\boldsymbol{E}_{\text{ind}}$线与 $\boldsymbol{B}$ 线互相交链，是无头无尾的闭合矢量线。

在研究时变电场产生的场源时，麦克斯韦认为时变电荷仍然是产生时变电场的通量源，高斯通量定理仍然成立。时变电荷 $q(t)$产生的电场为库仑场，是时变电场的守恒分量，用 $\boldsymbol{E}_{\text{c}}$ 表示。在一般情况下，时变电场应该为合成场，即总的电场为

$$\boldsymbol{E}=\boldsymbol{E}_{\text{ind}}+\boldsymbol{E}_{\text{c}} \tag{5-1-6}$$

对上式求旋度，有

$$\nabla\times \boldsymbol{E}=\nabla\times \boldsymbol{E}_{\text{ind}}+\nabla\times \boldsymbol{E}_{\text{c}}=\nabla\times \boldsymbol{E}_{\text{ind}}=-\frac{\partial \boldsymbol{B}}{\partial t} \tag{5-1-7}$$

即

$$\nabla\times \boldsymbol{E}=-\frac{\partial \boldsymbol{B}}{\partial t} \tag{5-1-8}$$

对上式求面积分，有

$$\oint_l \boldsymbol{E}\cdot \mathrm{d}\boldsymbol{l}=-\int_S \frac{\partial \boldsymbol{B}}{\partial t}\cdot \mathrm{d}\boldsymbol{S} \tag{5-1-9}$$

称式(5-1-9)为推广的电磁感应定律。

如果对式(5-1-6)求散度，得

$$\nabla\cdot \boldsymbol{E}=\nabla\cdot \boldsymbol{E}_{\text{ind}}+\nabla\cdot \boldsymbol{E}_{\text{c}}=\nabla\cdot \boldsymbol{E}_{\text{c}}=\rho/\varepsilon$$

即

$$\nabla\cdot \boldsymbol{E}=\frac{\rho}{\varepsilon} \tag{5-1-10}$$

上述讨论表明：在时变情形下，电场强度是有旋的，同时也是有散的，这里主要强调时变电场不再是无旋场或守恒场。电力线在空间的分布可以是闭合的，也可以是不闭合的。其中闭合电力线必然和磁力线相交链，而不闭合的电力线则始于正电荷而止于负电荷。

5.2 全电流定律

5.1 节阐述了时变磁场可以激发时变电场，那么时变电场是否也能激发时变磁场？这正是本节要研究的问题。本节首先从反映恒定磁场场源关系的安培环路定律出发，指出该定律在时变条件下存在的局限性，进而给出相应的解决方法——引入位移电流假说，最后得到全电流定律。

5.2.1 安培环路定律的局限性

在恒定磁场中，安培环路定律的微分形式为

$$\nabla\times \boldsymbol{H}=\boldsymbol{J}_{\text{c}} \tag{5-2-1}$$

式中，$\boldsymbol{J}_{\text{c}}$ 表示传导电流。对上式两边取散度，有

$$\nabla\cdot \nabla\times \boldsymbol{H}=\nabla\cdot \boldsymbol{J}_{\text{c}}$$

上式左边恒等于零，导致$\nabla \cdot \boldsymbol{J}_c=0$，这是恒定电场的基本方程——传导电流连续性方程的微分形式。可见传导电流连续是安培环路定律成立的前提条件，没有这个前提条件，式(5-2-1)是不可能成立的。

在时变条件下，传导电流和自由电荷之间的关系应满足电荷守恒定律，即

$$\nabla \cdot \boldsymbol{J}_c=-\frac{\partial \rho}{\partial t} \tag{5-2-2}$$

通常情况下 $\partial\rho/\partial t \neq 0$，显然传导电流并不连续，换句话说，安培环路定律已不能直接应用于时变磁场，必须加以修正。

5.2.2 全电流定律

1. 位移电流的引入

麦克斯韦认为高斯通量定理反映的是电荷产生电场，在时变场中高斯通量定理仍然成立，此时场量与场源均是时空坐标的函数。若将高斯通量定理的微分形式$\nabla \cdot \boldsymbol{D}=\rho$ 代入式(5-2-2)，有

$$\nabla \cdot \boldsymbol{J}_c=-\frac{\partial \rho}{\partial t}=-\frac{\partial}{\partial t}(\nabla \cdot \boldsymbol{D})=-\nabla \cdot \frac{\partial \boldsymbol{D}}{\partial t} \tag{5-2-3}$$

经移项整理得

$$\nabla \cdot \left(\boldsymbol{J}_c+\frac{\partial \boldsymbol{D}}{\partial t}\right)=0 \tag{5-2-4}$$

如果把上式括号内的矢量和视为一种电流密度，则在时变场中这种电流密度是连续的。据此，用它来取代式(5-2-1)中的传导电流密度 $\boldsymbol{J}_c$，得修正后的安培环路定律的微分形式

$$\nabla \times \boldsymbol{H}=\boldsymbol{J}_c+\frac{\partial \boldsymbol{D}}{\partial t} \tag{5-2-5}$$

由式(5-2-5)可知，电位移矢量对时间的偏导数 $\partial \boldsymbol{D}/\partial t$ 与传导电流密度 $\boldsymbol{J}_c$ 一样，也能产生漩涡状的磁场，且具有电流密度的量纲，因此，麦克斯韦将其定义为位移电流密度 $\boldsymbol{J}_D$，即有

$$\boldsymbol{J}_D=\frac{\partial \boldsymbol{D}}{\partial t} \tag{5-2-6}$$

单位为 A/m^2。

位移电流并不代表任何实体的电荷运动，所以没有通常电流的意义，但在产生磁场方面它与真实的电流等效。位移电流这一假想的提出和引入，是麦克斯韦对经典电磁场理论的又一重大贡献，它揭示了变化的电场产生磁场这一基本关系。

用位移电流概念可以解释电容器中电流的连续性问题。电容器的外部电路为传导电流 i_c，在电容器内部(理想介质)i_c 不再存在，代之以位移电流 i_D，从而保持了电流的连续性。

2. 全电流定律

对式(5-2-5)两边求面积分，同时应用斯托克斯定理，有

$$\int_S \nabla \times \boldsymbol{H} \cdot \mathrm{d}\boldsymbol{S}=\oint_l \boldsymbol{H} \cdot \mathrm{d}\boldsymbol{l}=\int_S \boldsymbol{J}_c \cdot \mathrm{d}\boldsymbol{S}+\int_S \frac{\partial \boldsymbol{D}}{\partial t} \cdot \mathrm{d}\boldsymbol{S} \tag{5-2-7}$$

如果在研究的区域内除了导电介质，还有真空、惰性气体等存在，在该区域内就还有可能存在运动电荷形成的电流，这种电流称为运流电流，用 i_v 表示，其密度 $\boldsymbol{J}_v$ 满足第 3 章的体电

流密度定义式，即 $\boldsymbol{J}_{\mathrm{v}}=\rho\boldsymbol{v}$。运流电流同样是磁场的源，它对时变磁场的影响也应反映在式(5-2-7)中，即

$$\oint_l \boldsymbol{H}\cdot \mathrm{d}\boldsymbol{l}=\int_S \boldsymbol{J}_{\mathrm{c}}\cdot \mathrm{d}\boldsymbol{S}+\int_S \boldsymbol{J}_{\mathrm{v}}\cdot \mathrm{d}\boldsymbol{S}+\int_S \frac{\partial \boldsymbol{D}}{\partial t}\cdot \mathrm{d}\boldsymbol{S} \tag{5-2-8}$$

称式(5-2-8)为全电流定律的积分形式，它包含了所有可能产生时变磁场的电流。

相应的全电流定律的微分形式为

$$\nabla\times \boldsymbol{H}=\boldsymbol{J}_{\mathrm{c}}+\frac{\partial \boldsymbol{D}}{\partial t}\left(=\boldsymbol{J}_{\mathrm{v}}+\frac{\partial \boldsymbol{D}}{\partial t}\right) \tag{5-2-9}$$

必须指出，式(5-2-8)以积分形式反映大范围内时变场的情况，可能同时包含有传导电流和运流电流，全电流 $i=i_{\mathrm{c}}+i_{\mathrm{v}}+i_{\mathrm{D}}$。而式(5-2-9)以微分形式反映时变场中某点处的场源关系，在该点处传导电流密度 $\boldsymbol{J}_{\mathrm{c}}$ 和运流电流密度 $\boldsymbol{J}_{\mathrm{v}}$ 不可能同时存在。

从上述讨论可知，当磁场不随时间变化时，也就是时变磁场蜕变为恒定磁场时，全电流定律就蜕变为安培环路定律，所以安培环路定律是全电流定律的特例。

麦克斯韦将安培环路定律推广成全电流定律，它与推广的电磁感应定律共同说明了变化的电场产生磁场，变化的磁场又总是伴随有电场，这种相互依存、相互制约、不可分割的密切关系，构成了统一的电磁现象中的两个主要方面。

同时，自然界中不存在磁荷，因而在时变情形下，磁场仍然为无散场。磁力线在空间仍然闭合，要么与电流线交链，要么与电力线交链。而在没有电荷和电流的空间，磁力线和电力线总是相互交链的。

5.3 电磁场基本方程组　介质分界面的衔接条件

5.3.1 电磁场的基本方程组

总结前几章电磁场的基本规律，加上本章对电磁感应定律的推广和所提出的位移电流假说，可以得到概括电磁现象的基本方程组，又称为麦克斯韦方程组，方程组的积分形式为

$$\oint_l \boldsymbol{H}\cdot \mathrm{d}\boldsymbol{l}=\int_S \boldsymbol{J}_{\mathrm{c}}\cdot \mathrm{d}\boldsymbol{S}+\int_S \boldsymbol{J}_{\mathrm{v}}\cdot \mathrm{d}\boldsymbol{S}+\int_S \frac{\partial \boldsymbol{D}}{\partial t}\cdot \mathrm{d}\boldsymbol{S} \tag{5-3-1}$$

$$\oint_l \boldsymbol{E}\cdot \mathrm{d}\boldsymbol{l}=-\int_S \frac{\partial \boldsymbol{B}}{\partial t}\cdot \mathrm{d}\boldsymbol{S} \tag{5-3-2}$$

$$\oint_S \boldsymbol{B}\cdot \mathrm{d}\boldsymbol{S}=0 \tag{5-3-3}$$

$$\oint_S \boldsymbol{D}\cdot \mathrm{d}\boldsymbol{S}=q \tag{5-3-4}$$

基本方程组的微分形式为

$$\nabla\times \boldsymbol{H}=\boldsymbol{J}_{\mathrm{c}}+\frac{\partial \boldsymbol{D}}{\partial t}=\boldsymbol{J}_{\mathrm{v}}+\frac{\partial \boldsymbol{D}}{\partial t} \tag{5-3-5}$$

$$\nabla\times \boldsymbol{E}=-\frac{\partial \boldsymbol{B}}{\partial t} \tag{5-3-6}$$

$$\nabla\cdot \boldsymbol{B}=0 \tag{5-3-7}$$

$$\nabla\cdot \boldsymbol{D}=\rho \tag{5-3-8}$$

基本方程组中第一方程为全电流定律，说明除了运动电荷之外，变化的电场也能产生磁场，$\partial \boldsymbol{D}/\partial t$ 为其矢量场源密度，时变磁场是有旋场；第二方程为电磁感应定律，它指出变化的磁场能产生电场，$-\partial \boldsymbol{B}/\partial t$ 为其矢量场源密度，时变电场是有旋场；第三方程为磁通连续性原理，说明时变磁场是无散场，这一结论符合迄今为止尚未发现磁荷存在这一基本事实；第四方程是高斯通量定律，它表明时变电荷仍然是时变电场的通量场源，时变电场同时也是有散场。

基本方程组微分形式中的前两个旋度方程更清楚地反映了电场与磁场的相互关系。第三方程，即式(5-3-7)可由第二方程导出，第四个方程，即式(5-3-8)可由全电流定律式(5-3-5)结合电荷守恒定律导出。从基本方程组可获得独立标量方程数为 6 个(2 个旋度方程可列出 4 个独立的标量方程，再加上 1 个散度方程和电荷守恒定律)，而基本方程组涉及的未知数有 12 个($\boldsymbol{E}, \boldsymbol{D}, \boldsymbol{B}, \boldsymbol{H}$ 每个场量各有三个)，因而基本方程组是不完备的，称为泛定形式或不定形式，原因在于缺少反映场量与介质相互作用(传导、极化和磁化)的关系。

我们知道，场矢量和介质的电磁特性相关，研究电磁现象除了基本方程外，还需要有描述介质特性的构成方程。在各向同性线性介质中，构成方程为

$$\boldsymbol{D}=\varepsilon \boldsymbol{E} \tag{5-3-9}$$

$$\boldsymbol{B}=\mu \boldsymbol{H} \tag{5-3-10}$$

$$\boldsymbol{J}_{c}=\gamma \boldsymbol{E} \tag{5-3-11}$$

构成方程反映了介质对场的影响，基本方程组加上构成方程可使未知数由原来的 12 个降到 6 个，基本方程成为限定方程，从而可以对具体的电磁场问题进行分析和解算。

几点说明：

(1) 基本方程组适用于相对所选坐标系为静止介质的宏观电磁现象。此时，介质的性能参数 ε、μ、γ 与时间无关。

(2) 基本方程组的积分形式是从大范围上反映场源关系，它们在任何介质区域都是适用的。而基本方程的微分形式则可以分析计算电磁场的分布情况，反映场的点分布特性，但只能用于同一种介质中，不能用于介质分界面。

(3) 在两个旋度方程中，等号左边是一种场量的空间微分运算，右边则是另外一种场量的时间微分运算，等号则反映两者之间的相互转换关系；两个旋度方程结合来看就是：第一种场的随时间变化会在邻近空间激发另一种时变场，而后者的随时间变化又将在下一邻近空间激发出第一种场。由此可见，由于电场和磁场的相互作用、相互推动，电磁场就不可能停留在局部区域，而要向区域外扩散，这就形成了时变电磁场的特殊运动形式——波动，由此预示了时变电磁场是以波动形式存在的本质。

(4) 作为电磁场基本方程的一般形式，不仅静态场的基本方程可由它们导出，后面章节的电磁波方程也由基本方程导出。

5.3.2 介质分界面衔接条件

要求解场的分布，就必须研究介质分界面上场量的变化情况。此时需要运用基本方程组的积分形式来进行分析推导。

1. 电磁场量在分界面上的衔接条件

如图 5-1 所示，在两种介质分界面上 P 点处，作分界面法向单位矢量 $\boldsymbol{e}_n$，其方向由介质 1 指向介质 2。在分界面上有可能存在自由面电流 $\boldsymbol{K}$ 或自由面电荷 σ，而位移电流只能按体密

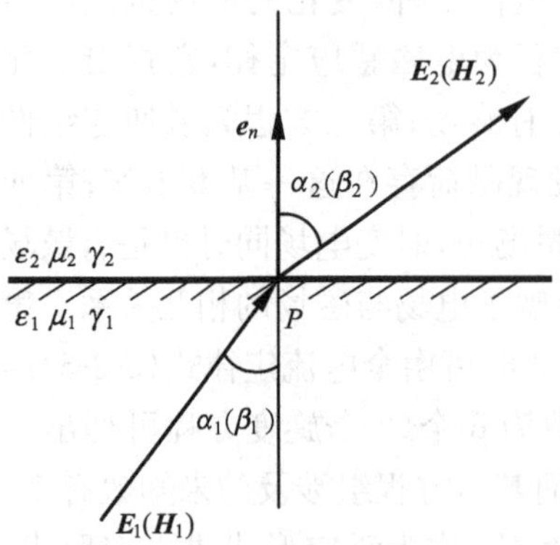

图 5-1　介质分界面上的场矢量

度分布。运用基本方程中 4 个方程的积分形式，效仿静态场中的推导方式，可以得出如下四个场矢量在介质分界面上的衔接条件：

$$\boldsymbol{e}_n \times (\boldsymbol{E}_2 - \boldsymbol{E}_1) = 0 \tag{5-3-12}$$

$$\boldsymbol{e}_n \times (\boldsymbol{H}_2 - \boldsymbol{H}_1) = \boldsymbol{K} \tag{5-3-13}$$

$$\boldsymbol{e}_n \cdot (\boldsymbol{D}_2 - \boldsymbol{D}_1) = \sigma \tag{5-3-14}$$

$$\boldsymbol{e}_n \cdot (\boldsymbol{B}_2 - \boldsymbol{B}_1) = 0 \tag{5-3-15}$$

上述分界面衔接条件说明：电场强度的切向分量和磁感应强度的法向分量总是连续的；分界面上 $\boldsymbol{K}$ 不为零、σ 不为零时，磁场强度的切向分量或电位移矢量的法向分量都是不连续的。

2. 折射定律

在各向同性线性介质的分界面上，电场的入射角为 α_1，折射角为 α_2，磁场入射角为 β_1，折射角为 β_2。如果 $\boldsymbol{K}=0$，$\sigma=0$，则由分界面衔接条件可知

$$E_1\sin\alpha_1 = E_2\sin\alpha_2$$

$$\varepsilon_1 E_1\cos\alpha_1 = \varepsilon_2 E_2\cos\alpha_2$$

$$H_1\sin\beta_1 = H_2\sin\beta_2$$

$$\mu_1 H_1\cos\beta_1 = \mu_2 H_2\cos\beta_2$$

可以导出

$$\frac{\tan\alpha_1}{\tan\alpha_2} = \frac{\varepsilon_1}{\varepsilon_2} \tag{5-3-16}$$

$$\frac{\tan\beta_1}{\tan\beta_2} = \frac{\mu_1}{\mu_2} \tag{5-3-17}$$

上面两式称为电磁场的折射定律。

3. 理想导体表面的衔接条件

视良导体中的电导率 $\gamma \to \infty$，得到理想化的导体称为理想导体，这种理想化做法是为简化所研究的问题。在理想导体中，由于电流密度 $\boldsymbol{J}_c$ 不可能无限大，所以导体中的电场强度 $\boldsymbol{E}=\dfrac{\boldsymbol{J}_c}{\gamma}\to 0$，理想导体中没有电场，电流只可能在导体表面流动，自由电荷也只可能分布在导体表面。

又根据电磁感应定律 $\nabla\times\boldsymbol{E}=-\dfrac{\partial \boldsymbol{B}}{\partial t}$，这也意味着导体内不存在变化的磁场（若有恒定磁场存在，它与时间无关，在时变场中可以不考虑），于是可认为导体中也没有磁场。

由以上分析可见，在理想导体中 $\boldsymbol{E}=0$，$\boldsymbol{D}=0$，$\boldsymbol{B}=0$，$\boldsymbol{H}=0$。

假设与理想导体表面衔接的是空气，如图 5-2 所示。按照式(5-3-12)～式(5-3-15)的衔接条件，考虑到在介质分界面的导体侧有 $\boldsymbol{E}_1=\boldsymbol{D}_1=0$，$\boldsymbol{H}_1=\boldsymbol{B}_1=0$，介质分界面衔接条件成为

$$\boldsymbol{e}_n \times \boldsymbol{E}_2 = \boldsymbol{e}_n \times \boldsymbol{E}_1 = 0$$

$$\boldsymbol{e}_n \times (\boldsymbol{H}_2 - 0) = \boldsymbol{K}$$

$$\boldsymbol{e}_n \cdot (\boldsymbol{D}_2 - 0) = \sigma$$

$$\boldsymbol{e}_n \cdot \boldsymbol{B}_2 = \boldsymbol{e}_n \cdot \boldsymbol{B}_1 = 0$$

于是在紧靠介质分界面的空气侧,分界面衔接条件可写成

$$\left.\begin{aligned} \boldsymbol{E}_2 &= E_{2n}\boldsymbol{e}_n \\ \boldsymbol{e}_n \times \boldsymbol{H}_2 &= \boldsymbol{K} \\ \boldsymbol{e}_n \cdot \boldsymbol{D}_2 &= \sigma \\ \boldsymbol{B}_2 &= B_{2t}\boldsymbol{e}_t \end{aligned}\right\} \tag{5-3-18}$$

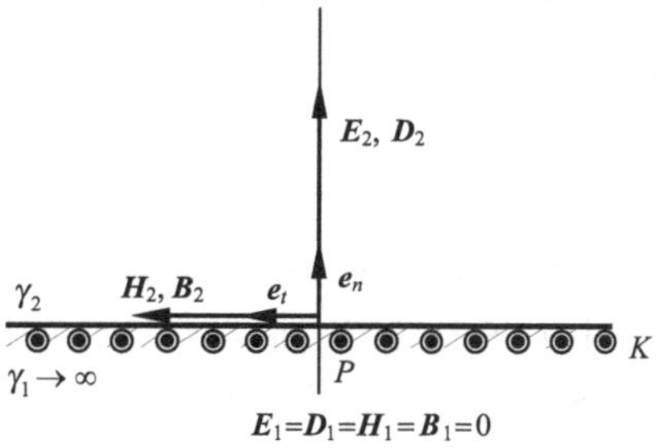

图 5-2　场量在理想导体与空气分界面上的分布

可见将良导体理想化为理想导体后,分界面衔接条件将大为简化。

5.3.3　关于时变电场和时变磁场的计算

在时变条件下,电磁现象遵从的基本规律虽有扩展,但基本规律反映的场的基本性质不外是有散性和有旋性,所以计算时变场的思路和方法可以运用静态场的分析计算方法。以下按几个方面对计算时变场的思路和方法作归纳介绍:

(1) 仍然十分强调场分布的定性分析,分析场分布的对称性,确定必要的计算区域,选定使用的坐标系,画出对应的计算图形。

(2) 应用全电流定律计算磁场 $\boldsymbol{H}$。方法上完全可以借鉴安培环路定律计算恒定磁场的经验和方法,确定适当的积分回路。

(3) 计算感应电场 $\boldsymbol{E}_{\text{ind}}$。由电磁感应定律

$$\oint_l \boldsymbol{E}_{\text{ind}} \cdot \mathrm{d}\boldsymbol{l} = -\int_S \frac{\partial \boldsymbol{B}}{\partial t} \cdot \mathrm{d}\boldsymbol{S}$$

其形式上与安培环路定律相同,可效仿应用安培环路定律的分析思路和计算方法。

(4) 计算电场的守恒分量 $\boldsymbol{E}_{\text{c}}$。它遵从高斯通量定律

$$\oint_S \boldsymbol{D} \cdot \mathrm{d}\boldsymbol{S} = q(t)$$

应用方式同静电场。

(5) 在各向同性的线性介质中,可以应用叠加原理。

5.4　坡印亭定理和坡印亭矢量

电磁场是一种特殊的物质,具有物质的属性——能量,本节介绍的坡印亭定理反映了电磁能量的守恒及转换关系,基于该定理的实例分析,揭示电磁能量通过电磁场传输的物理本质。

5.4.1　电磁场的能量密度

在自然界中能量是守恒的。在静电场中,能量密度为 $w_{\text{e}} = \frac{1}{2}\boldsymbol{E} \cdot \boldsymbol{D}$,在恒定磁场中,能量密度为 $w_{\text{m}} = \frac{1}{2}\boldsymbol{H} \cdot \boldsymbol{B}$。总的电场、磁场能量则是能量密度在整个场域空间的体积分。

在时变场中，电场和磁场相互依存和相互制约，不可分割并同时存在。相应的，在任一瞬间，场中某点处的电磁场能量密度应为

$$w=w_{\mathrm{e}}+w_{\mathrm{m}}=\frac{1}{2}\boldsymbol{E}\cdot\boldsymbol{D}+\frac{1}{2}\boldsymbol{H}\cdot\boldsymbol{B} \tag{5-4-1}$$

总的电磁场能量则以能量密度 w 分布于电磁场存在的整个空间。

电磁场能量密度是麦克斯韦关于电磁场理论的又一假说。至今尚未为实验所验证，但建立在此假说基础上的许多理论都为客观实际和实验所印证。电磁能量密度假说和电磁场基本方程组一起，成为完整的电磁场理论的基础。

5.4.2 坡印亭定理和坡印亭矢量

在有限空间 V 中，介质参数为 ε、μ、γ，取麦克斯韦方程组第一、第二方程的微分形式

$$\nabla\times\boldsymbol{H}=\boldsymbol{J}_{\mathrm{c}}+\frac{\partial\boldsymbol{D}}{\partial t} \tag{1}$$

$$\nabla\times\boldsymbol{E}=-\frac{\partial\boldsymbol{B}}{\partial t} \tag{2}$$

以 $\boldsymbol{H}$ 点乘式(2)，再减去用 $\boldsymbol{E}$ 点乘式(1)得

$$\boldsymbol{H}\cdot(\nabla\times\boldsymbol{E})-\boldsymbol{E}\cdot(\nabla\times\boldsymbol{H})=-\boldsymbol{H}\cdot\frac{\partial\boldsymbol{B}}{\partial t}-\boldsymbol{E}\cdot\boldsymbol{J}_{\mathrm{c}}-\boldsymbol{E}\cdot\frac{\partial\boldsymbol{D}}{\partial t} \tag{3}$$

根据矢量恒等式(1-4-12)有

$$\nabla\cdot(\boldsymbol{E}\times\boldsymbol{H})=\boldsymbol{H}\cdot(\nabla\times\boldsymbol{E})-\boldsymbol{E}\cdot(\nabla\times\boldsymbol{H})$$

又

$$\boldsymbol{H}\cdot\frac{\partial\boldsymbol{B}}{\partial t}=\boldsymbol{H}\cdot\frac{\partial}{\partial t}(\mu\boldsymbol{H})=\frac{\partial}{\partial t}\left(\frac{1}{2}\mu H^{2}\right)=\frac{\partial w_{\mathrm{m}}}{\partial t}$$

$$\boldsymbol{E}\cdot\frac{\partial\boldsymbol{D}}{\partial t}=\boldsymbol{E}\cdot\frac{\partial}{\partial t}(\varepsilon\boldsymbol{E})=\frac{\partial}{\partial t}\left(\frac{1}{2}\varepsilon E^{2}\right)=\frac{\partial w_{\mathrm{e}}}{\partial t}$$

均代入式(3)，有

$$\nabla\cdot(\boldsymbol{E}\times\boldsymbol{H})=-\frac{\partial w_{\mathrm{m}}}{\partial t}-\frac{\partial w_{\mathrm{e}}}{\partial t}-\boldsymbol{E}\cdot\boldsymbol{J}_{\mathrm{c}}=-\frac{\partial w}{\partial t}-\boldsymbol{E}\cdot\boldsymbol{J}_{\mathrm{c}}$$

在区域 V 内对上式两端作体积分得

$$\int_{V}\nabla\cdot(\boldsymbol{E}\times\boldsymbol{H})\,\mathrm{d}V=-\int_{V}\frac{\partial w}{\partial t}\mathrm{d}V-\int_{V}\boldsymbol{E}\cdot\boldsymbol{J}_{\mathrm{c}}\mathrm{d}V$$

对上式左边应用高斯散度定律

$$\oint_{S}(\boldsymbol{E}\times\boldsymbol{H})\cdot\mathrm{d}\boldsymbol{S}=-\frac{\partial W}{\partial t}-\int_{V}\boldsymbol{E}\cdot\boldsymbol{J}_{\mathrm{c}}\mathrm{d}V \tag{5-4-2}$$

如果 V 中包含有外电源，存在局外场强 $\boldsymbol{E}_{\mathrm{e}}$，则有

$$\boldsymbol{J}_{\mathrm{c}}=\gamma(\boldsymbol{E}+\boldsymbol{E}_{\mathrm{e}})$$

$$\boldsymbol{E}=\frac{\boldsymbol{J}_{\mathrm{c}}}{\gamma}-\boldsymbol{E}_{\mathrm{e}}$$

将上式代入式(5-4-2)的体积分中得

$$\oint_S (\boldsymbol{E}\times\boldsymbol{H})\cdot d\boldsymbol{S}=\int_V \boldsymbol{J}_c\cdot\boldsymbol{E}_e dV-\frac{\partial W}{\partial t}-\int_V \frac{J_c^2}{\gamma}dV \tag{5-4-3}$$

若空间 V 中还存在有运流电流 $\boldsymbol{J}_v=\rho\boldsymbol{v}$，上式右边还应再加上 $-\int_V \boldsymbol{J}_v\cdot\boldsymbol{E}dV$ 项，于是有

$$\oint_S (\boldsymbol{E}\times\boldsymbol{H})\cdot d\boldsymbol{S}=\int_V \boldsymbol{J}_c\cdot\boldsymbol{E}_e dV-\frac{\partial W}{\partial t}-\int_V \frac{J_c^2}{\gamma}dV-\int_V \boldsymbol{J}_v\cdot\boldsymbol{E}dV \tag{5-4-4}$$

称式(5-4-4)为坡印亭定理，等式右边各项的意义如下：

$\int_V \boldsymbol{J}_c\cdot\boldsymbol{E}_e dV$：外部电源向区域 V 提供的电功率。

$\frac{\partial W}{\partial t}$：区域 V 中电磁场能量的增加率。

$\int_V \frac{J_c^2}{\gamma}dV$：区域 V 中导电介质消耗的热功率。

$\int_V \boldsymbol{J}_v\cdot\boldsymbol{E}dV$：区域 V 中电荷运动所需要的机械功率。

于是，坡印亭定理的右边反映出外部电源对区域 V 提供的电功率，减去体积 V 中电磁能量的增加率、导体的有功损耗、电荷运动所消耗的机械功率之后，剩余的功率通过包围区域 V 的闭合面 S 向外输送，即等式左边 $\oint_S (\boldsymbol{E}\times\boldsymbol{H})\cdot d\boldsymbol{S}$ 表示向外区域输送的电磁功率。

很显然，上式的每一项都有明确的物理意义，反映了电磁场的功率平衡关系。坡印亭定理完整表述为："空间中介质的热损耗、电荷运动导致的功率损耗，以及该空间向外输送的功率，都由单位时间内电磁场储能的减少以及外源输入的功率来补偿。"

功率平衡方程的左边 $\oint_S (\boldsymbol{E}\times\boldsymbol{H})\cdot d\boldsymbol{S}$ 表示单位时间内流出闭合面 S 的电磁能量，为电磁功率流。被积函数 $\boldsymbol{E}\times\boldsymbol{H}$ 是一个矢量，在方向上表示 S 面上某点处电磁能量的流动方向，在数量上表示与电磁能量流动方向相垂直的单位面积上流出的电磁功率，因而称

$$\boldsymbol{S}=\boldsymbol{E}\times\boldsymbol{H} \tag{5-4-5}$$

为坡印亭矢量。它反映了空间任一点处电磁功率传输或流动的特性，单位为瓦特/米^2（W/m^2），所以又称坡印亭矢量 $\boldsymbol{S}$ 为电磁能流密度矢量。

5.4.3 恒定电磁场中的坡印亭定理

在恒定电磁场中，场量不是时间的函数，且 $\boldsymbol{J}_v=0$，于是功率平衡方程(5-4-4)为

$$\oint_S (\boldsymbol{E}\times\boldsymbol{H})\cdot d\boldsymbol{S}=\int_V \boldsymbol{J}_c\cdot\boldsymbol{E}_e dV-\int_V \frac{J_c^2}{\gamma}dV$$

若 V 中没有外电源，即 $\boldsymbol{E}_e=0$，则上式为

$$P=\int_V \frac{J_c^2}{\gamma}dV=-\oint_S (\boldsymbol{E}\times\boldsymbol{H})\cdot d\boldsymbol{S}$$

表示导体中的有功损耗由穿入闭面 S 的电磁功率提供。

若为理想介质，因为 $J_c=0$，没有热耗，则方程为

$$\oint_S (\boldsymbol{E}\times\boldsymbol{H})\cdot d\boldsymbol{S}=0$$

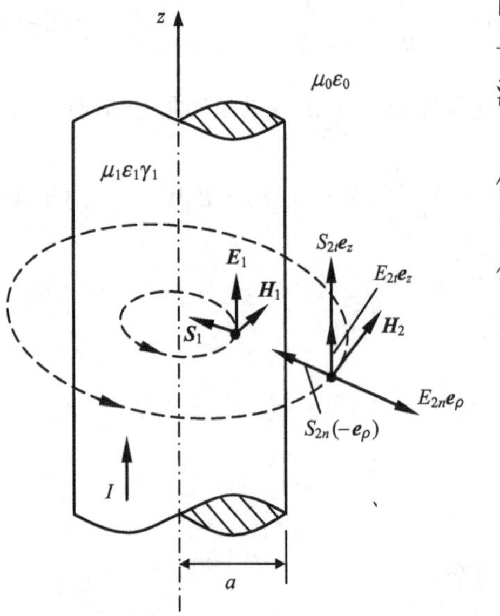

图 5-3　长直载流导线内外的恒定电磁场分布

由于 $\boldsymbol{E}\times\boldsymbol{H}\neq 0$，意味着一部分表面有功率流入，而另一部分表面有功率流出，流入 S 面的电磁功率等于流出 S 面的电磁功率，V 中没有功率损耗。

分析一长直圆柱载流导体中的功率损耗和功率传输问题。

如图 5-3 所示几何尺寸，圆柱导体中有电流 I 均匀分布，建立圆柱坐标系。

(1) 当 $\rho < a$ 时

$$\boldsymbol{J}_{c1}=\frac{I}{\pi a^2}\boldsymbol{e}_z$$

$$\boldsymbol{E}_1=\frac{\boldsymbol{J}_{c1}}{\gamma_1}=\frac{I}{\pi a^2\gamma_1}\boldsymbol{e}_z$$

由安培环路定律

$$\oint_l \boldsymbol{H}_1\cdot \mathrm{d}\boldsymbol{l}=2\pi\rho H_1=\pi\rho^2\cdot\frac{I}{\pi a^2}$$

$$\boldsymbol{H}_1=\frac{I\rho}{2\pi a^2}\boldsymbol{e}_\phi$$

$$\boldsymbol{S}_1=(\boldsymbol{E}_1\times\boldsymbol{H}_1)=\frac{I^2\rho}{2\pi^2a^4\gamma_1}(-\boldsymbol{e}_\rho)$$

可见电磁能量由外向里传输，其中

$$\boldsymbol{S}_1\big|_{\rho=a}=\frac{I^2}{2\pi^2a^3\gamma_1}(-\boldsymbol{e}_\rho)$$

$$\boldsymbol{S}_1\big|_{\rho=0}=0$$

设导线长为 l，流入导体中的电磁功率为

$$-\oint_S \boldsymbol{S}_1\cdot\mathrm{d}\boldsymbol{S}=-\left[\int_{S上底}\boldsymbol{S}_1\cdot\mathrm{d}\boldsymbol{S}+\int_{S下底}\boldsymbol{S}_1\cdot\mathrm{d}\boldsymbol{S}+\int_{S侧面}\boldsymbol{S}_1\cdot\mathrm{d}\boldsymbol{S}\right]$$

$$=-\left(0+0+\frac{I^2}{2\pi^2a^3\gamma_1}\int_{S侧面}-\boldsymbol{e}_\rho\cdot\boldsymbol{e}_\rho\mathrm{d}S\right)$$

$$=\frac{I^2}{2\pi^2a^3\gamma_1}\cdot 2\pi a l=\frac{l}{\pi a^2\gamma_1}I^2=I^2R=P$$

由以上分析可知：

① 电磁功率由导体表面向里传输，随 $\boldsymbol{S}_1$ 的穿入加深而衰减，最后趋于零；

② 传输到导体内的电功率全部转化为导体中的热损耗。

(2)当 $\rho > a$ 时

由介质分界面衔接条件，在导体与空气的分界面 $\rho=a$ 处，有

$$\boldsymbol{e}_n\times(\boldsymbol{H}_2-\boldsymbol{H}_1)=0$$

$$\boldsymbol{e}_n\times(\boldsymbol{E}_2-\boldsymbol{E}_1)=0$$

$$\boldsymbol{e}_n\cdot(\boldsymbol{B}_2-\boldsymbol{B}_1)=0$$

$$\boldsymbol{e}_n\cdot(\boldsymbol{D}_2-\boldsymbol{D}_1)=\sigma$$

结合所选定的圆柱坐标系，各场量在分界上的分量为

$$H_{1\phi}=H_{2\phi}$$

$$E_{1z}=E_{2z}$$

$$B_{1\rho}=B_{2\rho}=0,\quad H_{1\rho}=H_{2\rho}=0$$

$$D_{1\rho}=0,\quad D_{2\rho}=\sigma,\quad E_{2\rho}=\frac{\sigma}{\varepsilon_0}$$

于是，空气中的电磁场量

$$\begin{aligned}
\boldsymbol{E}_2 &= E_{2\rho}\boldsymbol{e}_\rho + E_{2z}\boldsymbol{e}_z \\
\boldsymbol{H}_2 &= H_{2\phi}\boldsymbol{e}_\phi \\
\boldsymbol{S}_2 &= \boldsymbol{E}_2\times\boldsymbol{H}_2 = (E_{2\rho}\boldsymbol{e}_\rho + E_{2z}\boldsymbol{e}_z)\times H_{2\phi}\boldsymbol{e}_\phi \\
&= E_{2z}H_{2\phi}(-\boldsymbol{e}_\rho) + E_{2\rho}H_{2\phi}\boldsymbol{e}_z = S_{2\rho}(-\boldsymbol{e}_\rho) + S_{2z}\boldsymbol{e}_z \\
&= S_{2n}(-\boldsymbol{e}_\rho) + S_{2t}\boldsymbol{e}_z
\end{aligned}$$

由此可见，$\boldsymbol{S}_2$ 有两个分量，法向分量进入导体内，提供热耗功率，切向分量将沿导体轴向在导体周围空间传输。

(3) 若将导体视为理想导体($\gamma_1\to\infty$)，有 $\boldsymbol{E}_1=\boldsymbol{D}_1=\boldsymbol{H}_1=\boldsymbol{B}_1=0$，此时导体中的坡印亭矢量 $\boldsymbol{S}_1=\boldsymbol{E}_1\times\boldsymbol{H}_1=0$。在介质分界面上，磁场的分界面衔接条件不变，而分界面上紧靠空气侧的电场仅有法向分量，即

$$E_{2z}=E_{1z}=0,\qquad E_{2\rho}=\frac{\sigma}{\varepsilon_0}$$

于是，空气中的电磁场量为

$$\boldsymbol{E}_2=E_{2\rho}\boldsymbol{e}_\rho,\quad \boldsymbol{H}_2=H_{2\phi}\boldsymbol{e}_\phi$$

$$\boldsymbol{S}_2=\boldsymbol{E}_2\times\boldsymbol{H}_2=E_{2\rho}H_{2\phi}(\boldsymbol{e}_\rho\times\boldsymbol{e}_\phi)=S_2\boldsymbol{e}_z$$

由于无需向导体提供热耗功率，$\boldsymbol{S}_2$ 只有沿导体轴向的分量。

(4) 结论。

导体内不能传输电磁能量，电磁能量只能沿导体表面附近的空间传输，导线本身起到引导电磁能量定向传输的作用。

5.5 动态位及达朗贝尔方程

与恒定场的分析计算类似，为研究方便，也可在时变场中引入位函数。但不同于前者，由于时变场中的场量既是空间坐标的函数，又是时间的函数，相应的位函数也随时间变化，因而称为动态位。本节介绍动态位的引入方法、动态位满足的微分方程以及方程的求解。

5.5.1 动态位的引入

根据时变电磁场基本方程(5-3-7)$\nabla\cdot\boldsymbol{B}=0$，由矢量恒等式$\nabla\cdot(\nabla\times\boldsymbol{A})=0$，可令

$$\boldsymbol{B}=\nabla\times\boldsymbol{A}\tag{5-5-1}$$

式中，$\boldsymbol{A}$ 为动态矢量位。

将上式代入方程(5-3-6)，有

$$\nabla\times\boldsymbol{E}=-\frac{\partial}{\partial t}(\nabla\times\boldsymbol{A})=-\nabla\times\frac{\partial\boldsymbol{A}}{\partial t}$$

移项合并可得

$$\nabla\times\left(\boldsymbol{E}+\frac{\partial\boldsymbol{A}}{\partial t}\right)=0$$

上式括号内求和后的矢量函数可视为一无旋场函数，由此可定义标量函数 φ，使其满足下式

$$\boldsymbol{E}+\frac{\partial\boldsymbol{A}}{\partial t}=-\nabla\varphi$$

称这个标量函数 φ 为动态标量位，因而有

$$\boldsymbol{E}=-\left(\nabla\varphi+\frac{\partial\boldsymbol{A}}{\partial t}\right)\tag{5-5-2}$$

亦可认为上式将 $\boldsymbol{E}$ 分为了两个分量

$$\boldsymbol{E}=\boldsymbol{E}_{\mathrm{c}}+\boldsymbol{E}_{\mathrm{ind}}$$

式中，$\boldsymbol{E}_{\mathrm{c}}=-\nabla\varphi$ 是由时变电荷产生的电场守恒分量（有散分量），$\boldsymbol{E}_{\mathrm{ind}}=-\dfrac{\partial\boldsymbol{A}}{\partial t}$是由时变磁场产生的感应电场分量（有旋分量）。

5.5.2 动态位的达朗贝尔方程

在各向同性线性均匀介质中，将构成方程 $\boldsymbol{B}=\mu\boldsymbol{H}$、$\boldsymbol{D}=\varepsilon\boldsymbol{E}$ 代入式(5-3-5)，有

$$\nabla\times\left(\frac{\boldsymbol{B}}{\mu}\right)=\boldsymbol{J}_{\mathrm{c}}+\varepsilon\frac{\partial\boldsymbol{E}}{\partial t}$$

再将式(5-5-1)和式(5-5-2)代入上式，得

$$\nabla\times\nabla\times\boldsymbol{A}=\mu\boldsymbol{J}_{\mathrm{c}}+\mu\varepsilon\frac{\partial}{\partial t}\left(-\nabla\varphi-\frac{\partial\boldsymbol{A}}{\partial t}\right)$$

将上式左边应用矢量恒等式(1-5-5)，得

$$\nabla(\nabla\cdot\boldsymbol{A})-\nabla^2\boldsymbol{A}=\mu\boldsymbol{J}_{\mathrm{c}}-\mu\varepsilon\nabla\left(\frac{\partial\varphi}{\partial t}\right)-\mu\varepsilon\frac{\partial^2\boldsymbol{A}}{\partial t^2}$$

整理后有

$$\nabla^2\boldsymbol{A}-\mu\varepsilon\frac{\partial^2\boldsymbol{A}}{\partial t^2}-\nabla\left(\nabla\cdot\boldsymbol{A}+\mu\varepsilon\frac{\partial\varphi}{\partial t}\right)=-\mu\boldsymbol{J}_{\mathrm{c}}\tag{5-5-3}$$

同理，将 $\boldsymbol{D}=\varepsilon\boldsymbol{E}$ 代入式(5-3-8)，同时考虑式(5-5-2)中 $\boldsymbol{E}$ 的两个分量，于是

$$\varepsilon\nabla\cdot\boldsymbol{E}=\varepsilon\nabla\cdot\left(-\nabla\varphi-\frac{\partial\boldsymbol{A}}{\partial t}\right)=\rho$$

整理得

$$\nabla^2\varphi+\frac{\partial}{\partial t}(\nabla\cdot\boldsymbol{A})=-\frac{\rho}{\varepsilon}\tag{5-5-4}$$

式(5-5-3)和式(5-5-4)是关于动态位的两个微分方程，表明了动态位 $\boldsymbol{A}$、φ 与场源 $\boldsymbol{J}_{\mathrm{c}}$、$\rho$ 之间的关系，但这两个微分方程相互耦合，形成了一组关系复杂的联立方程。为了便于分析与计

算，还需要加入适当的条件。在前面引入动态位 **A** 时，只定义了 **A** 的旋度，要唯一的确定 **A**，还需规定 **A** 的散度。为化简上述联立方程，可令

$$\nabla\cdot\boldsymbol{A}+\mu\varepsilon\frac{\partial\varphi}{\partial t}=0$$

将其代入式(5-5-3)和式(5-5-4)中，有

$$\nabla^2\boldsymbol{A}-\mu\varepsilon\frac{\partial^2\boldsymbol{A}}{\partial t^2}=-\mu\boldsymbol{J}_c \tag{5-5-5}$$

$$\nabla^2\varphi-\mu\varepsilon\frac{\partial^2\varphi}{\partial t^2}=-\frac{\rho}{\varepsilon} \tag{5-5-6}$$

称上述 **A** 和 φ 所满足微分方程为达朗贝尔方程或非齐次波动方程。

达朗贝尔方程是只含独立求解量的形式相同的两个方程，它们彼此相对独立——电荷产生动态标量位，电流产生动态矢量位，但又互相关联，联系它们的条件是

$$\nabla\cdot\boldsymbol{A}=-\mu\varepsilon\frac{\partial\varphi}{\partial t} \tag{5-5-7}$$

称式(5-5-7)为洛伦兹规范。

几点说明：

(1) 达朗贝尔方程是时变场中位函数的微分方程，它是在各向同性线性均匀介质条件下，由四个基本方程加介质的构成方程导出的，所以它反映了时变场的所有场——源关系和介质的特性，可由它求解时变场。

(2) 洛伦兹规范 $\nabla\cdot\boldsymbol{A}=-\mu\varepsilon\dfrac{\partial\varphi}{\partial t}$ 是一个十分重要的条件，它规定了 **A** 的散度，并且可以严格证明它隐含了电流连续性原理(即电荷守恒定律)。在静态场中，洛伦兹条件将蜕变为库仑规范。

(3) 达朗贝尔方程是在形式上相对独立，经洛伦兹条件相联系而使之成立的，所以达朗贝尔方程的独立是有条件的。因此，在求解动态位 **A**、φ 时，必须将达朗贝尔方程和洛伦兹条件联立才能求得。

(4) 在达朗贝尔方程中有四个待求未知量，其中 **A** 三个，φ 一个。由式(5-5-5)可得两个独立的标量方程，再加上式(5-5-6)仅有三个独立标量方程，是不可能求解四个未知量的。因此，还需加上约束 **A**、φ 关系的洛伦兹条件，这样四个方程便可解出四个未知量。如果直接求解时变场量 $\boldsymbol{E}$ 和 $\boldsymbol{B}$ 需要求解 6 个未知量，而求解动态位则只需求解 4 个，工作量减少 1/3。

5.5.3 达朗贝尔方程的特征分析

在 $\boldsymbol{J}_c=0$、$\rho=0$ 的区域，达朗贝尔方程即式(5-5-5)和式(5-5-6)为

$$\nabla^2\boldsymbol{A}-\mu\varepsilon\frac{\partial^2\boldsymbol{A}}{\partial t^2}=0$$

$$\nabla^2\varphi-\mu\varepsilon\frac{\partial^2\varphi}{\partial t^2}=0$$

这正好是动态位的波动方程。

当场源 $\boldsymbol{J}_c$ 恒定、ρ 静止不变时，必有 $\dfrac{\partial}{\partial t}(\ )=0$，达朗贝尔方程蜕变为

$$\nabla^2 \mathbf{A} = -\mu \boldsymbol{J}_c$$

$$\nabla^2 \varphi = -\rho/\varepsilon$$

正好是静态场中位函数的泊松方程。

由上可见，泊松方程和波动方程均是达朗贝尔方程的特例。从解微分方程可知，达朗贝尔方程的解应既具有泊松方程解的形式，又具有波动特性。

由达朗贝尔方程的基本特点，考虑以下的求解思路：

(1) 类比静态场的求解思路，仍从点源产生的场入手。首先，分析点源产生的时变场的波动性及其解的形式，然后，对比静态场位函数的解答，类比得出点源产生的动态位的解。

(2) 利用叠加原理，将点源的解答推广到分布场源情况，得到达朗贝尔方程的积分解。

5.5.4 达朗贝尔方程的积分解

在无限大均匀介质空间，式(5-5-5)在直角坐标下可分解成 $\mathbf{A}$ 的三个分量的标量方程，其形式与式(5-5-6)相同。由此可见，只要求出动态标量位达朗贝尔方程的解，即可类比得到动态矢量位方程的解。

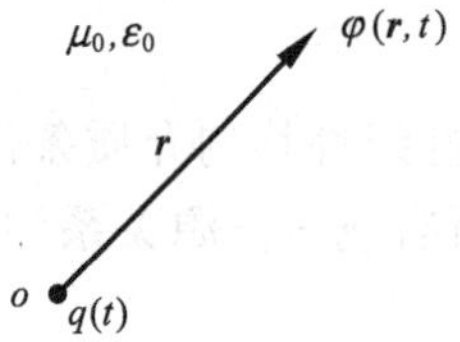

图 5-4 点电荷产生的时变场

1. 点源激励下无界自由空间中 φ 的解形式

在无限大自由空间，有点电荷 $q(t)$，如图 5-4 所示，它产生的场具有球对称分布特点。现令 $v=\dfrac{1}{\sqrt{\mu\varepsilon}}$，除点源外的场域空间，$\varphi$ 满足波动方程

$$\nabla^2 \varphi - \frac{1}{v^2}\frac{\partial^2 \varphi}{\partial t^2} = 0$$

取点电荷 $q(t)$ 所在位置为坐标原点，建立球坐标系，φ 仅为空间坐标 r 和时间 t 的函数，即 $\varphi=\varphi(r,t)$，于是

$$\nabla^2 \varphi = \frac{1}{r^2}\frac{\partial}{\partial r}\left(r^2 \frac{\partial \varphi}{\partial r}\right) = \frac{1}{r}\frac{\partial^2 (r\varphi)}{\partial r^2} = \frac{1}{v^2}\frac{\partial^2 \varphi}{\partial t^2}$$

即

$$\frac{\partial^2 (r\varphi)}{\partial r^2} = \frac{1}{v^2}\frac{\partial (r\varphi)}{\partial t^2} \tag{5-5-8}$$

上式为函数$(r\varphi)$的一维波动方程。它的通解应具有如下形式

$$\begin{aligned} r\varphi &= F_1(r - vt) + F_2(r - vt) \\ &= F_1\left[-v\left(t - \frac{r}{v}\right)\right] + F_2\left[v\left(t + \frac{r}{v}\right)\right] \end{aligned}$$

或

$$r\varphi = f_1\left(t - \frac{r}{v}\right) + f_2\left(t + \frac{r}{v}\right) \tag{5-5-9}$$

对函数$(r\varphi)$的解分析如下：

(1) 第一项 $f_1\left(t-\dfrac{r}{v}\right)$，它是变量$\left(t-\dfrac{r}{v}\right)$的函数，将$\left(t-\dfrac{r}{v}\right)$这种形式的时空变量称为组合变量。若要使 $f_1\left(t-\dfrac{r}{v}\right)$为定值，就应使组合变量$\left(t-\dfrac{r}{v}\right)$在 $\boldsymbol{r}$ 和 t 变化时保持为一定值。

也就是说，当时间由 t 增加到 $t+\Delta t$、距离由 r 增加到 $r+\Delta r$ 时，应有 $t-\frac{r}{v}=t+\Delta t-\frac{r+\Delta r}{v}$，即 $\Delta r=v\Delta t$。这说明，当 $\Delta t>0$ 时，$\Delta r>0$。

由此可见，使 f_1 保持定值的点 r，将随着 t 的增加，出现在离点源越来越远的地方，也就是说，随着时间的增加，使 f_1 保持定值的点将由近及远背离点源传播，f_1 表示一个波动，称为入射波或正向行波。

(2) 第二项 $f_2\left(t+\frac{r}{v}\right)$ 也是组合变量的函数，当组合变量 $\left(t+\frac{r}{v}\right)$ 在 $\boldsymbol{r}$、t 变化时保持定值，f_2 也将为一定值。于是，由 $t+\frac{r}{v}=t+\Delta t+\frac{r+\Delta r}{v}$，有 $\Delta r=-v\Delta t$，当 $\Delta t>0$ 时，$\Delta r<0$。可见使 $f_2\left(t+\frac{r}{v}\right)$ 保持定值的点，将随 t 的增加，由远及近地传播，f_2 也是一个波动，但传播方向与 f_1 相反，称 f_2 为沿 $-r$ 方向传播的反射波或反向行波。

上面所指的波动，就是指电磁波，其传播速度

$$v=\lim_{\Delta t\to 0}\frac{\Delta r}{\Delta t}=\frac{\mathrm{d}r}{\mathrm{d}t}$$

不论是入射波或反射波，均以速度 v 传播，且

$$v=\frac{1}{\sqrt{\mu\varepsilon}}=\frac{1}{\sqrt{\mu_0\varepsilon_0}\sqrt{\mu_r\varepsilon_r}} \tag{5-5-10}$$

在自由空间中(或真空中)的传播速度

$$c=\frac{1}{\sqrt{\mu_0\varepsilon_0}}=\frac{1}{\sqrt{4\pi\times 10^{-7}\times 8.85\times 10^{-12}}}=3\times 10^8\quad(\mathrm{m/s}) \tag{5-5-11}$$

在一般介质中

$$v=\frac{c}{\sqrt{\mu_r\varepsilon_r}} \tag{5-5-12}$$

由以上分析可知，电磁波是以有限速度传播的，波速决定于介质特性。

由于已假设点源位于无限大自由空间，不会发生反射现象，因此，式(5-5-9)的反射波 $f_2\left(t+\frac{r}{v}\right)=0$，于是动态位 φ 的一维波动方程(5-5-8)通解的形式为

$$\varphi(\boldsymbol{r},t)=\frac{f_1\left(t-\frac{r}{v}\right)}{r} \tag{5-5-13}$$

上述解表明 φ 为球面波，φ 的振幅与 r 成反比，随着 r 的增大振幅越来越小，到无穷远处，振幅为零，波便消失了。

如果点电荷不随时间变化且位于坐标原点，它所产生的电位为

$$\varphi(\boldsymbol{r})=\frac{q}{4\pi\varepsilon r}$$

通过与式(5-5-13)对比可知，$f_1\left(t-\frac{r}{v}\right)$ 应有如下形式

$$f_1\left(t-\frac{r}{v}\right)=\frac{q\left(t-\frac{r}{v}\right)}{4\pi\varepsilon}$$

因此,位于坐标原点的点电荷 $q(t)$在 $\boldsymbol{r}$ 处产生的动态标量位为

$$\varphi(\boldsymbol{r},t)=\frac{q\left(t-\frac{r}{v}\right)}{4\pi\varepsilon r} \tag{5-5-14}$$

当点电荷 $q(t)$位于 $\boldsymbol{r}'$时,式(5-5-14)变为

$$\phi(\boldsymbol{r},t)=\frac{q\left(\boldsymbol{r}',t-\frac{R}{v}\right)}{4\pi\varepsilon R} \tag{5-5-15}$$

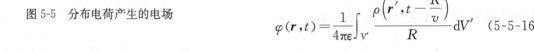

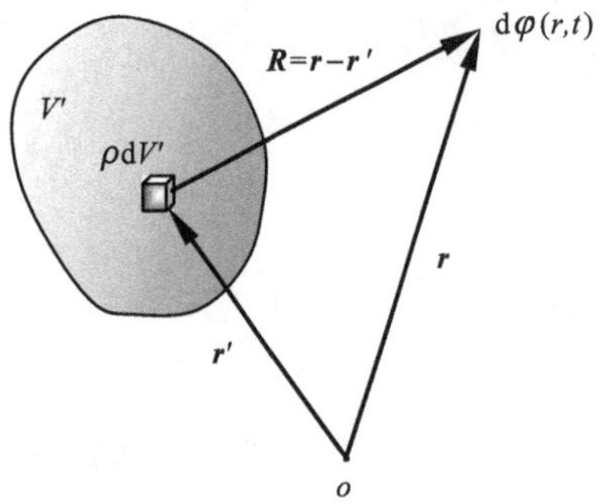

图 5-5　分布电荷产生的电场

2. 达朗贝尔方程的积分解

在无限大均匀介质空间,源区 V' 中分布有密度为 $\rho(\boldsymbol{r}',t)$的体电荷,在源点 $\boldsymbol{r}'$处取元电荷 $\mathrm{d}q=\rho(\boldsymbol{r}',t)\mathrm{d}V'$,如图 5-5 所示。$\mathrm{d}q$ 在场点 $\boldsymbol{r}$ 产生的动态标量位为

$$\mathrm{d}\varphi(\boldsymbol{r},t)=\frac{\rho\left(\boldsymbol{r}',t-\frac{R}{v}\right)}{4\pi\varepsilon R}\mathrm{d}V'$$

那么,V'中所有电荷在 $\boldsymbol{r}$ 点产生的动态标量位应为

$$\varphi(\boldsymbol{r},t)=\frac{1}{4\pi\varepsilon}\int_{V'}\frac{\rho\left(\boldsymbol{r}',t-\frac{R}{v}\right)}{R}\mathrm{d}V' \tag{5-5-16}$$

上式为达朗贝尔方程的积分解,它是组合变量$\left(t-\frac{R}{v}\right)$的函数,并以速度 v 沿 $\boldsymbol{R}$ 方向传播。达朗贝尔方程的积分解具有以下特性:

(1) 组合变量组合$\left(t-\frac{R}{v}\right)$反映了动态位的波动性,它具有时间量纲。凡是以$\left(t-\frac{R}{v}\right)$为自变量的函数,都表示一个以 v 为波速、沿 $\boldsymbol{R}$ 方向推进的波动。

(2) 达朗贝尔方程积分解的波动性,说明时变场源激发出的电磁过程在空间的传播不是瞬时完成的,而是以有限速度逐点传递。因此,在 t_1 时刻,场中 $\boldsymbol{r}$ 点的动态位 $\varphi(\boldsymbol{r},t_1)$并不是由该时刻的源所激励的,它取决于在此之前的 $t_0\left(=t_1-\frac{R}{v}\right)$时刻激励源的情况。反过来说,$t_1$ 时刻激励源 $\rho(\boldsymbol{r}',t_1)$的变化,要经过一段时间 $\Delta t=\frac{R}{v}$,才能传播到观察点 $\boldsymbol{r}$,引起响应 $\varphi(\boldsymbol{r},t_1+\Delta t)$。也就是说,这段推迟时间 Δt 是电磁波从源点 $\boldsymbol{r}'$出发,经过距离 $R=|\boldsymbol{r}-\boldsymbol{r}'|$传播到观察点 $\boldsymbol{r}$ 所需要的时间,它反映了场与源之间的推迟效应。由于动态位随时间的变化总是滞后于激励源的变化,因此又称动态位为推迟位。

由于动态矢量位的达朗贝尔方程与动态标量位的完全相同,通过类比,可以直接推得时变体电流和线电流产生的动态矢量位分别为

$$\boldsymbol{A}(\boldsymbol{r},t)=\frac{\mu}{4\pi}\int_{V'}\frac{\boldsymbol{J}_c\left(\boldsymbol{r}',t-\frac{R}{v}\right)}{R}\mathrm{d}V' \tag{5-5-17}$$

$$\boldsymbol{A}(\boldsymbol{r},t)=\frac{\mu}{4\pi}\int_{l'}\frac{i\left(\boldsymbol{r}',t-\dfrac{R}{v}\right)}{R}\mathrm{d}\boldsymbol{l}' \tag{5-5-18}$$

5.6 正弦电磁场

时变场中应用最多、最为重要的一类场是随时间作正弦规律变化的电磁场。如果场源以一定的角频率随时间按正弦规律变化，所产生的电磁场量也以同样的角频率随时间按正弦规律变化，这种以一定角频率作正弦规律变化的电磁场，称为正弦电磁场或时谐电磁场。

当电磁场按正弦稳态变化时，可以将时域问题转换为相量形式来研究。根据傅里叶分析理论，随时间变化的函数都可以展开为正弦函数的级数或积分，因而掌握了正弦电磁场的理论，那么一般的时变场就可以通过傅里叶分析来研究。

5.6.1 电磁场基本方程的相量形式

1. 正弦时变场量的相量形式

以电场为例，在直角坐标下的正弦稳态时变电场

$$\begin{aligned}\boldsymbol{E}(x,y,z,t)&=E_x(x,y,z,t)\boldsymbol{e}_x+E_y(x,y,z,t)\boldsymbol{e}_y+E_z(x,y,z,t)\boldsymbol{e}_z\\&=E_{xm}(x,y,z)\sin(\omega t+\phi_x)\boldsymbol{e}_x+E_{ym}(x,y,z)\sin(\omega t+\phi_y)\boldsymbol{e}_y\\&\quad+E_{zm}(x,y,z)\sin(\omega t+\phi_z)\boldsymbol{e}_z\end{aligned}$$

式中，ω 为角频率，ϕ_x、ϕ_y 和 ϕ_z 分别为各分量的初相位角。

电场各分量的振幅值是空间坐标的函数，在时间上按正弦规律变化。用位置矢量 $\boldsymbol{r}$ 反映观察点的空间位置，可将电场简洁地表示为

$$\boldsymbol{E}(\boldsymbol{r},t)=E_x(\boldsymbol{r},t)\boldsymbol{e}_x+E_y(\boldsymbol{r},t)\boldsymbol{e}_y+E_z(\boldsymbol{r},t)\boldsymbol{e}_z$$

对上式任一分量，比如 $E_x(\boldsymbol{r},t)$，可用复数取虚部表示

$$E_x(\boldsymbol{r},t)=\mathrm{Im}\left[\sqrt{2}E_x(\boldsymbol{r})\mathrm{e}^{\mathrm{j}\phi_x}\mathrm{e}^{\mathrm{j}\omega t}\right]=\mathrm{Im}\left[\sqrt{2}\dot{E}_x(\boldsymbol{r})\mathrm{e}^{\mathrm{j}\omega t}\right]=\mathrm{Im}\left[\dot{E}_{xm}(\boldsymbol{r})\mathrm{e}^{\mathrm{j}\omega t}\right]$$

式中，$E_x=E_x(\boldsymbol{r})$ 为有效值，$\dot{E}_x=E_x(\boldsymbol{r})\mathrm{e}^{\mathrm{j}\phi_x}$ 为有效值相量，$\dot{E}_{xm}=E_{xm}(\boldsymbol{r})\mathrm{e}^{\mathrm{j}\phi_x}=\sqrt{2}\dot{E}_x(\boldsymbol{r})$ 为振幅值相量。

于是有

$$\boldsymbol{E}(\boldsymbol{r},t)=\mathrm{Im}\left[\sqrt{2}(\dot{E}_x(\boldsymbol{r})\boldsymbol{e}_x+\dot{E}_y(\boldsymbol{r})\boldsymbol{e}_y+\dot{E}_z(\boldsymbol{r})\boldsymbol{e}_z)\mathrm{e}^{\mathrm{j}\omega t}\right]=\mathrm{Im}\left[\sqrt{2}\dot{\boldsymbol{E}}(\boldsymbol{r})\mathrm{e}^{\mathrm{j}\omega t}\right] \tag{5-6-1}$$

式中，$\dot{\boldsymbol{E}}(\boldsymbol{r})=\dot{E}_x(\boldsymbol{r})\boldsymbol{e}_x+\dot{E}_y(\boldsymbol{r})\boldsymbol{e}_y+\dot{E}_z(\boldsymbol{r})\boldsymbol{e}_z$，可简写为 $\dot{\boldsymbol{E}}=\dot{E}_x\boldsymbol{e}_x+\dot{E}_y\boldsymbol{e}_y+\dot{E}_z\boldsymbol{e}_z$，是电场强度矢量的有效值相量。$\dot{\boldsymbol{E}}(\boldsymbol{r})$ 是正弦电场矢量的相量形式，其他场量可用相同的方法得到其相量形式。

2. 基本方程组的相量形式

对于基本方程(5-3-5)

$$\nabla\times\boldsymbol{H}=\boldsymbol{J}_{\mathrm{c}}+\frac{\partial\boldsymbol{D}}{\partial t}$$

按式(5-6-1)改写成复数取虚部形式

$$\nabla\times\left[\mathrm{Im}(\sqrt{2}\dot{\boldsymbol{H}}\mathrm{e}^{\mathrm{j}\omega t})\right]=\mathrm{Im}\left[\sqrt{2}\dot{\boldsymbol{J}}_{\mathrm{c}}\mathrm{e}^{\mathrm{j}\omega t}\right]+\frac{\partial}{\partial t}\left[\mathrm{Im}(\sqrt{2}\dot{\boldsymbol{D}}\mathrm{e}^{\mathrm{j}\omega t})\right]$$

$$=\mathrm{Im}\left[\sqrt{2}\dot{\boldsymbol{J}}_{\mathrm{c}}\mathrm{e}^{\mathrm{j}\omega t}\right]+\mathrm{Im}\left[\sqrt{2}\mathrm{j}\omega\dot{\boldsymbol{D}}\mathrm{e}^{\mathrm{j}\omega t}\right]$$

即

$$\mathrm{Im}\left[\sqrt{2}(\nabla\times\dot{\boldsymbol{H}})\mathrm{e}^{\mathrm{j}\omega t}\right]=\mathrm{Im}\left[\sqrt{2}(\dot{\boldsymbol{J}}_{\mathrm{c}}+\mathrm{j}\omega\dot{\boldsymbol{D}})\mathrm{e}^{\mathrm{j}\omega t}\right]$$

由上式可知，对时间的一次求导，相当于相应相量乘以因子 $\mathrm{j}\omega$。由此式(5-3-5)～式(5-3-8)可写成

$$\nabla\times\dot{\boldsymbol{H}}=\dot{\boldsymbol{J}}_{\mathrm{c}}+\mathrm{j}\omega\dot{\boldsymbol{D}} \tag{5-6-2}$$

$$\nabla\times\dot{\boldsymbol{E}}=-\mathrm{j}\omega\dot{\boldsymbol{B}} \tag{5-6-3}$$

$$\nabla\cdot\dot{\boldsymbol{B}}=0 \tag{5-6-4}$$

$$\nabla\cdot\dot{\boldsymbol{D}}=\dot{\rho} \tag{5-6-5}$$

同理可得，各向同性线性介质的构成方程的相量形式为

$$\begin{aligned}\dot{\boldsymbol{D}}&=\varepsilon\dot{\boldsymbol{E}}\\ \dot{\boldsymbol{B}}&=\mu\dot{\boldsymbol{H}}\\ \dot{\boldsymbol{J}}_{\mathrm{c}}&=\gamma\dot{\boldsymbol{E}}\end{aligned} \tag{5-6-6}$$

以上各式中的场量均为有效值相量，ε、μ、γ 均为实数。

在高频情况下，介质的损耗已不能忽略，ε、μ、γ 将为复数，而场矢量 $\dot{\boldsymbol{D}}$ 与 $\dot{\boldsymbol{E}}$、$\dot{\boldsymbol{B}}$ 与 $\dot{\boldsymbol{H}}$、$\dot{\boldsymbol{J}}_{\mathrm{c}}$ 与 $\dot{\boldsymbol{E}}$ 将不再同相。

5.6.2 坡印亭定理的相量形式

1. 坡印亭矢量的瞬时值和平均值

坡印亭矢量 $\boldsymbol{S}(\boldsymbol{r},t)$ 表示电磁场中任意一点的电磁功率流密度，当场量按正弦稳态变化时，$\boldsymbol{S}(\boldsymbol{r},t)$ 也必将随时间按一定规律变化。在任一瞬时，它的值可为正也可能为负。当 $\boldsymbol{S}(\boldsymbol{r},t)$ 为正值时，表示瞬时功率流动方向与 $\boldsymbol{S}(\boldsymbol{r},t)$ 方向一致；反之，则表示瞬时功率流动方向与 $\boldsymbol{S}(\boldsymbol{r},t)$ 方向相反。

设自由空间有正弦时变电磁场，其电场强度和磁场强度瞬时值分别为

$$\boldsymbol{E}(\boldsymbol{r},t)=\boldsymbol{E}_{\mathrm{m}}(\boldsymbol{r})\sin(\omega t+\phi_{\mathrm{E}})$$

$$\boldsymbol{H}(\boldsymbol{r},t)=\boldsymbol{H}_{\mathrm{m}}(\boldsymbol{r})\sin(\omega t+\phi_{\mathrm{H}})$$

则坡印亭矢量的瞬时值为

$$\boldsymbol{S}(\boldsymbol{r},t)=\boldsymbol{E}(\boldsymbol{r},t)\times\boldsymbol{H}(\boldsymbol{r},t)=\boldsymbol{E}_{\mathrm{m}}(\boldsymbol{r})\times\boldsymbol{H}_{\mathrm{m}}(\boldsymbol{r})\sin(\omega t+\phi_{\mathrm{E}})\sin(\omega t+\phi_{\mathrm{H}})$$

$$=(\boldsymbol{E}_{\mathrm{m}}\times\boldsymbol{H}_{\mathrm{m}})\frac{1}{2}\left[\cos(\phi_{\mathrm{E}}-\phi_{\mathrm{H}})-\cos(2\omega t+\phi_{\mathrm{E}}+\phi_{\mathrm{H}})\right]$$

它在一个周期内的平均值为

$$\boldsymbol{S}_{\mathrm{av}}=\frac{1}{T}\int_0^T\boldsymbol{S}(\boldsymbol{r},t)\,\mathrm{d}t=\frac{1}{2}(\boldsymbol{E}_{\mathrm{m}}\times\boldsymbol{H}_{\mathrm{m}})\cos(\phi_{\mathrm{E}}-\phi_{\mathrm{H}}) \tag{5-6-7}$$

$\boldsymbol{S}_{\mathrm{av}}$ 表示在一个周期内沿 $\boldsymbol{S}(\boldsymbol{r},t)$ 的方向通过单位面积的平均功率，称它为坡印亭矢量的平均值。

2. 坡印亭定理的相量形式

在无外源存在的导电介质中，以磁场强度的共轭复数 $\dot{\boldsymbol{H}}^*$ 点乘式(5-6-3)减去 $\dot{\boldsymbol{E}}$ 点乘式(5-6-2)的共轭复数，有

$$\dot{\boldsymbol{H}}^* \cdot (\nabla\times\dot{\boldsymbol{E}}) - \dot{\boldsymbol{E}} \cdot (\nabla\times\dot{\boldsymbol{H}})^* = -\mathrm{j}\omega\dot{\boldsymbol{H}}^* \cdot \dot{\boldsymbol{B}} - \dot{\boldsymbol{E}} \cdot (\boldsymbol{J}_c + \mathrm{j}\omega\dot{\boldsymbol{D}})^* \tag{5-6-8}$$

注意到共轭复数的运算

$$(\nabla\times\dot{\boldsymbol{H}})^* = \nabla\times\dot{\boldsymbol{H}}^*$$

$$(\dot{\boldsymbol{J}}_c + \mathrm{j}\omega\dot{\boldsymbol{D}})^* = \dot{\boldsymbol{J}}_c^* - \mathrm{j}\omega\dot{\boldsymbol{D}}^*$$

$$\dot{\boldsymbol{H}}^* \cdot \dot{\boldsymbol{B}} = \dot{\boldsymbol{H}}^* \cdot \mu\dot{\boldsymbol{H}} = \mu H^2$$

$$\dot{\boldsymbol{E}} \cdot \dot{\boldsymbol{D}}^* = \dot{\boldsymbol{E}} \cdot \varepsilon\dot{\boldsymbol{E}}^* = \varepsilon E^2$$

$$\dot{\boldsymbol{E}} \cdot \dot{\boldsymbol{J}}_c^* = \dot{\boldsymbol{J}}_c \frac{1}{\gamma} \cdot \dot{\boldsymbol{J}}_c^* = \frac{1}{\gamma} J_c^2$$

以及矢量恒等式

$$\dot{\boldsymbol{H}}^* \cdot (\nabla\times\dot{\boldsymbol{E}}) - \dot{\boldsymbol{E}} \cdot (\nabla\times\dot{\boldsymbol{H}}^*) = \nabla\cdot(\dot{\boldsymbol{E}}\times\dot{\boldsymbol{H}}^*)$$

于是式(5-6-8)为

$$\nabla\cdot(\dot{\boldsymbol{E}}\times\dot{\boldsymbol{H}}^*) = -\mathrm{j}\omega\mu H^2 - \frac{J_c^2}{\gamma} + \mathrm{j}\omega\varepsilon E^2$$

或写成

$$-\nabla\cdot(\dot{\boldsymbol{E}}\times\dot{\boldsymbol{H}}^*) = \frac{J_c^2}{\gamma} + \mathrm{j}\omega(\mu H^2 - \varepsilon E^2)$$

其中，E、H 和 J_c 均为有效值。

在空间 V 内对上式两端作体积分，并应用高斯散度定理，得

$$-\oint_S (\dot{\boldsymbol{E}}\times\dot{\boldsymbol{H}}^*) \cdot \mathrm{d}\boldsymbol{S} = \int_V \frac{J_c^2}{r}\mathrm{d}V + \mathrm{j}\omega\int_V (\mu H^2 - \varepsilon E^2)\,\mathrm{d}V \tag{5-6-9}$$

式(5-6-9)中各项的意义如下：

(1) $\int_V \frac{J_c^2}{\gamma}\mathrm{d}V$：表示体积 V 内导电介质吸收的热损耗功率，为有功功率。

(2) $\omega\int_V (\mu H^2 - \varepsilon E^2)\,\mathrm{d}V$：表示体积 V 内电场能量和磁场能量进行交换的速率，它并没有消耗，为 V 内吸收的无功功率。

(3) $-\oint_S (\dot{\boldsymbol{E}}\times\dot{\boldsymbol{H}}^*) \cdot \mathrm{d}\boldsymbol{S}$：表示穿入 S 面进入空间 V 内的复功率，可写作

$$-\oint_S (\dot{\boldsymbol{E}}\times\dot{\boldsymbol{H}}^*) \cdot \mathrm{d}\boldsymbol{S} = P + \mathrm{j}Q$$

其中

$$P = \mathrm{Re}\left[-\oint_S (\dot{\boldsymbol{E}}\times\dot{\boldsymbol{H}}^*) \cdot \mathrm{d}\boldsymbol{S}\right] = \int_V \frac{J_c^2}{r}\mathrm{d}V$$

$$Q = \mathrm{Im}\left[-\oint_S (\dot{\boldsymbol{E}}\times\dot{\boldsymbol{H}}^*) \cdot \mathrm{d}\boldsymbol{S}\right] = \omega\int_V (\mu H^2 - \varepsilon E^2)\,\mathrm{d}V$$

所以，称式(5-6-9)为功率平衡方程，即坡印亭定理的相量形式。而式中的被积函数 $\dot{\boldsymbol{E}}\times\dot{\boldsymbol{H}}^*$ 表

示场中某点处与能流方向相垂直的单位面积上穿过的复功率，用 $\dot{\boldsymbol{S}}$ 表示，即

$$\dot{\boldsymbol{S}}=\dot{\boldsymbol{E}}\times\dot{\boldsymbol{H}}^{*} \tag{5-6-10}$$

为坡印亭矢量的相量形式。

于是，坡印亭矢量的平均值也可表示成

$$\boldsymbol{S}_{\mathrm{av}}=\mathrm{Re}\dot{\boldsymbol{S}}=\mathrm{Re}[\dot{\boldsymbol{E}}\times\dot{\boldsymbol{H}}^{*}] \tag{5-6-11}$$

例 5-1 在无源自由空间中，已知电场强度矢量的相量为

$$\dot{\boldsymbol{E}}(z)=E\mathrm{e}^{-\mathrm{j}\beta z}\boldsymbol{e}_y$$

其中，β、E 为常数。试求坡印亭矢量的平均值。

解 由式 $\nabla\times\dot{\boldsymbol{E}}=-\mathrm{j}\omega\mu_0\dot{\boldsymbol{H}}$，得

$$\begin{aligned}\dot{\boldsymbol{H}}(z)&=-\frac{1}{\mathrm{j}\omega\mu_0}\nabla\times\dot{\boldsymbol{E}}(z)\\&=-\frac{1}{\mathrm{j}\omega\mu_0}\frac{\partial}{\partial z}(-E\mathrm{e}^{-\mathrm{j}\beta z})\boldsymbol{e}_x=-\frac{\beta E}{\omega\mu_0}\mathrm{e}^{-\mathrm{j}\beta z}\boldsymbol{e}_x\end{aligned}$$

则电场强度和磁场强度的瞬时值分别为

$$\boldsymbol{E}(z,t)=\sqrt{2}E\sin(\omega t-\beta z)\boldsymbol{e}_y$$

和

$$\boldsymbol{H}(z,t)=\sqrt{2}\frac{\beta E}{\omega\mu_0}\sin(\omega t-\beta z)(-\boldsymbol{e}_x)$$

于是，坡印亭矢量的瞬时值为

$$\boldsymbol{S}(z,t)=\boldsymbol{E}(z,t)\times\boldsymbol{H}(z,t)=\frac{2\beta E^2}{\omega\mu_0}\sin^2(\omega t-\beta z)\boldsymbol{e}_z$$

所以，坡印亭矢量的平均值为

$$\boldsymbol{S}_{\mathrm{av}}=\frac{1}{T}\int_0^T\boldsymbol{S}(t)\,\mathrm{d}t=\frac{1}{2}(\boldsymbol{E}_{\mathrm{m}}\times\boldsymbol{H}_{\mathrm{m}})=\frac{\beta E^2}{\omega\mu_0}\boldsymbol{e}_z$$

或者

$$\boldsymbol{S}_{\mathrm{av}}=\mathrm{Re}[\dot{\boldsymbol{E}}\times\dot{\boldsymbol{H}}^{*}]=\mathrm{Re}\left[E\mathrm{e}^{-\mathrm{j}\beta z}\boldsymbol{e}_y\times\left(-\frac{\beta E}{\omega\mu_0}\mathrm{e}^{-\mathrm{j}\beta z}\boldsymbol{e}_x\right)^{*}\right]=\frac{\beta E^2}{\omega\mu_0}\boldsymbol{e}_z$$

5.6.3 达朗贝尔方程解答的相量形式

设空间介质参数为 μ、ε，激励源以角频率 ω 随时间作正弦规律变化，在正弦稳态情况下，场域中各点的场量、动态位都是同频率的正弦量，由式(5-5-5)、式(5-5-6)可得出达朗贝尔方程的相量形式：

$$\nabla^2\dot{\boldsymbol{A}}+\frac{\omega^2}{v^2}\dot{\boldsymbol{A}}=-\mu\dot{\boldsymbol{J}}_{\mathrm{c}} \tag{5-6-12}$$

$$\nabla^2\dot{\varphi}+\frac{\omega^2}{v^2}\dot{\varphi}=-\frac{\dot{\rho}}{\varepsilon} \tag{5-6-13}$$

式中，$\dot{\boldsymbol{A}}$、$\dot{\varphi}$、$\dot{\boldsymbol{J}}$、$\dot{\rho}$ 为空间坐标的相量函数。令 $\beta=\frac{\omega}{v}$，称为相位常数，单位为弧度/米(rad/m)，表示波传播单位距离所对应的相位角度。则上式为

$$\nabla^2 \dot{\boldsymbol{A}} + \beta^2 \dot{\boldsymbol{A}} = -\mu \dot{\boldsymbol{J}}_{\mathrm{c}} \tag{5-6-14}$$

$$\nabla^2 \dot{\varphi} + \beta^2 \dot{\varphi} = -\frac{\dot{\rho}}{\varepsilon} \tag{5-6-15}$$

考虑动态标量位瞬时表达式中体电荷密度为

$$\rho\left(\boldsymbol{r}', t - \frac{R}{v}\right) = \rho_{\mathrm{m}}(\boldsymbol{r}') \sin\left[\omega\left(t - \frac{R}{v}\right) - \phi\right] = \mathrm{Im}\left[\sqrt{2}\rho(\boldsymbol{r}')\,\mathrm{e}^{-\mathrm{j}\phi}\,\mathrm{e}^{-\mathrm{j}\frac{\omega}{v}R}\,\mathrm{e}^{\mathrm{j}\omega t}\right]$$

则体电荷密度相应的相量表达式为

$$\dot{\rho}(\boldsymbol{r}') = \rho(\boldsymbol{r}')\,\mathrm{e}^{-\mathrm{j}\phi}$$

所以标量动态位的相量形式为

$$\dot{\varphi}(\boldsymbol{r}) = \frac{1}{4\pi\varepsilon}\int_{V'} \frac{\dot{\rho}(\boldsymbol{r}')\,\mathrm{e}^{-\mathrm{j}\beta R}}{R}\,\mathrm{d}V' \tag{5-6-16}$$

同理,矢量动态位的相量形式为

$$\dot{\boldsymbol{A}}(\boldsymbol{r}) = \frac{\mu}{4\pi}\int_{V'} \frac{\dot{\boldsymbol{J}}_{\mathrm{c}}(\boldsymbol{r}')\,\mathrm{e}^{-\mathrm{j}\beta R}}{R}\,\mathrm{d}V' \tag{5-6-17}$$

$$\dot{\boldsymbol{A}}(\boldsymbol{r}) = \frac{\mu}{4\pi}\oint_{l'} \frac{\dot{I}(\boldsymbol{r}')\,\mathrm{e}^{-\mathrm{j}\beta R}}{R}\,\mathrm{d}\boldsymbol{l}' \tag{5-6-18}$$

由式(5-6-16)～式(5-6-18)与动态位解的瞬时表达式相比较可知,在正弦稳态电磁场中,动态位在时间上的滞后 R/v 相当于相量在空间上有 βR 相角的滞后。

在正弦稳态电磁场中,若由已知场源求得 $\dot{\boldsymbol{A}}$,再求场量 $\dot{\boldsymbol{B}}$ 和 $\dot{\boldsymbol{E}}$ 时,可由洛伦兹条件的相量形式

$$\nabla \cdot \dot{\boldsymbol{A}} = -\mathrm{j}\omega\mu\varepsilon\dot{\varphi} \tag{5-6-19}$$

解出

$$\dot{\varphi} = \frac{\nabla \cdot \dot{\boldsymbol{A}}}{-\mathrm{j}\omega\mu\varepsilon}$$

于是可得电场和磁场

$$\dot{\boldsymbol{E}} = -\nabla\dot{\varphi} - \mathrm{j}\omega\dot{\boldsymbol{A}} = \frac{\nabla(\nabla \cdot \dot{\boldsymbol{A}})}{\mathrm{j}\omega\mu\varepsilon} - \mathrm{j}\omega\dot{\boldsymbol{A}}$$

$$\dot{\boldsymbol{B}} = \nabla \times \dot{\boldsymbol{A}}$$

也就是说,在时谐稳态场中,应用洛伦兹条件的相量形式,其他场量可仅用 $\dot{\boldsymbol{A}}$ 来描述。

5.7 准静态电磁场

在许多工程应用中,如电气设备、电力系统、生命科学等领域,电场或磁场随时间作缓慢的变化,此时麦克斯韦方程组中的$\frac{\partial \boldsymbol{D}}{\partial t}$或$\frac{\partial \boldsymbol{B}}{\partial t}$可以忽略,这种电场或磁场随时间缓慢变化的电磁场称为准静态电磁场。在一定条件下准静态电磁场可应用静态电磁场的求解方法,分别解电场或磁场,从而使复杂的电磁问题得以简化。

5.7.1 电准静态电磁场

时变电场由时变电荷 $q(t)$ 和时变磁场 $\frac{\partial \boldsymbol{B}}{\partial t}$ 产生，分别建立对应的库仑电场 $\boldsymbol{E}_c$ 和感应电场 $\boldsymbol{E}_{ind}$。当感应电场远小于库仑电场时，有

$$\nabla \times \boldsymbol{E} = \nabla \times (\boldsymbol{E}_c + \boldsymbol{E}_{ind}) \approx \nabla \times \boldsymbol{E}_c = 0 \tag{5-7-1}$$

电场近似呈无旋性，其性质同静态电场，称此时的电磁场为电准静态电磁场。忽略电磁感应项 $\frac{\partial \boldsymbol{B}}{\partial t}$ 的作用后，电准静态电磁场有如下微分形式的基本方程

$$\nabla \times \boldsymbol{H} = \boldsymbol{J} + \frac{\partial \boldsymbol{D}}{\partial t} \tag{5-7-2}$$

$$\nabla \times \boldsymbol{E} \approx 0 \tag{5-7-3}$$

$$\nabla \cdot \boldsymbol{B} = 0 \tag{5-7-4}$$

$$\nabla \cdot \boldsymbol{D} = \rho \tag{5-7-5}$$

同静电场相比，电场的基本方程没有改变，所不同的是 $\boldsymbol{E}$ 和 $\boldsymbol{D}$ 是时间的函数，它们和源 ρ 之间具有瞬时对应关系，即每一时刻，场和源的关系类似于静电场中场和源的关系。这样只要知道电荷分布，就完全可以利用静电场的公式，确定出 $\boldsymbol{E}$ 和 $\boldsymbol{D}$。

基于式(5-7-3)，电准静态场中的 $\boldsymbol{E}$ 也可以用随时间变化的标量位 $\varphi(t)$ 表示

$$\boldsymbol{E} = -\nabla \varphi \tag{5-7-6}$$

从介质构成方程 $\boldsymbol{D} = \varepsilon \boldsymbol{E}$ 和式(5-7-5)可导出 $\varphi(t)$ 满足泊松方程

$$\nabla^2 \varphi = -\frac{\rho}{\varepsilon} \tag{5-7-7}$$

当平板电容器工作在低频时，电容器中的电磁场属电准静态场。应该指出，有时虽然感应电场 $\boldsymbol{E}_{ind}$ 不小，但其旋度 $\nabla \times \boldsymbol{E}_{ind}$ 很小时，式(5-7-1)成立，亦可按电准静态场考虑。例如，低频交流电感线圈导线中的电场可按恒定电场考虑，感应电场并不影响线圈中电流 $\boldsymbol{J}$ 的均匀分布。

电准静态场的典型例子为工频正弦时变场。下面介绍一个电准静态场的算例。

例 5-2 有一圆形平行板电容器，极板间距 $d=0.5\text{cm}$，电容器填充 $\varepsilon_r=5.4$ 的云母介质。忽略边缘效应，极板间外施电压 $u(t)=110\sqrt{2}\sin 314t\,\text{V}$，求极板间的电场和磁场。

解 极板间的电场由极板上的电荷和时变磁场产生。在工频情况下，忽略时变磁场的影响，则极板间的电场为电准静态场。选取圆柱坐标系的 z 轴与电容器的轴线重合，设 $\boldsymbol{E}$ 的方向沿 $+z$，得

$$\boldsymbol{E} = \boldsymbol{e}_z \frac{u}{d} = \boldsymbol{e}_z \frac{110\sqrt{2}}{0.5 \times 10^{-2}} \sin 314t = \boldsymbol{e}_z 3.11 \times 10^4 \sin 314t \quad (\text{V/m})$$

由全电流定律得磁场

$$\oint_l \boldsymbol{H} \cdot d\boldsymbol{l} = 2\pi\rho H_\phi = \int_S \frac{\partial \boldsymbol{D}}{\partial t} \cdot d\boldsymbol{S} = \pi\rho^2 \times 3.11 \times 10^4 \times 314 \varepsilon_r \varepsilon_0 \cos 314t (\boldsymbol{e}_z \cdot \boldsymbol{e}_z)$$

因此，极板间磁场为

$$\boldsymbol{H} = H_\phi \boldsymbol{e}_\phi = \boldsymbol{e}_\phi 2.335 \times 10^{-4} \rho \cos 314t \quad (\text{A/m})$$

若考虑时变磁场产生的感应电场，由电磁感应定律$\nabla\times\boldsymbol{E}=-\frac{\partial \boldsymbol{B}}{\partial t}=-\mu_0\frac{\partial \boldsymbol{H}}{\partial t}$，可得

$$-\frac{\partial E_z}{\partial \rho}=\mu_0 314\times 10^{-4}\rho\sin 314t$$

解上式得

$$E_z=4.537\times 10^{-8}\rho^2\sin 314t \quad (\mathrm{V/m})$$

可见，在工频情况下，由时变磁场产生的感应电场远小于库仑电场。

5.7.2 磁准静态电磁场

当位移电流密度$\frac{\partial \boldsymbol{D}}{\partial t}$远小于传导电流密度$\boldsymbol{J}$时，全电流定律蜕变为

$$\nabla\times\boldsymbol{H}=\boldsymbol{J}+\frac{\partial \boldsymbol{D}}{\partial t}\approx\boldsymbol{J} \tag{5-7-8}$$

此时的时变场为磁准静态场，其磁场可按恒定磁场处理。于是，磁准静态场基本方程的微分形式是

$$\nabla\times\boldsymbol{H}=\boldsymbol{J} \tag{5-7-9}$$

$$\nabla\times\boldsymbol{E}=-\frac{\partial \boldsymbol{B}}{\partial t} \tag{5-7-10}$$

$$\nabla\cdot\boldsymbol{B}=0 \tag{5-7-11}$$

$$\nabla\cdot\boldsymbol{D}=\rho \tag{5-7-12}$$

由以上基本方程可知，磁准静态场的磁场方程形式上完全同恒定磁场。

与恒定磁场一样，磁准静态场中的$\boldsymbol{B}$也可用矢量位函数$\boldsymbol{A}$的旋度表示，当然$\boldsymbol{A}$是随时间变化的，即

$$\boldsymbol{B}=\nabla\times\boldsymbol{A} \tag{5-7-13}$$

磁准静态场可定义动态标量位

$$\boldsymbol{E}=-\frac{\partial \boldsymbol{A}}{\partial t}-\nabla\varphi$$

当$\boldsymbol{A}$满足库仑规范$\nabla\cdot\boldsymbol{A}=0$时，动态位$\boldsymbol{A}$和$\varphi$分别满足偏微分方程

$$\nabla^2\boldsymbol{A}=-\mu\boldsymbol{J} \quad 和 \quad \nabla^2\varphi=-\frac{\rho}{\varepsilon}$$

磁准静态场忽略了位移电流对磁场的影响，也就意味着不考虑电磁场的波动性，场强$\boldsymbol{H}$和场源$\boldsymbol{J}$之间具有类似于静态场中场和源之间的瞬时对应关系，所以又称这种场为似稳场。

在正弦时变场中，位移电流是否可以忽略？或者说场的响应（场矢量或动态位）和引起它的激励（时变电荷或时变电流）在时间上有滞后，显示了推迟作用，这一推迟效果如何衡量呢？除考虑位移电流与传导电流的相对大小外，还可以根据其他条件来方便地判断。

(1) 对于导体内的时变电磁场来说，忽略位移电流的条件是

$$\frac{\omega\varepsilon}{\gamma}\ll 1 \quad 或 \quad \omega\varepsilon\ll\gamma \tag{5-7-14}$$

此时导体中的时变场可按磁准静态场处理，存在于导体中的磁准静态场通常也称为涡流场。

电工技术中的涡流问题是这类磁准静态场的典型应用实例，它广泛存在于电机、变压器、感应加热装置、磁悬浮系统等工程问题中。

满足条件式(5-7-14)的导体称为良导体，对于纯金属来说 $\gamma \approx 10^7 \mathrm{S/m}$，$\varepsilon \approx \varepsilon_0$，便得 $\omega \ll 10^{17} \mathrm{rad/s}$，可见，在导体中一直到紫外波长都允许将位移电流略去。

(2) 对于理想电介质中的时变电磁场而言，因无传导电流，位移电流是否可忽略则由场点与源点之间的距离所满足的条件决定。假定在场源处产生了随时间作正弦变化的电场 $E = \mathrm{Im}[E_0 \mathrm{e}^{\mathrm{j}\omega t}]$，那么在与场源相距 $R = |\boldsymbol{r} - \boldsymbol{r}'|$ 处的电场对时间的相依关系为

$$E \approx \mathrm{Im}[E_0 \mathrm{e}^{\mathrm{j}\omega\left(t - \frac{R}{v}\right)}]$$

式中，$\mathrm{e}^{-\mathrm{j}\omega\frac{R}{v}}$ 为推迟因子，表示场相对于源在相位上的滞后。如果忽略推迟效应，则要求

$$\mathrm{e}^{-\mathrm{j}\omega\frac{R}{v}} \approx 1$$

即

$$\frac{\omega R}{v} = \frac{2\pi R}{\lambda} \ll 1 \quad 或 \quad R \ll \lambda \tag{5-7-15}$$

上式表明，当观察点到场源的距离远小于波长 λ 时，位移电流是可以略去的，时变电磁场可按磁准静态场处理。把满足式(5-7-15)的区域称为似稳区或近区，不满足 $R \ll \lambda$ 条件的区域称为远区，其内的电磁场矢量必须考虑波动性。在似稳区(或近区)中，动态位可按下式计算

$$\dot{\varphi}(\boldsymbol{r}) = \frac{1}{4\pi\varepsilon}\int_{V'} \frac{\dot{\rho}(\boldsymbol{r}')}{R} \mathrm{d}V'$$

$$\dot{\boldsymbol{A}}(\boldsymbol{r}) = \frac{\mu}{4\pi}\int_{V'} \frac{\dot{\boldsymbol{J}}_{\mathrm{c}}(\boldsymbol{r}')}{R} \mathrm{d}V'$$

此时，相量 $\dot{\varphi}(\boldsymbol{r})$ 与 $\dot{\rho}(\boldsymbol{r}')$、$\dot{\boldsymbol{A}}(\boldsymbol{r})$ 与 $\dot{\boldsymbol{J}}_{\mathrm{c}}(\boldsymbol{r}')$ 之间没有相位差，动态位解答与静态场的计算公式形式完全一样，已无推迟效应。这说明完全可以按静态场的方法计算动态位。

式(5-7-14)和式(5-7-15)都称为近似条件或似稳条件，应当注意，似稳区是一个相对概念。

5.7.3 准静态电磁场和电路

电磁场理论和电路理论都是研究电磁现象的，它们必然有其内在联系。下面将由麦克斯韦方程导出电路的基本定理，由此说明电磁场理论是交流电路的理论基础。

经典电路理论的基础是基尔霍夫定律，它包括节点电流定律和回路电压定律，这两个定律可以由准静态电磁场方程推导出来，下面分别对它们进行说明。

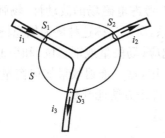

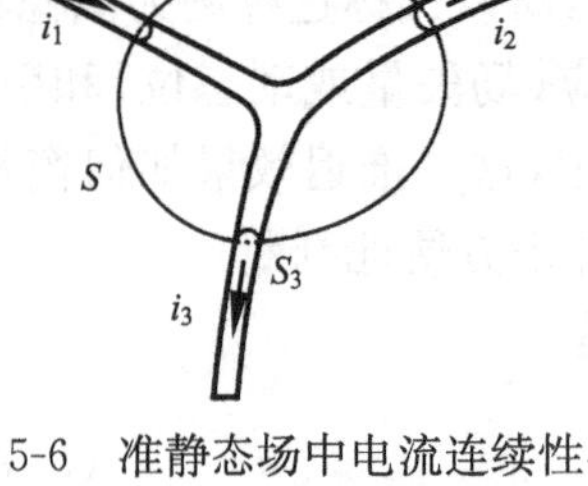

图 5-6　准静态场中电流连续性与基尔霍夫电流定律的关系

1. 基尔霍夫电流定律

如图 5-6 所示，以流入节点的电流为正，流出节点的电流为负，那么基尔霍夫电流定律可表述为：任一瞬时在任一节点处电流的代数和恒等于零，即流入该节点的电流必然等于流出的电流。其数学表达式为

$$\sum_{j=1}^{N} i_j = 0 \tag{5-7-16}$$

这一定律的物理意义表明电荷是守恒的，电荷不会在节点处积累或消失，换句话说，传导电流在节点处连续。

下面从准静态场的方程(5-7-9)出发，推导出基尔霍夫电流定律。对$\nabla\times\boldsymbol{H}=\boldsymbol{J}$两边取散度，可得传导电流连续性原理的微分形式

$$\nabla\cdot\boldsymbol{J}=0 \tag{5-7-17}$$

它的积分形式是

$$\oint_S \boldsymbol{J}\cdot \mathrm{d}\boldsymbol{S}=0 \tag{5-7-18}$$

式中，S是围绕节点的任意闭合曲面。在图5-6中，i_1、i_2、i_3是由三条导线流经节点的电流。在包围该节点的任意闭合曲面S上应用式(5-7-18)，有

$$\oint_S \boldsymbol{J}\cdot \mathrm{d}\boldsymbol{S}=\int_{S_1}\boldsymbol{J}\cdot \mathrm{d}\boldsymbol{S}+\int_{S_2}\boldsymbol{J}\cdot \mathrm{d}\boldsymbol{S}+\int_{S_3}\boldsymbol{J}\cdot \mathrm{d}\boldsymbol{S}=0$$

即

$$\sum_{j=1}^{3} i_j=0 \tag{5-7-19}$$

这就证明了基尔霍夫电流定律。

2. 基尔霍夫电压定律

基尔霍夫电压定律指出：任一瞬时在网络中任一回路内电压降的代数和恒等于零，即

$$\sum_{j=1}^{N} u_j=0 \tag{5-7-20}$$

式中，u_j包括电流在流过电路元件，如电阻、电感、电容等产生的压降，也包括回路中电源的电动势，如图5-7所示的集中参数电路。

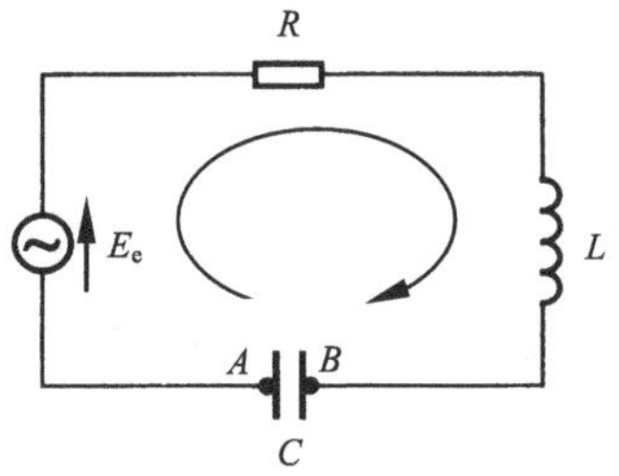

图5-7　准静态场方程与基尔霍夫电压定律的关系

基尔霍夫电压定律体现了能量守恒原理，它的理论基础是电磁感应定律。从电磁感应定律$\nabla\times\boldsymbol{E}=-\dfrac{\partial\boldsymbol{B}}{\partial t}$出发，将式(5-7-13)代入，得到$\nabla\times\left(\boldsymbol{E}+\dfrac{\partial\boldsymbol{A}}{\partial t}\right)=0$，由此引入动态标量位$\varphi$。电场强度$\boldsymbol{E}$与动态位$\boldsymbol{A}$和$\varphi$之间的关系为

$$\boldsymbol{E}=-\frac{\partial\boldsymbol{A}}{\partial t}-\nabla\varphi \tag{5-7-21}$$

考虑电源产生的局外电场$\boldsymbol{E}_\mathrm{e}$后，电路中任一点的传导电流密度为

$$\boldsymbol{J}=\gamma(\boldsymbol{E}+\boldsymbol{E}_\mathrm{e}) \tag{5-7-22}$$

所以

$$\boldsymbol{E}_\mathrm{e}=\frac{\partial\boldsymbol{A}}{\partial t}+\nabla\varphi+\frac{\boldsymbol{J}}{\gamma} \tag{5-7-23}$$

上式就是用场量表示的基尔霍夫电压定律。对于图5-7的电路，等号右边三项分别为电感、电容和电阻元件中的电场强度。为了更清楚地认识路与场之间的关系，将式(5-7-23)写成积分形式，积分路径沿图5-7中的传导电流的路径进行。

$$\int_A^B \boldsymbol{E}_\mathrm{e}\cdot \mathrm{d}\boldsymbol{l}=\int_A^B \frac{\partial\boldsymbol{A}}{\partial t}\cdot \mathrm{d}\boldsymbol{l}+\int_A^B \nabla\varphi\cdot \mathrm{d}\boldsymbol{l}+\int_A^B \frac{\boldsymbol{J}}{\gamma}\cdot \mathrm{d}\boldsymbol{l} \tag{5-7-24}$$

由于局外场强只存在于电源中，所以式(5-7-24)左边一项是电源电动势，即

$$\varepsilon(t)=\int_A^B \boldsymbol{E}_{\mathrm{e}}\cdot \mathrm{d}\boldsymbol{l} \tag{5-7-25}$$

式(5-7-24)右边第一项为感应电动势，代表回路电感上的压降 u_{L}。因为 $\boldsymbol{A}$ 的闭合线积分是磁链，并假设磁链只存在于电感中，因此

$$u_{\mathrm{L}}=\int_A^B \frac{\partial \boldsymbol{A}}{\partial t}\cdot \mathrm{d}\boldsymbol{l}=\frac{\partial}{\partial t}\int_A^B \boldsymbol{A}\cdot \mathrm{d}\boldsymbol{l}=\frac{\partial (Li)}{\partial t}=L\frac{\mathrm{d}i}{\mathrm{d}t} \tag{5-7-26}$$

式(5-7-24)右边第二项代表回路电容器上的压降，由于标量位梯度的线积分与路径无关，因此积分路径可选在电容器内进行，即

$$u_{\mathrm{c}}=\int_A^B \nabla\varphi\cdot \mathrm{d}\boldsymbol{l}=\int_B^A \boldsymbol{E}\cdot \mathrm{d}\boldsymbol{l} \tag{5-7-27}$$

式中，$\boldsymbol{E}$ 表示电容器中的电场强度。根据电容的定义，上式也可写成

$$u_{\mathrm{c}}=\frac{Q}{C}=\frac{1}{C}\int i\,\mathrm{d}t \tag{5-7-28}$$

式(5-7-24)右边最后一项代表回路电阻上的压降，由于我们考虑的是集中参数电路，所以该项也可表示为

$$u_{\mathrm{R}}=\int_A^B \frac{i}{\gamma S}\mathrm{d}l=iR \tag{5-7-29}$$

式中，S 为电阻 R 的横截面面积，电阻 $R=\int_A^B \frac{\mathrm{d}l}{\gamma S}$。

将式(5-7-25)～式(5-7-28)代回式(5-7-24)得

$$\varepsilon(t)=L\frac{\mathrm{d}i}{\mathrm{d}t}+\frac{1}{C}\int i\,\mathrm{d}t+iR \tag{5-7-30}$$

或

$$\varepsilon(t)-L\frac{\mathrm{d}i}{\mathrm{d}t}-\frac{1}{C}\int i\,\mathrm{d}t-iR=0 \tag{5-7-31}$$

这正是电路理论中的基尔霍夫电压定律。

由上述可见，交流电路中的基尔霍夫电流定律和电压定律分别等效于准静态电磁场的方程。也就是说，电路理论不过是特殊条件下的麦克斯韦电磁理论的近似。研究实际电磁场问题时，究竟采用场的方法，还是采用路的方法，要看具体问题的条件而定。

必须注意，这里是以尺寸与波长之比为判据，而不是以绝对尺寸大小和频率的高低为判据。例如，工频 50Hz 的空间波长为 6000km，因此只有跨越数百千米的长距离输电才需要考虑波动过程。而到了微波阶段，如频率为 3GHz，空间波长为 10cm，则手掌大小的一个系统就需要考虑波动过程，而不能当做电路过程来处理了。

5.8　趋肤效应、涡流、邻近效应及电磁屏蔽

5.8.1　趋肤效应

当时变电流通过导线时，导线周围的时变磁场会在导线中产生感应电场，使得沿导线截面的电流分布不均匀。靠近导体表面处电流密度大，越深入导体内部，电流密度越小。当频率较高时，电流几乎只在导体表面附近一层流动，这就是所谓的趋肤效应。趋肤效应使导线在高频

时电阻增大，损耗增大。

在导体中，位移电流密度远小于传导电流密度，在忽略位移电流的作用后，可在磁准静态电磁场近似条件下讨论趋肤效应。这时电磁场满足的方程组为式(5-7-9)～式(5-7-12)，对式(5-7-9)两边取旋度，并应用恒等式$\nabla\times\nabla\times\boldsymbol{F}=\nabla(\nabla\cdot\boldsymbol{F})-\nabla^2\boldsymbol{F}$将左边展开，得

$$\nabla\times\nabla\times\boldsymbol{H}=\nabla(\nabla\cdot\boldsymbol{H})-\nabla^2\boldsymbol{H}=\nabla\times\boldsymbol{J}$$

代入$\boldsymbol{J}=\gamma\boldsymbol{E}$、$\boldsymbol{B}=\mu\boldsymbol{H}$、式(5-7-10)和式(5-7-11)以消去$\boldsymbol{J}$，得

$$\nabla^2\boldsymbol{H}=\mu\gamma\frac{\partial\boldsymbol{H}}{\partial t} \tag{5-8-1}$$

同理，可推得

$$\nabla^2\boldsymbol{E}=\mu\gamma\frac{\partial\boldsymbol{E}}{\partial t} \tag{5-8-2}$$

这就是导体中任一点电场$\boldsymbol{E}$和磁场$\boldsymbol{H}$满足的微分方程，也称为电磁场的扩散方程。

下面以一个例子，从电磁场的角度来研究产生趋肤效应的原因，以加深对其本质的认识，并可进行定量分析和计算。

设在yoz平面右方为导体(称为半无限大导体)，其中有正弦交变电流i沿y方向流过，电流密度$\boldsymbol{J}$仅是x坐标的函数，且在与yoz坐标面相平行的平面上处处相等，如图5-8所示。因为电流密度$\boldsymbol{J}$只有y分量，电场和电流方向相同，即$\dot{\boldsymbol{E}}=\dot{E}_y(x)\boldsymbol{e}_y$，代入方程(5-8-2)可导得简化后的相量形式

$$\frac{\mathrm{d}^2\dot{E}_y}{\mathrm{d}x^2}=\mathrm{j}\omega\mu\gamma\dot{E}_y \tag{5-8-3}$$

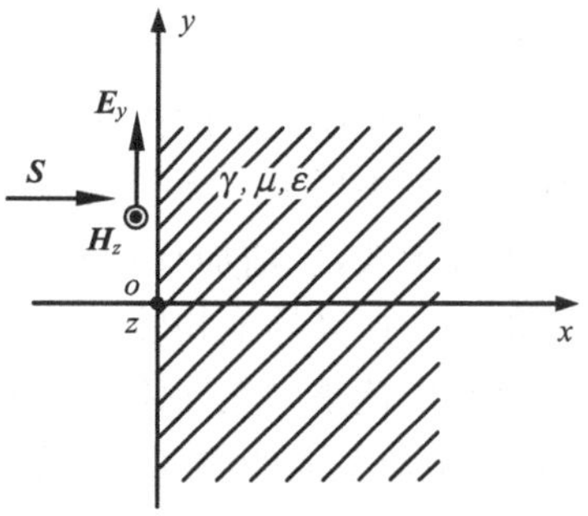

图 5-8　半无限大导体中的电磁场

令

$$k^2=\mathrm{j}\omega\mu\gamma \tag{5-8-4}$$

则上述二阶常微分方程的一般解为

$$\dot{E}_y=C_1\mathrm{e}^{-kx}+C_2\mathrm{e}^{kx}$$

当$x\to\infty$时，$\dot{E}_y$应为有限值，所以上式中$C_2=0$。设$x=0$处，$\dot{E}_y=\dot{E}_0$，则

$$\dot{E}_y=\dot{E}_0\mathrm{e}^{-\alpha x}\mathrm{e}^{-\mathrm{j}\beta x} \tag{5-8-5}$$

式中

$$\alpha+\mathrm{j}\beta=k=\sqrt{\frac{\omega\mu\gamma}{2}}(1+\mathrm{j}) \tag{5-8-6}$$

由$\nabla\times\boldsymbol{E}=-\dfrac{\partial\boldsymbol{B}}{\partial t}$求得磁场强度

$$\dot{H}_z=-\frac{\mathrm{j}k}{\omega\mu}\dot{E}_0\mathrm{e}^{-\alpha x}\mathrm{e}^{-\mathrm{j}\beta x} \tag{5-8-7}$$

电流密度在导体中的分布为

$$\dot{J}_y=\gamma\dot{E}_y=\gamma\dot{E}_0\mathrm{e}^{-\alpha x}\mathrm{e}^{-\mathrm{j}\beta x} \tag{5-8-8}$$

从以上各式可知，电磁场以及电流密度的振幅沿导体的纵深x方向均按指数规律$\mathrm{e}^{-\alpha x}$衰

减，相位也随之改变。它说明，靠近导体表面处电磁场和电流密度大，越深入导体内部，电磁场和电流密度越小。

工程上常用透入深度 d 表示导体中的趋肤效应程度。它等于电磁场量振幅衰减到其表面值的 1/e 时所经过的距离，即

$$e^{-\alpha d}=\frac{1}{e} \tag{5-8-9}$$

解上式得

$$d=\frac{1}{\alpha}=\sqrt{\frac{2}{\omega\mu\gamma}} \tag{5-8-10}$$

这个结果表明，频率越高，导电性能越好的导体，趋肤效应越显著。例如，$f=50\text{Hz}$ 时，铜的透入深度为 9.4mm；当频率 $f=5\times10^{10}\text{ Hz}$ 时，透入深度为 $0.66\mu\text{m}$。这时电流和电磁场几乎只在导体表面附近的薄层中存在。

以上分析方法也适用于一定厚度的平板导体的电流分布，只要板的厚度远远大于 d 就可以了。对于交变电流沿圆柱导体分布的问题，如果电磁场的透入深度远较导体的曲率半径小时，上述分析仍然适用。值得注意的是，在大于 d 的区域，电磁场仍然存在，且继续衰减，并不等于零。

导体中趋肤效应的存在，使电流流过的有效面积减少，导体的电阻比直流时大为增加，从而使功率损失增大。为了减小趋肤效应的不利影响，在工程上常采取下列措施：用多股绝缘线代替单股导线，以增加有效表面积；或者用空心线代替实心线，可节约有色金属；也可以在导体表面涂上一层高导电物质，如银，从而使电阻减少。趋肤效应也有可利用的一面。在工业上，利用高频电流集中在导体表面的特点，对金属构件进行表面淬火处理，以减小金属内部的脆性，增加金属表面的硬度等。下面介绍一个趋肤效应的实例。

例 5-3 计算半径 $r_0=2\text{mm}$ 的铜导线单位长度的直流电阻和工作在 $f=10^{10}\text{ Hz}$ 下的交流电阻，铜材料的电导 $\gamma=5.8\times10^{7}\text{S/m}$。

解 在铜导线通以直流电流 I 情形下，将在导线内部和周围区域激发恒定电场和恒定磁场，其磁场对于导线内电流分布没有影响，因而有

$$I=JS=J\pi r_0^2=\gamma E\pi r_0^2$$

根据欧姆定律，单位长度的直流电阻为

$$R_{dc}=\frac{U}{I}=\frac{\int_l \boldsymbol{E}\cdot d\boldsymbol{l}}{\gamma E\pi r_0^2}=\frac{E}{\gamma E\pi r_0^2}=1.37\times10^{-3}\quad \Omega/\text{m}$$

当通以高频交流电流时会产生趋肤效应，导致交变电流集中在导线表面流过，使得有效面积减小，在 $f=10^{10}\text{ Hz}$ 时铜材料的趋肤深度为

$$d=\sqrt{\frac{2}{\omega\mu\gamma}}=\sqrt{\frac{2}{2\pi\times10^{10}\times4\pi\times10^{-7}\times5.8\times10^{7}}}=0.66\times10^{-6}\quad(\text{m})$$

可见，电流主要集中在导线表面一层。由于 $d\ll r_0$，可得导线横截面有效面积的计算式

$$S_{\text{eff}}=2\pi r_0 d$$

因此，通过导线的高频交流电流近似为

$$I=JS_{\text{eff}}=J2\pi r_0 d=\gamma E2\pi r_0 d$$

单位长度的交流电阻则为

$$R_{ac}=\frac{U}{I}=\frac{\int_l \boldsymbol{E}\cdot \mathrm{d}\boldsymbol{l}}{\gamma E 2\pi r_0 d}=\frac{E}{\gamma E 2\pi r_0 d}=2.07\quad \Omega/\mathrm{m}$$

即有 $R_{ac}/R_{dc}=1511$，表明由于趋肤效应而导致交流电阻明显增加。

5.8.2 涡流及其损耗

处于交变磁场中的导体内部，会产生与磁场交链的感应电场，形成自成闭合回路的感应电流，呈旋涡状流动，称为涡流。与传导电流一样，在导体内流动的涡流，会产生损耗，引起导体发热，即它具有热效应。同时涡流还会产生磁场，以削弱原磁场，即涡流又具有去磁效应。涡流的这两个效应既有有利的一面，也有有害的一面。例如，高频加热、电磁灶、涡流检测等是涡流的有效利用，而在许多情况下则需要减少涡流。可见，对涡流问题的研究具有重要的实际意义。

1. 涡流

导体中的涡流远大于位移电流，也就是说可在磁准静态电磁场近似条件下讨论涡流问题。下面以变压器中的涡流为例，对其进行分析研究。

一般工频、音频(30Hz～3kHz)变压器和交流电器的铁心由彼此绝缘的薄钢片叠成，以减少损耗，如图 5-9(a)所示。分析过程可考虑在一薄钢片中，如图 5-9(b)所示。为了便于分析薄钢片内部的电磁场分布，做如下假设：

① 因 l 和 $h\gg a$，场量 $\boldsymbol{H}$、$\boldsymbol{E}$ 和 $\boldsymbol{J}$ 近似为 x 的函数，与 y、z 无关。

② 磁场 $\boldsymbol{B}$ 沿 z 方向，故薄钢片中的涡流无 z 分量，在 xoy 平面内呈闭合路径，如图 5-9(c)所示。再考虑 $h\gg a$，忽略 y 方向两端的边缘效应，可认为 $\boldsymbol{E}$ 和 $\boldsymbol{J}$ 仅有 y 分量 E_y 和 J_y，显然，$\boldsymbol{H}$ 也只有 z 分量 H_z。

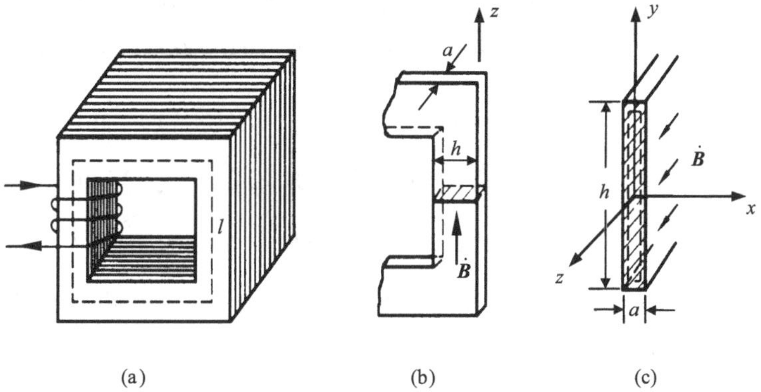

图 5-9 变压器铁心叠片

根据以上假设，可得扩散方程(5-8-1)简化后的相量形式

$$\frac{\mathrm{d}^2\dot{H}_z}{\mathrm{d}x^2}=\mathrm{j}\omega\mu\gamma\dot{H}_z=k^2\dot{H}_z \tag{5-8-11}$$

方程的通解为

$$\dot{H}_z = C_1 e^{-kx} + C_2 e^{kx} \tag{5-8-12}$$

由于磁场分布关于 yoz 平面对称，应有

$$\dot{H}_z\left(\frac{a}{2}\right) = \dot{H}_z\left(-\frac{a}{2}\right)$$

取 $C_1 = C_2 = \dfrac{C}{2}$，可将式(5-8-12)写成双曲函数形式

$$\dot{H}_z = C\,\mathrm{ch}kx \tag{5-8-13}$$

如果设 $x=0$ 处，$\dot{B}_z(0)=\dot{B}_0$，则 $C\mu=\dot{B}_0$。可得薄钢片中的磁场强度和磁感应强度分别为

$$\dot{H}_z = \frac{\dot{B}_0}{\mu}\mathrm{ch}kx \tag{5-8-14}$$

和

$$\dot{B}_z = \dot{B}_0\mathrm{ch}kx \tag{5-8-15}$$

由 $\nabla\times\dot{\boldsymbol{H}}=\dot{\boldsymbol{J}}$ 和 $\dot{\boldsymbol{J}}=\gamma\dot{\boldsymbol{E}}$，有

$$\dot{E}_y = -\frac{k\dot{B}_0}{\mu\gamma}\mathrm{sh}kx \tag{5-8-16}$$

$$\dot{J}_y = -\frac{k\dot{B}_0}{\mu}\mathrm{sh}kx \tag{5-8-17}$$

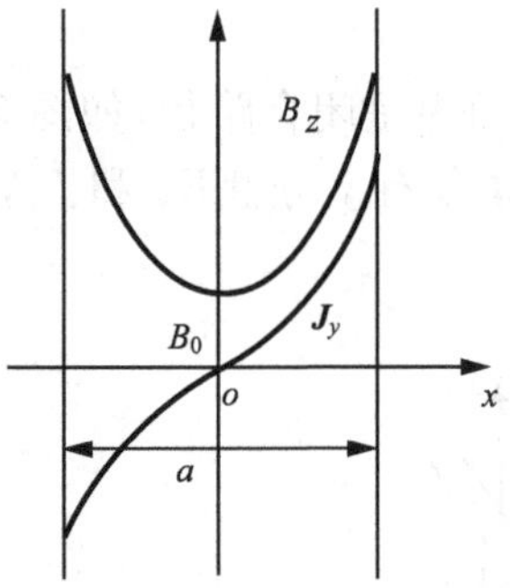

图 5-10　$\dot{B}_z$ 和 $\dot{J}_y$ 的模值分布曲线

薄钢片中的磁场和涡流分布曲线如图 5-10 所示。磁场分布不均匀，在薄钢片中心处磁场取最小值。涡流密度 J_y 分布关于 y 轴呈反对称，中心处为零，在表面取最大值。由于涡流的附加磁场削弱了外磁场，使磁场分布不均匀，是涡流去磁效应的结果。

从图中还可看出，在薄钢片表面附近电磁场比较强，由表及里逐渐衰减，呈现出趋肤效应现象。分析表明，对于厚度 $a=0.5\mathrm{mm}$ 的电工钢片，一般 $\mu\approx1000\mu_0$，$\gamma=10^7\mathrm{S/m}$，当工作频率 $f=50\mathrm{Hz}$ 时，$d=\sqrt{\dfrac{2}{\omega\mu\gamma}}=0.715\times10^{-3}\mathrm{m}$，$\dfrac{a}{d}=0.7$，趋肤效应并不显著，可以近似认为 $\boldsymbol{B}$ 沿截面均匀分布；但当工作频率 $f=1000\mathrm{Hz}$ 时，$\dfrac{a}{d}=4.4$，钢片表面处的 $\boldsymbol{B}$ 差不多比中间大 4.5 倍。此时用 0.5mm 厚度的钢片已不合适，需要用更薄的钢片。由此可见，在设计工作于音频、超音频等较高频率的变压器时，必须考虑趋肤效应的影响。

2. 涡流损耗

涡流在导体中引起损耗称为涡流损耗。它在体积 V 内消耗的平均功率可由焦耳定律 $P=\int_V\gamma\,|\,\dot{E}\,|^2\mathrm{d}V$ 计算。以图 5-9(c)中的薄钢片为例，计算厚度为 a，宽为 h，高为 l 的体积 V 中的涡流损耗。将式(5-8-16)代入焦耳定律，得

$$P=\int_V\gamma\left|\frac{\dot{B}_0 k}{\mu\gamma}\mathrm{sh}kx\right|^2\mathrm{d}V=\int_V\frac{B_0^2\omega}{\mu}\,|\,\mathrm{sh}kx\,|^2\mathrm{d}V$$

$$=hl\int_0^{\frac{a}{2}}\frac{B_0^2\omega}{\mu}(\mathrm{ch}2\alpha x-\cos 2\alpha x)\,\mathrm{d}x$$

$$=\frac{hlB_0^2\omega}{2\alpha\mu}(\mathrm{sh}\alpha a-\sin\alpha a)$$

若引入磁感应强度沿横截面的平均值

$$\dot{B}_{\mathrm{zav}}=\frac{1}{a}\int_{-a/2}^{a/2}\dot{B}_z\,\mathrm{d}x=\frac{1}{a}\int_{-a/2}^{a/2}\dot{B}_0\,\mathrm{ch}kx\,\mathrm{d}x$$

$$=\frac{2\dot{B}_0}{ak}\mathrm{sh}kx$$

则可得涡流损耗

$$P=\frac{hl\omega B_{\mathrm{zav}}^2}{2\alpha\mu}(\mathrm{sh}\alpha a-\sin\alpha a)\left|\frac{\frac{ka}{2}}{\mathrm{sh}\frac{ka}{2}}\right|^2$$

$$=\frac{hl\omega B_{\mathrm{zav}}^2}{2\alpha\mu}(\mathrm{sh}\alpha a-\sin\alpha a)\times\frac{\omega\mu\gamma a^2}{4}\Big/\frac{\mathrm{ch}\alpha a-\cos\alpha a}{2}$$

$$=\frac{hl\gamma\omega^2a^2B_{\mathrm{zav}}^2}{4\alpha}\cdot\frac{\mathrm{sh}\alpha a-\sin\alpha a}{\mathrm{ch}\alpha a-\cos\alpha a}\tag{5-8-18}$$

当 $\alpha a=\frac{a}{d}\ll 1$,即低频时,可将 $\mathrm{sh}\alpha a$、$\sin\alpha a$、$\mathrm{ch}\alpha a$ 和 $\cos\alpha a$ 各项用幂级数表示,并略去高阶无穷小项,可得

$$P\approx\frac{hl\gamma\omega^2a^2B_{\mathrm{zav}}^2}{4\alpha}\cdot\frac{(\alpha a)^3/3}{(\alpha a)^2}=\frac{hl\gamma\omega^2a^3B_{\mathrm{zav}}^2}{12}$$

$$=\frac{\gamma\omega^2a^2B_{\mathrm{zav}}^2}{12}V\tag{5-8-19}$$

由此可见,为了降低涡流损耗,应减少薄板厚度,而且材料的电导率应尽量小。因此,交流电器铁心都是由彼此绝缘的硅钢片叠装而成的。但当频率高到一定程度后,式(5-8-19)不再适用。即当 $\alpha a=\frac{a}{d}\gg 1$ 时,$\frac{\mathrm{sh}\alpha a-\sin\alpha a}{\mathrm{ch}\alpha a-\cos\alpha a}\approx 1$,得

$$P=\frac{hl\omega\alpha a}{2\mu}B_{\mathrm{zav}}^2=\frac{1}{2}\sqrt{\frac{\gamma\omega^3}{2\mu}}B_{\mathrm{zav}}^2V\tag{5-8-20}$$

这时薄板形式也不适宜了,而应该用粉状材料压制而成的铁心。从上式可知,提高材料的磁导率、减小电导率是降低涡流损耗的有效办法。

5.8.3 邻近效应

相互彼此靠近且有交变电流通过的导体,不仅处于自身的电磁场中,还处于其他载流导体的电磁场中,所以每一个导体内的电流分布与单独存在时不同,这种效应称为邻近效应。频率越高,导体靠得越近,邻近效应越显著。

邻近效应与趋肤效应是共存的。趋肤效应使电流主要集中在导体表面附近,但沿着导体圆周的电流分布还是均匀的。如果另一根载有反向交变电流的圆柱导体与其相邻,其结果使

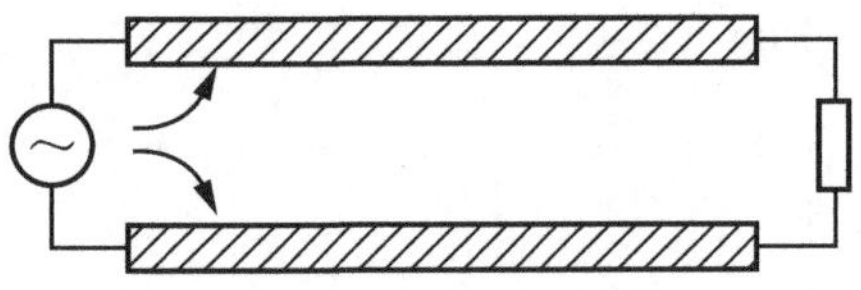

图 5-11　二线传输线中的邻近效应

电流不再对称地分布在导体中，而是比较集中在两导体相对的内侧，如图 5-11 所示的二线传输线。形成这种分布的原因可以从电磁场的观点来理解。电源能量主要通过两线之间的空间以电磁波的形式传送给负载，导线内部的电流密度分布与空间的电磁波分布密切相关，两线相对内侧处电磁波能量密度大，传入导线的功率大，故电流密度也较大。如果两导线载有相同方向的交变电流，则情况相反，在两线相对外侧处的电流密度大。

以一对通有交流电流的汇流排为例，如图 5-12(a)所示。已知汇流排的电导率 γ 和磁导率 μ_0，两汇流排的厚度、宽度和长度分别是 a、b、l，且 $a \ll b \ll l$，板间距离为 d。分析电流密度的分布。

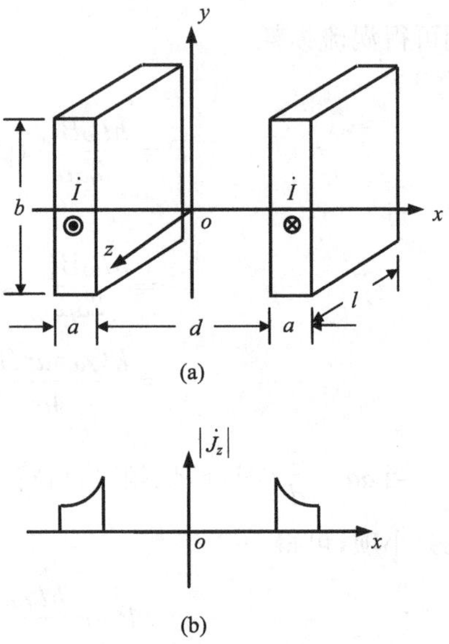

图 5-12　交流汇流排的电流分布

在磁准静态电磁场近似下，与涡流问题类似，导体区域内有微分方程

$$\frac{\mathrm{d}\dot{H}_y}{\mathrm{d}x^2} = k^2 \dot{H}_y$$

通解为

$$\dot{H}_y = C_1 \mathrm{e}^{-kx} + C_2 \mathrm{e}^{kx}$$

有近似边界条件：

$$\dot{H}_y\left(\frac{d}{2}+a\right) = 0 \quad 和 \quad \dot{H}_y\left(\frac{d}{2}\right) = \frac{\dot{I}}{b}$$

代入通解，得

$$\begin{cases} 0 = C_1 \mathrm{e}^{-k\left(\frac{d}{2}+a\right)} + C_2 \mathrm{e}^{k\left(\frac{d}{2}+a\right)} \\ \dfrac{\dot{I}}{b} = C_1 \mathrm{e}^{-k\frac{d}{2}} + C_2 \mathrm{e}^{k\frac{d}{2}} \end{cases}$$

解出待定常数

$$C_1 = \frac{\dot{I}\mathrm{e}^{k\left(\frac{d}{2}+a\right)}}{2b\,\mathrm{sh}(ka)}, \quad C_2 = \frac{-\dot{I}\mathrm{e}^{-k\left(\frac{d}{2}+a\right)}}{2b\,\mathrm{sh}(ka)}$$

故

$$\dot{H}_y = \frac{\dot{I}}{2b\,\mathrm{sh}(ka)}\left[\mathrm{e}^{k\left(\frac{d}{2}+a-x\right)} - \mathrm{e}^{-k\left(\frac{d}{2}+a-x\right)}\right]$$

$$= \frac{\dot{I}}{b\,\mathrm{sh}(ka)}\mathrm{sh}k\left(\frac{d}{2}+a-x\right)$$

$$\dot{J}_z = (\nabla \times \dot{\boldsymbol{H}})_z = -\frac{\dot{I}k}{b\,\mathrm{sh}(ka)}\mathrm{ch}k\left(\frac{d}{2}+a-x\right)$$

电流密度的模 $|\dot{J}_z|$ 的分布如图 5-12(b)所示。可以看出，靠近两板相对的内侧面，电流密度最大，呈现出较强的邻近效应。

5.8.4 电磁屏蔽

在工程电磁场中，为了使某一区域不受外来的杂散电磁场的影响，或使该区域中的电磁场不致成为影响其他电磁设备的干扰源，通常利用良导体中涡流能阻止电磁波透入这一特性，制成一个金属屏蔽罩把这一区域屏蔽起来，这种方法称为电磁屏蔽。

为了得到有效的屏蔽效果，屏蔽罩的厚度 h 应达到屏蔽材料透入深度的 3～6 倍，所以可取

$$h \approx 2\pi d \tag{5-8-21}$$

这样，电磁场不能透过金属屏蔽罩，从而有效地抑制了电磁干扰。由表 5-1 可见，当 $f=1\text{MHz}$ 时，铝的透入深度为 $84\mu\text{m}$，只需一薄铝片便可有效地把电磁场隔离。所以，通常电子设备中各个高频元件或部件差不多都是放在铜(或铝)制的屏蔽罩内。但在低频时，如屏蔽电源变压器产生的 50Hz 的低频电磁场，如果用铜，则透入深度达 9.35mm，屏蔽材料厚度过大，这时采用铁皮效果较好，因为低频时，电磁场在铁磁物质中衰减率比铜中大得多。

表 5-1　屏蔽材料的透入深度

	μ	$\gamma/(\text{S/m})$	d/mm			
			$f=50\text{Hz}$	10^3Hz	10^6Hz	10^8Hz
铜	μ_0	5.80×10^7	9.35	2.09	0.066	0.0066
铝	μ_0	3.54×10^7	11.96	2.68	0.084	0.0084
铁	$1000\mu_0$	1.62×10^7	0.559	0.125	—	—

小　结

1) 相对所选坐标系为静止介质中的时变电磁场基本方程(麦克斯韦尔方程组)说明：变化的电场产生磁场，变化的磁场也产生电场。这种相互依存、相互制约、不可分割的关系构成了宏观电磁现象中的两个主要方面。

时变电磁场基本方程组的积分形式和微分形式分别为

$$\oint_l \boldsymbol{H}\cdot d\boldsymbol{l} = \int_S \boldsymbol{J}_c\cdot d\boldsymbol{S} + \int_S \boldsymbol{J}_v\cdot d\boldsymbol{S} + \int_S \frac{\partial \boldsymbol{D}}{\partial t}\cdot d\boldsymbol{S} \qquad \nabla\times\boldsymbol{H} = \boldsymbol{J}_c(\boldsymbol{J}_v) + \frac{\partial \boldsymbol{D}}{\partial t}$$

$$\oint_l \boldsymbol{E}\cdot d\boldsymbol{l} = -\int_S \frac{\partial \boldsymbol{B}}{\partial t}\cdot d\boldsymbol{S} \qquad \nabla\times\boldsymbol{E} = -\frac{\partial \boldsymbol{B}}{\partial t}$$

$$\oint_S \boldsymbol{B}\cdot d\boldsymbol{S} = 0 \qquad \nabla\cdot\boldsymbol{B} = 0$$

$$\oint_S \boldsymbol{D}\cdot d\boldsymbol{S} = q \qquad \nabla\cdot\boldsymbol{D} = \rho$$

各向同性、线性介质的构成方程为

$$\boldsymbol{D} = \varepsilon\boldsymbol{E}$$

$$\boldsymbol{B} = \mu\boldsymbol{H}$$

$$\boldsymbol{J}_c = \gamma\boldsymbol{E}$$

2) 不同介质分界面上的衔接条件为

$$\boldsymbol{e}_n\times(\boldsymbol{E}_2-\boldsymbol{E}_1) = 0$$

$$\boldsymbol{e}_n\cdot(\boldsymbol{D}_2-\boldsymbol{D}_1) = \sigma$$

$$\boldsymbol{e}_n \times (\boldsymbol{H}_2 - \boldsymbol{H}_1) = \boldsymbol{K}$$

$$\boldsymbol{e}_n \cdot (\boldsymbol{B}_2 - \boldsymbol{B}_1) = 0$$

3）正弦时变电磁场基本方程的相量形式为

$$\nabla \times \dot{\boldsymbol{H}} = \dot{\boldsymbol{J}}_c + j\omega \dot{\boldsymbol{D}}$$

$$\nabla \times \dot{\boldsymbol{E}} = -j\omega \dot{\boldsymbol{B}}$$

$$\nabla \cdot \dot{\boldsymbol{B}} = 0$$

$$\nabla \cdot \dot{\boldsymbol{D}} = \dot{\rho}$$

各向同性、线性介质构成方程的相量形式为

$$\dot{\boldsymbol{D}} = \varepsilon \dot{\boldsymbol{E}}$$

$$\dot{\boldsymbol{B}} = \mu \dot{\boldsymbol{H}}$$

$$\dot{\boldsymbol{J}}_c = \gamma \dot{\boldsymbol{E}}$$

4）反映电磁场能量守恒与能量转换规律的坡印亭定理

$$\oint_S (\boldsymbol{E} \times \boldsymbol{H}) \cdot d\boldsymbol{S} = \int_V \boldsymbol{J}_c \cdot \boldsymbol{E}_e dV - \frac{\partial W}{\partial t} - \int_V \frac{J_c^2}{\gamma} dV - \int_V J_v \cdot \boldsymbol{E} dV$$

其中

$$\boldsymbol{S} = \boldsymbol{E} \times \boldsymbol{H}$$

称为坡印亭矢量，它反映空间任一点处的电磁功率流，其相量形式为

$$\dot{\boldsymbol{S}} = \dot{\boldsymbol{E}} \times \dot{\boldsymbol{H}}^*$$

5）由电磁场基本方程的微分形式可以定义动态矢量位 $\boldsymbol{A}$ 和动态标量位 φ

$$\boldsymbol{B} = \nabla \times \boldsymbol{A}$$

$$\boldsymbol{E} = -\left(\nabla \varphi + \frac{\partial \boldsymbol{A}}{\partial t}\right)$$

当 $\boldsymbol{A}$ 和 φ 满足洛伦兹条件

$$\nabla \cdot \boldsymbol{A} = -\mu\varepsilon \frac{\partial \varphi}{\partial t}$$

时，它们分别满足如下达朗贝尔方程

$$\nabla^2 \boldsymbol{A} - \mu\varepsilon \frac{\partial^2 \boldsymbol{A}}{\partial t^2} = -\mu \boldsymbol{J}_c$$

$$\nabla^2 \varphi - \mu\varepsilon \frac{\partial^2 \varphi}{\partial t^2} = -\frac{\rho}{\varepsilon}$$

在 $\boldsymbol{J}_c$ 和 ρ 为零的区域，$\boldsymbol{A}$ 和 φ 满足波动方程。

达朗贝尔方程的积分解为

$$\boldsymbol{A}(\boldsymbol{r}, t) = \frac{\mu}{4\pi} \int_{V'} \frac{\boldsymbol{J}_c\left(\boldsymbol{r}', t - \frac{R}{v}\right)}{R} dV'$$

$$\varphi(\boldsymbol{r}, t) = \frac{1}{4\pi\varepsilon} \int_{V'} \frac{\rho\left(\boldsymbol{r}', t - \frac{R}{v}\right)}{R} dV'$$

当激励源以正弦规律变化时，有

$$\dot{\boldsymbol{A}}(\boldsymbol{r}) = \frac{\mu}{4\pi} \int_{V'} \frac{\dot{\boldsymbol{J}}_c(\boldsymbol{r}') e^{-j\beta R}}{R} dV'$$

$$\dot{\varphi}(\boldsymbol{r}) = \frac{1}{4\pi\varepsilon} \int_{V'} \frac{\dot{\rho}(\boldsymbol{r}') e^{-j\beta R}}{R} dV'$$

又称 $\boldsymbol{A}$、φ 和 $\dot{\boldsymbol{A}}$、$\dot{\varphi}$ 为推迟位。可以看出在时间上推迟 R/v 相应于正弦函数的相位滞后 $\beta R(\beta = 2\pi/\lambda)$。

6）电准静态电磁场中，忽略了变化的磁场$\frac{\partial \boldsymbol{B}}{\partial t}$对电场的影响，其基本方程组的微分形式为

$$\nabla\times \boldsymbol{H} = \boldsymbol{J} + \frac{\partial \boldsymbol{D}}{\partial t}$$

$$\nabla\times \boldsymbol{E} \approx 0$$

$$\nabla\cdot \boldsymbol{B} = 0$$

$$\nabla\cdot \boldsymbol{D} = \rho$$

7）磁准静态电磁场中，忽略了变化的电场$\frac{\partial \boldsymbol{D}}{\partial t}$对磁场的影响，其基本方程组微分形式为

$$\nabla\times \boldsymbol{H} \approx \boldsymbol{J}$$

$$\nabla\times \boldsymbol{E} = -\frac{\partial \boldsymbol{B}}{\partial t}$$

$$\nabla\cdot \boldsymbol{B} = 0$$

$$\nabla\cdot \boldsymbol{D} = \rho$$

8）电磁场理论和电路理论是分析物理系统中电磁过程的两种方法。场的方法比较严谨，但求解比较复杂；路的方法比较简单，但有局限性。电路理论是可以由麦克斯韦方程导出的近似理论，学习场的理论可加深对电路物理过程的理解。

9）当交变电流流过导体时，沿导体横截面的电流和电磁场不是均匀分布的，表现出趋肤效应现象，频率越高，趋肤效应越严重。对于良导体，趋肤效应程度可用透入深度 d 衡量，即

$$d = \sqrt{\frac{2}{\omega\mu\gamma}}$$

10）位于时变电磁场中的导体内会出现涡流，涡流具有热效应和去磁效应。当位移电流产生的磁场远小于外加磁场时，涡流问题可按磁准静态电磁场处理。

11）邻近效应是指相互靠近的通有交变电流导体间的相互作用和影响。邻近效应使导体沿横截面的电流和电磁场分布更不均匀。电磁屏蔽是抑制电磁干扰的一种常用措施。屏蔽层的厚度 h 必须接近屏蔽材料透入深度的 3～6 倍，即 $h\approx 2\pi d$。

习　题

5-1　设题 5-1 图中不随时间变化的磁场只有 z 轴方向的分量，沿 y 轴按 $B=B_z(y)=B_m\cos(ky)$ 的规律分布。现有一匝数为 N 的线圈平行于 xoy 平面，以速度 v 沿 y 轴方向移动（假定 $t=0$ 时刻，线圈几何中心处 $y=0$）。求线圈中的感应电动势。

5-2　如题 5-2 图所示，一半径为 a 的金属圆盘，在垂直方向的均匀磁场 $\boldsymbol{B}$ 中以等角速度 ω 旋转，其轴线与磁场平行。在轴与圆盘边缘上分别接有一对电刷。这一装置称为法拉第发电机。试证明两电刷之间的电压为$\frac{\omega a^2 B}{2}$。

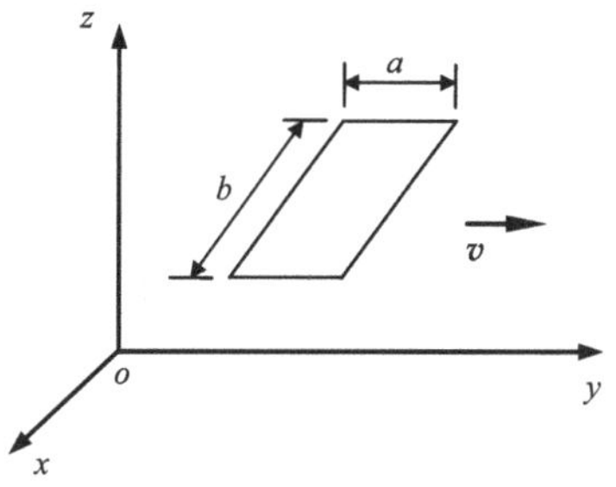

题 5-1 图

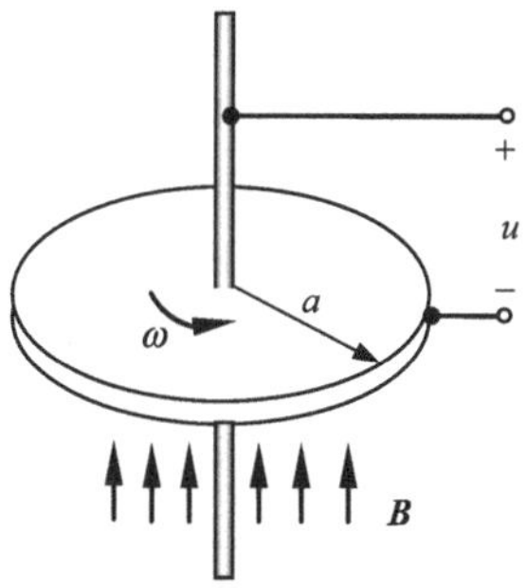

题 5-2 图

5-3　设平板电容器极板间的距离为 d，介质的介电常数为 ε_0，极板间接交流电源，电压为 $u=U_m\sin\omega t$。求极板间任意点的位移电流密度。

5-4　一同轴圆柱形电容器，其内、外半径分别为 $R_1=1\text{cm}$、$R_2=4\text{cm}$，长度 $l=0.5\text{cm}$，极板间介质的介电常数为 $4\varepsilon_0$，极板间接交流电源，电压为 $u=6000\sqrt{2}\sin100\pi t\,\text{V}$。求 $t=1.0\text{s}$ 时极板间任意点的位移电流密度。

5-5　由圆形极板构成的平板电容器（$R\gg d$）见题 5-5 图，其中损耗介质有电导率 γ、介电系数 ε、磁导率 μ，外接直流电源并忽略连接线的电阻。试求损耗介质中的电场强度、磁场强度和坡印亭矢量，并根据坡印亭矢量求出平板电容器所消耗的功率。

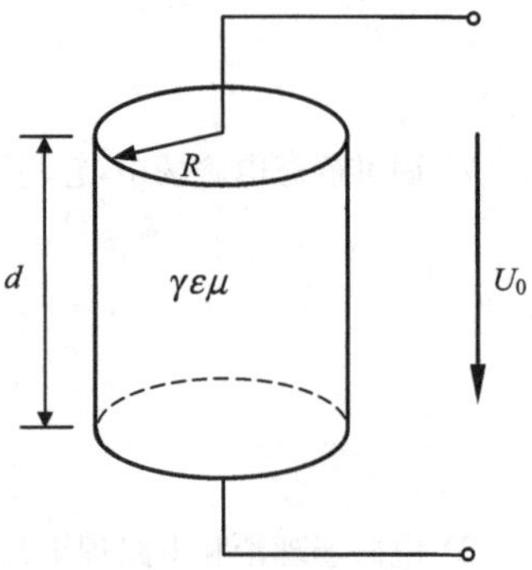

题 5-5 图

5-6　当一个点电荷 q 以角速度作半径为 R 的圆周运动时，求圆心处位移电流密度的表达式。

5-7　一个球形电容器的内、外半径分别为 a 和 b，内、外导体间材料的介电常数为 ε、电导率为 γ，在内、外导体间加低频电压 $u=U_m\cos\omega t$。求内、外导体间的全电流。

5-8　在一个圆形平行平板电容器的极间加上低频电压 $u=U_m\sin\omega t$，设极间距离为 d，极间绝缘材料的介电常数为 ε，试求极板间的磁场强度。

5-9　在交变电磁场中，某材料的相对介电常数为 $\varepsilon_r=81$，电导率为 $\gamma=4.2\text{S/m}$。分别求频率 $f_1=1\text{kHz}$、$f_2=1\text{MHz}$ 以及 $f_3=1\text{GHz}$ 时位移电流密度和传导电流密度的比值。

5-10　一矩形线圈在均匀磁场中转动，转轴与磁场方向垂直，转速 $n=3000\text{r/min}$。线圈的匝数 $N=100$，线圈的边长 $a=2\text{cm}$、$b=2.5\text{cm}$。磁感应强度 $B=0.1\text{T}$。计算线圈中的感应电动势。

5-11　题 5-11 图所示的一对平行长线中有电流 $i(t)=I_m\sin\omega t$。求矩形线框中的感应电动势。

5-12　一根导线密绕成一个圆环，共 100 匝，圆环的半径为 5cm，如题 5-12 图所示。当圆环绕其垂直于地面的直径以 500r/min 的转速旋转时，测得导线的端电压为 1.5mV（有效值），求地磁场感应强度的水平分量。

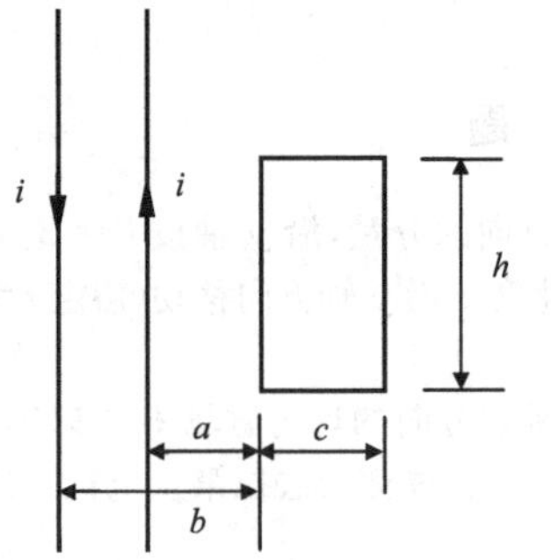

题 5-11 图

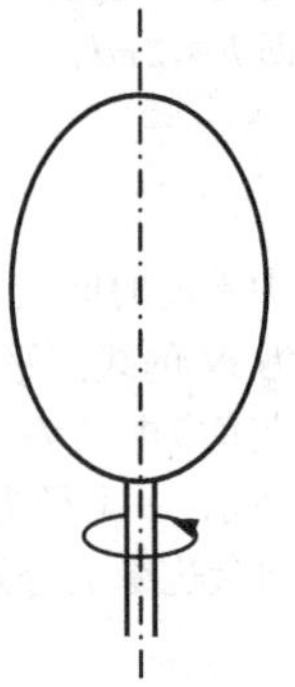
题 5-12 图

5-13　真空中磁场强度的表达式为 $\boldsymbol{H}=\boldsymbol{e}_z H_z=\boldsymbol{e}_z H_0\sin(\omega t-\beta x)$，求空间的位移电流密度和电场强度。

5-14　已知在某一理想介质中的位移电流密度为 $\boldsymbol{J}_D=2\sin(\omega t-5z)\boldsymbol{e}_x\,\mu\text{A/m}^2$，介质的介电常数为 ε_0，磁导率为 μ_0。求介质中的电场强度 $\boldsymbol{E}$ 和磁场强度 $\boldsymbol{H}$。

5-15　由两个大平行平板组成电极，极间介质为空气，两极之间电压恒定。当两极板以恒定速度 v 沿极板所在平面的法线方向相互靠近时，求极板间的位移电流密度。

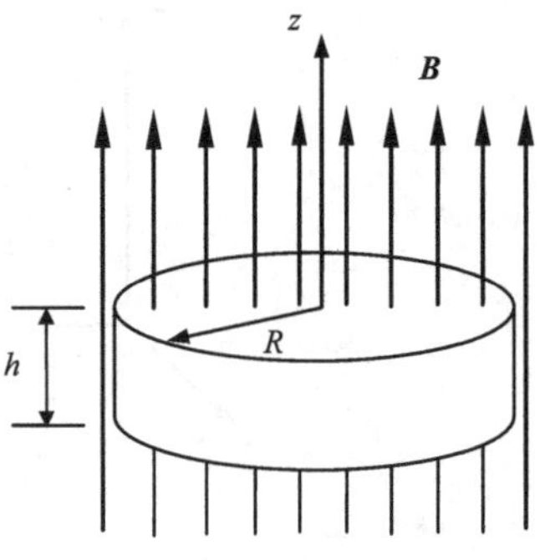

题 5-16 图

5-16　半径为 R、厚度为 h、电导率为 γ 的导体圆盘，盘面与均匀正弦磁场 $\boldsymbol{B}$ 正交，如题 5-16 图所示。已知 $\boldsymbol{B}=B_0\sin\omega t\,\boldsymbol{e}_z$，忽略圆盘中感应

电流对均匀磁场的影响。试求：

(1) 圆盘中的涡电流密度 $\boldsymbol{J}_e$；

(2) 涡流损耗 P_e。

5-17　由圆形极板构成的平行板电容器，间距为 d，其间介质是非理想的，电导率为 γ，介电常数为 ε，磁导率为 μ_0，当外加电压为 $u=U_m\sin\omega t$ V 时，忽略电容器的边缘效应。试求电容器中任意点的位移电流密度和磁感应强度(假设变化的磁场产生的电场远小于外加电压产生的电场)。

5-18　已知大地的电导率 $\gamma=5\times10^{-3}$ S/m，相对介电常数 $\varepsilon_r=10$，试问可把大地视为良导体的最高工作频率是多少？

5-19　(1)长直螺线管中载有随时间变化相当慢的电流 $i=I_0\sin\omega t$。先由安培环路定律求半径为 a 的线圈内产生的磁准静态场的磁感应强度，然后利用法拉第定律求线圈里面和外面的感应电场强度。

(2) 试论证上述磁准静态场的解只在 $\omega\to0$ 的静态场极限情况下，才精确地满足麦克斯韦方程组。

5-20　同题 5-17，假如圆形极板的面积是 A，在频率不很高时，用坡印亭定理证明电容器内由于介质的损耗所吸收的平均功率是

$$P=\frac{U^2}{R}$$

式中，R 是极板间介质的漏电阻。

5-21　同轴电缆接至正弦电源 u，负载为一 RC 串联电路。电缆长度远小于波长，电缆本身电阻可忽略不计。试用坡印亭矢量计算电缆传输的功率。

5-22　一块金属在均匀恒定磁场中平移，金属中是否会有涡流？若金属块在均匀恒定磁场中旋转，金属中是否会有涡流？

5-23　当有 $f_1=4\times10^3$ Hz 和 $f_2=4\times10^5$ Hz 两种频率的信号，同时通过厚度为 1mm 铜板时，试问在铜板的另一侧能接收到哪些频率的信号(注 $\gamma_{Cu}=5.8\times10^7$ S/m，$\mu_{Cu}=4\pi\times10^{-7}$ H/m)？

5-24　某高灵敏度仪器必须高度地屏蔽外界电磁场，使外界磁场强度降低到 0.01A/m。但根据实测结果，该处可能受到的最大干扰磁场强度达 12A/m。试计算用铝板屏蔽以及 $\mu_r=2000$ 的铁板所需的厚度($\gamma_{Al}=35.7\times10^6$ S/m，$\gamma_{Fe}=8.3\times10^6$ S/m)。

5-25　证明：无源空间中，$\boldsymbol{E}=\boldsymbol{e}_xE_0\sin\omega t$ 不满足麦克斯韦方程组。若将 t 换成 $(t-z/c)$，即 $\boldsymbol{E}=\boldsymbol{e}_xE_0\sin\omega(t-z/c)$ 则能满足麦克斯韦方程组。

第 6 章　平面电磁波的传播

电磁场基本方程组的微分形式包含了宏观电磁场场量与场源的关系，空间中只要有电磁场存在，那么空间中变化的电场就会产生磁场，反过来，变化的磁场又会产生电场，从而形成电磁波。根据波面(等相位面或波阵面)情况，电磁波可分为平面波、柱面波和球面波。当观察者距离波源很远，且观察的范围远小于这个距离时，任何形式的波都可以看成是平面波。均匀平面电磁波是一种最简单、最基本的电磁波，但它具有电磁波的普遍特性和规律，许多实际电磁波都可看成是均匀平面电磁波的叠加，因此着重分析、研究均匀平面电磁波十分必要。

本章从电磁场基本方程组出发，首先导出电磁波动方程，然后讨论均匀平面电磁波在理想介质和导电介质中的传播特性，接着介绍平面电磁波的极化概念和波在介质分界面上垂直入射时的反射和折射特性。

6.1　电磁波动方程与均匀平面电磁波

电磁波是指互相垂直的电场与磁场在空间中以波的形式传播，其传播方向垂直于电场与磁场构成的平面，并能有效地传递能量。因此电磁波的存在，意味着在空间中有电磁场的变化和电磁能量的传播。下面将根据电磁场基本方程组的微分形式推导电磁波动方程。

6.1.1　电磁波动方程

在各向同性、线性、均匀介质空间，设介质的介电系数为 ε，磁导率为 μ，电导率为 γ，考虑没有一次场源的区域，即电荷 $\rho=0$，电流密度 $\boldsymbol{J}=0$，麦克斯韦电磁场基本方程组可写为

$$\nabla\times\boldsymbol{H}=\gamma\boldsymbol{E}+\varepsilon\frac{\partial\boldsymbol{E}}{\partial t} \tag{6-1-1}$$

$$\nabla\times\boldsymbol{E}=-\mu\frac{\partial\boldsymbol{H}}{\partial t} \tag{6-1-2}$$

$$\nabla\cdot\boldsymbol{H}=0 \tag{6-1-3}$$

$$\nabla\cdot\boldsymbol{E}=0 \tag{6-1-4}$$

对式(6-1-1)左边取旋度，同时将式(6-1-3)代入，得

$$\nabla\times\nabla\times\boldsymbol{H}=\nabla(\nabla\cdot\boldsymbol{H})-\nabla^2\boldsymbol{H}=-\nabla^2\boldsymbol{H}$$

再对式(6-1-1)右边取旋度，将式(6-1-2)代入，得

$$\nabla\times\left(\gamma\boldsymbol{E}+\varepsilon\frac{\partial\boldsymbol{E}}{\partial t}\right)=\gamma\nabla\times\boldsymbol{E}+\varepsilon\frac{\partial}{\partial t}(\nabla\times\boldsymbol{E})=-\mu\gamma\frac{\partial\boldsymbol{H}}{\partial t}-\mu\varepsilon\frac{\partial^2\boldsymbol{H}}{\partial t^2}$$

于是对式(6-1-1)两边取旋度后经整理得

$$\nabla^2\boldsymbol{H}-\mu\gamma\frac{\partial\boldsymbol{H}}{\partial t}-\mu\varepsilon\frac{\partial^2\boldsymbol{H}}{\partial t^2}=0 \tag{6-1-5}$$

对式(6-1-2)两边取旋度，采取相似的推导方式可得

$$\nabla^2 \boldsymbol{E} - \mu\gamma \frac{\partial \boldsymbol{E}}{\partial t} - \mu\varepsilon \frac{\partial^2 \boldsymbol{E}}{\partial t^2} = 0 \tag{6-1-6}$$

式(6-1-5)和式(6-1-6)称为电磁波动方程，它们是一般性的波动方程。它们支配着无源、线性、均匀及各向同性导电介质中电磁场的行为，是研究电磁波问题的基础。在式(6-1-5)和式(6-1-6)的二阶微分方程中，一阶项的存在表明电磁场在导电介质中的传播是有衰减的，即有能量损耗。因此导电介质称为有损耗介质。

当介质为理想介质或无损耗介质时，即介质的电导率 $\gamma=0$ 时，上述波动方程变为

$$\nabla^2 \boldsymbol{H} - \mu\varepsilon \frac{\partial^2 \boldsymbol{H}}{\partial t^2} = 0 \tag{6-1-7}$$

$$\nabla^2 \boldsymbol{E} - \mu\varepsilon \frac{\partial^2 \boldsymbol{E}}{\partial t^2} = 0 \tag{6-1-8}$$

式(6-1-7)和式(6-1-8)表明电磁波在无损耗介质中的传播是不衰减的。

6.1.2 均匀平面电磁波

对于电磁波传播过程中的某一时刻 t，电磁场中 $\boldsymbol{E}$ 或 $\boldsymbol{H}$ 具有相同相位的点构成的空间曲面称为等相位面，又称为波阵面。如果电磁波的等相位面或波阵面为平面，则称这种电磁波为平面电磁波；如果在平面电磁波波阵面上的每一点处，电场 $\boldsymbol{E}$ 均相同，磁场 $\boldsymbol{H}$ 也均相同，则这样的平面电磁波称为均匀平面电磁波。严格来说均匀平面电磁波在实际工程中是不存在的，因为要产生均匀平面电磁波，需要有无限大尺寸的辐射源。但是当空间场点与辐射源距离足够大时，电磁波的波阵面可以看做一个半径无限大的球面，在这个球面上取一个局部区域，则该局部区域可以看做一个平面。

假设在直角坐标系中，均匀平面电磁波的波阵面平行于 xoy 平面，如图 6-1 所示。由均匀平面电磁波的定义可知：在其波阵面上，场强 $\boldsymbol{E}$(或 $\boldsymbol{H}$)值处处相等，且与坐标 x 和 y 无关。因此，场强 $\boldsymbol{E}$(或 $\boldsymbol{H}$)除了与时间 t 有关外，只与坐标 z 有关，即有

$$\boldsymbol{E} = \boldsymbol{E}(z, t)$$

和

$$\boldsymbol{H} = \boldsymbol{H}(z, t)$$

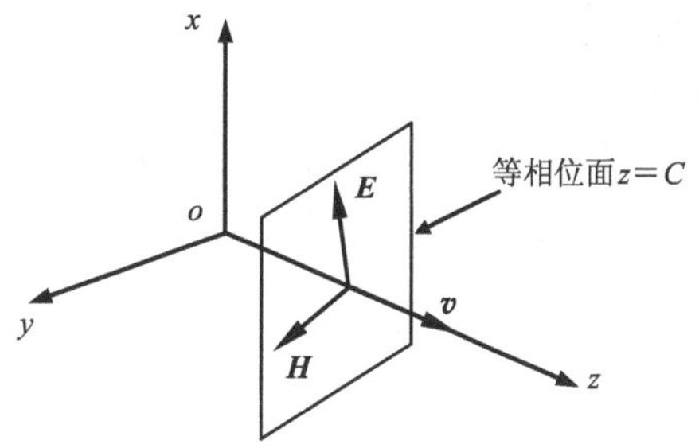

图 6-1　向 z 方向传播的均匀平面波

将场强 $\boldsymbol{H}$ 和 $\boldsymbol{E}$ 分别代入波动方程(6-1-5)和方程(6-1-6)，便可得简化的波动方程为

$$\frac{\partial^2 \boldsymbol{H}(z,t)}{\partial z^2} - \mu\gamma \frac{\partial \boldsymbol{H}(z,t)}{\partial t} - \mu\varepsilon \frac{\partial^2 \boldsymbol{H}(z,t)}{\partial t^2} = 0 \tag{6-1-9}$$

$$\frac{\partial^2 \boldsymbol{E}(z,t)}{\partial z^2} - \mu\gamma \frac{\partial \boldsymbol{E}(z,t)}{\partial t} - \mu\varepsilon \frac{\partial^2 \boldsymbol{E}(z,t)}{\partial t^2} = 0 \tag{6-1-10}$$

在直角坐标系中，由 $\nabla \times \boldsymbol{H} = \gamma \boldsymbol{E} + \varepsilon \frac{\partial \boldsymbol{E}}{\partial t}$，可得

$$-\frac{\partial H_y}{\partial z} = \gamma E_x + \varepsilon \frac{\partial E_x}{\partial t} \tag{6-1-11}$$

$$\frac{\partial H_x}{\partial z}=\gamma E_y+\varepsilon\frac{\partial E_y}{\partial t} \tag{6-1-12}$$

$$0=\gamma E_z+\varepsilon\frac{\partial E_z}{\partial t} \tag{6-1-13}$$

由 $\nabla\times\boldsymbol{E}=-\mu\frac{\partial\boldsymbol{H}}{\partial t}$,可得

$$\frac{\partial E_y}{\partial z}=\mu\frac{\partial H_x}{\partial t} \tag{6-1-14}$$

$$\frac{\partial E_x}{\partial z}=-\mu\frac{\partial H_y}{\partial t} \tag{6-1-15}$$

$$0=\mu\frac{\partial H_z}{\partial t} \tag{6-1-16}$$

分析上面的微分方程,可知均匀平面电磁波有如下的特点:

(1) 均匀平面电磁波是一横电磁波。由式(6-1-16)知,H_z是与时间无关的常量,在电磁波动问题中,常量没有实际意义,故可取 $H_z=0$。若 $\gamma\neq0$,解式(6-1-13)得 $E_z=E_{z0}\mathrm{e}^{-\frac{\gamma}{\varepsilon}t}$,在一般情况下 $\gamma\gg\varepsilon$,E_z随时间按指数规律很快衰减。这样,便可认为 $E_z=0$。若 $\gamma=0$,则 E_z是与时间无关的常量,同样,常量没有实际意义,故也可取 $E_z=0$。即均匀平面电磁波的电场 $\boldsymbol{E}$ 和磁场$\boldsymbol{H}$ 没有 z 方向的分量,它们都分布在与波的传播方向相垂直的平面内。这样的电磁波称为横电磁波,常用**TEM**来表示。

(2) 在式(6-1-11)和式(6-1-15)中,相互正交的分量 E_x、H_y构成一组平面波,式(6-1-12)和式(6-1-14)中相互正交的分量 E_y、H_x构成另一组平面波,这两组分量波彼此独立,电磁波的合成电场 $\boldsymbol{E}$ 和磁场 $\boldsymbol{H}$ 由这两组分量波组成,可以证明,合成场强 $\boldsymbol{E}$ 和 $\boldsymbol{H}$ 也是彼此正交的。因此,均匀平面电磁波电场 $\boldsymbol{E}$ 的方向、磁场 $\boldsymbol{H}$ 的方向和波的传播方向三者两两相互正交,并满足右手螺旋关系。

用 $\boldsymbol{e}_E$、$\boldsymbol{e}_H$ 分别表示 $\boldsymbol{E}$、$\boldsymbol{H}$ 的单位矢量,$\boldsymbol{e}_{传播}$表示电磁波传播方向上的单位矢量,即 $\boldsymbol{S}$ 的单位矢量,三者满足右手螺旋轮换法则,即

$$\boldsymbol{e}_{传播}=\boldsymbol{e}_E\times\boldsymbol{e}_H$$

$$\boldsymbol{e}_E=\boldsymbol{e}_H\times\boldsymbol{e}_{传播}$$

$$\boldsymbol{e}_H=\boldsymbol{e}_{传播}\times\boldsymbol{e}_E$$

(3) 由于电磁波的场量 $\boldsymbol{E}$、$\boldsymbol{H}$ 的方向和波的传播方向存在两两相互正交的关系,所以将直角坐标系进行适当的调整,使 x 轴正方向与电场 $\boldsymbol{E}$ 的方向一致,y 轴正方向与磁场 $\boldsymbol{H}$ 的方向一致,z 轴的正方向为波的传播方向,于是,电磁波的合成场量只有一个分量,即 $\boldsymbol{E}=E_x(z,t)\boldsymbol{e}_x$,$\boldsymbol{H}=H_y(z,t)\boldsymbol{e}_y$,一维波动方程(6-1-9)和式(6-1-10)化简为

$$\frac{\partial^2 H_y}{\partial z^2}-\mu\gamma\frac{\partial H_y}{\partial t}-\mu\varepsilon\frac{\partial^2 H_y}{\partial t^2}=0 \tag{6-1-17}$$

$$\frac{\partial^2 E_x}{\partial z^2}-\mu\gamma\frac{\partial E_x}{\partial t}-\mu\varepsilon\frac{\partial^2 E_x}{\partial t^2}=0 \tag{6-1-18}$$

6.1.3 时谐电磁波的波动方程

对于最简单的时变电磁波——正弦时变电磁波,电磁波的电场强度和磁场强度可用相量

形式表示。这时，将式(6-1-5)和式(6-1-6)中的 $\partial/\partial t$ 替换成 $\mathrm{j}\omega$，$\partial^2/\partial t^2$ 替换成 $(\mathrm{j}\omega)^2$，即 $-\omega^2$，对应的矢量 $\boldsymbol{E}$、$\boldsymbol{H}$ 换成相量形式 $\dot{\boldsymbol{E}}$、$\dot{\boldsymbol{H}}$，于是，式(6-1-5)和式(6-1-6)的波动方程变为

$$\nabla^2\dot{\boldsymbol{H}}-\mathrm{j}\omega\mu\gamma\dot{\boldsymbol{H}}-(\mathrm{j}\omega)^2\mu\varepsilon\dot{\boldsymbol{H}}=0 \tag{6-1-19}$$

$$\nabla^2\dot{\boldsymbol{E}}-\mathrm{j}\omega\mu\gamma\dot{\boldsymbol{E}}-(\mathrm{j}\omega)^2\mu\varepsilon\dot{\boldsymbol{E}}=0 \tag{6-1-20}$$

定义 $k=\mathrm{j}\omega\sqrt{\mu\left(\varepsilon+\dfrac{\gamma}{\mathrm{j}\omega}\right)}=\mathrm{j}\omega\sqrt{\mu\tilde{\varepsilon}}$，称 k 为传播常数，用来表征电磁波的传播特性，其中，$\tilde{\varepsilon}=\varepsilon+\dfrac{\gamma}{\mathrm{j}\omega}$ 称为复介电常数。则式(6-1-19)与式(6-1-20)为

$$\nabla^2\dot{\boldsymbol{H}}-k^2\dot{\boldsymbol{H}}=0 \tag{6-1-21}$$

$$\nabla^2\dot{\boldsymbol{E}}-k^2\dot{\boldsymbol{E}}=0 \tag{6-1-22}$$

根据 k 的定义可以看出波的传播常数是一个复数，因此可以定义为

$$k=\alpha+\mathrm{j}\beta \tag{6-1-23}$$

式中，α 为衰减常数，它表征沿着传播方向，波衰减的快慢，单位为奈伯/米(Np/m)；β 为相位常数，它表示波在传播单位距离时所引起的空间相位变化，单位为弧度/米(rad/m)。

6.2 理想介质中的均匀平面电磁波

6.2.1 一维时谐波动方程的解

本节以无限大理想介质中的稳态正弦电磁波为例，建立直角坐标系，并做如下安排：假设电磁波沿 z 方向传播，电场只有 x 分量，磁场只有 y 分量，根据式(6-1-21)和式(6-1-22)，在无限大自由空间中，电场 $\boldsymbol{E}$ 和磁场 $\boldsymbol{H}$ 的齐次波动方程的相量形式为

$$\frac{\mathrm{d}^2\dot{H}_y}{\mathrm{d}z^2}-k^2\dot{H}_y=0 \tag{6-2-1}$$

$$\frac{\mathrm{d}\dot{E}_x}{\mathrm{d}z^2}-k^2\dot{E}_x=0 \tag{6-2-2}$$

上述方程为二阶常微分方程。在理想介质中，$\gamma=0$，相位常数 $\beta=\omega\sqrt{\mu\varepsilon}$，传播常数 $k=\mathrm{j}\beta$。对上述微分方程求解，得

$$\dot{E}_x=\dot{E}_x^+(z)+\dot{E}_x^-(z)=\dot{E}_0^+\mathrm{e}^{-\mathrm{j}\beta z}+\dot{E}_0^-\mathrm{e}^{\mathrm{j}\beta z} \tag{6-2-3}$$

$$\dot{H}_y=\dot{H}_y^+(z)+\dot{H}_y^-(z)=\dot{H}_0^+\mathrm{e}^{-\mathrm{j}\beta z}+\dot{H}_0^-\mathrm{e}^{\mathrm{j}\beta z} \tag{6-2-4}$$

式中，$\dot{E}_x^+(z)$ 和 $\dot{H}_y^+(z)$ 分别是沿 z 轴正方向行进的电磁波的电场分量和磁场分量，称为入射波；$\dot{E}_x^-(z)$ 和 $\dot{H}_y^-(z)$ 分别是沿 z 轴负方向行进的电磁波的电场分量和磁场分量，称为反射波。有效值相量 $\dot{E}_0^+$、$\dot{E}_0^-$、$\dot{H}_0^+$ 和 $\dot{H}_0^-$ 由边界条件计算得到。在自由空间中不存在反射波，因此，式(6-2-3)和式(6-2-4)简化为

$$\dot{E}_x=\dot{E}_0^+\mathrm{e}^{-\mathrm{j}\beta z} \tag{6-2-5}$$

$$\dot{H}_y=\dot{H}_0^+\mathrm{e}^{-\mathrm{j}\beta z} \tag{6-2-6}$$

6.2.2 理想介质中电磁波的传播特性

式(6-2-5)和式(6-2-6)相应的瞬时表达式为

$$E_x(z,t)=\sqrt{2}E_0^+\sin(\omega t-\beta z+\phi_E) \tag{6-2-7}$$

$$H_y(z,t)=\sqrt{2}H_0^+\sin(\omega t-\beta z+\phi_H) \tag{6-2-8}$$

式中，ϕ_E 和 ϕ_H 分别是电场 $\boldsymbol{E}$ 和磁场 $\boldsymbol{H}$ 的初相位。以上两式就是无限大理想介质中电磁波随时间作正弦变化时的稳态解，此时的电场和磁场既是时间的周期函数，又是空间坐标的周期函数。

为方便分析，令电场强度 $\boldsymbol{E}$ 的初相角为零，即式(6-2-7)中的 $\phi_E=0$，于是式(6-2-7)为

$$E_x(z,t)=\sqrt{2}E_0^+\sin(\omega t-\beta z) \tag{6-2-9}$$

将 $t=\frac{\pi}{\omega}$、$t=\frac{3\pi}{2\omega}$ 和 $t=\frac{5\pi}{2\omega}$ 时刻的波形图绘制在图 6-2 中。可以看出，在 $t=\frac{\pi}{\omega}$ 时刻，$E_x\left(z,\frac{\pi}{\omega}\right)=\sqrt{2}E_0^+\sin\left(\frac{2\pi}{\lambda}z\right)$，在 $z=\frac{\lambda}{4}$ 处电场有最大幅值。在 $t=\frac{3\pi}{2\omega}$ 时刻，$E_x\left(z,\frac{3\pi}{2\omega}\right)=\sqrt{2}E_0^+\sin\left(\frac{3\pi}{2}-\frac{2\pi}{\lambda}z\right)$，电场的最大幅值点出现在 $z=\frac{\lambda}{2}$ 处。随着时间的推进，电磁波的最大幅值点沿着 $+z$ 轴方向移动，因此可以看出，式(6-2-9)表示一行波。

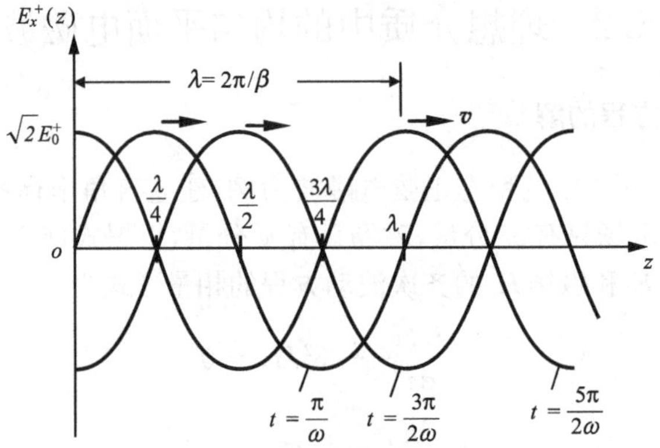

图 6-2　沿着 $+z$ 轴传播的电磁波不同时刻波形图

进一步分析可得理想介质中均匀平面电磁波的传播特性。

(1) 等相位面移动速度。

等相位面移动速度简称相速，用 v_p 表示。由式(6-2-7)可知，自由空间所有 $\sin(\omega t-\beta z)=$ 常数，或 $\omega t-\beta z=$ 常相位的点构成了电磁波的波阵面或等相面。当时间有一微增量 dt 时，要保持相位不变，等相面在空间必将移动 dz 的距离，因此有

$$\omega t-\beta z=\omega(t+dt)-\beta(z+dz)$$

解得

$$v_p=\frac{dz}{dt}=\frac{\omega}{\beta}=\frac{1}{\sqrt{\mu\varepsilon}} \tag{6-2-10}$$

上式表明，在理想介质中相速仅与介质参数有关，与频率无关。

在自由空间，相速为

$$v_p=\frac{1}{\sqrt{\mu_0\varepsilon_0}}=c \tag{6-2-11}$$

即电磁波在自由空间中的相速等于光速，近似为 $3\times10^8\,\mathrm{m/s}$。于是，式(6-2-10)可写成

$$v_{\mathrm{p}}=\frac{1}{\sqrt{\mu\varepsilon}}=\frac{1}{\sqrt{\mu_{\mathrm{r}}\varepsilon_{\mathrm{r}}}\sqrt{\mu_0\varepsilon_0}}=\frac{c}{n} \tag{6-2-12}$$

由于 n 大于 1，可见电磁波在理想介质中的传播速率小于其在自由空间中的传播速率。

(2) 正向电磁波的电场分量 $\dot{E}_x^+$ 与磁场分量 $\dot{H}_y^+$ 之间的关系。

根据 $\nabla\times\dot{\boldsymbol{E}}=-\mathrm{j}\omega\mu\dot{\boldsymbol{H}}$，得

$$\frac{\partial\dot{E}_x^+(z)}{\partial z}=-\mathrm{j}\omega\mu\dot{H}_y^+(z)$$

将式(6-2-5)的入射波代入上式，得

$$\dot{H}_y^+(z)=\frac{\beta}{\omega\mu}\dot{E}_x^+(z)=\sqrt{\frac{\varepsilon}{\mu}}\dot{E}_x^+(z)=\frac{1}{Z_0}\dot{E}_x^+(z)$$

或

$$\frac{\dot{E}_x^+(z)}{\dot{H}_y^+(z)}=\sqrt{\frac{\mu}{\varepsilon}}=Z_0 \tag{6-2-13}$$

式中，Z_0称为理想介质的波阻抗或介质的本征阻抗，单位为欧姆(Ω)。

由式(6-2-13)可知，理想介质的波阻抗 Z_0为实数，表明电磁波在理想介质中传播时，电场与磁场同相，即 $\phi_E=\phi_H$。由于电场和磁场存在简单的线性关系，因此，如果已知电场 $\dot{E}_x^+(z)$，则可以通过式(6-2-13)求得磁场 $\dot{H}_y^+(z)$，反之亦然。在自由空间，波阻抗为

$$Z_0=\sqrt{\frac{\mu_0}{\varepsilon_0}}\approx120\pi\approx377\quad\Omega \tag{6-2-14}$$

用同样的方法可得到反射波的阻抗为

$$\frac{\dot{E}_x^-(z)}{\dot{H}_y^-(z)}=-\sqrt{\frac{\mu}{\varepsilon}}=-Z_0 \tag{6-2-15}$$

(3) 理想介质中的电磁波是等幅波或无衰减波。

式(6-2-7)和式(6-2-8)表明，当电场和磁场随时间和空间按正弦规律变化时，其振幅值始终保持为一常数，说明电磁波在理想介质中不会发生衰减，如图 6-3 所示。

(4) 相位常数 β 是描述电磁波传输特性的重要参数。

相位常数 $\beta=\omega\sqrt{\mu\varepsilon}$ 与频率和介质特性有关，它表示电磁波传播单位距离时，空间相位的变化。因此，当波沿传播方向行进一个波长的距离时，造成的空间相位差应为 2π，它与波长之间的关系为

$$\lambda=\frac{2\pi}{\beta} \tag{6-2-16}$$

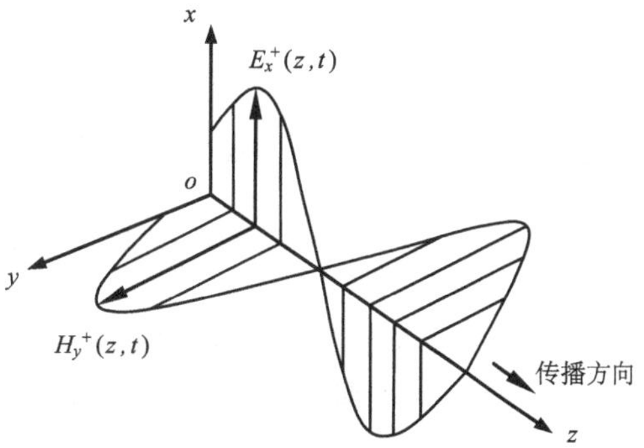

图 6-3　在理想介质中沿 $+z$ 方向传播的正弦均匀平面波

根据波长定义，正弦电磁波在一个周期内传播的距离为一个波长，而式(6-2-16)又表明，波长为波在传播方向上相位改变 2π 时两点的间距。

例 6-1 已知自由空间中电磁波的电场强度表达式 $\boldsymbol{E}=50\sin(6\pi\times10^8 t-\beta z)\boldsymbol{e}_x$ V/m。

(1) 试问此波是否是均匀平面电磁波？求出该波的频率 f、波长 λ、相速 v_p、相位常数 β 和波的传播方向；

(2) 写出该电磁波的磁场强度表达式 $\boldsymbol{H}$；

(3) 若在 $z=z_0$ 处水平放置一半径 $R=2.5$m 的圆环，求垂直穿过圆环的平均电磁功率。

解 (1) 从电磁波的电场强度表达式可以看出，该波的传播方向为 $+z$ 方向，电场方向为 $+x$ 方向，垂直于波的传播方向，且在与 z 轴垂直的平面上各点 $\boldsymbol{E}$ 的大小相等，故此波是均匀平面电磁波。

电磁波的各参数为

$$\omega=6\pi\times10^8 \quad \text{rad/s}$$

$$f=\frac{\omega}{2\pi}=\frac{6\pi\times10^8}{2\pi}=3\times10^8 \quad (\text{Hz})$$

$$v_p=\frac{1}{\sqrt{\mu_0\varepsilon_0}}=3\times10^8 \quad \text{m/s}$$

$$\lambda=\frac{v}{f}=1 \quad \text{m}$$

$$\beta=\frac{2\pi}{\lambda}=2\pi=6.28 \quad (\text{rad/m})$$

$$Z_0=\sqrt{\frac{\mu_0}{\varepsilon_0}}=377 \quad \Omega$$

(2) 因为均匀平面电磁波的传播方向，电场强度方向以及磁场强度方向之间满足右手螺旋轮换关系，所以

$$\boldsymbol{H}=\boldsymbol{e}_z\times\frac{\boldsymbol{E}}{Z_0}=\frac{50}{Z_0}\sin(6\pi\times10^8-\beta z)\boldsymbol{e}_y=\frac{50}{377}\sin(6\pi\times10^8-\beta z)\boldsymbol{e}_y \quad \text{A/m}$$

(3) 坡印亭矢量的平均值为

$$\boldsymbol{S}_{av}=\text{Re}[\dot{\boldsymbol{E}}\times\dot{\boldsymbol{H}}^*]=EH\boldsymbol{e}_z$$
$$=\frac{50}{\sqrt{2}}\cdot\frac{50}{377\sqrt{2}}\boldsymbol{e}_z=\frac{1250}{377}\boldsymbol{e}_z \quad (\text{W/m}^2)$$

垂直穿过圆环的平均电磁功率为

$$P=\int_S\boldsymbol{S}_{av}\cdot d\boldsymbol{S}=\pi R^2 S_{av}=\pi\cdot(2.5)^2\cdot\frac{1250}{377}=65.1 \quad (\text{W})$$

例 6-2 一频率为 100MHz 的均匀平面波 $\dot{E}=\boldsymbol{e}_x\dot{E}_x$，在 $\varepsilon_r=4$、$\mu_r=1$ 的理想介质中沿着 $+z$ 方向传播，在 $t=0$ 时刻，电场在 $z=1/8$m 处有最大值为10^{-4}V/m。

(1) 求波长、相速和相位常数；

(2) 写出 $\boldsymbol{E}$ 和 $\boldsymbol{H}$ 的瞬时表达式；

(3) 经过 $t=10^{-8}$s 后，$\boldsymbol{E}$ 的最大值传播至何处？

解 (1) $v_p=\frac{1}{\sqrt{\mu\varepsilon}}=\frac{c}{\sqrt{\varepsilon_r\mu_r}}=\frac{c}{2}=1.5\times10^8\quad \text{m/s}$

$$\beta=\frac{\omega}{v_p}=\omega\sqrt{\mu\varepsilon}=\frac{\omega}{c}\sqrt{\varepsilon_r\mu_r}=\frac{2\pi\times10^8}{3\times10^8}\sqrt{4}=\frac{4\pi}{3}\quad(\text{rad/m})$$

$$\lambda=\frac{2\pi}{\beta}=\frac{3}{2}\quad \text{m}$$

(2) 设电场强度的瞬时表达式为 $\boldsymbol{E}(z,t)=E_m\sin(\omega t-\beta z+\phi)\boldsymbol{e}_x$，在 $t=0,z=1/8\text{m}$ 时，$E(1/8,0)=E_m=10^{-4}$，因此有

$$-\beta z+\phi=\frac{\pi}{2}$$

$$\phi=\frac{\pi}{2}+\beta z=\frac{\pi}{2}+\frac{4\pi}{3}\cdot\frac{1}{8}=\frac{2\pi}{3}$$

故

$$\boldsymbol{E}(z,t)=10^{-4}\sin\left(2\pi\times10^8t-\frac{4\pi}{3}z+\frac{2\pi}{3}\right)\boldsymbol{e}_x\quad \text{V/m}$$

又

$$Z_0=\sqrt{\frac{\mu}{\varepsilon}}=\frac{377}{\sqrt{\varepsilon_r}}=188.5\quad\Omega$$

利用均匀平面电磁波的性质，可得 $\boldsymbol{H}$ 的瞬时表达式

$$\boldsymbol{H}(z,t)=\boldsymbol{e}_z\times\frac{\boldsymbol{E}(x,t)}{Z_0}=5.305\times10^{-7}\sin\left(2\pi\times10^8t-\frac{4\pi}{3}z+\frac{2\pi}{3}\right)\boldsymbol{e}_y\quad \text{A/m}$$

(3) 经过 $t=10^{-8}\text{s}$ 后，$\boldsymbol{E}$ 的最大值传播到 $1/8+\Delta z$ 处，即

$$z=\frac{1}{8}+\Delta z=\frac{1}{8}+v_p\Delta t=\frac{13}{8}\quad \text{m}$$

例 6-3 在微波炉外面附近的自由空间某点测得泄漏电场等于 1.0V/m，试问该点的平均电磁功率密度是多少？该电磁辐射对于一个站在此处的人的健康有危险吗？

解 将微波炉泄漏的电磁辐射近似看成是正弦平面电磁波，其携带的平均电磁功率密度为

$$S_{av}=EH=\frac{1}{377}=2.65\times10^{-3}(\text{W/m}^2)=0.265(\mu\text{W/cm}^2)$$

不超过我国《环境电磁波卫生标准》(国标 GB 9175—88)的 $10\mu\text{W/cm}^2$ 限值，所以，该微波炉的泄漏电磁场对人的健康是安全的。

6.3 导电介质中的均匀平面电磁波

6.2 节讨论了理想介质中的均匀平面电磁波，本节将讨论导电介质中的均匀平面电磁波。由于介质的电导率不为零，当电磁波进入导电介质后，会在其中激发出传导电流($\boldsymbol{J}=\gamma\boldsymbol{E}$)。因此，电磁波在导电介质中的传播特性必然与理想介质中的传播特性有所不同。本节将研究正弦均匀平面电磁波在导电介质中的传播规律。

6.3.1 导电介质中电磁波的传播特性

在各向同性、线性、均匀无限大无源导电介质中（$\boldsymbol{D}=\varepsilon\boldsymbol{E}$、$\boldsymbol{B}=\mu\boldsymbol{H}$ 及 $\boldsymbol{J}=\gamma\boldsymbol{E}$），对于时谐均匀平面电磁波，式(6-1-21)和式(6-1-22)简化为一维时谐波动方程，即

$$\frac{d^2\dot{H}_y}{dz^2}-k^2\dot{H}_y=0 \tag{6-3-1}$$

$$\frac{d\dot{E}_x}{dz^2}-k^2\dot{E}_x=0 \tag{6-3-2}$$

上述方程在形式上与式(6-2-1)和式(6-2-2)相同，但此时由于 $\gamma\neq 0$，传播常数 $k=j\omega\sqrt{\mu\tilde{\varepsilon}}$ 为复数。对式(6-3-1)和式(6-3-2)所示的二阶常微分方程求解，得

$$\dot{E}_x=\dot{E}_0^+e^{-kz}=\dot{E}_0^+e^{-\alpha z}e^{-j\beta z} \tag{6-3-3}$$

$$\dot{H}_y=\dot{H}_0^+e^{-kz}=\dot{H}_0^+e^{-\alpha z}e^{-j\beta z} \tag{6-3-4}$$

设导电介质中电场强度和磁场强度的初相角分别为 ϕ_E 和 ϕ_H，则对应的瞬态表示式分别为

$$E_x(z,t)=\sqrt{2}E_0^+e^{-\alpha z}\sin(\omega t-\beta z+\phi_E) \tag{6-3-5}$$

$$H_y(z,t)=\sqrt{2}H_0^+e^{-\alpha z}\sin(\omega t-\beta z+\phi_H) \tag{6-3-6}$$

相应的波阻抗

$$Z_0=\frac{\dot{E}_x}{\dot{H}_y}=\sqrt{\frac{\mu}{\tilde{\varepsilon}}} \tag{6-3-7}$$

导电介质中的波阻抗不再为实数，表明电场强度和磁场强度不再同相位。

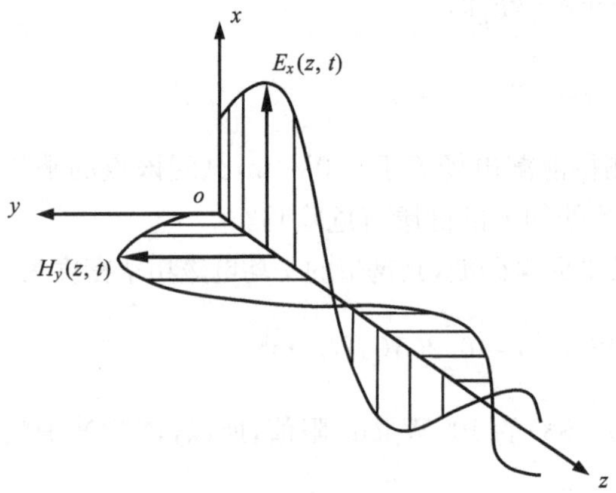

图 6-4 在导电介质中沿$+z$方向传播的正弦均匀平面波

分析正弦均匀平面电磁波在导电介质中的传播特点：

(1) 由式(6-3-5)、式(6-3-6)可知，在某一时刻，电场和磁场的振幅沿$+z$方向按指数规律衰减，如图 6-4 所示。这说明在导电介质中，均匀平面电磁波是减幅波，沿传播方向衰减的快慢由 α 决定。

(2) 根据 k 的定义和式(6-1-23)，可求得衰减常数 α 和相位常数 β 分别为

$$\alpha=\omega\sqrt{\frac{\mu\varepsilon}{2}\left[\sqrt{1+\frac{\gamma^2}{\omega^2\varepsilon^2}}-1\right]} \tag{6-3-8}$$

$$\beta=\omega\sqrt{\frac{\mu\varepsilon}{2}\left[\sqrt{1+\frac{\gamma^2}{\omega^2\varepsilon^2}}+1\right]} \tag{6-3-9}$$

这样，导电介质中波的相速为

$$v_p=\frac{\omega}{\beta}=\frac{1}{\sqrt{\frac{\mu\varepsilon}{2}\left[\sqrt{1+\frac{\gamma^2}{\omega^2\varepsilon^2}}+1\right]}} \tag{6-3-10}$$

由此可见，波在导电介质中传播时，其相速小于在理想介质中的相速，并且在导电介质中，波的相速不仅与介质参数 μ、ε 和 γ 有关，还与频率有关，所以在同一导电介质中，不同频率的波的相速是不相同的。这种相速与频率有关的现象称为色散，对应的介质称为色散介质，因此，导电介质是色散介质。而在理想介质中，相速与频率无关，理想介质是非色散介质。

(3) 导电介质中的波阻抗

$$Z_0=\sqrt{\frac{\mu}{\tilde{\varepsilon}}}=\sqrt{\frac{\mu}{\varepsilon+\frac{\gamma}{\mathrm{j}\omega}}}=|Z_0|\mathrm{e}^{\mathrm{j}\phi} \tag{6-3-11}$$

为一复数，表明电场和磁场在空间同一位置存在着相位差。在同一时间和空间，电场比磁场超前的相位为 $\phi=\phi_E-\phi_H$。

磁场相量可以用电场相量表示为

$$\dot{H}_y=\frac{\dot{E}_0^+\mathrm{e}^{-kz}}{|Z_0|\mathrm{e}^{\mathrm{j}\phi}}=\frac{\dot{E}_0^+}{|Z_0|}\mathrm{e}^{-\alpha z}\mathrm{e}^{-\mathrm{j}(\beta z+\phi)} \tag{6-3-12}$$

(4) 坡印亭矢量的平均值为

$$\boldsymbol{S}_{\mathrm{av}}=\mathrm{Re}[\dot{\boldsymbol{E}}\times\dot{\boldsymbol{H}}^*]=E_0^+H_0^+\mathrm{e}^{-2\alpha z}\cos\phi\boldsymbol{e}_z=\frac{1}{|Z_0|}(E_0^+)^2\mathrm{e}^{-2\alpha z}\cos\phi\boldsymbol{e}_z \tag{6-3-13}$$

由于 $\gamma\neq0$，$\alpha\neq0$，因此波在导电介质中传播时，伴随有能量的消耗，可见传导电流引起的焦耳热是导致波衰减的根本原因。

6.3.2 低损耗介质的波特性

理想介质只是介质的一种理想状态，实际介质都具有一定的电导率，也即实际介质都是有损耗介质。例如，土壤、海水等，都是常见的有损耗介电质。

在有损耗介质中，当传导电流密度($\boldsymbol{J}_{\mathrm{c}}=\gamma\boldsymbol{E}$)远小于位移电流密度$\left(\boldsymbol{J}_{\mathrm{d}}=\frac{\partial\boldsymbol{D}}{\partial t}\right)$时，也即参数满足$\frac{\gamma}{\omega\varepsilon}\ll1$ 时，称其为低损耗介质。低损耗介质比较接近常用的介质，有时也将其称为实际介质。

这时，对$\sqrt{1+\left(\frac{\gamma}{\omega\varepsilon}\right)^2}$利用泰勒级数展开，略去二阶及以上的小量，近似认为

$$\sqrt{1+\left(\frac{\gamma}{\omega\varepsilon}\right)^2}\approx1+\frac{1}{2}\left(\frac{\gamma}{\omega\varepsilon}\right)^2$$

代入式(6-3-8)、式(6-3-9)和式(6-3-11)，便可得到低损耗介质的衰减常数 α、相位常数 β 和波阻抗 Z_0

$$\alpha\approx\frac{\gamma}{2}\sqrt{\frac{\mu}{\varepsilon}} \tag{6-3-14}$$

$$\beta\approx\omega\sqrt{\mu\varepsilon} \tag{6-3-15}$$

$$Z_0\approx\sqrt{\frac{\mu}{\varepsilon}} \tag{6-3-16}$$

由此可知，低损耗介质中的相位常数和波阻抗分别与理想介质中的情况一样，但波振幅有衰减。在低损耗介质中，位移电流占主流。

6.3.3 良导体的波特性

在有损耗介质中，当传导电流密度远大于位移电流密度时，也即参数满足 $\frac{\gamma}{\omega\varepsilon}\gg 1$ 时，称这样的导电介质为良导体。这时

$$\sqrt{1+\left(\frac{\gamma}{\omega\varepsilon}\right)^2}\approx\frac{\gamma}{\omega\varepsilon}$$

代入式(6-3-8)、式(6-3-9)，可得到良导体中衰减常数 α 和相位常数 β 为 $\alpha=\beta=\sqrt{\frac{\omega\mu\gamma}{2}}$，此时，波的传播常数和波阻抗分别为

$$k\approx\alpha+\mathrm{j}\beta=(1+\mathrm{j})\sqrt{\frac{\omega\mu\gamma}{2}} \tag{6-3-17}$$

$$Z_0\approx\sqrt{\frac{\omega\mu}{2\gamma}}(1+\mathrm{j})=\sqrt{\frac{\omega\mu}{\gamma}}\angle 45^\circ \tag{6-3-18}$$

相速及波长分别为

$$v_{\mathrm{p}}\approx\frac{\omega}{\beta}=\sqrt{\frac{2\omega}{\mu\gamma}} \tag{6-3-19}$$

$$\lambda\approx\frac{2\pi}{\beta}=2\pi\sqrt{\frac{2}{\omega\mu\gamma}} \tag{6-3-20}$$

由以上各式可见：

(1) 衰减常数 α 与频率 f 正相关。当频率很高时，电磁波在良导体中衰减很快，以至无法进入良导体内部，仅存在于表面的薄层内，其透入深度为 $d=\frac{1}{\alpha}=\sqrt{\frac{2}{\omega\mu\gamma}}$。

(2) 电场和磁场不再同相。波阻抗的相角近似为 $\pi/4$，即磁场的相位滞后电场 $\pi/4$。

(3) 由于良导体中传导电流远大于位移电流，磁场能量密度远大于电场能量密度，即有 $\frac{w_{\mathrm{e}}}{w_{\mathrm{m}}}=\frac{\omega\varepsilon}{\gamma}\ll 1$。说明良导体中的电磁波以磁场为主，传导电流是电流的主要成分。

(4) 与理想介质相比，良导体中电磁波的相速和波长都较小。

当 $\gamma\to\infty$ 时，良导体便成为理想导体，透入深度为零。在实际问题中，当频率较高时，对于普通的金属如铜、铝、金、银等，都可看成理想导体。

例 6-4 一个均匀平面电磁波从海水表面($z=0$)向海水中($+z$ 方向)传播，已知海水表面的电场强度 $\boldsymbol{E}=100\sin(10^7\pi t)\boldsymbol{e}_x$，海水的 $\varepsilon_{\mathrm{r}}=80$，$\mu_{\mathrm{r}}=1$，$\gamma=4\mathrm{S/m}$。试求：

(1) 衰减常数、相位常数、波阻抗、相速、波长、透入深度；

(2) 当 $\boldsymbol{E}$ 的振幅衰减至表面值的 1%时，波传播的距离；

(3) $z=0.8\mathrm{m}$ 时，$\boldsymbol{E}(z,t)$ 和 $\boldsymbol{H}(z,t)$ 的表达式。

解 依题意有

$$\omega=10^7\pi\quad \mathrm{rad/s}$$

$$f=\frac{\omega}{2\pi}=5\times 10^6\quad \mathrm{Hz}$$

$$\frac{\gamma}{\omega\varepsilon}=\frac{4}{10^7\pi\times\left(\frac{1}{36\pi}\times10^{-9}\right)\times80}=180\gg1$$

因此，海水可视为良导体。

(1) 衰减常数　$\alpha=\sqrt{\pi f\mu\gamma}=\sqrt{5\pi\times10^6\times4\pi\times10^{-7}\times4}=8.89$　(Np/m)

相位常数　$\beta=\alpha=8.89$　rad/m

波阻抗　$Z_0=\sqrt{\frac{\omega\mu}{\gamma}}\angle45°=\sqrt{\frac{10^7\pi\times4\pi\times10^{-7}}{4}}=\pi\angle45°$　(Ω)

相速　$v_p=\frac{\omega}{\beta}=\frac{10^7\pi}{8.89}=3.53\times10^6$　(m/s)

波长　$\lambda=\frac{2\pi}{\beta}=\frac{2\pi}{8.89}=0.707$　(m)

透入深度　$d=\frac{1}{\alpha}=\frac{1}{8.89}=0.112$　(m)

(2) 设 z_1 为电场的振幅衰减至表面值的1%时，波所移动的距离，即

$$e^{-\alpha z_1}=0.01$$

解得

$$z_1=\frac{1}{\alpha}\ln100=\frac{4.605}{8.89}=0.518\quad(\text{m})$$

(3) 电场的瞬时表示式为

$$\boldsymbol{E}(z,t)=100e^{-\alpha z}\sin(\omega t-\beta z)\boldsymbol{e}_x$$

在 $z=0.8$m 时，

$$\boldsymbol{E}(0.8,t)=100e^{-0.8\alpha}\sin(\omega t-0.8\beta)\boldsymbol{e}_x=0.082\sin(10^7\pi t-7.11)\boldsymbol{e}_x\quad \text{V/m}$$

磁场的瞬时表示式为

$$\boldsymbol{H}(0.8,t)=\frac{100e^{-0.8\alpha}}{|Z_0|}\sin\left(\omega t-0.8\beta-\frac{\pi}{4}\right)\boldsymbol{e}_y=0.026\sin(10^7\pi t-1.61)\boldsymbol{e}_y\quad \text{A/m}$$

可见，5MHz平面电磁波在海水中衰减得很快，在离开海水表面很短的距离(0.518m)，波的强度已变得十分微弱(为表面值的1%)。因此，海水中的无线电通信不能用高频波。但即使在低频情况下海水中的远距离无线电通信仍很困难。例如，当 $f=50$Hz 时，其透入深度约为35.6m。因此，海水中的潜水艇之间不能直接利用海水中的直接波进行无线电通信，必须将它们的收发天线升到海面附近，利用沿海水表面传播的表面波来实现通信。

6.4　平面电磁波的极化

前面讨论均匀平面电磁波的传播特性时，认为电磁波的场强方向与时间无关，实际中有些电磁波的场强方向随时间按一定的规律变化。对于波的电场方向随时间变化的状况，用波的极化来描述。

波的极化是电磁波理论中的一个重要概念，它体现了在空间给定点上电场强度矢量的取向随时间变化的特性。波的极化是用波的电场强度矢量的末端随时间在等相位面上变化的轨迹来表示。若轨迹是直线，就称其为直线极化波；若轨迹是圆，就称其为圆极化波；若轨迹是椭

圆，就称其为椭圆极化波。它们分别反映的是同频率、沿相同方向传播的若干个正弦平面电磁波中电场强度的相位和量值之间的不同关系。

假设一般情况下，沿 z 方向传播的正弦均匀平面电磁波的电场由不同初相的两个分量构成

$$\boldsymbol{E}=E_{1\mathrm{m}}\sin(\omega t-\beta z+\phi_1)\boldsymbol{e}_x+E_{2\mathrm{m}}\sin(\omega t-\beta z+\phi_2)\boldsymbol{e}_y \tag{6-4-1}$$

式中，$E_{1\mathrm{m}}$、$E_{2\mathrm{m}}$为幅值，ϕ_1、ϕ_2为初相。

即电场存在 x 分量，也存在 y 分量，并且这两个分量的振幅和相位不一定相等。电场沿 x 轴和 y 轴的两个场矢量分别为

$$E_x=E_{1\mathrm{m}}\sin(\omega t-\beta z+\phi_1)$$
$$E_y=E_{2\mathrm{m}}\sin(\omega t-\beta z+\phi_2)$$

6.4.1 直线极化波

为简单起见，取 $z=0$ 的平面来讨论。若式(6-4-1)中的 $\phi_1=\phi_2=\phi$，即 E_x和E_y同相，则合成电场的量值为

$$E=\sqrt{E_{1\mathrm{m}}^2+E_{2\mathrm{m}}^2}\sin(\omega t+\phi) \tag{6-4-2}$$

它与 x 轴的夹角为

$$\alpha=\arctan\left(\frac{E_{2\mathrm{m}}}{E_{1\mathrm{m}}}\right) \tag{6-4-3}$$

鉴于 $E_{1\mathrm{m}}$、$E_{2\mathrm{m}}$为常数，α 不随时间变化，合成电场矢量的末端轨迹为一条与 x 轴成 α 角的直线，称其为直线极化波，如图 6-5 所示。

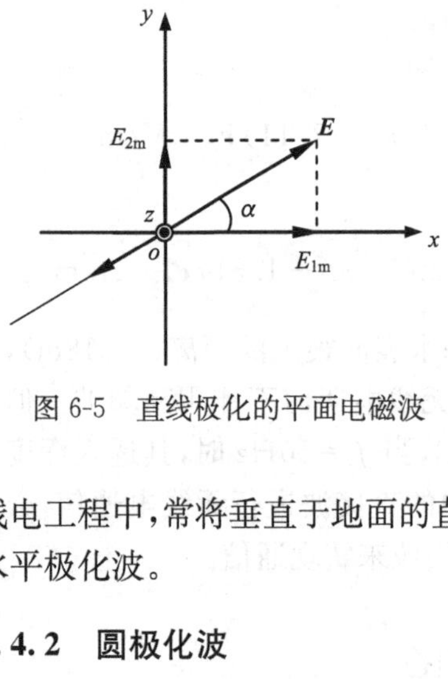

图 6-5　直线极化的平面电磁波

若式(6-4-1)中的 ϕ_1与 ϕ_2不相等，而是相差 π，即 E_x和E_y反相，此时合成的电场矢量的末端轨迹仍为一条直线，也是直线极化波，只是合成电场矢量 $\boldsymbol{E}$ 与 x 轴的夹角为

$$\alpha=\arctan\left(-\frac{E_{2\mathrm{m}}}{E_{1\mathrm{m}}}\right) \tag{6-4-4}$$

由此可见，在 6.2 节、6.3 节中讨论的均匀平面电磁波是直线极化波，因为电场的方向始终为 x 方向。一般在无线电工程中，常将垂直于地面的直线极化波称为垂直极化波，将平行于地面的直线极化波称为水平极化波。

6.4.2 圆极化波

在 $z=0$ 的平面上，若式(6-4-1)中的两个分量 E_x和E_y幅值相等，而初相位相差 $\pi/2$，即

$$E_{1\mathrm{m}}=E_{2\mathrm{m}}=E_{\mathrm{m}}$$

$$\phi_1-\phi_2=\pm\frac{\pi}{2}$$

则合成电场的幅值为

$$E=\sqrt{E_x^2+E_y^2}=E_{\mathrm{m}} \tag{6-4-5}$$

上式表明，这时的合成电场的大小不随时间的变化而改变。合成电场与 x 轴的夹角 α 为

$$\tan\alpha = \frac{E_y}{E_x} = \pm\tan(\omega t + \phi_1) \qquad (6\text{-}4\text{-}6)$$

所以

$$\alpha = \pm(\omega t + \phi_1) \qquad (6\text{-}4\text{-}7)$$

上式表明，合成电场的方向随时间的增加以角速度 ω 改变。这时合成的电场矢量末端轨迹为一以角速度 ω 旋转的圆周，故称为圆极化波，如图 6-6 所示。

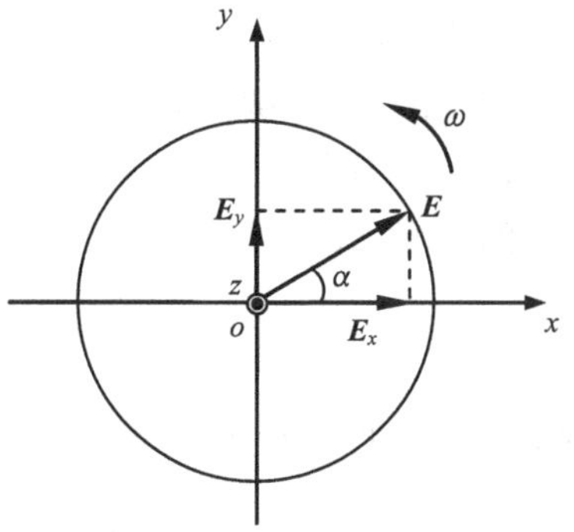

图 6-6 圆极化的平面电磁波

若 E_x 超前 E_y 的相位为 90°，此时合成电场矢量的旋转方向为逆时针方向，与波的传播方向（$+z$）构成右手螺旋关系，称为右旋圆极化波。

若 E_x 落后 E_y 的相位为 90°，此时合成电场矢量的旋转方向为顺时针方向，与波的传播方向（$+z$）构成左手螺旋关系，称为左旋圆极化波。

6.4.3 椭圆极化波

对于一般情况，若式(6-4-1)中的两个分量 E_x 和 E_y 幅值不相等，且初相位相差为任意值，那么这时构成的极化波为椭圆极化波。显然，直线极化波和圆极化波分别是椭圆极化波的特例。

为简单计，设 E_x 超前 E_y 的相位为 90°，则在 $z=0$ 平面上有

$$E_x = E_{1m}\sin(\omega t + \phi_1)$$

$$E_y = -E_{2m}\cos(\omega t + \phi_1)$$

消去时间 t，得

$$\left(\frac{E_x}{E_{1m}}\right)^2 + \left(\frac{E_y}{E_{2m}}\right)^2 = 1$$

这是两半轴分别为 E_{1m} 和 E_{2m} 的椭圆方程，如图 6-7 所示。合成电场矢量的末端在这个椭圆上旋转，形成椭圆极化波。

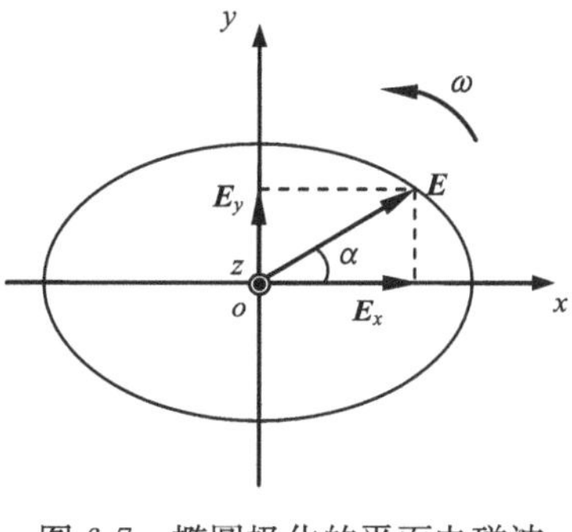

图 6-7 椭圆极化的平面电磁波

根据电场的两个分量相位差的正负，椭圆极化波也分为左、右旋椭圆极化波。若合成的电场矢量旋转方向与波传播方向构成右手螺旋关系，就为右旋椭圆极化波；若合成的电场矢量旋转方向与波传播方向构成左手螺旋关系，就为左旋椭圆极化波。

总之，极化是用来描述电磁波中电场的组成情况，从而了解整个电磁波的特性。在分析电磁波在自由空间或有限区域内的传播特性或分析天线的有关问题时，波的极化有着极大的价值。在工程上，波的极化有着广泛的应用。例如，调幅电台发射出的电波中的电场是与大地垂直的，所以收听者要想得到最佳的收音效果，就应将收音机的天线调整到与电场平行的位置，即与大地垂直。而电视台发射出的电波中的电场是与大地平行的，所以收看者要想得到最佳的收视效果，就应将电视接收机的天线调整到与电场平行的位置，即与大地平行。所以，过去我们看到的户外天线都是水平放置的。在有些情况下，收发系统必须利用圆极化波才能正常

工作。典型的例子如，当火箭等飞行器在飞行过程中其状态和位置在不断地变化，因此火箭上的天线方位也在不断地改变，此时如果用直线极化的发射信号来遥控火箭，在某些时候就会出现火箭上的天线收不到地面遥控信号的情况，而造成失控，如改用圆极化的发射和接收系统，就不会出现这种情况。因而在卫星通信系统和电子对抗系统中，大多数都是采用圆极化波来进行工作的。

例 6-5 证明两个振幅相同，旋转方向相反的圆极化波可合成一直线极化波。

证明 考虑沿 $+z$ 方向传播的两个旋转方向相反的圆极化波，设其振幅为 E_m，则左旋极化波的电场 E_1 的表达式为

$$\boldsymbol{E}_1 = E_m \sin(\omega t - \beta z + \phi)\boldsymbol{e}_x + E_m \sin\left(\omega t - \beta z + \phi + \frac{\pi}{2}\right)\boldsymbol{e}_y$$

右旋极化波的电场 E_2 的表达式为

$$\boldsymbol{E}_2 = E_m \sin(\omega t - \beta z + \phi)\boldsymbol{e}_x + E_m \sin\left(\omega t - \beta z + \phi - \frac{\pi}{2}\right)\boldsymbol{e}_y$$

合成波的电场为

$$\boldsymbol{E} = \boldsymbol{E}_1 + \boldsymbol{E}_2 = 2E_m \sin(\omega t - \beta z + \phi)\boldsymbol{e}_x$$

所以，合成波是一沿 x 方向的直线极化波，问题得证。

由此题反推可知，一直线极化波可分解为两个振幅相同，旋向相反的圆极化波的叠加。

例 6-6 有一垂直穿出纸面($z=0$)的平面电磁波，由两个直线极化波 $E_y=3\sin(\omega t)$ 和 $E_x=2\sin(\omega t+\pi/2)$ 组成，试问合成波是否为椭圆极化波？如果是椭圆极化波，那么是右旋波还是左旋波？

解 因为

$$E_y = 3\sin(\omega t)$$

$$E_x = 2\sin\left(\omega t + \frac{\pi}{2}\right) = 2\cos(\omega t)$$

所以

$$\sin^2(\omega t) = \frac{E_y^2}{9}, \quad \cos^2(\omega t) = \frac{E_x^2}{4}$$

将上两式相加得

$$\frac{E_y^2}{9} + \frac{E_x^2}{4} = \sin^2(\omega t) + \cos^2(\omega t) = 1$$

这是一个椭圆方程，长轴为 3，短轴为 2，因此该合成电磁波是椭圆极化波。

由于 E_x 超前 E_y 的相位为 90°，随着时间的变化，合成电场矢量末端旋转方向与波的传播方向构成右手螺旋关系，所以该波是右旋椭圆极化波。

6.5 平面电磁波在介质分界面上的垂直入射

当电磁波传播到两种介质的分界面时，一部分波会改变方向返回到原介质中，另一部分波则穿过分界面进入另一种介质。把传播到分界面上的来波称为入射波，把在分界面处改变方向返回到原介质的波称为反射波，把穿过分界面进入另一种介质的波称为折射波。

在两种不同介质中的电磁波应分别符合两种介质的特性，在分界面上应满足边界条件。本节应用分界面衔接条件，分析电磁波垂直入射到无限大的平面分界面上的反射和折射特性。

6.5.1 均匀平面电磁波对理想导体的垂直入射

在图 6-8 中，xoy 平面是理想导体与理想介质的分界面。设均匀平面电场波沿 z 方向从理想介质正入射到理想导体上，入射波的电场强度方向为 x 轴的正方向，磁场强度方向则为 $+y$ 方向。

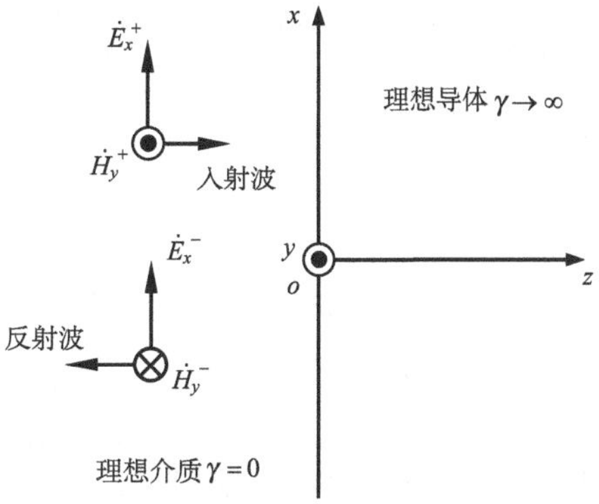

图 6-8 均匀平面电磁波对理想导体的正入射

设入射波的电场和磁场初相位为零，分别表示为

$$\dot{E}_x^+ = E_0^+ \mathrm{e}^{-\mathrm{j}\beta z} \tag{6-5-1}$$

$$\dot{H}_y^+ = \frac{\dot{E}_x^+}{Z_0} = \frac{E_0^+}{Z_0}\mathrm{e}^{-\mathrm{j}\beta z} \tag{6-5-2}$$

入射波到达理想导体表面（$z=0$）时将被反射回来。反射波的电场表示为

$$\dot{E}_x^- = E_0^- \mathrm{e}^{\mathrm{j}\beta z} \tag{6-5-3}$$

于是，在分界面的理想介质侧的合成电场为

$$\dot{E}_x = \dot{E}_x^+ + \dot{E}_x^- = E_0^+ \mathrm{e}^{-\mathrm{j}\beta z} + E_0^- \mathrm{e}^{\mathrm{j}\beta z} \tag{6-5-4}$$

运用 $z=0$ 处电场强度切向分量连续的边界条件，可得

$$\dot{E}_x \big|_{z=0} = (E_0^+ \mathrm{e}^{-\mathrm{j}\beta z} + E_0^- \mathrm{e}^{\mathrm{j}\beta z})_{z=0} = 0$$

$$E_0^- = -E_0^+ \tag{6-5-5}$$

将上式代入式(6-5-4)得

$$\dot{E}_x = E_0^+ (\mathrm{e}^{-\mathrm{j}\beta z} - \mathrm{e}^{\mathrm{j}\beta z}) = -\mathrm{j}2E_0^+ \sin\beta z \tag{6-5-6}$$

反射波的磁场为

$$\dot{H}_y^- = -\frac{\dot{E}_x^-}{Z_0} = -\frac{E_0^-}{Z_0}\mathrm{e}^{\mathrm{j}\beta z} = \frac{E_0^+}{Z_0}\mathrm{e}^{\mathrm{j}\beta z} \tag{6-5-7}$$

式中的负号是考虑到电磁波的电场、磁场以及波的传播方向满足右手螺旋关系而确定的。所以分界面理想介质侧的总磁场为

$$\dot{H}_y = \dot{H}_y^+ + \dot{H}_y^- = \frac{E_0^+}{Z_0}(\mathrm{e}^{-\mathrm{j}\beta z} + \mathrm{e}^{\mathrm{j}\beta z}) = \frac{2E_0^+}{Z_0}\cos\beta z \tag{6-5-8}$$

理想介质中的合成电场和磁场瞬时表达式为

$$E_x(z,t) = \mathrm{Im}[\dot{E}_x \mathrm{e}^{\mathrm{j}\omega t}] = \mathrm{Im}[-\mathrm{j}2E_0^+ \sin(\beta z)\,\mathrm{e}^{\mathrm{j}\omega t}] = -2\sqrt{2}\,E_0^+ \sin(\beta z)\cos(\omega t) \tag{6-5-9}$$

$$H_y(z,t) = \mathrm{Im}[\dot{H}_y \mathrm{e}^{\mathrm{j}\omega t}] = \mathrm{Im}\left[\frac{2E_0^+}{Z_0}\cos(\beta z)\,\mathrm{e}^{\mathrm{j}\omega t}\right] = \frac{2\sqrt{2}\,E_0^+}{Z_0}\cos(\beta z)\sin(\omega t) \tag{6-5-10}$$

可见，合成波电场和磁场的瞬时表达式与行波完全不同。下面分析理想介质中合成波的时空特性，如图 6-9 所示。

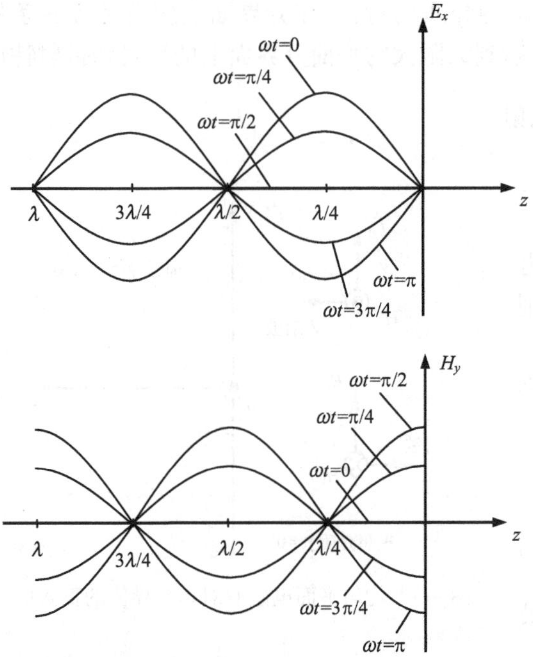

图 6-9 合成电场、磁场的驻波

(1) 对于任意时刻，在 $z=-n\dfrac{\lambda}{2}(n=0,1,2,\cdots)$ 的各点处，电场为零，磁场有最大振幅值；而在 $z=-(2n+1)\dfrac{\lambda}{4}(n=0,1,2,\cdots)$ 的各点处，电场有最大振幅值，磁场为零。在理想介质中，电场和磁场有固定的波节点和波腹点，说明两个传播方向相反的行波合成的结果构成了驻波。

(2) 合成波最大振幅值是入射波振幅值的二倍，合成电场成为振幅沿 $-z$ 轴呈正弦变化的振动，合成磁场成为振幅沿 $-z$ 轴呈余弦变化的振动，两个振动在时间上相差 $\pi/2$，空间位置上有 $\lambda/4$ 的错位。

(3) 在两个波节点之间，合成场的时间相位不随 z 变化，即各点的振动同相位。跨过一个波节点，相位变化 180°，也就是说，波节点两边的振动是反向的。

(4) 由于理想导体的电导率 $\gamma\to\infty$，透入深度 $d\to 0$，导致电磁场到达导体表面立即衰减到零，没有能量进入导体内部。此时电流集中在导体表面无限薄层内形成面电流，面电流可以根据分界面衔接条件式(5-3-13)确定，即

$$\boldsymbol{K}=\boldsymbol{e}_n\times(\boldsymbol{H}_2-\boldsymbol{H}_1)=-\boldsymbol{e}_z\times H_{1y}\boldsymbol{e}_y=H_y\boldsymbol{e}_x$$

由式(6-5-10)可见，在 $z=0$ 处是磁场的波腹点，面电流的出现正是引起磁场在分界面上不连续的根本原因。

在理想介质中，平均坡印亭矢量为

$$S_{\text{av}}=\text{Re}[\dot{\boldsymbol{E}}\times\dot{\boldsymbol{H}}^*]=\text{Re}\left[-\boldsymbol{e}_x\text{j}2E_0^+\sin(\beta z)\times\boldsymbol{e}_y\frac{2E_0^+}{Z_0}\cos(\beta z)\right]=0 \tag{6-5-11}$$

可见驻波不能传输电磁能量，只可能有电场能量和磁场能量的相互转化。

6.5.2 均匀平面电磁波在两种导电介质分界面上的垂直入射

如图 6-10，设两种介质分界面的左边为介质 1，介质参数分别为 μ_1，ε_1 和 γ_1。右边为介质 2，介质参数分别为 μ_2，ε_2 和 γ_2。当均匀电磁波从介质 1 垂直入射到分界面时，由于两种介质的波阻抗不同，入射波中的一部分被反射，另一部分则穿过分界面进入到介质 2 继续传播。

令入射波的场量为

$$\dot{\boldsymbol{E}}_{1x}^+=\boldsymbol{e}_x\dot{E}_{1x}^+=\boldsymbol{e}_xE_{10}^+\text{e}^{-k_1z} \tag{6-5-12}$$

$$\dot{\boldsymbol{H}}_{1y}^+=\boldsymbol{e}_y\frac{\dot{E}_{1x}^+}{Z_{01}}=\boldsymbol{e}_y\frac{E_{10}^+}{Z_{01}}\text{e}^{-k_1z} \tag{6-5-13}$$

式中，k_1 和 Z_{01} 分别为波在介质 1 中的传播常数和波阻抗。

反射波的场量为

$$\dot{\boldsymbol{E}}_{1x}^{-}=\boldsymbol{e}_x E_{10}^{-}\mathrm{e}^{k_1 z} \tag{6-5-14}$$

$$\dot{\boldsymbol{H}}_{1y}^{-}=-\boldsymbol{e}_y \frac{E_{10}^{-}}{Z_{01}}\mathrm{e}^{k_1 z} \tag{6-5-15}$$

折射波的场量为

$$\dot{\boldsymbol{E}}_{2x}^{+}=\boldsymbol{e}_x \dot{E}_{2x}^{+}=\boldsymbol{e}_x E_{20}^{+}\mathrm{e}^{-k_2 z} \tag{6-5-16}$$

$$\dot{\boldsymbol{H}}_{2y}^{+}=\boldsymbol{e}_y \frac{\dot{E}_{2x}^{+}}{Z_{02}}=\boldsymbol{e}_y \frac{E_{20}^{+}}{Z_{02}}\mathrm{e}^{-k_2 z} \tag{6-5-17}$$

式中，k_2 为介质 2 中波的传播常数，Z_{02} 为介质 2 的波阻抗。

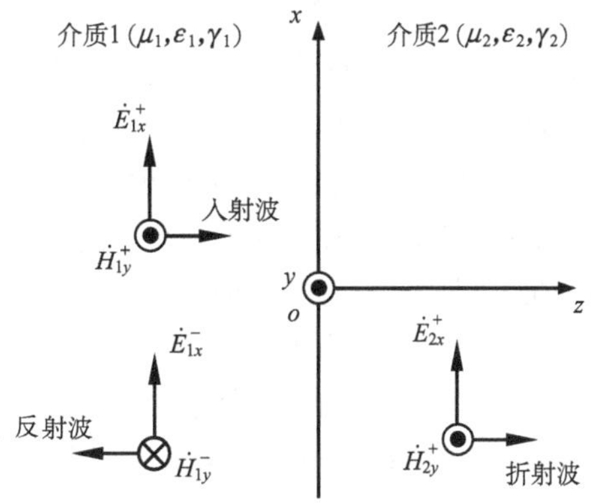

图 6-10　平面波入射到两种导电介质分界面上

介质 1 中的合成场量为

$$\dot{\boldsymbol{E}}_{1x}=\dot{\boldsymbol{E}}_{1x}^{+}+\dot{\boldsymbol{E}}_{1x}^{-}=\boldsymbol{e}_x(E_{10}^{+}\mathrm{e}^{-k_1 z}+E_{10}^{-}\mathrm{e}^{k_1 z}) \tag{6-5-18}$$

$$\dot{\boldsymbol{H}}_{1y}=\dot{\boldsymbol{H}}_{1y}^{+}+\dot{\boldsymbol{H}}_{1y}^{-}=\boldsymbol{e}_y\left(\frac{E_{10}^{+}}{Z_{01}}\mathrm{e}^{-k_1 z}-\frac{E_{10}^{-}}{Z_{01}}\mathrm{e}^{k_1 z}\right) \tag{6-5-19}$$

在分界面($z=0$)处电场强度切向分量连续

$$\dot{E}_{2x}^{+}=\dot{E}_{1x}$$

即

$$E_{10}^{+}+E_{10}^{-}=E_{20}^{+} \tag{6-5-20}$$

运用磁场强度切向分量连续的条件可得

$$\frac{E_{10}^{+}}{Z_{01}}-\frac{E_{10}^{-}}{Z_{01}}=\frac{E_{20}^{+}}{Z_{02}} \tag{6-5-21}$$

联立求解式(6-5-20)和式(6-5-21)可得

$$E_{10}^{-}=\frac{Z_{02}-Z_{01}}{Z_{02}+Z_{01}}E_{10}^{+}=RE_{10}^{+} \tag{6-5-22}$$

$$E_{20}^{+}=\frac{2Z_{02}}{Z_{02}+Z_{01}}E_{10}^{+}=TE_{10}^{+} \tag{6-5-23}$$

式中

$$R=\frac{E_{10}^{-}}{E_{10}^{+}}=\frac{Z_{02}-Z_{01}}{Z_{02}+Z_{01}} \tag{6-5-24}$$

称为反射系数，而

$$T=\frac{E_{20}^{+}}{E_{10}^{+}}=\frac{2Z_{02}}{Z_{02}+Z_{01}} \tag{6-5-25}$$

称为折射系数。

一般情况下，由于介质的导电性，反射系数和折射系数是复数，这表明在分界面上的反射和折射将引入一个附加的相位。

由反射系数 R 和折射系数 T 的计算式可知，$1+R=T$。当介质 2 为理想导体时($Z_{02}=0$)，可得 $R=-1$，$T=0$，这时

$$E_{10}^{-}=-E_{10}^{+},\quad E_{20}^{+}=0$$

入射波全部反射，并在介质 1 中形成驻波。

若介质 1 为理想介质，介质 2 为良导体，可知电磁波在介质 2 中衰减很快，电磁波只存在于良导体表面，即前面介绍过的趋肤效应。

若两种介质均为理想介质，则反射系数和折射系数都为实数。当 $Z_{02}>Z_{01}$ 时，在 $z=0$ 平面上的反射系数 R 为正，表示反射电场与入射电场同相相加，电场为最大值，磁场为最小值。反之，当 $Z_{01}>Z_{02}$ 时，在 $z=0$ 平面上的反射系数 R 为负，表示反射电场与入射电场异相相减，电场为最小值，磁场为最大值。

若 $Z_{02}=Z_{01}$，称为阻抗匹配，此时 $T=1$，$R=0$，没有反射波，介质 1 中的入射波完全通过分界面成为介质 2 中的折射波。

例 6-7 频率为 $f=300\text{MHz}$ 的线极化均匀平面电磁波，其电场强度振幅值为 2V/m，从空气垂直入射到 $\varepsilon_r=4$，$\mu_r=1$ 的理想介质平面上。式求：

(1) 反射系数、折射系数；

(2) 入射波、反射波和折射波的电场和磁场。

解 (1)空气中以及给定理想介质中的波阻抗分别为

$$Z_{01}=\sqrt{\frac{\mu_0}{\varepsilon_0}}=120\pi \quad \Omega,\quad Z_{02}=\sqrt{\frac{\mu_r\mu_0}{\varepsilon_r\varepsilon_0}}=\sqrt{\frac{\mu_0}{4\varepsilon_0}}=60\pi \quad \Omega$$

所以反射系数和折射系数分别为

$$R=\frac{Z_{02}-Z_{01}}{Z_{02}+Z_{01}}=-\frac{1}{3},\quad T=\frac{2Z_{02}}{Z_{02}+Z_{01}}=\frac{2}{3}$$

(2) $f=300\text{MHz}$，则

$$\lambda_1=\frac{c}{f}=\frac{3\times 10^8}{300\times 10^6}=1 \quad \text{m},\qquad \beta_1=\frac{2\pi}{\lambda_1}=2\pi \quad \text{rad/m}$$

$$\lambda_2=\frac{v}{f}=\frac{c}{\sqrt{\varepsilon_r}\cdot f}=0.5 \quad \text{m},\qquad \beta_2=\frac{2\pi}{\lambda_2}=4\pi \quad \text{rad/m}$$

设入射波沿 $+z$ 方向传播，电场方向为 $+x$ 方向，磁场方向为 $+y$ 方向，即

$$\boldsymbol{E}_i(z,t)=E_{im}\sin(\omega t-\beta_1 z)\boldsymbol{e}_x=2\sin(\omega t-\beta_1 z)\boldsymbol{e}_x \quad \text{V/m}$$

$$\boldsymbol{H}_i(z,t)=\frac{E_{im}}{Z_{01}}\sin(\omega t-\beta_1 z)\boldsymbol{e}_y=\frac{1}{60\pi}\sin(\omega t-\beta_1 z)\boldsymbol{e}_y \quad \text{A/m}$$

所以，反射波沿 $-z$ 方向传播，电场和磁场为

$$\boldsymbol{E}_r(z,t)=RE_{im}\sin(\omega t+\beta_1 z)\boldsymbol{e}_x=-\frac{2}{3}\sin(\omega t+\beta_1 z)\boldsymbol{e}_x \quad \text{V/m}$$

$$\boldsymbol{H}_r(z,t)=-R\frac{E_{im}}{Z_{01}}\sin(\omega t+\beta_1 z)\boldsymbol{e}_y=\frac{1}{180\pi}\sin(\omega t+\beta_1 z)\boldsymbol{e}_y \quad \text{A/m}$$

折射波沿 $+z$ 方向传播，电场和磁场为

$$\boldsymbol{E}_t(z,t)=TE_{im}\sin(\omega t-\beta_2 z)\boldsymbol{e}_x=\frac{4}{3}\sin(\omega t-\beta_2 z)\boldsymbol{e}_x \quad \text{V/m}$$

$$\boldsymbol{H}_t(z,t)=T\frac{E_{im}}{Z_{02}}\sin(\omega t-\beta_2 z)\boldsymbol{e}_y=\frac{1}{45\pi}\sin(\omega t-\beta_2 z)\boldsymbol{e}_y \quad \text{A/m}$$

小　结

1) 在电磁场中，电场和磁场之间存在着耦合，这种耦合以波动的形式存在于空间中，变化的电磁场在空间的传播称为电磁波。在各向同性、线性、均匀介质中，电磁波的电场强度 $\boldsymbol{E}$ 和磁场强度 $\boldsymbol{H}$ 的波动方程分别为

$$\nabla^2 \boldsymbol{E}(\boldsymbol{r},t) - \mu\gamma \frac{\partial \boldsymbol{E}(\boldsymbol{r},t)}{\partial t} - \mu\varepsilon \frac{\partial^2 \boldsymbol{E}(\boldsymbol{r},t)}{\partial t^2} = 0$$

$$\nabla^2 \boldsymbol{H}(\boldsymbol{r},t) - \mu\gamma \frac{\partial \boldsymbol{H}(\boldsymbol{r},t)}{\partial t} - \mu\varepsilon \frac{\partial^2 \boldsymbol{H}(\boldsymbol{r},t)}{\partial t^2} = 0$$

2) 平面电磁波是指等相位面为平面的电磁波。如果平面波等相位面上各点场强都相等，则为均匀平面电磁波。

在均匀平面电磁波中，电场 $\boldsymbol{E}$ 和磁场 $\boldsymbol{H}$ 除了与时间 t 有关外，仅与传播方向的坐标变量有关，沿传播方向没有电场 $\boldsymbol{E}$ 和磁场 $\boldsymbol{H}$ 的分量，它是横电磁波(简写为 TEM)，并且，电场 $\boldsymbol{E}$ 和磁场 $\boldsymbol{H}$ 处处互相垂直，$\boldsymbol{E}\times\boldsymbol{H}$ 的方向即为波传播的方向。

在理想介质中，均匀平面电磁波的电场 $\boldsymbol{E}$ 和磁场 $\boldsymbol{H}$ 的量值之比等于波阻抗 $Z_0=\sqrt{\mu/\varepsilon}$，电场能量密度和磁场能量密度相等，且 $\boldsymbol{E}\times\boldsymbol{H}$ 的值等于能量密度与相速的乘积。

在导电介质中，均匀平面电磁波的振幅随着传播距离的增加而呈指数规律衰减，衰减快慢由衰减常数 α 决定，并且电场 $\boldsymbol{E}$ 和磁场 $\boldsymbol{H}$ 相位不同。

一般地，如果电磁波的传播方向沿 $+z$ 方向，假设电场沿 $+x$ 方向，则正弦均匀平面电磁波的表达式可写成

$$E_x(z,t) = \sqrt{2}E_0^+ \mathrm{e}^{-\alpha z}\sin(\omega t - \beta z + \phi_E)$$

$$H_y(z,t) = \sqrt{2}H_0^+ \mathrm{e}^{-\alpha z}\sin(\omega t - \beta z + \phi_H)$$

3) 当合成电磁波由具有相同传播方向的平面电磁波组成时，那么波的极化就是用来描述合成场强 $\boldsymbol{E}$ 的取向。波的极化分为直线极化、圆极化和椭圆极化。对于圆极化和椭圆极化波，又分为左旋极化波和右旋极化波。

4) 电磁波从一种介质入射到与另一介质的分界面时，在分界面上会有反射和折射现象，一部分能量被反射回来，另一部分能量进入另一介质。

习　题

6-1　在空气中，均匀平面电磁波的电场强度为 $\boldsymbol{E}=800\sin(\omega t-\beta z)\boldsymbol{e}_y$ V/m，波长为 2m。试求：(1)电磁波的频率；(2)相位常数；(3)磁场强度的振幅和方向。

6-2　自由空间中传播的电磁波的电场强度 $\boldsymbol{E}$ 的复数形式为

$$\dot{\boldsymbol{E}} = \mathrm{e}^{-\mathrm{j}20\pi z}\boldsymbol{e}_y \quad \mathrm{V/m}$$

(1) 求频率 f 及 $\boldsymbol{E}$、$\boldsymbol{H}$ 的瞬时表达式；

(2) 当 $z=0.025$m 时，场在何时达到最大值和零值？

(3) 若在 $t=t_0$，$x=x_0$ 处场强达到最大值，现从这点向前走 100m，问在该处要过多少时间，场强才达到最大值？

6-3　据估计，晴天时太阳辐射到地球的功率为 1.34 kW/m^2(对入射波而言)，假设太阳光为一单色平面电磁波，计算入射波中的电磁强度 $E_{\max}$ 和磁感应强度 $B_{\max}$。

6-4　一信发生器在自由空间产生一均匀平面电磁波，波长为 12cm，通过理想介质后，波长减小为 8cm，在介质中电场振幅为 50V/m，磁场振幅为 0.1A/m，求发生器的频率，介质的 ε_r 及 μ_r。

6-5　在 $\varepsilon_r=2.5$，$\gamma=1.67\times10^{-3}$ S/m 的非磁性材料介质中，有一频率为 3GHz 的均匀平面电磁波沿 $+z$ 方向传播，假设电场只有 x 方向的分量。试求：

(1) 波的振幅衰减至原来的一半时，传播了多少距离？

(2) 介质的波阻抗、波长和相速；

(3) 设在 $z=0$ 处，$\boldsymbol{E}=50\sin(6\pi\times10^9t+\pi/3)\boldsymbol{e}_x$，写出 $\boldsymbol{H}$ 在任何时刻 t 的瞬时表示式。

6-6 有一非磁性的良导体，电磁波在其内传播的速度是自由空间光速的 0.1%，波长为 0.3mm，求材料的电导率及波的频率。

6-7 在物理参数为 μ_0，ε_0 和 γ 的导电介质中，有一沿 $+z$ 轴传播的均匀平面电磁波，

(1) 试决定单位体积中热功率损耗的瞬时值和平均值；

(2) 决定横截面为单位面积，长度为 $0\rightarrow\infty$ 的体积中耗散的平均功率；

(3) 决定坡印亭矢量的平均值，并计算横截面积为单位面积，长度为 $0\rightarrow\infty$ 的体积中耗散的平均功率；

(4) 试将(2)和(3)的结果相比较，以良导体为例说明两者是否相等。

6-8 已知真空中二均匀平面波的电场强度分别为：$\boldsymbol{E}_1=E_0\mathrm{e}^{-\mathrm{j}\beta z}\boldsymbol{e}_x$、$\boldsymbol{E}_2=\mathrm{j}\boldsymbol{E}_0\mathrm{e}^{-\mathrm{j}\beta z}\boldsymbol{e}_y$，求合成波电场强度的瞬时表示式及极化方式。

6-9 已知一平面电磁波在空间某点的电场表达式为 $\boldsymbol{E}=(E_x\boldsymbol{e}_x+E_y\boldsymbol{e}_y)\mathrm{V/m}$，其中

$$E_x=(\alpha_1\sin\omega t+\alpha_2\cos\omega t)\quad \mathrm{V/m},\qquad E_y=(3\sin\omega t+4\cos\omega t)\quad \mathrm{V/m}$$

若此波为圆极化波，求 α_1，α_2 为何值？

6-10 在真空中有一均匀平面电磁波，其电场强度的相量表示式为

$$\dot{\boldsymbol{E}}=(\boldsymbol{e}_x-\mathrm{j}\boldsymbol{e}_y)10^{-4}\mathrm{e}^{-\mathrm{j}20\pi z}\quad \mathrm{V/m}$$

试求：

(1) 电磁波的频率；

(2) 磁场强度的相量表示式；

(3) 此电磁波是何种极化方式。

6-11 一右旋圆极化波 $\dot{\boldsymbol{E}}=E_0(\boldsymbol{e}_x-\mathrm{j}\boldsymbol{e}_y)\mathrm{e}^{-\mathrm{j}k_1z}$ 由空气向一理想介质平面($z=0$)垂直入射，介质的电磁参数为 $\varepsilon_2=9\varepsilon_0$，$\varepsilon_1=\varepsilon_0$，$\mu_1=\mu_2=\mu_0$。试求：

(1) 反射系数、透射系数；

(2) 反射波、透射波的电场强度；

(3) 反射波、透射波各是何种极化波？

第 7 章　导行电磁波

第 6 章研究了均匀平面电磁波在无界空间的传播规律，即波的电场强度 $\boldsymbol{E}$ 与磁场强度 $\boldsymbol{H}$ 的空间分布特性。在电磁场的应用中，常常需要将电磁能或电磁信号沿一定的途径从一点传输到另一点，这种定向传输电磁能或电磁信号的装置称为导波装置。典型的导波装置有传输线、同轴线、波导以及光导纤维等，如图 7-1 所示。

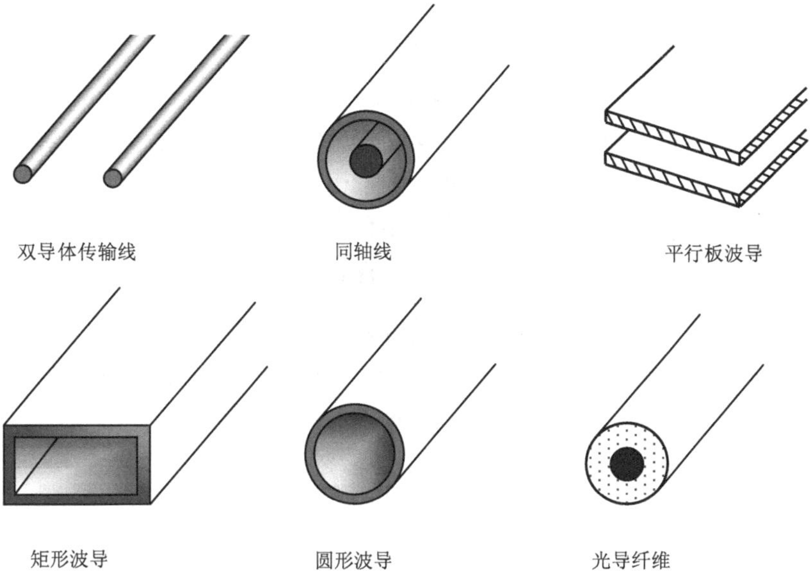

图 7-1　几种导波装置

上述导波装置特性各异，分别用于不同的场合。从传播信号的角度看，当传输距离不长且电磁波频率不高时，可采用普通的双导线。但当传输信号的距离较长和频率较高时，双导线的辐射效应显著增强，此时宜采用金属波导。金属波导将电磁波完全封闭在金属管中，没有电磁辐射效应。随着电磁波频率进一步提高，尤其是进入光波波段时，金属就不再是良导体，而是损耗很高的介质，这种情况下需要采用光波导。本章将介绍可以导行横电磁波(TEM)的传输线以及可以导行横磁波(TM)与横电波(TE)的矩形波导。

7.1　导行电磁波的基本性质

7.1.1　导行电磁波的分类

导行电磁波就是在导波装置中传输的电磁波，简称导波。在均匀导波装置中传播的电磁波可以分为以下三种传播模式：

(1) 在电磁波传播方向上没有电场和磁场分量，电场和磁场完全在垂直于传播方向的横平面内，这种模式的电磁波称为横电磁波，常用符号 TEM 表示。

(2) 在电磁波传播方向上有电场但没有磁场分量，磁场完全在垂直于传播方向的横平面内，这种模式的电磁波称为横磁波，有时又称 E 波，常用符号 TM 表示。

(3) 在电磁波传播方向上没有电场但有磁场分量，电场完全在垂直于传播方向的横平面内，这种模式的电磁波称为横电波，有时又称 H 波，常用符号 TE 表示。

实际的电磁波场型分布是一个或多个上述三种模式的组合。下面从麦克斯韦方程及波动方程出发，推导导波装置中的电磁场量表达式。

7.1.2 均匀导波装置中的电磁场量

假设电磁波在导波装置中沿着 $+z$ 轴方向传播，对于角频率为 ω 的电场和磁场的相量表达式为

$$\dot{\boldsymbol{E}}=\boldsymbol{E}_0(x,y)\,\mathrm{e}^{-kz} \tag{7-1-1}$$

$$\dot{\boldsymbol{H}}=\boldsymbol{H}_0(x,y)\,\mathrm{e}^{-kz} \tag{7-1-2}$$

式中，k 为传播常数，假设电磁波在理想介质中传播，传播过程中没有焦耳热耗，将电场和磁场的相量形式代入式(6-1-7)和式(6-1-8)，可得

$$\nabla^2\dot{\boldsymbol{E}}+\beta^2\dot{\boldsymbol{E}}=0 \tag{7-1-3}$$

$$\nabla^2\dot{\boldsymbol{H}}+\beta^2\dot{\boldsymbol{H}}=0 \tag{7-1-4}$$

式中，$\beta=\omega\sqrt{\mu\varepsilon}$。上述方程称为赫姆霍兹波动方程。

将三维拉普拉斯算符 ∇^2 在直角坐标系中分解为两部分：与传播方向一致的拉普拉斯算符 ∇_z^2 和与传播方向垂直的拉普拉斯算符 ∇_{xy}^2。因为

$$\frac{\partial^2\dot{\boldsymbol{E}}}{\partial z^2}=\frac{\partial^2\boldsymbol{E}_0(x,y)\,\mathrm{e}^{-kz}}{\partial z^2}=k^2\dot{\boldsymbol{E}} \tag{7-1-5}$$

所以

$$\nabla^2\dot{\boldsymbol{E}}=\left(\frac{\partial^2}{\partial x^2}+\frac{\partial^2}{\partial y^2}+\frac{\partial^2}{\partial z^2}\right)\dot{\boldsymbol{E}}=\left(\nabla_{xy}^2+\frac{\partial^2}{\partial z^2}\right)\dot{\boldsymbol{E}}=\nabla_{xy}^2\dot{\boldsymbol{E}}+k^2\dot{\boldsymbol{E}} \tag{7-1-6}$$

将式(7-1-6)代入式(7-1-3)，得

$$\nabla_{xy}^2\dot{\boldsymbol{E}}+(k^2+\beta^2)\,\dot{\boldsymbol{E}}=0 \tag{7-1-7}$$

同理可得

$$\nabla_{xy}^2\dot{\boldsymbol{H}}+(k^2+\beta^2)\,\dot{\boldsymbol{H}}=0 \tag{7-1-8}$$

式(7-1-7)和式(7-1-8)是导波装置中电场和磁场所满足的微分方程，分析导波装置中的电磁波传播特性，就是在给定的边界条件下求解这两个方程。根据电场和磁场互为因果关系可知，对方程(7-1-7)与式(7-1-8)的求解，不必同时将 6 个未知量解出来。下面分析这 6 个未知量之间的相互联系。

将式(7-1-1)和式(7-1-2)代入麦克斯韦方程组中的两个旋度方程 $\nabla\times\dot{\boldsymbol{H}}=\mathrm{j}\omega\varepsilon\dot{\boldsymbol{E}}$ 和 $\nabla\times\dot{\boldsymbol{E}}=-\mathrm{j}\omega\mu\dot{\boldsymbol{H}}$ 中，在直角坐标系中展开得

$$\frac{\partial\dot{H}_z}{\partial y}+k\dot{H}_y=\mathrm{j}\omega\varepsilon\dot{E}_x \tag{7-1-9a}$$

$$-k\dot{H}_x-\frac{\partial\dot{H}_z}{\partial x}=\mathrm{j}\omega\varepsilon\dot{E}_y \tag{7-1-9b}$$

$$\frac{\partial \dot{H}_y}{\partial x}-\frac{\partial \dot{H}_x}{\partial y}=\mathrm{j}\omega\varepsilon \dot{E}_z \tag{7-1-9c}$$

$$\frac{\partial \dot{E}_z}{\partial y}+k\dot{E}_y=-\mathrm{j}\omega\varepsilon \dot{H}_x \tag{7-1-9d}$$

$$-k\dot{E}_x-\frac{\partial \dot{E}_z}{\partial x}=-\mathrm{j}\omega\mu \dot{H}_y \tag{7-1-9e}$$

$$\frac{\partial \dot{E}_y}{\partial x}-\frac{\partial \dot{E}_x}{\partial y}=-\mathrm{j}\omega\varepsilon \dot{H}_z \tag{7-1-9f}$$

式(7-1-9)中，所有的场量都只是空间坐标 x,y 的函数，与坐标 z 相关的公共因子 e^{-kz} 已消去。将 $\dot{E}_x$、$\dot{E}_y$、$\dot{H}_x$ 和 $\dot{H}_y$ 用两个纵向场量 $\dot{E}_z$ 和 $\dot{H}_z$ 表示，即

$$\dot{E}_x=-\frac{1}{h^2}\left(k\frac{\partial \dot{E}_z}{\partial x}+\mathrm{j}\omega\mu\frac{\partial \dot{H}_z}{\partial y}\right) \tag{7-1-10}$$

$$\dot{E}_y=-\frac{1}{h^2}\left(k\frac{\partial \dot{E}_z}{\partial y}-\mathrm{j}\omega\mu\frac{\partial \dot{H}_z}{\partial x}\right) \tag{7-1-11}$$

$$\dot{H}_x=-\frac{1}{h^2}\left(k\frac{\partial \dot{H}_z}{\partial x}-\mathrm{j}\omega\varepsilon\frac{\partial \dot{E}_z}{\partial y}\right) \tag{7-1-12}$$

$$\dot{H}_y=-\frac{1}{h^2}\left(k\frac{\partial \dot{H}_z}{\partial y}+\mathrm{j}\omega\varepsilon\frac{\partial \dot{E}_z}{\partial x}\right) \tag{7-1-13}$$

式中

$$h^2=k^2+\beta^2 \tag{7-1-14}$$

因此分析波导装置中的电磁波传播特性，可在给定的边界条件下求解纵向场分量 $\dot{E}_z$ 和 $\dot{H}_z$ 所满足的赫姆霍兹方程，即

$$\nabla_{xy}^2\dot{E}_z+h^2\dot{E}_z=0 \tag{7-1-15}$$

$$\nabla_{xy}^2\dot{H}_z+h^2\dot{H}_z=0 \tag{7-1-16}$$

得出纵向场分量 $\dot{E}_z$ 和 $\dot{H}_z$ 后，再根据式(7-1-10)～式(7-1-13)，求得其他四个场分量，这种方法称为纵向分量法。

7.1.3 横电磁波(TEM 波)

对于横电磁波，由于在传播方向上不存在电场和磁场分量，即 $\dot{E}_z=0$，$\dot{H}_z=0$，故由式(7-1-10)～式(7-1-13)可知，$\dot{E}_x$、$\dot{E}_y$、$\dot{H}_x$ 和 $\dot{H}_y$ 存在的条件是

$$h^2=k^2+\beta^2=0$$

即

$$k_{\mathrm{TEM}}=\mathrm{j}\beta=\mathrm{j}\omega\sqrt{\mu\varepsilon} \tag{7-1-17}$$

相应的 TEM 波的传播速度(相速)为

$$v_{\mathrm{p}}=\frac{\omega}{\beta}=\frac{1}{\sqrt{\mu\varepsilon}}\quad(\mathrm{m/s}) \tag{7-1-18}$$

它仅与介质参数有关，而与导波装置的几何形状无关。

将 $\dot{E}_z=0,\dot{H}_z=0$ 代入式(7-1-9a)和式(7-1-9b)得到波阻抗

$$Z_{\mathrm{TEM}}=\frac{\dot{E}_x}{\dot{H}_y}=-\frac{\dot{E}_y}{\dot{H}_x}=\sqrt{\frac{\mu}{\varepsilon}}=Z_0 \tag{7-1-19}$$

此结果与介质的本征阻抗相同。

综合以上各关系，可得沿 $+z$ 方向传播的 TEM 波的场量间关系式为

$$\dot{\boldsymbol{H}}=\frac{1}{Z_{\mathrm{TEM}}}(\boldsymbol{e}_z\times\dot{\boldsymbol{E}}) \tag{7-1-20}$$

另外，由于此时 $h^2=k^2+\beta^2=0$，由式(7-1-7)和式(7-1-8)知

$$\nabla_{xy}^2\dot{\boldsymbol{E}}=0$$

$$\nabla_{xy}^2\dot{\boldsymbol{H}}=0$$

这正是我们熟悉的拉普拉斯方程。说明在导波装置中，TEM 波在横截面上的场分量满足拉普拉斯方程，因此，导波装置中的场分布应该与静态场中相同边界条件下的场分布相同。于是可得结论：任何能确立静态场的均匀导波装置，也能维持 TEM 波。例如，同轴线、二线输电线等，但空心金属导波管内不可能存在 TEM 波，这点后面还有论述。

7.1.4 横磁波(TM 波)

对于横磁波，由于在传播方向上不存在磁场分量，即 $\dot{H}_z=0$，故由式(7-1-10)～式(7-1-13)可得

$$\dot{E}_x=-\frac{k}{h^2}\frac{\partial\dot{E}_z}{\partial x} \tag{7-1-21}$$

$$\dot{E}_y=-\frac{k}{h^2}\frac{\partial\dot{E}_z}{\partial y} \tag{7-1-22}$$

$$\dot{H}_x=\frac{\mathrm{j}\omega\varepsilon}{h^2}\frac{\partial\dot{E}_z}{\partial y} \tag{7-1-23}$$

$$\dot{H}_y=-\frac{\mathrm{j}\omega\varepsilon}{h^2}\frac{\partial\dot{E}_z}{\partial x} \tag{7-1-24}$$

根据式(7-1-21)和式(7-1-24)，以及式(7-1-22)和式(7-1-23)，可得波阻抗

$$Z_{\mathrm{TM}}=\frac{\dot{E}_x}{\dot{H}_y}=-\frac{\dot{E}_y}{\dot{H}_x}=\frac{k}{\mathrm{j}\omega\varepsilon} \tag{7-1-25}$$

由于 TM 波的 $h^2=k^2+\beta^2\neq0$，即 $k\neq\mathrm{j}\beta$。因此，阻抗 Z_{TM}除了与介质参数有关外，还与频率及波导装置的结构尺寸有关。关于这个问题，将在下一节讨论。

TM 波场量之间的关系为

$$\dot{\boldsymbol{H}}=\frac{1}{Z_{\mathrm{TM}}}(\boldsymbol{e}_z\times\dot{\boldsymbol{E}}) \tag{7-1-26}$$

7.1.5 横电波(TE 波)

对于横电波，由于在传播方向上不存在电场分量，即 $E_z=0$，故由式(7-1-10)～式(7-1-13)可得

$$\dot{E}_x = -\frac{\mathrm{j}\omega\mu}{h^2}\frac{\partial \dot{H}_z}{\partial y} \tag{7-1-27}$$

$$\dot{E}_y = \frac{\mathrm{j}\omega\mu}{h^2}\frac{\partial \dot{H}_z}{\partial x} \tag{7-1-28}$$

$$\dot{H}_x = -\frac{k}{h^2}\frac{\partial \dot{H}_z}{\partial x} \tag{7-1-29}$$

$$\dot{H}_y = -\frac{k}{h^2}\frac{\partial \dot{H}_z}{\partial y} \tag{7-1-30}$$

根据式(7-1-27)和式(7-1-30)，以及式(7-1-28)和式(7-1-29)，可得波阻抗

$$Z_{\mathrm{TE}} = \frac{\dot{E}_x}{\dot{H}_y} = -\frac{\dot{E}_y}{\dot{H}_x} = \frac{\mathrm{j}\omega\mu}{k} \tag{7-1-31}$$

TE 波场量之间的关系为

$$\dot{\boldsymbol{H}} = \frac{1}{Z_{\mathrm{TE}}}(\boldsymbol{e}_z \times \dot{\boldsymbol{E}}) \tag{7-1-32}$$

7.2 矩形波导

在微波范围，为了减少传输损耗及防止电磁波的辐射泄漏，往往采用空心的金属管作为传输电磁能量的导波装置。这种空心金属导波装置通常称为波导，电磁能量在波导管内部被导引传送。最常用的导波装置是矩形波导和圆柱形波导，本书仅讨论矩形波导。

如前所述，空间中传输的电磁波可划分为 TEM 波、TM 波和 TE 波，但在波导管内不可能传送 TEM 波。因为，假如波导管内有 TEM 波存在，那么磁场就在波传输的横截面内形成闭合线。这时，根据电磁场基本规律，在闭合线的磁场环路积分就不为零，这就会产生与闭合线交链的轴向电流，这种轴向电流可以是传导电流也可以是位移电流。而在空心波导内不可能有轴向传导电流，而按 TEM 波的性质，也不会有轴向电场，也即不可能有轴向位移电流。因此，在波导横截面内不可能存在闭合磁场线，也就可以断定空心波导管内不可能存在 TEM 波。在波导管内只有 TM 波或 TE 波，下面分别进行介绍。

7.2.1 TM 波

设矩形波导的宽边尺寸为 a，窄边尺寸为 b，波导管由理想导体构成，其横截面如图 7-2 所示。波导内沿 z 方向传播 TM 波时，$H_z=0$，下面计算其他的场量 E_x, E_y, E_z, H_x, H_y。

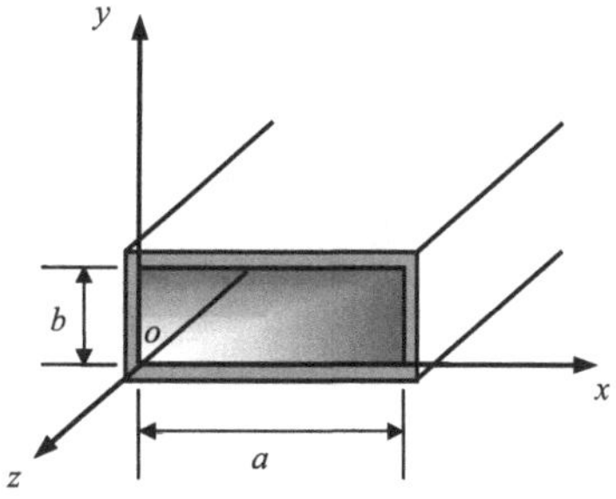

图 7-2 矩形波导

应用上一节介绍的纵向分量法，在获得电场沿传播方向的纵向分量 E_z 之后，其他四个横向分量便可由式(7-1-23)～式(7-1-26)解出。

设电场纵向分量的相量形式为

$$\dot{E}_z(x,y,z) = \dot{E}_0(x,y)\,\mathrm{e}^{-kz} \tag{7-2-1}$$

将其代入式(7-1-7)，有

$$\nabla_{xy}^2 \dot{E}_z + (k^2 + \beta^2) \dot{E}_z = 0$$

或

$$\left(\frac{\partial^2}{\partial x^2} + \frac{\partial^2}{\partial y^2} + h^2\right) \dot{E}_z = 0 \tag{7-2-2}$$

其中，$h^2 = k^2 + \beta^2$。

式(7-2-2)就是电场纵向分量在波导管中满足的二阶偏微分方程。由于矩形波导管由理想导体构成，导体内不存在电磁场，因此，在分界面上 $E_{1t} = E_{2t} = 0$，于是 $\dot{E}_z$ 满足的分界面衔接条件为

$$\begin{cases} \dot{E}_z \mid_{x=0} = 0 & \text{(7-2-3a)} \\ \dot{E}_z \mid_{x=a} = 0 & \text{(7-2-3b)} \end{cases}$$

$$\begin{cases} \dot{E}_z \mid_{y=0} = 0 & \text{(7-2-3c)} \\ \dot{E}_z \mid_{y=b} = 0 & \text{(7-2-3d)} \end{cases}$$

下面应用2.6节中介绍的分离变量法求解在给定边界条件(式(7-2-3))下的二阶偏微分方程(7-2-2)，设 $\dot{E}_z$ 的解为

$$\dot{E}_z(x, y) = \dot{X}(x) \dot{Y}(y) \tag{7-2-4}$$

将式(7-2-4)代入式(7-2-2)，得

$$\dot{Y} \frac{\mathrm{d}^2 \dot{X}}{\mathrm{d}x^2} + \dot{X} \frac{\mathrm{d}^2 \dot{Y}}{\mathrm{d}y^2} = -h^2 \dot{X}\dot{Y} \tag{7-2-5}$$

上式两边除以 $\dot{X}\dot{Y}$，得

$$\frac{1}{\dot{X}} \frac{\mathrm{d}^2 \dot{X}}{\mathrm{d}x^2} + \frac{1}{\dot{Y}} \frac{\mathrm{d}^2 \dot{Y}}{\mathrm{d}y^2} = -h^2 \tag{7-2-6}$$

由于 x 和 y 是互不相关的独立变量，所以使式(7-2-6)对所有 x 和 y 都成立的前提是等式左边的两项分别等于常数。因此

$$\frac{1}{\dot{X}} \frac{\mathrm{d}^2 \dot{X}}{\mathrm{d}x^2} = -k_x^2 \tag{7-2-7}$$

$$\frac{1}{\dot{Y}} \frac{\mathrm{d}^2 \dot{Y}}{\mathrm{d}y^2} = -k_y^2 \tag{7-2-8}$$

且

$$h^2 = k_x^2 + k_y^2 \tag{7-2-9}$$

式(7-2-7)和式(7-2-8)的通解分别为

$$\dot{X} = \dot{C}_1 \cos(k_x x) + \dot{C}_2 \sin(k_x x)$$

和

$$\dot{Y} = \dot{C}_3 \cos(k_y y) + \dot{C}_4 \sin(k_y y)$$

这里的 $\dot{C}_1, \dot{C}_2, \dot{C}_3, \dot{C}_4$ 均为待定常相量，与 k_x, k_y 一起都由边界条件确定。于是

$$\dot{E}_z(x, y) = \dot{X}(x) \dot{Y}(y) = \dot{A} \cos(k_x x) \cos(k_y y) + \dot{B} \cos(k_x x) \sin(k_y y)$$

$$+\dot{C}\sin(k_x x)\cos(k_y y)+\dot{D}\sin(k_x x)\sin(k_y y) \tag{7-2-10}$$

其中，$\dot{A}=\dot{C}_1\dot{C}_2$，$\dot{B}=\dot{C}_1\dot{C}_4$，$\dot{C}=\dot{C}_2\dot{C}_3$，$\dot{D}=\dot{C}_2\dot{C}_4$。

(1) 根据边界条件式(7-2-3a)，在 $x=0$ 处，式(7-2-10)变为

$$\dot{E}_z(0,y)=\dot{A}\cos(k_y y)+\dot{B}\sin(k_y y)=0$$

若要对于任意的 y 值都成立，就要求 $\dot{A}=\dot{B}=0$，于是

$$\dot{E}_z(x,y)=\dot{C}\sin(k_x x)\cos(k_y y)+\dot{D}\sin(k_x x)\sin(k_y y) \tag{7-2-11}$$

(2) 根据边界条件式(7-2-3c)，在 $y=0$ 处，式(7-2-11)为

$$\dot{E}_z(x,0)=\dot{C}\sin(k_x x)=0$$

若要对于任意的 x 值都成立，就要求 $\dot{C}=0$（假定 $k_x\neq 0$，否则 E_z 将恒等于零），因此式(7-2-11)变为

$$\dot{E}_z(x,y)=\dot{D}\sin(k_x x)\sin(k_y y) \tag{7-2-12}$$

(3) 由边界条件式(7-2-3b)，当 $x=a$ 时，式(7-2-12)为

$$\dot{E}_z(a,y)=\dot{D}\sin(k_x a)\sin(k_y y)=0$$

若要对于任意的 y 值上式都成立，就要求 k_x 满足下面的关系($k_y\neq 0$)：

$$k_x=\frac{m\pi}{a}\quad(m=1,2,3,\cdots)$$

于是式(7-2-12)为

$$\dot{E}_z(x,y)=\dot{D}\sin\left(\frac{m\pi}{a}x\right)\sin(k_y y) \tag{7-2-13}$$

(4) 由式(7-2-3b)，当 $y=b$ 时，有

$$\dot{E}_z(x,b)=\dot{D}\sin\left(\frac{m\pi}{a}x\right)\sin(k_y b)=0$$

若要对于任意的 x 值上式都成立，就要求 k_y 满足下面的关系

$$k_y=\frac{n\pi}{b}\quad(n=1,2,3,\cdots)$$

这样，$\dot{E}_z(x,y)$的解为

$$\dot{E}_z(x,y)=\dot{D}\sin\left(\frac{m\pi}{a}x\right)\sin\left(\frac{n\pi}{b}y\right) \tag{7-2-14}$$

式中，$\dot{D}$ 的大小由波的激励源决定。

将式(7-2-14)所决定的 $E_z(x,y)$代入式(7-1-21)～式(7-1-24)，即可得到矩形波导中 TM 波的其他场分量，即

$$\dot{E}_x=-\frac{k}{h^2}\left(\frac{m\pi}{a}\right)\dot{D}\cos\left(\frac{m\pi}{a}x\right)\sin\left(\frac{n\pi}{b}y\right) \tag{7-2-15}$$

$$\dot{E}_y=-\frac{k}{h^2}\left(\frac{n\pi}{b}\right)\dot{D}\sin\left(\frac{m\pi}{a}x\right)\cos\left(\frac{n\pi}{b}y\right) \tag{7-2-16}$$

$$\dot{H}_x=\frac{\mathrm{j}\omega\varepsilon}{h^2}\left(\frac{n\pi}{b}\right)\dot{D}\sin\left(\frac{m\pi}{a}x\right)\cos\left(\frac{n\pi}{b}y\right) \tag{7-2-17}$$

$$\dot{H}_y = -\frac{j\omega\varepsilon}{h^2}\left(\frac{m\pi}{a}\right)\dot{D}\cos\left(\frac{m\pi}{a}x\right)\sin\left(\frac{n\pi}{b}y\right) \tag{7-2-18}$$

$$h^2 = k_x^2 + k_y^2 = \left(\frac{m\pi}{a}\right)^2 + \left(\frac{n\pi}{b}\right)^2 \tag{7-2-19}$$

式(7-1-15)～式(7-1-19)表示了 TM 波的电场和磁场分量沿 x 和 y 方向的变化规律。对于随时间和沿 z 方向的变化规律，可在每一场量上引入因子 $e^{j\omega t - kz}$ 来表示。

式(7-2-15)～式(7-2-18)表示的场量决定了矩形波导中 TM 波的场结构。取不同的 m、n 值，代表不同的 TM 波场结构模式，常用 TM_{mn} 来表示。m 表示在矩形截面长边方向上场量的半周期变化数，n 表示在矩形截面短边方向上场量的半周期变化数，由于 m，n 的取值不限，因此，波导中可以有无穷多个 TM 模式。从式(7-2-14)可知，m 和 n 都不能为零，否则全部的场量都将为零，于是，矩形波导中最低阶的 TM 模式是 TM_{11} 模。

由式(7-1-14)和式(7-2-19)可得传播常数

$$k = \sqrt{h^2 - \beta^2} = \sqrt{\left(\frac{m\pi}{a}\right)^2 + \left(\frac{n\pi}{b}\right)^2 - \omega^2\mu\varepsilon} \tag{7-2-20}$$

如果频率较高，使 $\omega^2\mu\varepsilon > (m\pi/a)^2 + (n\pi/b)^2$，$k$ 为虚数，电磁波在波导中传播无衰减，这种模式称为传播模式。反之，如果频率较低，有 $\omega^2\mu\varepsilon < (m\pi/a)^2 + (n\pi/b)^2$，此时 k 为实数。由于矩形波导中的电磁波沿传播方向的分布规律是 $e^{j\omega t - kz} = e^{-kz}e^{j\omega t}$，表明电磁波沿传播方向按指数规律衰减，电磁波已不能在波导中传播，这种现象称为截止。两者情况之间的临界状态下的频率称为截止频率 f_c，对应的波长称为截止波长 λ_c。

对式(7-2-20)，令 $k=0$ 可得

$$h^2 = \beta^2 = \omega^2\mu\varepsilon$$

$$\omega = \frac{h}{\sqrt{\mu\varepsilon}} = \frac{1}{\sqrt{\mu\varepsilon}}\sqrt{\left(\frac{m\pi}{a}\right)^2 + \left(\frac{n\pi}{b}\right)^2} \tag{7-2-21}$$

则截止频率为

$$f_c\big|_{mn} = \frac{\omega}{2\pi} = \frac{1}{2\pi\sqrt{\mu\varepsilon}}\sqrt{\left(\frac{m\pi}{a}\right)^2 + \left(\frac{n\pi}{b}\right)^2} \tag{7-2-22}$$

式(7-2-22)表明，截止频率不但与矩形波导尺寸和模式参数有关，而且与介质参数也有关。模式参数 m 或 n 的值越大，也即 TM 波的模式阶数越高，截止频率也越高。

由于波导的工作频率高于截止频率时电磁波才能通过，因此波导呈现出高通特性。这一点和 TEM 波不一样，因为 TEM 波没有截止频率的限制。

当工作频率 f 高于截至频率 f_c 时，由式(7-2-20)可知，k 为虚数，设 $k = jk_z$，这时

$$k_z = \sqrt{\omega^2\mu\varepsilon - \left(\frac{m\pi}{a}\right)^2 + \left(\frac{n\pi}{b}\right)^2} \tag{7-2-23}$$

联立式(7-2-22)和式(7-2-23)，可得

$$k_z = \beta\sqrt{1 - \left(\frac{f_c}{f}\right)^2} \tag{7-2-24}$$

相应的截止波长为

$$\lambda_c\big|_{mn}=\frac{2\pi}{\beta}=\frac{2\pi}{h}=\frac{2\pi}{\sqrt{\left(\frac{m\pi}{a}\right)^2+\left(\frac{n\pi}{b}\right)^2}} \tag{7-2-25}$$

设波导中传播的电磁波的频率为 $f\ (>f_c)$，则相速

$$v_p=\frac{\omega}{k_z}=\frac{v}{\sqrt{1-\left(\frac{f_c}{f}\right)^2}} \tag{7-2-26}$$

其中，$v=\frac{1}{\sqrt{\mu\varepsilon}}$为电磁波在无界空间中的波速。

对应的波长为

$$\lambda_p=\frac{v_p}{f}=\frac{\lambda}{\sqrt{1-\left(\frac{f_c}{f}\right)^2}}=\frac{\lambda}{\sqrt{1-\left(\frac{\lambda}{\lambda_c}\right)^2}} \tag{7-2-27}$$

式中，λ 为电磁波在无界空间中的波长。

由式(7-2-26)和式(7-2-27)可知，当 $f>f_c$ 时，$v_p>v$，$\lambda_p>\lambda$，即电磁波在波导中传播的相速大于它在无界空间中传播的相速，波长大于它在无界空间中的波长，表明电磁波在波导中不是直线传播的。另外，相速还与频率有关，出现色散现象。在波导中的这种色散不是由于波导的填充介质引起的，而是由波导的结构引起的，故称为波导色散。当 $f\gg f_c$，即频率很高时，波导中波的相速趋近于无界空间中的相速，波长也趋近于无界空间中的波长。

由式(7-1-25)和式(7-2-24)可得波导中波阻抗为

$$\begin{aligned}Z_{TM}&=\frac{k}{j\omega\varepsilon}=\frac{jk_z}{j\omega\varepsilon}=\beta\sqrt{1-\left(\frac{f_c}{f}\right)^2}\Big/(\omega\varepsilon)\\&=Z_0\sqrt{1-\left(\frac{f_c}{f}\right)^2}\end{aligned} \tag{7-2-28}$$

式中，$Z_0=\sqrt{\frac{\mu}{\varepsilon}}$为介质的本征阻抗。可见，波阻抗不但与介质参数、工作频率有关，还与模式参数 m 和 n 有关。

例 7-1 如图 7-2 所示，在截面尺寸为 $a\times b$ 的矩形波导中传播 TM_{11} 波，求该波的场量瞬时表示值，设电场纵向分量式(7-2-14)中的待求常相量 $\dot{D}=\dot{E}_0$。

解 因为 $m=n=1$，所以由式(7-2-14)可得

$$\dot{E}_z(x,y)=\dot{E}_0\sin\left(\frac{\pi}{a}x\right)\sin\left(\frac{\pi}{b}y\right)$$

其余的场分量为

$$\dot{E}_x=-\frac{jk_z}{h^2}\left(\frac{\pi}{a}\right)\dot{E}_0\cos\left(\frac{\pi}{a}x\right)\sin\left(\frac{\pi}{b}y\right)$$

$$\dot{E}_y=-\frac{jk_z}{h^2}\left(\frac{\pi}{b}\right)\dot{E}_0\sin\left(\frac{\pi}{a}x\right)\cos\left(\frac{\pi}{b}y\right)$$

$$\dot{H}_x=\frac{j\omega\varepsilon}{h^2}\left(\frac{\pi}{b}\right)\dot{E}_0\sin\left(\frac{\pi}{a}x\right)\cos\left(\frac{\pi}{b}y\right)$$

$$H_y = -\frac{j\omega\varepsilon}{h^2}\left(\frac{\pi}{a}\right)\dot{E}_0\cos\left(\frac{\pi}{a}x\right)\sin\left(\frac{\pi}{b}y\right)$$

$$h^2 = k_x^2 + k_y^2 = \left(\frac{\pi}{a}\right)^2 + \left(\frac{\pi}{b}\right)^2$$

$$k_z = \sqrt{\beta^2 - h^2} = \sqrt{\omega^2\mu\varepsilon - \left(\frac{\pi}{a}\right)^2 + \left(\frac{\pi}{b}\right)^2}$$

假设 $\dot{E}_0$ 的初相位为零，引入因子 $e^{j\omega t - jk_z z}$，取虚部即得各场量的瞬时表达式

$$E_z(x,y,z,t) = \mathrm{Im}\left[\sqrt{2}\dot{E}_0\sin\left(\frac{\pi}{a}x\right)\sin\left(\frac{\pi}{b}y\right)e^{j(\omega t - k_z z)}\right]$$

$$= \sqrt{2}E_0\sin\left(\frac{\pi}{a}x\right)\sin\left(\frac{\pi}{b}y\right)\sin(\omega t - k_z z)$$

$$E_x(x,y,z,t) = \frac{-k_z}{h^2}\left(\frac{\pi}{a}\right)\sqrt{2}E_0\cos\left(\frac{\pi}{a}x\right)\sin\left(\frac{\pi}{b}y\right)\cos(\omega t - k_z z)$$

$$E_y(x,y,z,t) = \frac{-k_z}{h^2}\left(\frac{\pi}{b}\right)\sqrt{2}E_0\sin\left(\frac{\pi}{a}x\right)\cos\left(\frac{\pi}{b}y\right)\cos(\omega t - k_z z)$$

$$H_x(x,y,z,t) = \frac{\omega\varepsilon}{h^2}\left(\frac{\pi}{b}\right)\sqrt{2}E_0\sin\left(\frac{\pi}{a}x\right)\cos\left(\frac{\pi}{b}y\right)\cos(\omega t - k_z z)$$

$$H_y(x,y,z,t) = \frac{-\omega\varepsilon}{h^2}\left(\frac{\pi}{a}\right)\sqrt{2}E_0\cos\left(\frac{\pi}{a}x\right)\sin\left(\frac{\pi}{b}y\right)\cos(\omega t - k_z z)$$

图 7-3 所示为矩形波导中的 TM_{11} 波的场分布。

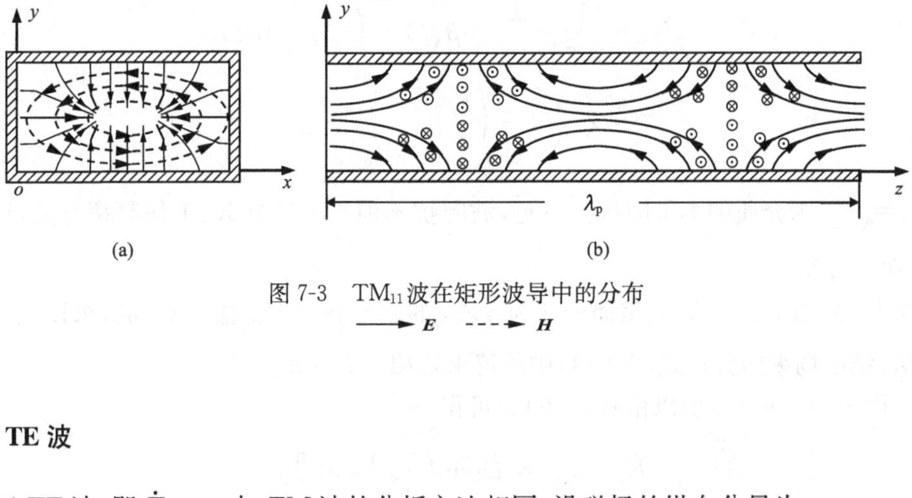

图 7-3　TM_{11} 波在矩形波导中的分布

——▶ E　- - -▶ H

7.2.2　TE 波

对于 TE 波，即 $\dot{E}_z = 0$，与 TM 波的分析方法相同，设磁场的纵向分量为

$$\dot{H}_z(x,y,z) = \dot{H}_0(x,y)e^{-kz} \tag{7-2-29}$$

对式(7-1-16)的求解变为

$$\frac{\partial^2\dot{H}_z}{\partial x^2} + \frac{\partial^2\dot{H}_z}{\partial y^2} + h^2\dot{H}_z = 0 \tag{7-2-30}$$

在分界面上 $\dot{B}_{1n} = \dot{B}_{2n} = 0$，须有 $\dot{H}_x(0,y) = \dot{H}_x(a,y) = 0$ 和 $\dot{H}_y(x,0) = \dot{H}_y(x,b) = 0$，因此，由式(7-1-29)和式(7-1-30)可获得 $\dot{H}_z$ 所对应的边界条件为

$$\begin{cases} \left.\dfrac{\partial \dot{H}_z}{\partial x}\right|_{x=0} = 0 & (7\text{-}2\text{-}31a) \\ \left.\dfrac{\partial \dot{H}_z}{\partial x}\right|_{x=a} = 0 & (7\text{-}2\text{-}31b) \end{cases}$$

$$\begin{cases} \left.\dfrac{\partial \dot{H}_z}{\partial y}\right|_{y=0} = 0 & (7\text{-}2\text{-}31c) \\ \left.\dfrac{\partial \dot{H}_z}{\partial y}\right|_{y=b} = 0 & (7\text{-}2\text{-}31d) \end{cases}$$

采用分离变量法求解给定边界条件下的二阶偏微分方程(7-2-30)，得到磁场强度纵向分量的解为

$$\dot{H}_z(x,y) = \dot{H}_0 \cos\left(\frac{m\pi}{a}x\right)\cos\left(\frac{n\pi}{b}y\right) \tag{7-2-32}$$

其他场量则为

$$\dot{E}_x = \frac{\mathrm{j}\omega\mu}{h^2}\left(\frac{n\pi}{b}\right)\dot{H}_0 \cos\left(\frac{m\pi}{a}x\right)\sin\left(\frac{n\pi}{b}y\right) \tag{7-2-33}$$

$$\dot{E}_y = \frac{\mathrm{j}\omega\mu}{h^2}\left(\frac{m\pi}{a}\right)\dot{H}_0 \sin\left(\frac{m\pi}{a}x\right)\cos\left(\frac{n\pi}{b}y\right) \tag{7-2-34}$$

$$\dot{H}_x = \frac{\mathrm{j}k_z}{h^2}\left(\frac{m\pi}{a}\right)\dot{H}_0 \sin\left(\frac{m\pi}{a}x\right)\cos\left(\frac{n\pi}{b}y\right) \tag{7-2-35}$$

$$\dot{H}_y = \frac{\mathrm{j}k_z}{h^2}\left(\frac{n\pi}{b}\right)\dot{H}_0 \cos\left(\frac{m\pi}{a}x\right)\sin\left(\frac{n\pi}{b}y\right) \tag{7-2-36}$$

在 TE 波中，波参数 f_c，λ_c，v_p，λ_p 和 k_z 与 TM 模式时的相同。波阻抗根据式(7-1-31)和式(7-2-24)，有

$$Z_{TE} = \frac{\mathrm{j}\omega\mu}{\mathrm{j}k_z} = \frac{Z_0}{\sqrt{1-\left(\dfrac{f_c}{f}\right)^2}} \tag{7-2-37}$$

由波阻抗的计算式(7-2-28)和式(7-2-37)可知，当 $f = f_c$ 时，Z_{TM} 为零，而 Z_{TE} 为无限大。当 $f > f_c$ 时，Z_{TM} 与 Z_{TE} 都为实数，并且当 $f \gg f_c$ 时，Z_{TM} 与 Z_{TE} 都趋近于介质的本征阻抗 Z_0。当 $f < f_c$ 时，Z_{TM} 与 Z_{TE} 都为虚数，呈纯电抗性，这时电磁波只有衰减(电抗衰减)，没有传播。但这种衰减与介质引起的损耗衰减不同，是一种没有能量损耗的衰减，电磁能量在波源与波导间来回反射。

和 TM 波一样，在矩形波导中也可以有无限多个 TE 波模式，这些模式用 TE_{mn} 表示。m 和 n 的取值范围分别为 0，1，2，3，…，但 m 和 n 不能同时取零。否则，由式(7-2-33)～式(7-2-36)可知场量都为零，所以 TE 波的最低模式是 TE_{01} 波或 TE_{10} 波。如果 $a > b$，那么 TE_{10} 波的截止频率比 TE_{01} 波的截止频率还要低。这时，TE_{10} 波是最低模式，具有最低的截止频率，此时的 TE_{10} 波为矩形波导的主模，其场分布示于图 7-4。

如果波导横截面的尺寸 $a > 2b$，那么图 7-5 表示矩形波导中各种模式的截止波长分布。图 7-5 中划分了三个区域：Ⅰ为截止区，Ⅱ为单模区，Ⅲ为多模区。

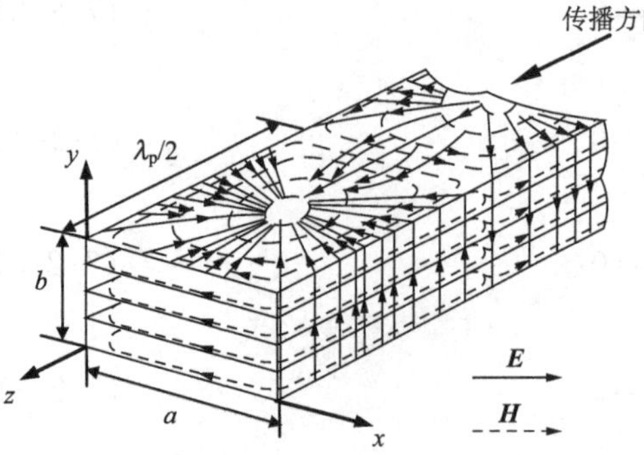

图 7-4　TE_{10}波的电磁场分布

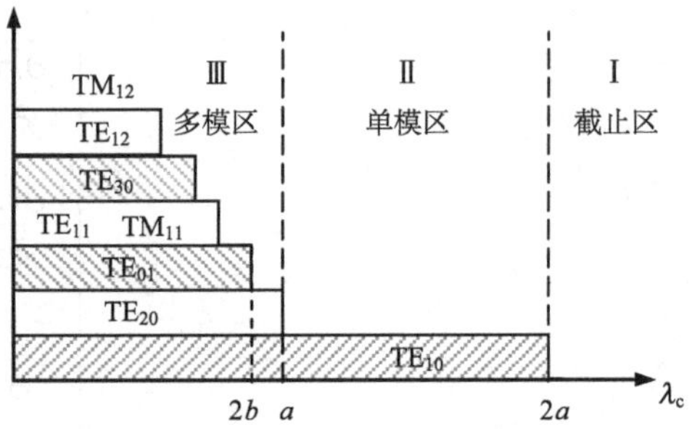

图 7-5　矩形波导中各种模式的截止波长分布图

区域Ⅰ为从$(\lambda_c)_{TE10}$至无穷大。因为$(\lambda_c)_{TE10}=2a$，它是矩形波导中能够出现的最长的截止波长，所以当工作波长$\lambda \geqslant 2a$时，电磁波就不能在波导中传播了，因此区域Ⅰ称为截止区。

区域Ⅱ为从$(\lambda_c)_{TE20}=a$至$(\lambda_c)_{TE10}=2a$。在这个区域内，只有TE_{10}波出现，也即工作波长满足$(\lambda_c)_{TE20}<\lambda<(\lambda_c)_{TE10}$时，只有$TE_{10}$能传播，其他模式都处于截止状态。因此区域Ⅱ称为单模区。

区域Ⅲ为从零到$(\lambda_c)_{TE20}=a$。若工作波长满足$\lambda<a$，则至少会出现两种以上的模式，因此区域Ⅲ称为多模区。

波导中电磁波的模式可以是各种TE_{mn}和TM_{mn}模式的线性组合，但在实际应用中很多时候采用单模，因为多模工作会激发模式和提取能量困难。单模传输可以通过选择波导的尺寸来实现。因此，要工作在单模区，就应使波导的尺寸满足$a<\lambda<2a$，也即$0.5\lambda<a<\lambda$，一般情况下常取$a=0.7\lambda$。

TE_{mn}和TM_{mn}模截止波长、相速等传播特性完全一样，但两者的场分布不一样，这种现象称为模式简并，应尽量避免这种现象发生。

例 7-2　试求在截面尺寸为$a\times b$的矩形波导中传播的TE_{10}波。

解　将$m=1,n=0$代入式(7-2-32)～式(7-2-36)，得到TE_{10}模式的各场量

$$\dot{H}_z(x,y)=\dot{H}_0\cos\left(\frac{\pi}{a}x\right) \tag{7-2-38}$$

$$\dot{E}_y=\frac{j\omega\mu a}{\pi}\dot{H}_0\sin\left(\frac{\pi}{a}x\right) \tag{7-2-39}$$

$$\dot{H}_x=\frac{jk_z a}{\pi}\dot{H}_0\sin\left(\frac{\pi}{a}x\right) \tag{7-2-40}$$

$$\dot{E}_x=\dot{H}_y=0$$

式中

$$k_z=\sqrt{\omega^2\mu\varepsilon-\left(\frac{\pi}{a}\right)^2}=\omega\sqrt{\mu\varepsilon}\sqrt{1-\left(\frac{\lambda}{2a}\right)^2} \tag{7-2-41}$$

由式(7-2-39)可知，在$x=0$和$x=a$处，电场$\dot{E}_y=0$，在$x=\frac{a}{2}$处$\dot{E}_y$有最大值。TE_{10}模式下波导壁面上的电荷和电流分布情况，可以分别根据下列边界条件求得

$$\sigma = \boldsymbol{e}_n \cdot \dot{\boldsymbol{D}}$$

$$\dot{\boldsymbol{J}}_s = \boldsymbol{e}_n \times \dot{\boldsymbol{H}}$$

由式(7-2-27)，传播 TE_{10} 波时，波导内的波长为

$$\lambda_p = \frac{\lambda}{\sqrt{1-\left(\frac{\lambda}{\lambda_c}\right)^2}} = \frac{\lambda}{\sqrt{1-\left(\frac{\lambda}{2a}\right)^2}}$$

由式(7-2-37)，传播 TE_{10} 波时，波导内的波阻抗为

$$Z_{TE} = \frac{Z_0}{\sqrt{1-\left(\frac{\lambda}{2a}\right)^2}}$$

在矩形波导中，TE_{10} 模式占有重要的地位，因为这种模式的波具有如下优点：

(1) 这种波模式可以实现单模传输(见图 7-4)。

(2) 在同一截止波长下，传输 TE_{10} 模式波所要求的 a 边尺寸最小。

(3) 由于 TE_{10} 模式波的截止波长与 b 边尺寸无关，所以可以缩小 b 边的尺寸。但尺寸的减小需考虑波导的击穿和衰减问题。

(4) 从 TE_{10} 模式到次一高模 TE_{20} 模式之间的间距比其他高阶模之间的间距大(见图 7-5)，所以可使 TE_{10} 模式波在大于 1.5∶1 的波段上传播。

(5) TE_{10} 模式波的电场只剩下 E_y 分量，因此可以获得单方向的极化波。

7.3 谐 振 腔

在低频电路中，电磁振荡由电容器和电感线圈组成的回路产生。随着频率升高，特别是频率到了几千兆赫以上的微波波段时，这种由集中参数电容器和电感线圈所组成的谐振回路将发生许多问题。首先因为此时谐振频率所对应的电容和电感值很小，元件结构加工困难；其次，这种振荡回路有强烈的辐射损耗和焦耳损耗，不能有效地产生高频振荡。因此，在微波波段采用封闭的金属空腔——谐振腔来实现谐振电路的功能。

谐振腔是用理想导体围成的空腔，它可以将电磁振荡全部约束在空腔内，电磁场没有辐射，也没有介质损耗，金属导体的焦耳损耗很小，因此具有较高的品质因数。它在微波频段中广泛用作波长计、滤波器等器件。

谐振腔的形状有矩形、圆柱形和环形等多种形式，也可以由一段两端封闭的同轴线构成，在腔壁上开有小孔，或者将探针、圆环伸入腔内实现能量的输入和输出耦合。当耦合进去的电磁波频率与腔的尺寸满足一定条件时，电磁波就可以在腔内产生谐振，实现谐振回路的作用。

谐振腔的主要参数是谐振频率和品质因素。这一节将以矩形谐振腔为例，讨论谐振腔的性质。

7.3.1 谐振腔中的电磁场

一段长为 l 的矩形波导，两端用金属板将它封闭起来就构成了矩形谐振腔，如图 7-6 所示。由于这两个导体端面对电磁导波的反射作用，波将在其间来回反射，而形成驻波。驻波不能传输电磁能量，但它能使电磁能量进行相互转换，在能量转换过程中实现电磁谐振。

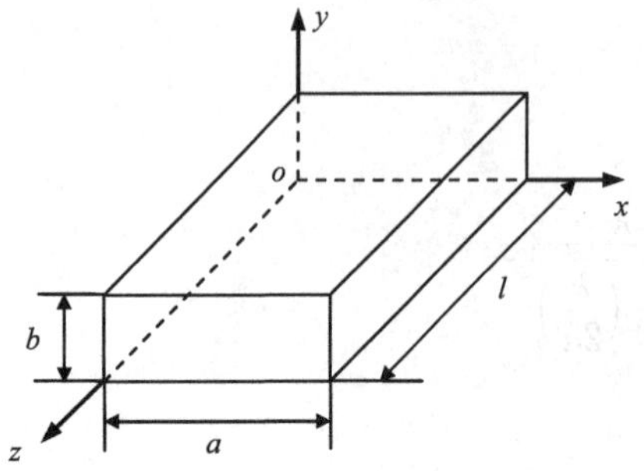

图 7-6　矩形谐振腔

对于矩形谐振腔，可不按普遍方法来解，而是从矩形波导的解出发，利用波的反射定律来讨论，这要简单得多。选择 z 轴为参考的“传播方向”，讨论 TM 谐振模式。

1. TM 谐振模式

此时 $H_z=0, E_z\neq 0$。由前面的讨论知道，无限长矩形波导中的电磁波沿 x、y 方向都是驻波，沿 z 方向为行波。但在谐振腔内，由于位于 $z=l$ 处的导体端面的反射，就出现沿$(-z)$方向的反射波。因此，由矩形波导的解式(7-2-14)，不难得到矩形谐振腔内 TM 谐振模式的表示式

$$\dot{E}_z(x,y)=(\dot{E}_0^+\mathrm{e}^{-\mathrm{j}k_z z}+\dot{E}_0^-\mathrm{e}^{\mathrm{j}k_z z})\sin\left(\frac{m\pi}{a}x\right)\sin\left(\frac{n\pi}{b}y\right) \tag{7-3-1}$$

式中，E_0^+ 和 E_0^- 分别为沿 $+z$ 和 $-z$ 方向传播的 TM 波的有效值常相量。

在 $z=0$ 处，由于 $\frac{\partial \dot{E}_z}{\partial z}=0$，因而

$$-\mathrm{j}k_z\dot{E}_0^+ +\mathrm{j}k_z\dot{E}_0^-=0$$

得 $\dot{E}_0^-=\dot{E}_0^+$，令

$$\dot{E}_0^-=\dot{E}_0^+=\frac{1}{2}\dot{E}_0 \tag{7-3-2}$$

则

$$\dot{E}_z(x,y)=\dot{E}_0\sin\left(\frac{m\pi}{a}x\right)\sin\left(\frac{n\pi}{b}y\right)\cos(k_z z)$$

在 $z=l$ 处，由于 $\frac{\partial \dot{E}_z}{\partial z}=0$，因而

$$\sin(k_z l)=0$$

必须取

$$k_z l=p\pi$$

即

$$k_z=\frac{p\pi}{l}\quad (p=1,2,3,\cdots) \tag{7-3-3}$$

将式(7-3-2)和式(7-3-3)代入式(7-3-1)，有

$$\dot{E}_z=\dot{E}_0\sin\left(\frac{m\pi}{a}x\right)\sin\left(\frac{n\pi}{b}y\right)\cos\left(\frac{p\pi}{l}z\right) \tag{7-3-4}$$

于是，得 TM 谐振模式的各场分量表示式为

$$\dot{E}_x=-\frac{1}{h^2}\left(\frac{m\pi}{a}\right)\left(\frac{p\pi}{l}\right)\dot{E}_0\sin\left(\frac{m\pi}{a}x\right)\sin\left(\frac{n\pi}{b}y\right)\sin\left(\frac{p\pi}{l}z\right) \tag{7-3-5}$$

$$\dot{E}_y=-\frac{1}{h^2}\left(\frac{n\pi}{b}\right)\left(\frac{p\pi}{l}\right)\dot{E}_0\sin\left(\frac{m\pi}{a}x\right)\cos\left(\frac{n\pi}{b}y\right)\sin\left(\frac{p\pi}{l}z\right) \tag{7-3-6}$$

$$\dot{H}_x = \frac{j\omega\varepsilon}{h^2}\left(\frac{n\pi}{b}\right)\dot{E}_0 \sin\left(\frac{m\pi}{a}x\right)\cos\left(\frac{n\pi}{b}y\right)\cos\left(\frac{p\pi}{l}z\right) \tag{7-3-7}$$

$$\dot{H}_y = -\frac{j\omega\varepsilon}{h^2}\left(\frac{m\pi}{a}x\right)\dot{E}_0 \cos\left(\frac{m\pi}{a}x\right)\sin\left(\frac{n\pi}{b}y\right)\cos\left(\frac{p\pi}{l}z\right) \tag{7-3-8}$$

式中

$$h^2 = \left(\frac{m\pi}{a}\right)^2 + \left(\frac{n\pi}{b}\right)^2$$

式(7-3-4)～式(7-3-8)说明谐振腔中存在着无穷多个 TM 谐振模式。对于不同的 m,n,p 值，有不同的场分布。因此，为表示谐振腔内的 TM 谐振模式，需要用三个下标 m,n,p，并以 TM_{mnp} 表示。这些表示式还说明矩形谐振腔中的电磁波沿 x、y 和 z 方向都是驻波，表现出谐振现象。

2. TE 谐振模式

此时 $E_z=0$，$H_z \neq 0$。类似前面的讨论知道在谐振腔内的场分布为

$$\dot{H}_z = \dot{H}_0 \cos\left(\frac{m\pi}{a}x\right)\cos\left(\frac{n\pi}{b}y\right)\sin\left(\frac{p\pi}{l}z\right) \tag{7-3-9}$$

$$\dot{E}_x = \frac{j\omega\mu}{h^2}\left(\frac{n\pi}{b}\right)\dot{H}_0 \cos\left(\frac{m\pi}{a}x\right)\sin\left(\frac{n\pi}{b}y\right)\sin\left(\frac{p\pi}{l}z\right) \tag{7-3-10}$$

$$\dot{E}_y = -\frac{j\omega\mu}{h^2}\left(\frac{m\pi}{a}\right)\dot{H}_0 \sin\left(\frac{m\pi}{a}x\right)\cos\left(\frac{n\pi}{b}y\right)\sin\left(\frac{p\pi}{l}z\right) \tag{7-3-11}$$

$$\dot{H}_x = -\frac{1}{h^2}\left(\frac{m\pi}{a}\right)\left(\frac{p\pi}{l}\right)\dot{H}_0 \sin\left(\frac{m\pi}{a}x\right)\cos\left(\frac{n\pi}{b}y\right)\cos\left(\frac{p\pi}{l}z\right) \tag{7-3-12}$$

$$\dot{H}_y = -\frac{1}{h^2}\left(\frac{n\pi}{b}\right)\left(\frac{p\pi}{l}\right)\dot{H}_0 \cos\left(\frac{m\pi}{a}x\right)\sin\left(\frac{n\pi}{b}y\right)\cos\left(\frac{p\pi}{l}z\right) \tag{7-3-13}$$

同样，谐振腔中也存在着无穷多个 TE 谐振模式，也需要用三个下标 m,n,p，即 TE_{mnp} 表示，不同的模式有不同的谐振频率。

7.3.2 谐振腔的谐振频率

当谐振腔中的电场和磁场沿 x、y、z 三个方向都形成驻波时，就达到谐振状态，这时可用谐振频率来表述。

将波动方程(7-1-3)写成如下形式

$$\frac{\partial^2 \dot{\boldsymbol{E}}}{\partial x^2} + \frac{\partial^2 \dot{\boldsymbol{E}}}{\partial y^2} + \frac{\partial^2 \dot{\boldsymbol{E}}}{\partial z^2} + \omega^2 \varepsilon\mu \dot{\boldsymbol{E}} = 0$$

将前面得到的谐振腔中任一电场分量代入上式，得

$$\left(\frac{m\pi}{a}\right)^2 + \left(\frac{n\pi}{b}\right)^2 + \left(\frac{p\pi}{l}\right)^2 = \omega^2 \varepsilon\mu \tag{7-3-14}$$

式(7-3-14)就是谐振腔中能够存在电磁谐振时角频率必须满足的条件。

由此便可得到谐振腔中的谐振角频率为

$$\omega_0 \big|_{mnp} = \frac{1}{\sqrt{\mu\varepsilon}}\sqrt{\left(\frac{m\pi}{a}\right)^2 + \left(\frac{n\pi}{b}\right)^2 + \left(\frac{p\pi}{l}\right)^2} \tag{7-3-15}$$

相应的谐振频率和波长分别为

$$f_0|_{mnp}=\frac{1}{2\sqrt{\mu\varepsilon}}\sqrt{\left(\frac{m}{a}\right)^2+\left(\frac{n}{b}\right)^2+\left(\frac{p}{l}\right)^2} \tag{7-3-16}$$

$$\lambda_0|_{mnp}=\frac{2}{\sqrt{\left(\frac{m}{a}\right)^2+\left(\frac{n}{b}\right)^2+\left(\frac{p}{l}\right)^2}} \tag{7-3-17}$$

以上得到的结果对 TM_{mnp} 或 TE_{mnp} 都是适合的。

以上结果表明，当金属腔的尺寸 a、b 和 l 给定时，随着 m、n 和 p 取一系列不同的整数，即得到腔内一系列不连续的谐振频率 f_0。这种频率的不连续性表现出封闭的金属空腔中电磁场的一个重要特性，这是由于边界条件的要求，腔内电磁场的频率只能取一系列特定的、不连续的数值，这一点与无限空间中的电磁波不同。无限空间中波的频率由激发它的源的频率决定，因而可以连续变化。

这里需要注意的是，在腔尺寸一定的情况下，由于 m、n 和 p 的不同组合，可构成具有相同的谐振频率的不同模式。这种具有相同的谐振频率的不同模式情况称为简并模式。对于给定的谐振腔尺寸，谐振频率最低的模式称为主模。当腔的尺寸 $a>b>l$ 时，最低频率的谐振模式为(1,1,0)，其谐振频率为

$$f_0|_{110}=\frac{1}{2\sqrt{\varepsilon\mu}}\sqrt{\frac{1}{a^2}+\frac{1}{b^2}} \tag{7-3-18}$$

$$\lambda_0|_{110}=\frac{2}{\sqrt{\frac{1}{a^2}+\frac{1}{b^2}}} \tag{7-3-19}$$

此波长与谐振腔的几何尺寸同数量级。在微波技术中通常用谐振腔的最低模式来产生特定频率的电磁谐振。

例 7-3 有一填充空气的矩形谐振腔，沿 x、y、z 方向的尺寸分别为 a、b、l。若(1)$a>b>l$；(2)$a>l>b$；(3)$a=b=l$。试确定相应的主模和谐振频率。

解 选取 z 轴作为参考的"传播方向"。首先，对 TM_{mnp} 模式，由式(7-3-4)可知，m 和 n 均不能为零，而 p 可为零。其次，对于 TE_{mnp} 模式，由式(7-3-9)表明，m 和 n 均可为零，但不能同时为零，而 p 不能为零。因此，最低阶的模式为

$$TM_{110},\quad TE_{011},\quad TE_{101}$$

TM 和 TE 模式的谐振频率由式(7-3-16)给出。

(1) 当 $a>b>l$ 时，最低谐振频率为

$$f_0|_{110}=\frac{1}{2\sqrt{\varepsilon_0\mu_0}}\sqrt{\frac{1}{a^2}+\frac{1}{b^2}}$$

于是得 TM_{110} 为主模。

(2) 当 $a>l>b$ 时，最低谐振频率为

$$f_0|_{101}=\frac{1}{2\sqrt{\varepsilon_0\mu_0}}\sqrt{\frac{1}{a^2}+\frac{1}{l^2}}$$

于是得 TE_{101} 为主模。

(3) 当 $a=b=l$ 时，TM_{110}，TE_{011} 和 TE_{101} 的谐振频率相同，都为

$$f_0|_{110}=f_0|_{101}=f_0|_{011}=\frac{1}{\sqrt{2}a\sqrt{\varepsilon_0\mu_0}}$$

是模式简并状态。

7.3.3 谐振腔的品质因素

谐振腔可以储存电场能量和磁场能量。由于腔壁的电导率是有限值的，实际的谐振腔总存在一定的损耗，若无外源补充，腔内的电磁能量交换不可能一直存在。为了衡量谐振器件的损耗大小，和其他谐振回路一样，通常使用品质因数 Q 值，其定义为

$$Q=2\pi\frac{W}{W_T} \tag{7-3-20}$$

式中，W 为腔中存储的总能量，也就是电场储能的时间最大值或磁场储能的时间最大值，W_T 为一周期内腔中损耗的能量。设 P_l 为谐振腔内的时间平均功率损耗，则一个周期 $T=2\pi/\omega_0$ 内腔中损耗的能量

$$W_T=P_l\frac{2\pi}{\omega_0}$$

式中，ω_0 为谐振角频率。因此式(7-3-20)可表示为

$$Q=\omega_0\frac{W}{P_l} \tag{7-3-21}$$

确定谐振腔在谐振时的 Q 值时，通常是假设损耗足够少，从而可以应用无损耗时的场分布来计算。

由式(7-3-21)可知，谐振腔的 Q 值与腔内储存的能量成正比，与腔壁金属材料的损耗成反比。因此要想得到高的 Q 值，谐振腔的体积应尽量做大，而它的金属封闭面要尽量做小。此外，为了减小壁面的损耗，在制作时要求内壁有很高的光洁度并度银。

7.4 传输线方程

如前所述，波导不能传输 TEM 波。在本节中，将讨论用来传播 TEM 波的双导体传输线，如平行双线、同轴线等。为简单计，采用“电路”的方法，把传输线作为分布参数电路来处理，得到相应的等效电路，再根据基尔霍夫定律得到传输线方程，进而分析波沿给定传输线传输的特性。

7.4.1 分布参数的概念

当电流流过导线时，导线会发热，表明导线有电阻，这种电阻沿线分布存在于导线各处，称其为分布电阻。导线表面有面电荷，导线之间便有电场，就有所谓的分布电容。导线中的电流在周围产生磁场，表明沿线有分布电感。另外，由于绝缘不完善而引起的线间漏电流也是沿线分布的，所以还有分布漏电导存在。传输线传输信号时，如果信号的波长远大于传输线的尺寸时，在有限长的传输线上各点的电流及电压的大小和相位可以近似认为相等，不显现分布电阻、分布电容、分布电感或分布漏电导这些分布参数特点，可当做集中参数电路来处理。但是，

如果传输的信号波长与传输线尺寸可比拟时，就不能不考虑电路参数的分布特性，这时的信号传输问题就必须以分布参数电路来处理。

为简单起见，我们研究均匀传输线的传输问题。所谓均匀传输线，即是传输线的电路参数沿传输线是均匀分布的，用单位长度的电阻 R（单位：Ω/m），单位长度的电感 L（单位：H/m），单位长度的电导 G（单位：S/m）和单位长度的电容 C（单位：F/m）来描述电路参数，而研究方法可采用稳态场的研究方法。

7.4.2 传输线方程及解

设有一始端接信号源 u_S、终端接负载 Z_L 的平行双线均匀传输线，如图 7-7 所示。在线上任一点 z 处取线元 dz，由于线元 dz 远小于波长，这样，可将线元 dz 上的电参数看成集中参数，作为集中电路来处理，如图 7-8 所示。

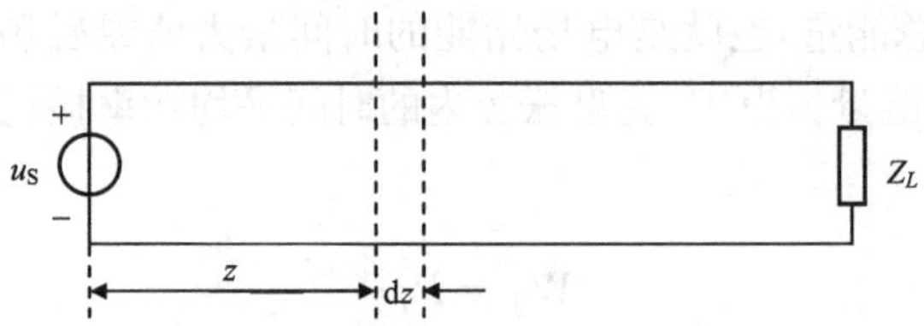

图 7-7　均匀平行双线传输线

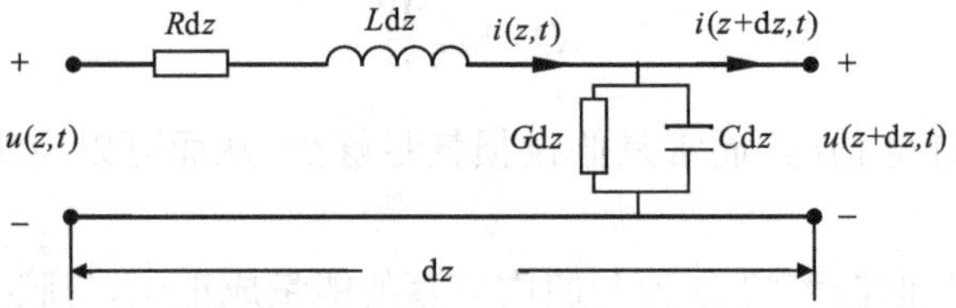

图 7-8　线元 dz 的等效电路

对图 7-8 的等效电路应用基尔霍夫定律，得

$$u(z,t)-Ri(z,t)\,\mathrm{d}z-L\frac{\partial i(z,t)}{\partial t}\mathrm{d}z-u(z+\mathrm{d}z,t)=0 \tag{7-4-1}$$

$$i(z,t)-Gu(z+\mathrm{d}z,t)\,\mathrm{d}z-C\frac{\partial u(z+\mathrm{d}z,t)}{\partial t}\mathrm{d}z-i(z+\mathrm{d}z,t)=0 \tag{7-4-2}$$

而

$$\frac{\partial u(z+\mathrm{d}z,t)}{\partial z}\mathrm{d}z=u(z+\mathrm{d}z,t)-u(z,t) \tag{7-4-3}$$

$$\frac{\partial i(z+\mathrm{d}z,t)}{\partial z}\mathrm{d}z=i(z+\mathrm{d}z,t)-i(z,t) \tag{7-4-4}$$

代入式(7-4-1)和式(7-4-2)，得

$$-\frac{\partial u(z,t)}{\partial z}=Ri(z,t)+L\frac{\partial i(z,t)}{\partial t} \tag{7-4-5}$$

$$-\frac{\partial i(z,t)}{\partial z}=Gu(z,t)+C\frac{\partial u(z,t)}{\partial t} \tag{7-4-6}$$

这就是均匀传输线方程的一般形式，也称为电报方程。若信号源是角频率为 ω 的正弦波，那么可得到以下的相量形式

$$-\frac{d\dot{U}(z)}{dz}=(R+j\omega L)\dot{I}(z) \tag{7-4-7}$$

$$-\frac{d\dot{I}(z)}{dz}=(G+j\omega C)\dot{U}(z) \tag{7-4-8}$$

将式(7-4-7)对 z 求导，再代入式(7-4-8)，经过推导，可得

$$-\frac{d^2\dot{U}(z)}{dz^2}=k\dot{U}(z) \tag{7-4-9}$$

同理可得

$$-\frac{d^2\dot{I}(z)}{dz^2}=k\dot{I}(z) \tag{7-4-10}$$

式中，传输常数 k 按下式计算

$$k=\sqrt{(R+j\omega L)(G+j\omega C)}=\alpha+j\beta \tag{7-4-11}$$

α 和 β 分别为衰减常数和相位常数。式(7-4-9)和式(7-4-10)称为均匀传输线的波动方程。

式(7-4-9)的解为

$$\dot{U}(z)=A_1e^{-kz}+A_2e^{kz}=\dot{U}^{+}(z)+\dot{U}^{-}(z) \tag{7-4-12}$$

式中，A_1、A_2 为积分常数，由传输线的边界条件确定。

将式(7-4-12)对 z 求导，再代入式(7-4-7)，得

$$\dot{I}(z)=\frac{1}{Z_0}(A_1e^{-kz}-A_2e^{kz})=\dot{I}^{+}(z)-\dot{I}^{-}(z) \tag{7-4-13}$$

其中

$$Z_0=\sqrt{\frac{R+j\omega L}{G+j\omega C}}$$

称为均匀传输线的特性阻抗。

下面讨论两种传输线的边界条件。

1. 已知始端电压和电流

设始端电压 $\dot{U}(0)=\dot{U}_1$ 和电流 $\dot{I}(0)=\dot{I}_1$ 为已知，如图 7-9 所示。将始端电压和电流代入式(7-4-12)和式(7-4-13)得

$$\dot{U}_1=A_1+A_2$$

$$\dot{I}_1=\frac{1}{Z_0}(A_1-A_2)$$

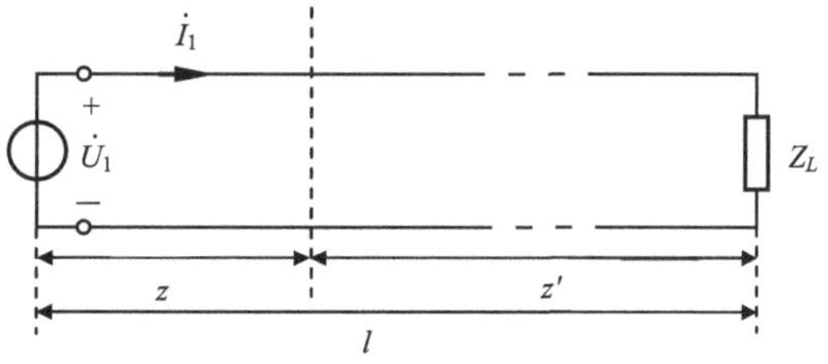

图 7-9 始端电压、电流确定积分系数

解得

$$A_1=\frac{\dot{U}_1+\dot{I}_1Z_0}{2}$$

$$A_2=\frac{\dot{U}_1-\dot{I}_1Z_0}{2}$$

所以

$$\dot{U}(z)=\frac{\dot{U}_1+\dot{I}_1Z_0}{2}e^{-kz}+\frac{\dot{U}_1-\dot{I}_1Z_0}{2}e^{kz} \tag{7-4-14}$$

$$\dot{I}(z)=\frac{\dot{U}_1+\dot{I}_1Z_0}{2Z_0}e^{-kz}-\frac{\dot{U}_1-\dot{I}_1Z_0}{2Z_0}e^{kz} \tag{7-4-15}$$

上两式也可用双曲函数表示为

$$\dot{U}(z)=\dot{U}_1\cosh(kz)-\dot{I}_1Z_0\sinh(kz) \tag{7-4-16}$$

$$\dot{I}(z)=\dot{I}_1\cosh(kz)-\frac{\dot{U}_1}{Z_0}\sinh(kz) \tag{7-4-17}$$

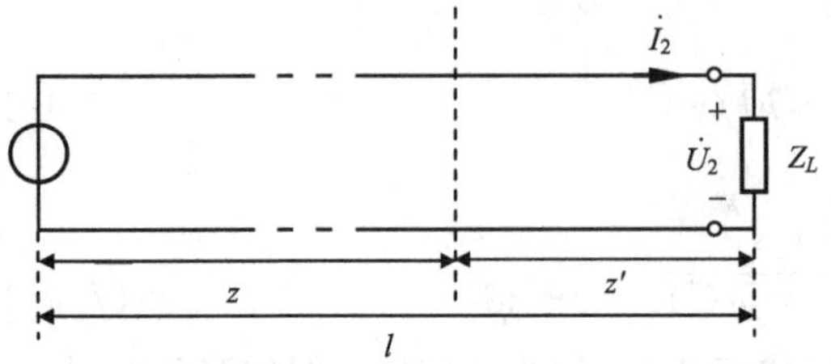

图 7-10　终端电压、电流确定积分常数

2. 已知终端电压和电流

设终端电压 $\dot{U}(l)=\dot{U}_2$ 和电流 $\dot{I}(l)=\dot{I}_2$ 为已知，如图 7-10 所示。将终端电压和电流代入式(7-4-12)和式(7-4-13)得

$$\dot{U}_2=A_1e^{-kl}+A_2e^{kl}$$

$$\dot{I}_2=\frac{1}{Z_0}(A_1e^{-kl}-A_2e^{kl})$$

解得

$$A_1=\frac{\dot{U}_2+\dot{I}_2Z_0}{2}e^{kl}$$

$$A_2=\frac{\dot{U}_2-\dot{I}_2Z_0}{2}e^{-kl}$$

所以

$$\dot{U}(z)=\frac{\dot{U}_2+\dot{I}_2Z_0}{2}e^{k(l-z)}+\frac{\dot{U}_2-\dot{I}_2Z_0}{2}e^{-k(l-z)} \tag{7-4-18}$$

$$\dot{I}(z)=\frac{\dot{U}_2+\dot{I}_2Z_0}{2Z_0}e^{k(l-z)}-\frac{\dot{U}_2-\dot{I}_2Z_0}{2Z_0}e^{-k(l-z)} \tag{7-4-19}$$

令 $z'=l-z$，则在始端($z=0$ 处)$z'=l$，在终端($z=l$ 处)$z'=0$。显然，z'是传输线上任一点至终端的距离。也就是说，z'轴的起点在终端，其正方向由终端指向始端。因此，可将式(7-4-18)和式(7-4-19)电压、电流表示成空间坐标 z'的函数，即

$$\dot{U}(z')=\frac{\dot{U}_2+\dot{I}_2Z_0}{2}e^{kz'}+\frac{\dot{U}_2-\dot{I}_2Z_0}{2}e^{-kz'} \tag{7-4-20}$$

$$\dot{I}(z')=\frac{\dot{U}_2+\dot{I}_2Z_0}{2Z_0}e^{kz'}-\frac{\dot{U}_2-\dot{I}_2Z_0}{2Z_0}e^{-kz'} \tag{7-4-21}$$

以上两式也可表示为

$$\dot{U}(z')=\dot{U}_2\cosh(kz')+\dot{I}_2Z_0\sinh(kz') \tag{7-4-22}$$

$$\dot{I}(z')=\dot{I}_2\cosh(kz')+\frac{\dot{U}_2}{Z_0}\sinh(kz') \tag{7-4-23}$$

7.4.3 传输线上波的传输特性参数

分析式(7-4-12)和式(7-4-13)可知，传输线上的电磁波由两部分组成：其中一部分表示沿着($+z$)方向传播的行波，称为入射波；另一部分表示沿着($-z$)方向传播的行波，称为反射波。由此可根据电压、电流的表达式来分析传输线上波的传输特性。

1. 特性阻抗

传输线的特性阻抗定义为入射行波的电压与电流的比值，由式(7-4-12)和式(7-4-13)得

$$Z_0=\frac{\dot{U}^+}{\dot{I}^+}=-\frac{\dot{U}^-}{\dot{I}^-}=\sqrt{\frac{R+\mathrm{j}\omega L}{G+\mathrm{j}\omega C}}$$

特性阻抗 Z_0 只决定于传输线的分布参数和频率，与传输线的长度无关。

由于 Z_0 为复数，所以线上任一点处的电压电流不是同相变化。若是无损耗线，因 $R=0$，$G=0$，则

$$Z_0=\sqrt{\frac{L}{C}}$$

此时特性阻抗 Z_0 为实数。

2. 传播常数

传播常数 k 由式(7-4-11)确定，传播常数的实部 α 和虚部 β 分别为

$$\alpha=\sqrt{\frac{1}{2}\left[\sqrt{(R^2+\omega^2L^2)(G^2+\omega^2C^2)}-(\omega^2LC-RG)\right]} \tag{7-4-24}$$

$$\beta=\sqrt{\frac{1}{2}\left[\sqrt{(R^2+\omega^2L^2)(G^2+\omega^2C^2)}+(\omega^2LC-RG)\right]} \tag{7-4-25}$$

传播常数 k 的实部 α(衰减常数)表示传输线上单位长度行波电压(或电流)幅值的变化情况，虚部 β(相位常数)表示传输线上单位长度行波电压(或电流)相位的变化情况。由于 α 和 β 是分布参数和频率的复杂函数，因此当非正弦信号在传输线上传播时，必然引起信号的畸变，这是通信线路中所不希望的。

若是无损耗线，因 $R=0$，$G=0$，则

$$\alpha=0$$

$$\beta=\omega\sqrt{LC}$$

相速

$$v_\mathrm{p}=\frac{\omega}{\beta}=\frac{1}{\sqrt{LC}}$$

在无损耗传输线上，相速与频率无关，信号无畸变。

3. 输入阻抗

从传输线上任意一处向负载看时，该处的电压和对应电流的比值定义为该处的输入阻抗，由式(7-4-22)和式(7-4-23)得

$$Z_{\mathrm{in}}(z')=\frac{\dot{U}(z')}{\dot{I}(z')}=\frac{\dot{U}_2\cosh(kz')+\dot{I}_2Z_0\sinh(kz')}{\dot{I}_2\cosh(kz')+\dfrac{\dot{U}_2}{Z_0}\sinh(kz')}=Z_0\,\frac{Z_L+Z_0\tanh(kz')}{Z_0+Z_L\tanh(kz')} \tag{7-4-26}$$

其中

$$Z_L = \frac{\dot{U}_2}{\dot{I}_2}$$

为终端负载阻抗。

若是无损耗线，则 $k = \mathrm{j}\beta$，式(7-4-26)可写为

$$Z_{\mathrm{in}}(z') = Z_0 \frac{Z_L + \mathrm{j}Z_0 \tan(\beta z')}{Z_0 + \mathrm{j}Z_L \tan(\beta z')}$$

4. 反射系数

传输线上某点的反射波电压与入射波电压之比，定义为该点处的电压反射系数，用 Γ 表示，即

$$\Gamma(z') = \frac{\dot{U}^{-}(z')}{\dot{U}^{+}(z')} \tag{7-4-27}$$

由式(7-4-20)可知

$$\dot{U}^{+}(z') = \frac{\dot{U}_2 + \dot{I}_2 Z_0}{2} \mathrm{e}^{kz'}, \quad \dot{U}^{-}(z') = \frac{\dot{U}_2 - \dot{I}_2 Z_0}{2} \mathrm{e}^{-kz'}$$

所以

$$\Gamma(z') = \frac{\dot{U}^{-}(z')}{\dot{U}^{+}(z')} = \frac{(\dot{U}_2 - \dot{I}_2 Z_0)\,\mathrm{e}^{-kz'}}{(\dot{U}_2 + \dot{I}_2 Z_0)\,\mathrm{e}^{kz'}} = \frac{Z_L - Z_0}{Z_L + Z_0} \mathrm{e}^{-2kz'}$$

令

$$\Gamma_2 = \frac{Z_L - Z_0}{Z_L + Z_0} = \left| \frac{Z_L - Z_0}{Z_L + Z_0} \right| \mathrm{e}^{\mathrm{j}\phi_2} \tag{7-4-28}$$

为传输线的终端反射系数，则

$$\Gamma(z') = \Gamma_2 \mathrm{e}^{-2kz'} = |\Gamma_2| \mathrm{e}^{-2\alpha z'} \mathrm{e}^{-\mathrm{j}2\beta z'} \mathrm{e}^{\mathrm{j}\phi_2} \tag{7-4-29}$$

对于无损耗传输线，则 $\alpha = 0$

$$\Gamma(z') = |\Gamma_2| \mathrm{e}^{-\mathrm{j}2\beta z'} \mathrm{e}^{\mathrm{j}\phi_2}$$

类似地，可定义电流反射系数

$$\Gamma_I(z') = \frac{\dot{I}^{-}(z')}{\dot{I}^{+}(z')} = -\frac{(\dot{U}_2 - \dot{I}_2 Z_0)\,\mathrm{e}^{-2kz'}}{(\dot{U}_2 + \dot{I}_2 Z_0)} = -\Gamma_2 \frac{Z_L - Z_0}{Z_L + Z_0} \mathrm{e}^{-2kz'}$$

可见电流反射系数与电压反射系数只相差一个负号，因此通常采用电压反射系数。

小　结

1) 不同的导波装置可以传播不同模式的电磁波。

2) 依据电场和磁场沿波传播方向的纵向分量的存在情况，可将导波装置中传播的电磁波分为横电磁波(TEM)，横磁波(TM)及横电波(TE)三种波型。

3) 凡能确立静态场的均匀导波装置，都能传输 TEM 波。传输 TEM 波必须要有两个以上的导体，如二线传输线、同轴线等。

4) 波导内不可能存在 TEM 波，只能传播 TE 波或 TM 波。波导还具有高通滤波器的特性，即只有当工作频率高于某一截止频率时，波才能传播。

5) 设导行波沿 z 轴正方向传播，那么其中的电磁场表达式表示为

$$\dot{\boldsymbol{E}} = \dot{\boldsymbol{E}}_0(x,y)\mathrm{e}^{-kz}$$

$$\dot{\boldsymbol{H}} = \dot{\boldsymbol{H}}_0(x,y)\mathrm{e}^{-kz}$$

满足方程

$$\nabla_{xy}^2\dot{\boldsymbol{E}} + (k^2+\beta^2)\dot{\boldsymbol{E}} = 0$$

$$\nabla_{xy}^2\dot{\boldsymbol{H}} + (k^2+\beta^2)\dot{\boldsymbol{H}} = 0$$

$$\beta^2 = \omega^2\mu\varepsilon$$

导行波的场量关系为

$$\dot{E}_x = -\frac{1}{h^2}\left(k\frac{\partial\dot{E}_z}{\partial x} + \mathrm{j}\omega\mu\frac{\partial\dot{H}_z}{\partial y}\right)$$

$$\dot{E}_y = -\frac{1}{h^2}\left(k\frac{\partial\dot{E}_z}{\partial y} - \mathrm{j}\omega\mu\frac{\partial\dot{H}_z}{\partial x}\right)$$

$$\dot{H}_x = -\frac{1}{h^2}\left(k\frac{\partial\dot{H}_z}{\partial x} - \mathrm{j}\omega\varepsilon\frac{\partial\dot{E}_z}{\partial y}\right)$$

$$\dot{H}_y = -\frac{1}{h^2}\left(k\frac{\partial\dot{H}_z}{\partial y} + \mathrm{j}\omega\varepsilon\frac{\partial\dot{E}_z}{\partial x}\right)$$

式中，$h^2=k^2+\beta^2$。

6）波导中 TE 波或 TM 波的截止频率和相应的截止波长分别为

$$f_\mathrm{c} = \frac{\omega}{2\pi} = \frac{1}{2\pi\sqrt{\mu\varepsilon}}\sqrt{\left(\frac{m\pi}{a}\right)^2 + \left(\frac{n\pi}{b}\right)^2}$$

$$\lambda_\mathrm{c} = \frac{v}{f_\mathrm{c}} = \frac{2\pi}{\sqrt{\left(\frac{m\pi}{a}\right)^2 + \left(\frac{n\pi}{b}\right)^2}}$$

波导中波传播的相速度为

$$v_\mathrm{p} = \frac{\omega}{k_z} = \frac{v}{\sqrt{1-\left(\frac{f_\mathrm{c}}{f}\right)^2}}$$

式中，$v=\frac{1}{\sqrt{\mu\varepsilon}}$为电磁波在无界空间中的波速。

在波导中，频率为 f 的电磁波波长为

$$\lambda_\mathrm{p} = \frac{v_\mathrm{p}}{f} = \frac{\lambda}{\sqrt{1-\left(\frac{f_\mathrm{c}}{f}\right)^2}} = \frac{\lambda}{\sqrt{1-\left(\frac{\lambda}{\lambda_\mathrm{c}}\right)^2}}$$

$\lambda=v/f$ 为电磁波在无界空间中的波长。

7）矩形波导中传播的 TM 波的各分量为

$$\dot{E}_z(x,y) = \dot{E}_0\sin\left(\frac{m\pi}{a}x\right)\sin\left(\frac{n\pi}{b}y\right)$$

$$\dot{E}_x = -\frac{k}{h^2}\left(\frac{m\pi}{a}\right)\dot{E}_0\cos\left(\frac{m\pi}{a}x\right)\sin\left(\frac{n\pi}{b}y\right)$$

$$\dot{E}_y = -\frac{k}{h^2}\left(\frac{n\pi}{b}\right)\dot{E}_0\sin\left(\frac{m\pi}{a}x\right)\cos\left(\frac{n\pi}{b}y\right)$$

$$\dot{H}_x = \frac{\mathrm{j}\omega\varepsilon}{h^2}\left(\frac{n\pi}{b}\right)\dot{E}_0\sin\left(\frac{m\pi}{a}x\right)\cos\left(\frac{n\pi}{b}y\right)$$

$$H_y = -\frac{\mathrm{j}\omega\varepsilon}{h^2}\left(\frac{m\pi}{a}\right)\dot{E}_0\cos\left(\frac{m\pi}{a}x\right)\sin\left(\frac{n\pi}{b}y\right)$$

$$h^2=\left(\frac{m\pi}{a}\right)^2+\left(\frac{n\pi}{b}\right)^2$$

式中，$m(\geqslant 1)$，$n(\geqslant 1)$取不同的值称为不同的模式，用 TM_{mn} 表示。

矩形波导中传播的 TE 波的各分量为

$$\dot{E}_x=\frac{\mathrm{j}\omega\mu}{h^2}\left(\frac{n\pi}{b}\right)\dot{H}_0\cos\left(\frac{m\pi}{a}x\right)\sin\left(\frac{n\pi}{b}y\right)$$

$$\dot{E}_y=\frac{\mathrm{j}\omega\mu}{h^2}\left(\frac{m\pi}{a}\right)\dot{H}_0\sin\left(\frac{m\pi}{a}x\right)\cos\left(\frac{n\pi}{b}y\right)$$

$$\dot{H}_x=\frac{\mathrm{j}k_z}{h^2}\left(\frac{m\pi}{a}\right)\dot{H}_0\sin\left(\frac{m\pi}{a}x\right)\cos\left(\frac{n\pi}{b}y\right)$$

$$\dot{H}_y=\frac{\mathrm{j}k_z}{h^2}\left(\frac{n\pi}{b}\right)\dot{H}_0\cos\left(\frac{m\pi}{a}x\right)\sin\left(\frac{n\pi}{b}y\right)$$

$$\dot{H}_z=\dot{H}_0\cos\left(\frac{m\pi}{a}x\right)\cos\left(\frac{n\pi}{b}y\right)$$

式中，$m(\geqslant 0)$，$n(\geqslant 0)$取不同的值称为不同的模式(但 m 和 n 不能同时取 0)，用 TE_{mn} 表示。

如果 $a>b$，那么 TE_{10} 为矩形波导的主模。

8）谐振腔是一种用理想导体围成的、适用于高频的谐振元件。当达到谐振状态时，谐振腔中的电场和磁场沿 x、y、z 三个方向都形成驻波。这时的频率称为谐振频率。

谐振频率和相应的谐振波长分别为

$$f_0\big|_{mnp}=\frac{1}{2\sqrt{\mu\varepsilon}}\sqrt{\left(\frac{m}{a}\right)^2+\left(\frac{n}{b}\right)^2+\left(\frac{p}{l}\right)^2}$$

$$\lambda_0\big|_{mnp}=\frac{2}{\sqrt{\left(\frac{m}{a}\right)^2+\left(\frac{n}{b}\right)^2+\left(\frac{p}{l}\right)^2}}$$

9）描述均匀传输线方程的电报方程为

$$-\frac{\partial u(z,t)}{\partial x}=Ri(z,t)+L\frac{\partial i(z,t)}{\partial t}$$

$$-\frac{\partial i(z,t)}{\partial x}=Gi(z,t)+C\frac{\partial u(z,t)}{\partial t}$$

传输线上的特性阻抗

$$Z_0=\sqrt{\frac{R+\mathrm{j}\omega L}{G+\mathrm{j}\omega C}}$$

传播常数

$$k=\sqrt{(R+\mathrm{j}\omega L)(G+\mathrm{j}\omega C)}=\alpha+\mathrm{j}\beta$$

衰减常数

$$\alpha=\sqrt{\frac{1}{2}\left[\sqrt{(R^2+\omega^2L^2)(G^2+\omega^2C^2)}-(\omega^2LC-RG)\right]}$$

相位常数

$$\beta=\sqrt{\frac{1}{2}\left[\sqrt{(R^2+\omega^2L^2)(G^2+\omega^2C^2)}+(\omega^2LC-RG)\right]}$$

输入阻抗

$$Z_{\mathrm{in}}(z')=\frac{\dot{U}(z')}{\dot{I}(z')}=Z_0\frac{Z_L+Z_0\tanh(kz')}{Z_0+Z_L\tanh(kz')}$$

反射系数

$$\Gamma(z') = \frac{\dot{U}^-(z')}{\dot{U}^+(z')} = \frac{Z_L - Z_0}{Z_L + Z_0}\mathrm{e}^{-2kz'}$$

习　题

7-1　在空气填充的矩形波导中，$a=2.3\mathrm{cm}$，$b=1\mathrm{cm}$。求 TE_{10}、TE_{01}、TE_{11}、TM_{11}、TM_{21} 模的截止频率；$f=10\mathrm{GHz}$ 时，可能有哪些传输模？

7-2　在填充介质为 $\varepsilon_r=9$ 的矩形波导($a=7\mathrm{cm}$，$b=3.5\mathrm{cm}$)中传输 TE_{10} 波，求它的截止频率；当 $f=2\mathrm{GHz}$ 时，相速和波导波长各为多少？

7-3　一空气填充的矩形波导，$a=6\mathrm{cm}$，$b=4\mathrm{cm}$，信号频率为 3GHz。试计算对于 TE_{10}、TE_{01}、TE_{11} 和 TM_{11} 四种波型的截止波长。并求可传输模的波导波长、相位常数、相速。

7-4　矩形波导中的 TM 模的纵向电场的分布函数为

$$E_z = E_0 \sin\left(\frac{\pi}{3}x\right)\sin\left(\frac{\pi}{3}y\right)$$

式中，x、y 的单位是 cm。求 λ_c。如果这是 TM_{32} 模，求波导尺寸 a 和 b。

7-5　设立方体空腔体的尺寸为 $a\times b\times l=5\times5\times3\mathrm{cm}^3$，在其中激发 TE_{110} 型波，求谐振波长。

7-6　设立方体腔体内充以 $\varepsilon_r=4$ 的介质，其尺寸为 $a\times b\times l=5\times5\times3\mathrm{cm}^3$，在其中激发 TE_{110} 型波，求谐振频率。

7-7　利用传输线的入端电压 U_1 和电流 I_1 及传输线的 k 和 Z_0，分别以指数函数形式和双曲函数形式，表示出 $U(z)$ 和 $I(z)$。

7-8　一无损耗线的特性阻抗 $Z_0=70\Omega$，终端接负载阻抗 $Z_2=(100-\mathrm{j}50)\Omega$，求：

(1) 传输线上的反射系数 Γ；

(2) 传输线上的电压、电流表示式；

(3) 距线上第一个电压波节点和电压波腹点的距离 z_{min} 和 z_{max}；

(4) 画出传输线上电压、电流的振幅分布。

第 8 章　电磁辐射与天线

前面两章学习了无源区域的电磁波的传播特性，为简化问题起见，没有考虑电磁波是如何产生的。我们知道，当电荷、电流随时间变化时，在其周围介质空间会激发起电磁波。电磁波从波源出发，以有限速度 v 在介质中向四面八方传播，一部分电磁能量脱离波源而单独在空间波动，不再返回波源，这种现象称为辐射。为了向某个特定的方向高效地发射电磁能量，电磁波的源必然是以一种特定的规律进行空间分布的。天线就是一种能够以特定规律和模式发射电磁能量的结构。如果没有高效的天线结构，电磁能量只能存在于近场区域，将不能实现长距离的无线信息传输。

实际使用的天线有多种结构，可以是一段由电压源激励的金属导线，也可以是波导腔上的一个缝隙，甚至是上述简单结构的有机组合。有时候为了加强天线的辐射性能，还会使用反射镜等结构。为了理解电磁辐射与天线的工作原理，本章将先介绍电磁辐射机理，然后研究单元偶极子的辐射，最后讨论线天线与天线阵。

8.1　电磁辐射机理

天线的电磁辐射是怎样完成的？这是本节首先要回答的问题。假设一个横截面积可忽略的导线通有电流，则电流可表示成

$$I=\tau v \tag{8-1-1}$$

式中，τ(C/m)为单位长度上的电荷，v 为电荷的运动速度。

如果电流是时变的，则由式(8-1-1)派生的电流公式可写成

$$\frac{\mathrm{d}I}{\mathrm{d}t}=\tau\frac{\mathrm{d}v}{\mathrm{d}t}=\tau a \tag{8-1-2}$$

式中，$\frac{\mathrm{d}v}{\mathrm{d}t}=a\,(\mathrm{m/s^2})$，为电荷运动的加速度。设导线的长度为 l，则式(8-1-2)为

$$l\frac{\mathrm{d}I}{\mathrm{d}t}=l\tau\frac{\mathrm{d}v}{\mathrm{d}t}=l\tau a \tag{8-1-3}$$

式(8-1-3)既是电流与电荷之间的基本关系，也是电磁场辐射的基本公式。这一公式说明，要产生辐射必须有一个时变的电流，或者具有加速度的电荷。为了使电荷产生加速度，必须使导线弯曲或者使其成 V 形，还可将其表面制成非连续的或使其具有终端。当在时谐条件下振荡时，电荷就会产生周期性的加速度，或者产生时变电流。因此，可得结论如下：

(1) 没有电荷运动，就不会有辐射。

(2) 假如电荷在导线中做匀速运动，即导线内流过的是恒定电流，那么：①如果是无限长直导线，辐射不会发生；②如果导线被弯曲或制成 V 形，使其具有终端或表面制成非连续的，都将产生辐射。

(3) 假如电荷具有加速度，即便是无限长直导线也将产生辐射。

研究天线的电磁辐射，仍然从 Maxwell 方程组出发，但需要保留方程组中的源项。在各

向同性、线性、均匀的介质中，如果考虑时谐场问题，有下列方程式

$$\dot{\boldsymbol{H}}=\frac{1}{\mu}\nabla\times\dot{\boldsymbol{A}} \tag{8-1-4}$$

$$\dot{\boldsymbol{E}}=-\nabla\dot{\varphi}-\mathrm{j}\omega\dot{\boldsymbol{A}} \tag{8-1-5}$$

考虑推迟效应的影响，动态矢量位 $\dot{\boldsymbol{A}}$ 和动态标量位 $\dot{\varphi}$ 的场源关系式分别为

$$\dot{\boldsymbol{A}}=\frac{\mu}{4\pi}\int_{V'}\frac{\dot{\boldsymbol{J}}\mathrm{e}^{-\mathrm{j}\beta R}}{R}\mathrm{d}V' \tag{8-1-6}$$

$$\dot{\varphi}=\frac{1}{4\pi\varepsilon}\int_{V'}\frac{\dot{\rho}\mathrm{e}^{-\mathrm{j}\beta R}}{R}\mathrm{d}V' \tag{8-1-7}$$

$\dot{\boldsymbol{A}}$ 和 $\dot{\varphi}$ 满足洛伦兹条件，场源 $\dot{\boldsymbol{J}}$ 和 $\dot{\rho}$ 则通过式(3-2-1)的电流连续性方程相联系。

由于无源区的时变电磁场互为因果，因此，由式(8-1-4)得到 $\dot{\boldsymbol{H}}$以后，可通过无源区的全电流定理直接得到电场，没有必要同时计算 $\dot{\boldsymbol{A}}$ 和 $\dot{\varphi}$ 的积分式。电磁辐射具体计算步骤如下：①根据式(8-1-6)由 $\dot{\boldsymbol{J}}$ 确定 $\dot{\boldsymbol{A}}$；②根据式(8-1-4)得到磁场；③根据式(8-1-8)由磁场得到电场。

$$\dot{\boldsymbol{E}}=\frac{1}{\mathrm{j}\omega\varepsilon}\nabla\times\dot{\boldsymbol{H}} \tag{8-1-8}$$

根据上述计算步骤，将首先研究单元电偶极子的辐射场，然后将介绍有限长度的对称振子天线，其中半波振子天线将作为特例重点介绍。线天线的辐射特性参数主要由天线长度和激励模式决定，为了获得更好的方向性，有时也将几个天线组合起来，形成天线阵列。

8.2 单元偶极子的电磁场

所谓单元偶极子是指一根载流导线，其长度远远小于波长，因此，在导线上可不计推迟效应，电流近似等值分布。此外，假定场中任意一点到偶极子的距离远大于单元偶极子的长度，这样，任意场点到导线上各点的距离可认为相等。如图 8-1 所示的自由空间中的单元偶极子，是一段长度为 Δl 的短导线，假设导线足够短，其上每一点的电流分布均相同，且随时间作正弦变化，即

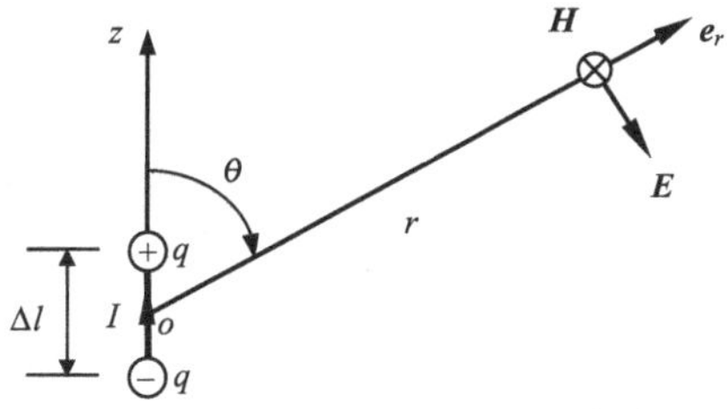

图 8-1 单元偶极子天线

$$i(t)=I\sin(\omega t+\alpha) \tag{8-2-1}$$

对应的相量形式是

$$\dot{I}=I\mathrm{e}^{\mathrm{j}\alpha} \tag{8-2-2}$$

由于传导电流在短导线的两端终止，所以在短导线的两端必然会有电荷的累积。导线上的电流与导线两端累积的电荷之间有如下关系

$$i(t)=\frac{\mathrm{d}q(t)}{\mathrm{d}t} \tag{8-2-3}$$

上式的相量形式为

$$\dot{I}=\mathrm{j}\omega\dot{q} \tag{8-2-4}$$

则图 8-1 中单元偶极矩相量为

$$\dot{p}=\dot{q}\Delta l=\frac{\dot{I}}{\mathrm{j}\omega}\Delta l \tag{8-2-5}$$

按式(8-1-6)可得单元偶极子产生的动态矢量位

$$\dot{\boldsymbol{A}}(\boldsymbol{r})=\frac{\mu_0}{4\pi}\int_{\Delta l}\frac{\dot{I}(\boldsymbol{r}')\mathrm{e}^{-\mathrm{j}\beta r}}{r}\mathrm{d}\boldsymbol{l}' \tag{8-2-6}$$

考虑到 $\Delta l \ll r$,式(8-2-6)可近似为

$$\dot{\boldsymbol{A}}(\boldsymbol{r})=\frac{\mu_0\dot{I}\Delta l}{4\pi r}\mathrm{e}^{-\mathrm{j}\beta r}\boldsymbol{e}_z \tag{8-2-7}$$

$\dot{\boldsymbol{A}}(\boldsymbol{r})$在球坐标系中的各分量

$$\dot{A}_r=\dot{A}_z\cos\theta=\frac{\mu_0\dot{I}\Delta l}{4\pi}\left(\frac{\mathrm{e}^{-\mathrm{j}\beta r}}{r}\right)\cos\theta$$

$$\dot{A}_\theta=-\dot{A}_z\sin\theta=-\frac{\mu_0\dot{I}\Delta l}{4\pi}\left(\frac{\mathrm{e}^{-\mathrm{j}\beta r}}{r}\right)\sin\theta$$

$$\dot{A}_\phi=0$$

$\dot{A}_\phi=0$ 是可以预见的,因为单元偶极子的电流分布具有圆柱对称性。依据式(8-1-4)可求磁场各分量

$$\dot{H}_\phi=\frac{\beta^2\dot{I}\Delta l}{4\pi}\mathrm{e}^{-\mathrm{j}\beta r}\left(\frac{\mathrm{j}}{\beta r}+\frac{1}{\beta^2 r^2}\right)\sin\theta \tag{8-2-8}$$

$$\dot{H}_\theta=\dot{H}_r=0$$

于是,由式(8-1-8)得电场各分量

$$\dot{E}_r=\frac{\beta^3\dot{I}\Delta l}{2\pi\omega\varepsilon}\mathrm{e}^{-\mathrm{j}\beta r}\left(\frac{1}{\beta^2 r^2}-\frac{\mathrm{j}}{\beta^3 r^3}\right)\cos\theta \tag{8-2-9}$$

$$\dot{E}_\theta=\frac{\beta^3\dot{I}\Delta l}{4\pi\omega\varepsilon}\mathrm{e}^{-\mathrm{j}\beta r}\left(\frac{\mathrm{j}}{\beta r}+\frac{1}{\beta^2 r^2}-\frac{\mathrm{j}}{\beta^3 r^3}\right)\sin\theta \tag{8-2-10}$$

$$\dot{E}_\phi=0$$

将式(8-2-8)～式(8-2-10)的各项分母写成 βr 不同方次的形式,是因为在电磁波的描述中,习惯用 βr 来度量距离,因为 $\beta=\frac{2\pi}{\lambda}$,故有

$$\beta r=2\pi\frac{r}{\lambda} \tag{8-2-11}$$

即长度 r 以多少个波长来度量,βr 表示该距离内的总相移。

由于场量的各项分母中所含 βr 的方次不同,在近距离内 βr 方次高的项将起主要作用,而在远距离处 βr 方次低的项将起主要作用,表现出复杂的空间分布方式。因此有必要根据其特点,将单元偶极子的辐射场分为近区场和远区场,并分别进行讨论。

8.2.1 单元偶极子的近区场

将满足下列条件 $\beta r=2\pi r/\lambda\ll 1$ 或 $r\ll\lambda$ 的区域定义为近区,在近区

$$\frac{1}{\beta r} \ll \frac{1}{(\beta r)^2} \ll \frac{1}{(\beta r)^3}, \quad \text{同时 } \mathrm{e}^{-\mathrm{j}\beta r} \approx 1$$

于是在式(8-2-8)～式(8-2-10)中，βr 的相对低次项可忽略，不考虑推迟效应的近区场方程简化为

$$\begin{aligned} \dot{H}_\phi &= \frac{\dot{I}\Delta l \sin\theta}{4\pi r^2} \\ \dot{E}_r &= -\mathrm{j}\frac{\dot{I}\Delta l \cos\theta}{2\pi\omega\varepsilon r^3} \\ \dot{E}_\theta &= -\mathrm{j}\frac{\dot{I}\Delta l \sin\theta}{4\pi\omega\varepsilon r^3} \\ \dot{E}_\phi &= \dot{H}_\theta = \dot{H}_r = 0 \end{aligned} \tag{8-2-12}$$

将式(8-2-5)代入上述电场的表达式中，电场的两个分量还可表示成

$$\dot{E}_r = \frac{\dot{p}}{4\pi\varepsilon_0 r^3} 2\cos\theta$$

$$\dot{E}_\theta = \frac{\dot{p}}{4\pi\varepsilon_0 r^3} \sin\theta$$

可以看出，偶极子天线的近区磁场与由比奥-萨伐尔定理求出的元电流的恒定磁场相同，近区电场与式(2-2-19)电偶极子的静电场相同，单元偶极子所激发的近区场符合静态场的基本规律。因为电场与磁场在相位上相差 90°，平均坡印亭矢量为零，这意味着近区只存在场与源之间的能量交换，没有能量输出，即没有辐射。因此，近区场也称为感应场或似稳场。

8.2.2 单元偶极子的远区场

满足 $\beta r \gg 1$ 或 $r \gg \lambda$ 条件的区域是远场区域，在此区域

$$\frac{1}{\beta r} \gg \frac{1}{(\beta r)^2} \gg \frac{1}{(\beta r)^3}$$

这时式(8-2-8)～式(8-2-10)的分母中 βr 的相对低次项起主要作用，高次项可忽略，于是远场区各场分量为

$$\dot{H}_\phi = \mathrm{j}\frac{\beta \dot{I}\Delta l \sin\theta}{4\pi r} \mathrm{e}^{-\mathrm{j}\beta r} \tag{8-2-13}$$

$$\dot{E}_\theta = \mathrm{j}\frac{\beta^2 \dot{I}\Delta l \sin\theta}{4\pi\omega\varepsilon_0 r} \mathrm{e}^{-\mathrm{j}\beta r} \tag{8-2-14}$$

$$\dot{E}_r = \dot{E}_\phi = \dot{H}_\theta = \dot{H}_r = 0$$

根据式(8-2-13)和式(8-2-14)，可以得到下列重要结论：

(1) 远区场是横电磁波(TEM 波)，$\dot{E}_\theta$ 与 $\dot{H}_\phi$ 在空间互相垂直，且垂直于传播方向。在时间上 $\dot{E}_\theta$ 与 $\dot{H}_\phi$ 同相位，平均坡印亭矢量不为零，且指向沿 $\boldsymbol{r}$ 方向，说明远区场是沿径向朝外传播的，有能量沿径向朝四周辐射出去，故远区场常称为辐射场。

(2) 远区场是非均匀球面波。场量按 $\mathrm{e}^{\mathrm{j}(\omega t-\beta r)}$ 的规律形成行波，其等相位面为 r 等于常数的球面，故远区场是以球面波的形式传播的。在等相面上，由于场量的振幅与 θ 有关，因此它是非均匀球面波。

(3) $\dot{E}_\theta$ 及 $\dot{H}_\phi$ 与距离 r 成反比,因此它们随距离的衰减比近区场慢得多。场量随 r 的增大而减小,这是可以理解的,因为电磁波是以球面波形式向四周扩散,随着 r 的增大,能量分布到更大的球面面积上。同时,相位随 r 的增大不断落后,推迟效应不能忽略。

(4) $\dot{E}_\theta$ 与 $\dot{H}_\phi$ 之比为一常数,且具有阻抗量纲,所以把该比值定义为介质的本征阻抗或波阻抗,自由空间的波阻抗为

$$Z_0=\frac{\dot{E}_\theta}{\dot{H}_\phi}=\frac{\beta}{\omega\varepsilon_0}=\sqrt{\frac{\mu_0}{\varepsilon_0}} \tag{8-2-15}$$

式(8-2-15)反映出远区电场和磁场具有简单的线性关系,因此今后一般只需讨论 E 和 H 的其中之一(通常是讨论电场强度)。

(5) 最后需要指出,近区并不是没有辐射场,只是在那里辐射场比感应场小得多。辐射场虽然在起始时很小,但它随距离衰减比感应场慢,到了一定距离,它就远远超过感应场而占主要地位了。

8.3 单元偶极子的辐射特性

8.3.1 辐射功率和辐射电阻

辐射功率是指单位时间内天线向外部空间辐射的电磁能量。计算单元偶极子天线向自由空间辐射的总功率时,在远场区以单元偶极子为球心,作一个半径为 $r(r\gg\lambda)$ 的球面,在该球面上对平均坡印廷矢量进行面积分得到,如图 8-2 所示。

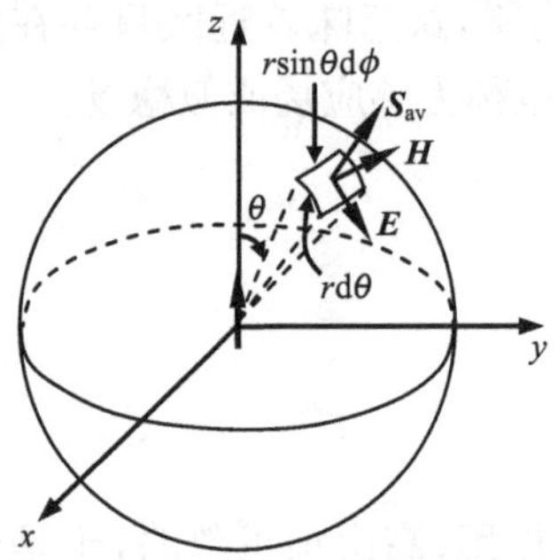

图 8-2 单元偶极子辐射功率计算

$$P=\oint_S \boldsymbol{S}_{av}\cdot d\boldsymbol{S} \tag{8-3-1}$$

式中

$$d\boldsymbol{S}=r\,d\theta\, r\sin\theta\, d\phi\, \boldsymbol{e}_r$$

$$\boldsymbol{S}_{av}=\mathrm{Re}[\dot{\boldsymbol{E}}\times\dot{\boldsymbol{H}}^*]=Z_0 I^2\left(\frac{\Delta l}{2\lambda r}\right)^2\sin^2\theta\boldsymbol{e}_r \tag{8-3-2}$$

将 $d\boldsymbol{S}$ 和 $\boldsymbol{S}_{av}$ 代入式(8-3-1)得

$$P=I^2\left[80\pi^2\left(\frac{\Delta l}{\lambda}\right)^2\right] \tag{8-3-3}$$

可见,单元偶极子的辐射功率随偶极子上流动的电流和偶极子长度的增加而增加,当电流和长度不变时,频率越高,辐射功率越大。偶极子辐射的功率由与之相接的源供给,为分析方便,可以将辐射出去的功率看成是电源向电阻 R_{rad} 输出的功率,即

$$P=I^2R_{rad}$$

由此得

$$R_{rad}=80\pi^2\left(\frac{\Delta l}{\lambda}\right)^2 \tag{8-3-4}$$

R_{rad} 称为单元偶极子的辐射电阻,它表征了天线辐射电磁能量的能力。辐射电阻是衡量天线辐射效率的重要参数,是一个假想的电阻值。显然,天线的辐射电阻越大,其辐射能力越强,所

以更高的辐射电阻值是设计天线时所期望的。

例 8-1 频率 $f=10\text{MHz}$ 的信号源馈送有效值为 25A 的电流给电偶极子。设电偶极子的长度 $\Delta l=50\text{cm}$。

(1) 分别计算赤道平面上离原点 5m 和 10km 处的电场强度和磁场强度;

(2) 计算 $r=10\text{km}$ 处的平均功率密度;

(3) 计算辐射电阻 R_{rad}。

解 (1) 在自由空间,$\lambda=\dfrac{c}{f}=\dfrac{3\times10^8}{10\times10^6}=30(\text{m})$,故 $r=5\text{m}$ 的点属近场区。由式(8-2-12)得

$$\dot{E}_r(\theta=90°)=0$$

$$\dot{E}_\theta(\theta=90°)=-\text{j}\,\frac{\dot{I}\Delta l}{4\pi\omega\varepsilon_0 r^3}$$

$$=-\text{j}\,\frac{25\times50\times10^{-2}}{4\pi\times2\pi\times10\times10^6\varepsilon_0\times5^3}=-\text{j}14.32\quad(\text{V/m})$$

$$\dot{H}_\phi(\theta=90°)=\frac{\dot{I}\Delta l}{4\pi r^2}$$

$$=\frac{25\times50\times10^{-2}}{4\pi\times5^2}=3.98\times10^{-2}(\text{A/m})$$

而 $r=10\text{km}$ 的点属于远场区,由式(8-2-13)和式(8-2-14)得

$$\dot{H}_\phi(\theta=90°)=\text{j}\,\frac{\beta\dot{I}\Delta l}{4\pi r}\text{e}^{-\text{j}\beta r}$$

$$=\text{j}\,\frac{(2\pi/30)\times25\times50\times10^{-2}}{4\pi\times10\times10^3}\text{e}^{-\text{j}(2\pi/30)\times10\times10^3}$$

$$=2.083\times10^{-5}\,\text{e}^{-\text{j}(2.1\times10^3-\pi/2)}\quad(\text{A/m})$$

$$\dot{E}_\theta(\theta=90°)=Z_0\dot{H}_\phi$$

$$=120\pi\times2.083\times10^{-5}\,\text{e}^{-\text{j}(2.1\times10^3-\pi/2)}$$

$$=7.854\times10^{-3}\,\text{e}^{-\text{j}(2.1\times10^3-\pi/2)}\quad(\text{V/m})$$

(2) $r=10\text{km}$ 处的平均功率密度

$$\dot{\boldsymbol{S}}_{\text{av}}=\text{Re}[\dot{\boldsymbol{E}}\times\dot{\boldsymbol{H}}^*]$$

$$=\text{Re}[\boldsymbol{e}_\theta 7.854\times10^{-3}\,\text{e}^{-\text{j}(2.1\times10^3-\pi/2)}\times\boldsymbol{e}_\phi 2.083\times10^{-5}\,\text{e}^{\text{j}(2.1\times10^3-\pi/2)}]$$

$$=\boldsymbol{e}_r 1.636\times10^{-7}\quad(\text{W/m}^2)$$

(3) 辐射电阻

$$R_{\text{rad}}=80\pi^2\left(\frac{\Delta l}{\lambda}\right)^2$$

$$=80\pi^2\left(\frac{50\times10^{-2}}{30}\right)^2=0.22\quad(\Omega)$$

辐射电阻是非常小的,所以单元偶极子天线的辐射效率不高,工程中一般不采用。

8.3.2 辐射的方向性与方向图

任何天线都不可能在空间所有方向上均匀辐射，在某些方向上，电磁波的辐射会强一些，而在其他方向上，辐射相对要弱一些。由式(8-2-13)、式(8-2-14)和式(8-3-2)可知，当 r 为定值时，场量正比于 $\sin\theta$，功率密度正比于 $\sin^2\theta$，这种场量随空间方向变化的特征，称为辐射的方向性，用方向函数 $f(\theta,\phi)$ 表示。这里的函数 f 是指在天线的远区场中，r 坐标给定后，场量随空间方向变化的函数。为便于绘制方向图，定义场强振幅的归一化方向函数为

$$F(\theta,\phi)=\frac{|f(\theta,\phi)|}{|f_{\max}|} \tag{8-3-5}$$

式中，$|f_{\max}|$ 是 $|f(\theta,\phi)|$ 的最大值。

按方向函数画得的几何图形称为方向图。方向图直观地表示在不同方向、等距离的点处，辐射场的相对大小。

单元偶极子的归一化方向函数为

$$F(\theta,\phi)=|\sin\theta| \tag{8-3-6}$$

按式(8-3-6)绘出的单元偶极子方向图如图 8-3 所示。因为方向函数与 ϕ 无关，所以在任何 ϕ 为常数的平面内，以 θ 为变量的 $F(\theta,\phi)$ 的变化轨迹为两个圆，如图 8-3(a)所示。在 $\theta=\pi/2$ 平面上，以 ϕ 为变量的 $F(\theta,\phi)$ 的变化轨迹为半径 $=1$ 的圆，在该方向上辐射最强，如图 8-3(b)所示。应注意的是，方向图是一个立体模型，它是由图 8-3(a)所示曲线绕偶极子轴线(z 轴)旋转一周构成的回旋体，如图 8-3(c)所示。

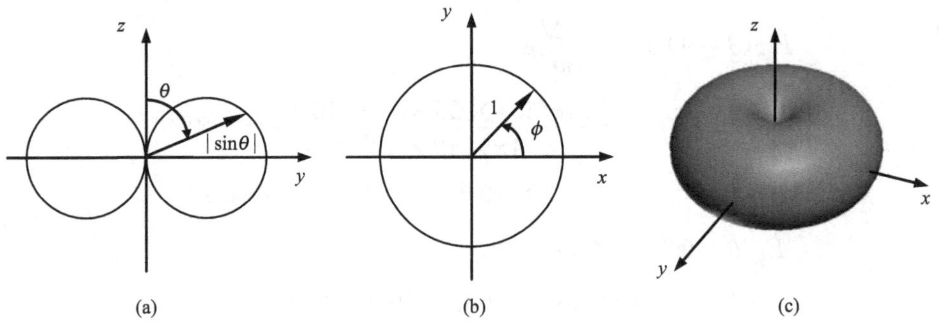

图 8-3　单元偶极子方向图

实际天线的方向图通常要比图 8-3 复杂，会出现很多波瓣，分别称为主瓣和旁瓣，如图 8-4 所示，此图表示某天线的方向图。

主瓣宽度描述了电磁能量主要辐射区域的狭窄程度。用主瓣上两个半功率点(或 -3dB 点)之间的夹角来定义主瓣宽度。在图 8-4 所示的电场方向图中，主瓣宽度是指在主瓣曲线上，电场相对幅值减小到最大值的 0.707 倍时对应的两个点与坐标原点连线之间的夹角。图 8-3所示单元偶极子的方向图主瓣带宽为 90°。主瓣宽度越窄，说明天线辐射的能量越集中，定向性越好，天线的主瓣方向必需指向设计者所希望的天线最大辐射方向。

天线的旁瓣所指方向是不希望存在电磁辐射的方向，人们往往希望在旁瓣方向上，辐射的能量越低越好。一般来说，离主瓣越远的旁瓣，其辐射能量越低。因此，当我们讨论旁瓣水平时，通常是指第一旁瓣，即最靠近主瓣且能量最高的那个旁瓣的相对大小。在现代雷达的设计

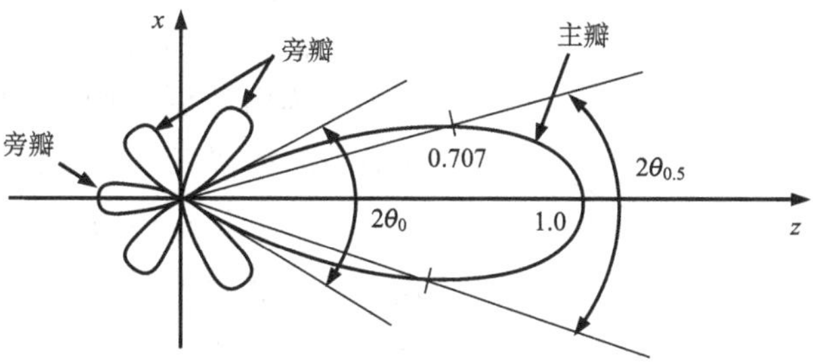

图 8-4　天线方向图的波瓣

中,要求旁瓣水平低于−40dB,即小于主瓣辐射的百分之一。

工程实际中,天线方向图通常采用极坐标和直角坐标绘制,直角坐标更能方便直观显示辐射强度与角度的关系,如图 8-5 所示。由于主瓣和旁瓣的辐射强度一般差别很大,可以相差几个数量级,所以,在绘图时也会先进行对数运算处理,以 dB 为单位显示方向图。

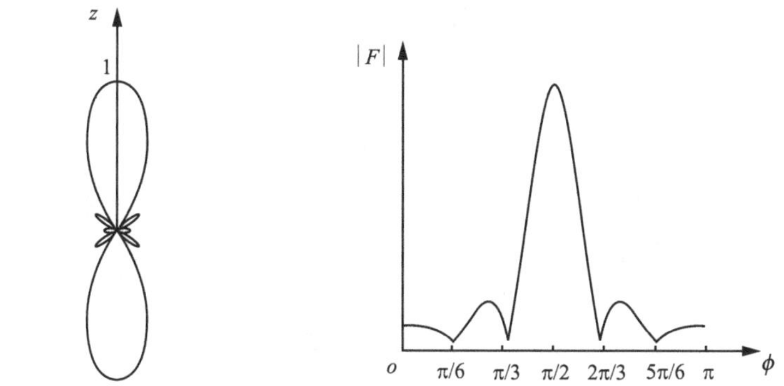

(a) 极坐标系中的方向图　　(b) 直角标系中的方向图

图 8-5　天线的典型方向图

8.4　线天线与天线阵

从 8.3 节讨论可知,单元偶极子天线的辐射效率很低,并不是一种适用的天线结构。但是当天线长度增大到与所发射的电磁波波长具有可比性时,辐射效率将大幅提高,如果其横截面半径还远小于波长,这种天线就是本节将介绍的线天线。线天线广泛应用于通信、广播、雷达等领域,这里仅对线天线中的对称振子天线进行讨论。

8.4.1　对称振子天线

对称振子天线是一种广泛应用的基本线形天线,它既可单独使用,也可作为天线阵的组成单元。对称振子天线由两根相同长度和粗细的开路线状导体张开成 180°而构成,中间的两个端点为馈电点,如图 8-6 所示。

与单元偶极子情况不同,对称振子的长度与波长可以是同一数量级,它上面的电流不再是等幅同相位了。严格确定天线上的电流是困难的,一切关于该问题的解都是近似解。当天线

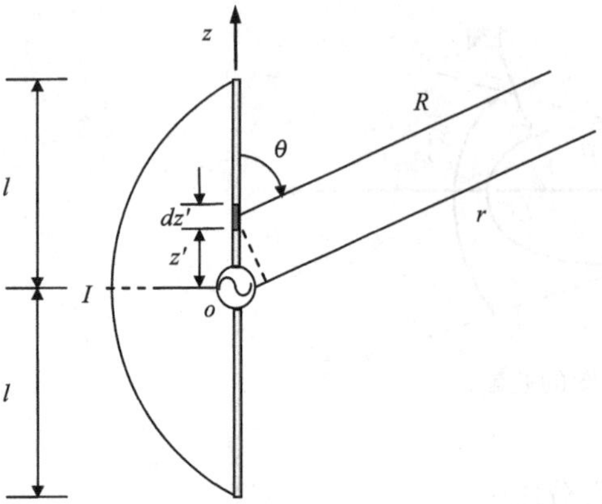

图 8-6 中间馈电的对称振子天线

在馈电点加上时变电信号时，实验表明天线上的电流近似为驻波分布，两端点为电流的波节点，中心点为电流的波腹点，因此，对称振子上电流最简单的近似表达式可取正弦分布

$$\dot{I}(z') = I\sin\beta(l - |z'|) \quad (8\text{-}4\text{-}1)$$

式中，I 为波腹点的电流有效值，β 为对称振子上电流的相位常数，一般可认为与自由空间的相位常数相等。由于电流是源点位置 z' 的函数，所以不能简单地把它当做单元偶极子天线来看待。但天线上任一小微元上的电流可视为常量，该微元可视为单元偶极子，因此整个对称振子天线可以分割为多个首尾相连的单元偶极子的叠加。按单元偶极子辐射场式(8-2-13)和式(8-2-15)可得一小段电流元 $\dot{I}\mathrm{d}z'$ 的电场 $\mathrm{d}\dot{E}_\theta$ 为

$$\mathrm{d}\dot{E}_\theta = Z_0\mathrm{d}\dot{H}_\phi = \mathrm{j}Z_0\frac{\beta\dot{I}\mathrm{d}z'\sin\theta}{4\pi R}\mathrm{e}^{-\mathrm{j}\beta R} \quad (8\text{-}4\text{-}2)$$

由于 $r \gg l$，可取近似

$$R = r - z'\cos\theta$$

由于 r 和 R 空间长度上差别很小，因此在式(8-4-2)的分母中，可用 r 代替 R，引起的计算误差不会很大，但在相位方面 R 与 r 的波程差 $z'\cos\theta$ 是不可忽略的，故式(8-4-2)变成

$$\mathrm{d}\dot{E}_\theta = \mathrm{j}Z_0\frac{\beta\dot{I}\mathrm{d}z'\sin\theta}{4\pi r}\mathrm{e}^{-\mathrm{j}\beta(r - z'\cos\theta)} \quad (8\text{-}4\text{-}3)$$

对式(8-4-3)沿天线振子进行积分，并注意 $Z_0 = 120\pi$，于是

$$\begin{aligned}\dot{E}_\theta &= \mathrm{j}Z_0\frac{I\beta\sin\theta}{4\pi r}\mathrm{e}^{-\mathrm{j}\beta r}\int_{-l}^{l}\sin\beta(l - |z'|)\,\mathrm{e}^{\mathrm{j}\beta z'\cos\theta}\mathrm{d}z' \\ &= \mathrm{j}Z_0\frac{I\beta\sin\theta}{2\pi r}\mathrm{e}^{-\mathrm{j}\beta r}\int_{0}^{l}\sin\beta(l - z')\cos(\beta z'\cos\theta)\,\mathrm{d}z' \\ &= \mathrm{j}\frac{60I}{r}\frac{\cos(\beta l\cos\theta) - \cos(\beta l)}{\sin\theta}\mathrm{e}^{-\mathrm{j}\beta r} \end{aligned} \quad (8\text{-}4\text{-}4)$$

归一化方向函数为

$$F(\theta,\phi) = \frac{\cos(\beta l\cos\theta) - \cos(\beta l)}{\sin\theta} \quad (8\text{-}4\text{-}5)$$

从式(8-4-4)可知，对称振子的辐射场也是球面波，在等相位面上，场量 $\dot{E}_\theta$ 在不同的 θ 方向上有不同的值。$F(\theta,\phi)$既是方位角 θ 的函数，也是振子半长度 l 的函数，说明不同长度的天线有不同的方向性。

图 8-7 给出了四种不同长度对称振子天线的方向图，从图中可以看出，当天线振子长度($2l$)小于一倍波长时，随着振子长度的增加，波瓣变窄，且没有旁瓣，表明辐射的方向性随着振子长度的增加而增强。当天线振子长度大于一倍波长时，出现旁瓣，辐射能量开始分散，且主瓣方向偏离 $\theta = 90°$的平面。

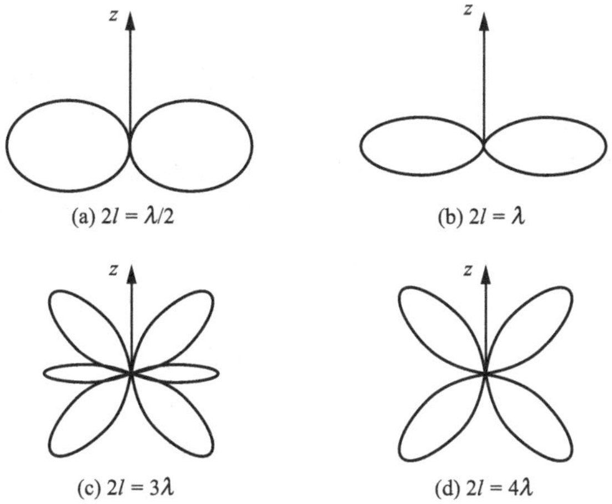

图 8-7　不同长度对称振子天线的方向图

例 8-2　对称振子天线全长为 1/2 波长时，称为半波振子天线。试求半波振子天线的归一化方向函数、辐射功率和辐射电阻。

解　将振子长度 $2l=\lambda/2$ 代入式(8-4-4)和式(8-4-5)，可得半波天线的辐射场方程和归一化方向函数分别为

$$\dot{E}_\theta = \mathrm{j}\,\frac{60I}{r}\,\frac{\cos\left(\dfrac{\pi}{2}\cos\theta\right)}{\sin\theta}\mathrm{e}^{-\mathrm{j}\beta r} \tag{8-4-6}$$

和

$$F(\theta,\phi) = \frac{\cos\left(\dfrac{\pi}{2}\cos\theta\right)}{\sin\theta} \tag{8-4-7}$$

方向图见图 8-7(a)。半波振子与电偶极子的方向图十分接近，都有两个波瓣，但半波振子的波瓣宽度较小，辐射能量较集中。

半波天线的辐射功率为

$$P = \oint_S \dot{\boldsymbol{S}}_{\mathrm{av}} \cdot \mathrm{d}\boldsymbol{S} = \frac{1}{120\pi}\int_0^{2\pi}\int_0^{\pi} |\dot{E}_\theta|^2 r^2 \sin\theta \mathrm{d}\theta \mathrm{d}\phi$$

$$= 60I^2 \int_0^{\pi} \frac{\cos^2\left(\dfrac{\pi}{2}\cos\theta\right)}{\sin\theta}\mathrm{d}\theta = 73.1I^2 \quad \mathrm{W}$$

辐射电阻为

$$R_{\mathrm{rad}} = \frac{P}{I^2} = 73.1 \quad \Omega$$

这是在不计天线本身焦耳热损耗下得到的数值，一般来说，实际天线的自身电阻不会很大，与 73.1Ω 相比可以忽略。这个数值与馈电用的同轴电缆的特征阻抗非常接近(同轴电缆的特征阻抗一般为 75Ω 或 50Ω)，实际应用中很方便进行阻抗匹配，实现最优功率输出，这也是为什么半波对称振子天线备受关注的原因之一。

8.4.2 天线阵

对称振子天线适用于电视发射台、全方位通信等场合。在雷达和微波通信等技术领域中，人们希望天线辐射的电磁能量更集中。为了获得更强的方向性天线，一个根本的方法是利用波的干涉原理，将若干个结构相同的线天线排成一个阵列，即天线阵，通过调节各天线的相互位置、馈电信号幅值和相位，便可获得满足定向要求的各种方向图。为了说明天线阵方向性增强的原理，下面以最基本的二元天线阵为例进行讨论。

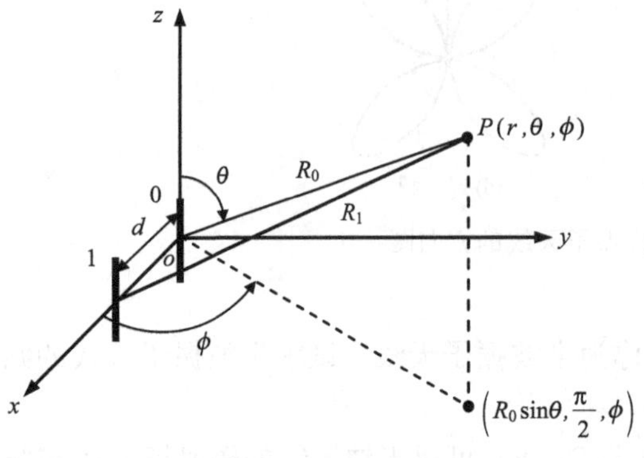

图 8-8 二元阵的辐射场

图 8-8 是两个几何结构完全相同的半波振子天线，相距为 d，构成了二元天线阵。假设两天线沿着 x 轴放置，两天线的激励电流幅值相同，相位不同，1 号天线相位超前 0 号天线 α 角度。两天线在远场区的场强分别为

$$\dot{E}_{\theta 0}=\mathrm{j}\,\frac{60I}{R_0}\,\frac{\cos\left(\frac{\pi}{2}\cos\theta\right)}{\sin\theta}\mathrm{e}^{-\mathrm{j}\beta R_0} \tag{8-4-8}$$

$$\dot{E}_{\theta 1}=\mathrm{j}\,\frac{60I\mathrm{e}^{\mathrm{j}\alpha}}{R_1}\,\frac{\cos\left(\frac{\pi}{2}\cos\theta\right)}{\sin\theta}\mathrm{e}^{-\mathrm{j}\beta R_1} \tag{8-4-9}$$

因为观察点 P 距天线阵的中心很远，故可认为 R_0 与 R_1 平行，只要观察点远离天线阵，就可做如下近似

$$R_1=R_0-d\sin\theta\cos\phi \tag{8-4-10}$$

式中，$d\sin\theta\cos\phi$ 称为波程差，它与 R_0 或 R_1 相比是很小的，对振幅的影响可以忽略，故可用 R_0 取代式(8-4-9)分母中的 R_1，但在相位上，必须严格遵从式(8-4-10)，因为即使很小的距离差异，也可能引起相当明显的相位变化，于是振子 1 的场强可写成

$$\dot{E}_{\theta 1}=\mathrm{j}\,\frac{60I\mathrm{e}^{\mathrm{j}\alpha}}{R_1}\,\frac{\cos\left(\frac{\pi}{2}\cos\theta\right)}{\sin\theta}\mathrm{e}^{-\mathrm{j}\beta(R_0-d\sin\theta\cos\phi)} \tag{8-4-11}$$

两个半波天线组成的二元阵的远区合成场强为

$$\begin{aligned}\dot{E}_{\theta}&=\dot{E}_{\theta 0}+\dot{E}_{\theta 1}\\&=\mathrm{j}\,\frac{60I}{R_0}\,\frac{\cos\left(\frac{\pi}{2}\cos\theta\right)}{\sin\theta}\mathrm{e}^{-\mathrm{j}\beta R_0}(1+\mathrm{e}^{\mathrm{j}\psi})\\&=\mathrm{j}\,\frac{60I}{R_0}\,\frac{\cos\left(\frac{\pi}{2}\cos\theta\right)}{\sin\theta}\mathrm{e}^{-\mathrm{j}\beta R_0}\,\mathrm{e}^{\mathrm{j}\frac{\psi}{2}}\left(2\cos\frac{\psi}{2}\right)\end{aligned} \tag{8-4-12}$$

式中，$\psi=\alpha+\beta d\sin\theta\cos\phi$ 表示场点 P 处 $\dot{E}_{\theta 0}$ 和 $\dot{E}_{\theta 1}$ 的相位差，它是由电流相位差和波程差共同引起的相位差。$\dot{E}_{\theta}$ 的模为

$$|\dot{E}_\theta| = \frac{120I}{R_0}\left|\frac{\cos\left(\frac{\pi}{2}\cos\theta\right)}{\sin\theta}\right|\left|\cos\frac{\psi}{2}\right|$$

$$= \frac{120I}{R_0}F_1(\theta,\phi)F_{12}(\theta,\phi) \tag{8-4-13}$$

式中,$F_1(\theta,\phi)$为半波振子的归一化方向函数,称为元因子,它只与单元振子本身的结构和取向有关。$F_{12}(\theta,\phi)=|\cos(\psi/2)|$称为阵因子,它仅与各单元振子的排列、激励电流的振幅和相位有关,而与组成它的单元振子的特性无关,它反映了波的干涉作用。所以,二元阵的归一化方向函数为

$$F(\theta,\phi) = F_1(\theta,\phi)\cdot F_{12}(\psi) \tag{8-4-14}$$

由式(8-4-14)可见,二元阵的归一化方向函数由单个振子本身的方向函数与阵因子的乘积构成,这一特性称为方向图乘积定理,是阵列天线的一个非常重要的定理。对于 N 元阵的方向函数则是由单元振子本身的方向函数与 N 元阵因子的乘积。但要注意,组成天线阵的各个单元振子必须相同,排列取向也应一致,所以研究天线阵主要是研究阵因子。

例 8-3 观察二元半波对称振子天线阵,当天线距离和电流相位发生变化时,天线阵辐射方向的变化。天线阵参数如下:

(1) $d=\lambda/2,\alpha=0$;

(2) $d=\lambda/4,\alpha=-\pi/2$。

解 设天线按图 8-8 的方式放置,为观察天线阵辐射方向的变化,将观察平面选在 $\theta=\pi/2$的平面上,此时,天线阵的归一化方向图的形状仅由阵因子决定

$$F_{12}(\theta,\phi) = \left|\cos\frac{\psi}{2}\right| = \left|\cos\frac{1}{2}(\beta d\cos\phi+\alpha)\right|$$

(1) 将 $d=\frac{\lambda}{2}(\beta d=\pi)$,$\alpha=0$ 代入上式,得

$$F_{12}(\theta,\phi) = \left|\cos\left(\frac{\pi}{2}\cos\phi\right)\right|$$

方向函数在 $\phi=\pm\pi/2$ 角度达到最大值,这是典型的垂射天线阵。所谓垂射天线,是指最大辐射方向与天线阵列所在平面相垂直的天线阵。图 8-9(a)绘出了这种天线的方向图。因为两个单元天线的激励是同相的,所以两天线的电场在垂直方向($\phi=\pm\pi/2$)相互叠加。而在 $\phi=0$和 π 的方向上相互抵消,这是因为两天线的间距刚好是半个波长,正好对应相位差 180°。

(2) 将 $d=\lambda/4(\beta d=\pi/2)$,$\alpha=-\pi/2$ 代入阵因子,得

$$F_{12}(\theta,\phi) = \left|\cos\frac{\pi}{4}(\cos\phi-1)\right|$$

该方向图如图 8-9(b)所示,辐射强度在 $\phi=0$ 的角度上达到最大值,在反方向上为零。天线阵的主瓣沿着天线的排列方向,即图 8-8 的 x 轴方向,这种天线阵称为端射天线阵。在本例的假设条件下,1 号天线馈电信号相位滞后 0 号天线 90°。如果两天线馈电信号同相,在 $\phi=0$ 的 x 轴方向上,1 号天线的电场将比 0 号天线电场早到 1/4 个周期,对应相位超前 90°。所以本例中馈电信号的滞后正好被几何间距的超前所抵消,所以远区 $\phi=0$ 的方向上,天线阵的电场将是两天线电场的直接叠加。而在反方向(远区 $\phi=\pi$ 的方向上),馈电相位滞后 90°加上两者之间间距引起的相位滞后 90°,正好是 180°,所以在该方向上合成电场抵消为零。

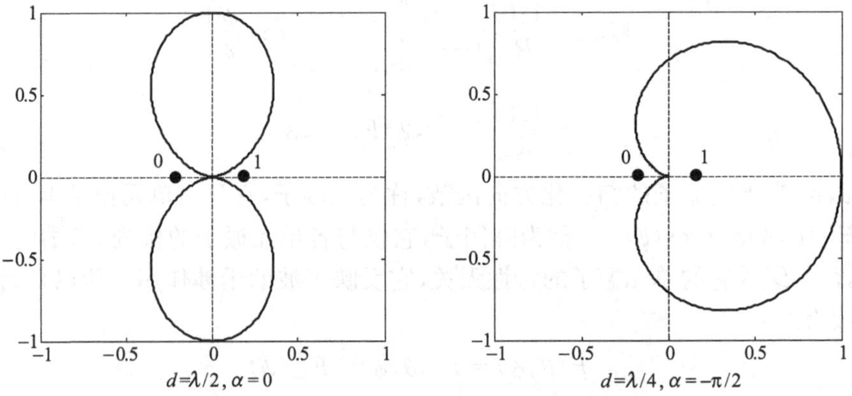

图 8-9　二元阵天线方向图

通过上面的例子可以看出，天线阵的主瓣方向是可以灵活改变的，当辐射频率和天线结构固定时，只需要调节单元天线馈电电流之间的相位差 α，就可以实现主瓣方向的改变，主瓣方向可以定位在垂射方向和端射方向之间的任意一个角度上。也就是说，通过改变 α 的大小，可以实现对空间 180°的扫描。改变 α 的大小可以很容易地通过使用相位延迟电路来实现。这种使用相位延迟电路来控制相位差，实现空间扫描的天线称为相控阵天线。相控阵天线在雷达工程中具有广泛的应用，这种电子扫描的方式比机械转动扫描的方式方便，且快捷得多，大大提高了雷达的搜索效率。

小　　结

1）具有加速度的电荷和时变电流产生时变电磁场，部分电磁场能量可以脱离波源向远处传播，这种现象称为电磁辐射。

2）在单元偶极子激发的电磁场中，$r \ll \lambda$ 的区域称为近区（或似稳区），电场与磁场的分布规律与相应的静电场和恒定磁场相似。$r \gg \lambda$ 的区域称为远区（或辐射区），电磁波以非均匀球面波的形式传播，且为 TEM 波。

3）在单元偶极子的远区场中，电场和磁场的比值为一具有阻抗量纲的常数，称为波阻抗 $Z_0 = \sqrt{\mu/\varepsilon}$，因此我们通常只需讨论电场强度。

4）单元偶极子的辐射能力用辐射电阻 R_{rad} 表示

$$R_{rad} = 80\pi^2 \left(\frac{\Delta l}{\lambda}\right)^2$$

辐射功率为

$$P = \oint_S \dot{\boldsymbol{S}}_{av} \cdot d\boldsymbol{S} = R_{rad} I^2$$

5）辐射具有方向性，用方向函数表征这一特性，根据归一化方向函数绘制成的图称为方向图。方向图中的主瓣宽度越窄，说明辐射能量越集中，定向性越好。

6）线天线可看成是由许多单元偶极子天线构成的，线天线产生的辐射场就是这些单元偶极子天线辐射场的叠加，叠加时必须考虑各个单元偶极子产生的辐射场之间的空间和时间上的联系。

7）为了获得更强的方向性天线，常将相同的天线以一定规律排列成天线阵，天线阵的方向图可利用叠加原理得到。由相同形式和相同取向的单元振子组成的天线阵，其方向图是单元振子的方向图乘以阵因子。

习　题

8-1　设半波天线上的电流分布为：$I=I_{\mathrm{m}}\cos\beta z$，$-l/2<z<l/2$。

(1) 求证：当 $r_0\gg l$ 时，矢量位 $\boldsymbol{A}=\boldsymbol{e}_z\dfrac{\mu_0 I_{\mathrm{m}}\mathrm{e}^{-\mathrm{j}\beta r_0}}{2\pi\beta r_0}\dfrac{\cos\left(\dfrac{\pi}{2}\cos\theta\right)}{\sin^2\theta}$；

(2) 求远区的($r_0\gg l$)的磁场和电场，以及平均坡印亭矢量 $\boldsymbol{S}_{\mathrm{av}}$。

8-2　一长为 20m 的发射天线，在频率 $f=1\mathrm{MHz}$ 时，可视为电偶极子天线，设天线上电流振幅的有效值为 $2.5\mu\mathrm{A}$，求天线的辐射电阻 R_{rad} 和辐射功率 P。如频率变为 $f=100\mathrm{kHz}$，则辐射功率和辐射电阻又为多少？

8-3　设单元偶极子天线沿东西方向放置，在远方有一移动接收台停在正南方而收到最大电场强度。在电台沿以单元偶极子天线为中心的圆周在地面移动时，电场强度渐渐减小，问当电场强度减小到最大值的 $1/\sqrt{2}$ 时，电台的位置偏离正南多少度？

8-4　自由空间中半波天线侧面 15km 处电场强度的幅值为 0.1V/m。若工作频率为 100MHz，决定天线长度和总辐射功率。同时写出电场强度和磁场强度的瞬时表达式。

8-5　求半波天线的主瓣宽度。

8-6　一发射天线位于坐标原点，离天线较远处测得天线激发的电磁波的场强为

$$\boldsymbol{E}(r,t)=E_0\frac{\sin\theta}{r}\sin\left[\omega\left(t-\frac{r}{c}\right)\right]\boldsymbol{e}_\theta\quad \mathrm{V/m}$$

式中，c 为真空中的光速。求天线辐射的平均功率。

8-7　在二元天线阵中，设 $d=\dfrac{\lambda}{4}$，$\alpha=90°$，求阵因子。

8-8　两个半波天线平行放置，相距 $\dfrac{\lambda}{2}$，它们的电流振幅相等，同激励。试用方向图乘法草绘出三个主平面的方向图。

习 题 答 案

第1章

1-1 $\theta=68.56°$， 1.3676

1-2 -14.43

1-3 $(6+4r^{-2}-2r^{-\frac{7}{3}})\boldsymbol{r}$

1-4 $\dfrac{37}{3}$

1-5 $\dfrac{1}{3}(-\boldsymbol{e}_x+2\boldsymbol{e}_y+2\boldsymbol{e}_z)$

1-6 -3

1-7 $a=-2$

1-8 $3\boldsymbol{e}_y+4\boldsymbol{e}_z$

1-9 $-\dfrac{7}{6}$

1-10 (1) $\dfrac{8}{11}\boldsymbol{e}_x+\dfrac{4}{5}\boldsymbol{e}_y+\boldsymbol{e}_z$； (2) $-\dfrac{9}{10}\boldsymbol{e}_x-\dfrac{2}{3}\boldsymbol{e}_y+\dfrac{7}{5}\boldsymbol{e}_z$

1-11 略

1-12 略

1-13 (1) r^{-2}； (2) $2r^{-4}$

1-14 略

1-15 (1) 无旋场； (2) 无散场

1-16 略

1-17 $\varphi=xy^2+3y-x^2yz^3+1.5z^4+C$

1-18 $\nabla f=\left(-\dfrac{1}{\rho^2}\sin\phi+z^2\cos3\phi\right)\boldsymbol{e}_\rho+\left(\dfrac{1}{\rho^2}\cos\phi-3z^2\sin3\phi\right)\boldsymbol{e}_\phi+(2\rho z\cos3\phi)\boldsymbol{e}_z$

1-19 0， $-\dfrac{z}{\rho}\sin\phi\boldsymbol{e}_\rho+\sin\phi\boldsymbol{e}_z$

1-20 $\nabla f=(\cos\theta-2r^{-3}\sin\phi)\boldsymbol{e}_r+(-\sin\theta)\boldsymbol{e}_\theta+\dfrac{\cos\phi}{r^{-3}\sin\theta}\boldsymbol{e}_\phi$

1-21 $4r\sin\theta\cos\phi+\dfrac{\sin\phi}{r^3\sin\theta}(\cos^2\theta-\sin^2\theta)$，

$\left(\dfrac{-\cos\theta\cos\phi}{r^3\sin\theta}\right)\boldsymbol{e}_r+(-r\sin\phi)\boldsymbol{e}_\theta+\left(-\dfrac{1}{r^3}\cos\theta\sin\phi-r\cos\theta\cos\phi\right)\boldsymbol{e}_\phi$

1-22 1200π

1-23 0

1-24 (1)14； (2)是保守场

1-25 (1)$\boldsymbol{A}$、$\boldsymbol{B}$ 可以由一个标量函数的梯度表示，$\boldsymbol{C}$ 可以由一个矢量函数的旋度表示

(2) $\nabla\times\boldsymbol{A}=0$， $\nabla\cdot\boldsymbol{A}=0$

$\nabla\times\boldsymbol{B}=0$， $\nabla\cdot\boldsymbol{B}=2r\sin\phi$

$\nabla\times\boldsymbol{C}=\boldsymbol{e}_z(2x-6y)$， $\nabla\cdot\boldsymbol{C}=0$

第2章

2-1　$x=\frac{d}{2}(\sqrt{3}-1)$ 处，$\boldsymbol{E}=0$；$x=-\frac{d}{2}(1+\sqrt{3})$ 处，两电荷产生的电场强度，恰好量值相等，方向一致

2-2　(1) $E=\frac{\tau}{2\sqrt{5}\pi\varepsilon_0 l}$；　(2) $E=\frac{\tau}{3\pi\varepsilon_0 l}$　（在答案中要按所设坐标系标明电场强度的方向）

2-3　$\varphi=\frac{1}{4\pi\varepsilon_0}\left[\frac{q_1}{(c^2+r^2-2cr\cos\theta)^{1/2}}+\frac{q_2}{(d^2+r^2-2dr\cos\theta)^{1/2}}\right]$

$$\boldsymbol{E}=\frac{1}{4\pi\varepsilon_0}\left\{\left[\frac{q_1(r-c\cos\theta)}{(c^2+r^2-2cr\cos\theta)^{3/2}}+\frac{q_2(r-d\cos\theta)}{(d^2+r^2-2dr\cos\theta)^{3/2}}\right]\boldsymbol{e}_r\right.$$
$$\left.+\left[\frac{q_1 c\sin\theta}{(c^2+r^2-2cr\cos\theta)^{3/2}}+\frac{q_2 d\sin\theta}{(d^2+r^2-2dr\cos\theta)^{3/2}}\right]\boldsymbol{e}_\theta\right\}$$

2-4　(1) $U_{AB}=U_0$，$U_{CD}=\frac{1}{3}U_0$，$U_{BC}=-\frac{2}{3}U_0$，C、D 片上无电荷，$E_{AC}=E_{CD}=E_{DB}=\frac{U_0}{d}$

(2) $U_{AB}=\frac{2}{3}U_0$，$U_{CD}=0$，$U_{BC}=-\frac{1}{3}U_0$，C、D 片上有电荷，$E_{AC}=E_{DB}=\frac{U_0}{d}$，$E_{CD}=0$

(3) $U_{AC}=U_{DB}=\frac{1}{2}U_0$，$E_{AC}=E_{DB}=\frac{3U_0}{2d}$，$E_{CD}=0$

(4) $|E_{CD}|=2|E_{AC}|=2|E_{DB}|$，$E_{CD}$ 的方向与 E_{AC} 和 E_{DB} 的相反

2-5　$\boldsymbol{E}=(\rho_0 d/2\varepsilon_0)\boldsymbol{e}_x$

2-6　(1) $\rho_p=-\frac{k}{r^2}$，　$\sigma_p=\frac{k}{a}$；　(2) $\rho=\frac{\varepsilon}{\varepsilon-\varepsilon_0}\frac{k}{r^2}$

(3) $\boldsymbol{E}=\frac{k}{(\varepsilon-\varepsilon_0)r}\boldsymbol{e}_r$　$(r<a)$，　$\boldsymbol{E}=\frac{\varepsilon ka}{\varepsilon_0(\varepsilon-\varepsilon_0)r^2}\boldsymbol{e}_r$　$(r>a)$

2-7　0.5cm，0.46cm

2-8　(1) $\boldsymbol{E}=\begin{cases}0 & (\rho<R_1)\\ \frac{\tau}{8\pi\varepsilon_0\rho}\boldsymbol{e}_\rho & (R_1<\rho<R_2)\\ \frac{\tau}{4\pi\varepsilon_0\rho}\boldsymbol{e}_\rho & (R_2<\rho<R_3)\\ 0 & (\rho>R_3)\end{cases}$，　$\boldsymbol{D}=\begin{cases}0 & (\rho<R_1)\\ \frac{\tau}{2\pi\rho}\boldsymbol{e}_\rho & (R_1<\rho<R_2)\\ \frac{\tau}{2\pi\rho}\boldsymbol{e}_\rho & (R_2<\rho<R_3)\\ 0 & (\rho>R_3)\end{cases}$

(2) $\boldsymbol{P}=\begin{cases}\frac{3\tau}{8\pi\rho}\boldsymbol{e}_\rho & (R_1<\rho<R_2)\\ \frac{\tau}{4\pi\rho}\boldsymbol{e}_\rho & (R_2<\rho<R_3)\end{cases}$

(3) $\tau_p=-\frac{3\tau}{8\pi R_1}$　$(\rho=R_1)$，　$\tau_p=\frac{\tau}{8\pi R_2}$　$(\rho=R_2)$，　$\tau_p=\frac{\tau}{4\pi R_3}$　$(\rho=R_3)$

2-9　会被击穿

2-10　(1) $\varphi_1=\varphi_2=\frac{UR_1R_2}{R_2-R_1}\left(\frac{1}{r}-\frac{1}{R_2}\right)$，　$\boldsymbol{E}_1=\boldsymbol{E}_2=\frac{UR_1R_2}{(R_2-R_1)r^2}\boldsymbol{e}_r$

(2) $\sigma_1=\frac{\varepsilon_1 UR_2}{(R_2-R_1)R_1}$，　$\sigma_2=\frac{\varepsilon_2 UR_2}{(R_2-R_1)R_1}$

2-11　略

2-12　略

2-13　(1) $a_1<r<a_2$，　$\boldsymbol{E}_1=\frac{\sigma_1 a_1^2}{\varepsilon_0 r^2}\boldsymbol{e}_r$，　$\varphi_1=\frac{\sigma_1 a_1}{\varepsilon_0 r}(a_1-r)$

$a_2<r<a_3$， $\boldsymbol{E}_2=\dfrac{\sigma_1 4\pi a_1^2+q}{4\pi\varepsilon_0 r^2}\boldsymbol{e}_r$， $\varphi_2=\dfrac{\sigma_1 4\pi a_1^2+q}{4\pi\varepsilon_0 a_3 r}(a_3-r)$

(2) $\sigma_1\big|_{r=a_1}=-\dfrac{q(a_3-a_2)}{4\pi a_1 a_2(a_3-a_1)}$， $\sigma_2\big|_{r=a_3}=-\dfrac{q(a_2-a_1)}{4\pi a_2 a_3(a_3-a_1)}$

2-14 $\varphi_1=-\dfrac{\rho_0}{2\varepsilon_0}x^2+\left[\dfrac{(\varepsilon+2\varepsilon_0)\rho_0 d}{4\varepsilon_0(\varepsilon+\varepsilon_0)}+\dfrac{2\varepsilon U}{(\varepsilon+\varepsilon_0)d}\right]x$

$\varphi_2=\left[-\dfrac{\rho_0 d}{4(\varepsilon+\varepsilon_0)}+\dfrac{2\varepsilon_0 U}{(\varepsilon+\varepsilon_0)d}\right]x+\dfrac{\rho_0 d^2}{4(\varepsilon+\varepsilon_0)}+\dfrac{(\varepsilon-\varepsilon_0)U}{(\varepsilon+\varepsilon_0)}$

$\boldsymbol{E}_1=\left[\dfrac{\rho_0}{\varepsilon_0}x-\dfrac{(\varepsilon+2\varepsilon_0)\rho_0 d}{4\varepsilon_0(\varepsilon+\varepsilon_0)}-\dfrac{2\varepsilon U}{(\varepsilon+\varepsilon_0)d}\right]\boldsymbol{e}_x$， $\boldsymbol{E}_2=\left[\dfrac{\rho_0 d}{4(\varepsilon+\varepsilon_0)}-\dfrac{2\varepsilon_0 U}{(\varepsilon+\varepsilon_0)d}\right]\boldsymbol{e}_x$

2-15 $\varphi=-\dfrac{\rho_0}{4\varepsilon}r^2+\left[\dfrac{\rho_0}{4\varepsilon}(b_2-a^2)-U\right]\ln\rho/\ln(b/a)+\dfrac{\rho_0 b^2}{4\varepsilon}-\left[\dfrac{\rho_0}{4\varepsilon}(b_2-a^2)-U\right]\ln b/\ln(b/a)$

2-16 $\varphi_1=\dfrac{\alpha}{\varepsilon_0}\ln\dfrac{R_2}{R_1}\quad(r\leqslant R_1)$

$\varphi_2=\dfrac{\alpha}{\varepsilon_0}\ln\dfrac{R_2}{r}+\dfrac{\alpha}{\varepsilon_0}\left(1-\dfrac{R_1}{r}\right)\quad(R_1\leqslant r\leqslant R_2)$

$\varphi_3=\dfrac{\alpha}{\varepsilon_0}\dfrac{(R_2-R_1)}{r}\quad(r\geqslant R_2)$

2-17 $\varphi=\dfrac{U_0}{d}x+\dfrac{\rho_0}{6\varepsilon_0}(x^2-d^2)x$

2-18 $\varphi(x,y)=\sum\limits_{n=1}^{\infty}\dfrac{2U_0}{n\pi}\left(1-\cos\dfrac{n\pi}{2}\right)\mathrm{e}^{-\frac{n\pi y}{a}}\sin\dfrac{n\pi x}{a}$

2-19 $\varphi(x,y)=\sum\limits_{n=1}^{\infty}C_n\sin\dfrac{n\pi y}{b}\mathrm{ch}\dfrac{n\pi x}{b}$，其中 $C_n=\dfrac{2}{b\,\mathrm{ch}\dfrac{n\pi a}{b}}\displaystyle\int_0^b V(y)\sin\dfrac{n\pi y}{b}\mathrm{d}y$

2-20 在电荷 q_1 所在侧，$\varphi_1=\dfrac{q_1}{4\pi\varepsilon_0}\left(\dfrac{1}{r_{11}}-\dfrac{1}{r_{12}}\right)$，$r_{11}$、$r_{12}$分别表示点电荷 q_1 及其镜像电荷到场点的距离；

在电荷 q_2 所在侧，$\varphi_2=\dfrac{q_2}{4\pi\varepsilon_0}\left(\dfrac{1}{r_{21}}-\dfrac{1}{r_{22}}\right)$，$r_{21}$、$r_{22}$分别表示点电荷 q_2 及其镜像电荷到场点的距离

2-21 大小球之间：$\varphi(r)=\dfrac{q}{4\pi\varepsilon_0}\left(\dfrac{1}{r}-\dfrac{1}{b}\right)\quad(a<r\leqslant b)$

小球内：$\varphi(r,\theta)=\dfrac{q}{4\pi\varepsilon_0 r_1}-\dfrac{\frac{a}{d}q}{4\pi\varepsilon_0 r_2}+\dfrac{q}{4\pi\varepsilon_0}\dfrac{a-d}{a^2}$

其中 $r_1=\sqrt{d^2+r^2-2rd\cos\theta}$， $r_2=\sqrt{\left(\dfrac{a^2}{d}\right)+r^2-2r\left(\dfrac{a^2}{d}\right)\cos\theta}\quad(r\leqslant a)$

2-22 (1)$\varphi(R)=60\mathrm{kV}$， $\boldsymbol{E}(\theta)=\left(\dfrac{q}{4\pi\varepsilon_0 r_1^2}+\dfrac{q'}{4\pi\varepsilon_0 r_2^2}-\dfrac{q'}{4\pi\varepsilon_0 R^2}\right)\boldsymbol{e}_r$；球壳外表面，电荷与球心连线处场强最大，其值为 $2.44\times10^6\,\mathrm{V/m}$

(2) $\varphi(R)=0$， $\boldsymbol{E}(\theta)=\left(\dfrac{q}{4\pi\varepsilon_0 r_1^2}+\dfrac{q'}{4\pi\varepsilon_0 r_2^2}\right)\boldsymbol{e}_r$；最大场强位置不变，大小为 $3.7\times10^6\,\mathrm{V/m}$

(1)，(2)中：$r_1=\sqrt{250-150\cos\theta}$， $r_2=\dfrac{\sqrt{250-150\cos\theta}}{3}$， $q'=-\dfrac{1}{3}q$

(3) $\varphi(r,\theta)=\dfrac{q}{4\pi\varepsilon_0 r_1}+\dfrac{q'}{4\pi\varepsilon_0 r_2}+\dfrac{q''}{4\pi\varepsilon_0 R}$， $\boldsymbol{E}(r,\theta)=\dfrac{q}{4\pi\varepsilon_0 r_1^2}\boldsymbol{e}_{r1}+\dfrac{q'}{4\pi\varepsilon_0 r_2^2}\boldsymbol{e}_{r2}$

其中：$r_1=\sqrt{r^2+9-6r\cos\theta}$， $r_2=\sqrt{r^2+\dfrac{225}{9}-\dfrac{50r\cos\theta}{3}}$， $q'=-\dfrac{5}{3}q$， $q''=-q'$

2-23 $F=\frac{q^2}{4\pi\varepsilon_0}\left[\frac{4h^3R^3}{(h^4-R^4)^2}+\frac{1}{4h^2}\right]$，方向指向半球形凸起的球心

2-24 (1)$C_{10}=C_{20}=C_{30}=0.017\text{pF}$，　$C_{12}=C_{23}=C_{31}=0.010\text{pF}$

(2)0.047pF；　(3)$q=2.35\mu\text{C}$

2-25 (1)$\boldsymbol{E}_1=\boldsymbol{E}_2=\frac{U}{\ln(R_2/R_1)}\frac{1}{\rho}\boldsymbol{e}_\rho$，　$\varphi_1=\varphi_2=\frac{U}{\ln(R_2/R_1)}\ln(R_2/\rho)$

(2) $C'=\frac{\varepsilon_2(2\pi-\theta)+\varepsilon_2\theta}{\ln(R_2/R_1)}$；　(3)$W_e'=\frac{\varepsilon_2(2\pi-\theta)+\varepsilon_2\theta}{2\ln(R_2/R_1)}U^2$

2-26 (1) $\boldsymbol{E}=\begin{cases}\frac{\rho_0}{\varepsilon_0}\left(\frac{r}{3}-\frac{r^2}{4a}\right)\boldsymbol{e}_r & (r\leqslant a)\\ \frac{\rho_0 a^3}{12\varepsilon_0 r^2}\boldsymbol{e}_r & (r>a)\end{cases}$

(2) $r=\frac{2}{3}a$；　(3) $W_e=\frac{13\pi\rho_0^2}{1260\varepsilon_0}a^5$

2-27 (1)$2\times10^{-6}\text{J}$；　(2)$4\times10^{-7}\text{J}$

2-28 $W_e=\frac{Q^2(b-a)}{8\pi\varepsilon_0 ab}$

2-29 (1) 导电片吸收了 0.4425μJ，这部分能量使导电片中的正、负电荷分离，在导电片进入极板间时做了机械功。两板间的电压改变量为－10V，电荷的改变量为 0。最后储存在其中的能量为 3.9825μJ

(2) 导电片吸收了 0.4915μJ，这部分能量同样使导电片中的正、负电荷分离，在导电片进入极板间时做了机械功。两板间的电压改变为零，电荷的改变量为 9.83nC。最后储存在其中的能量为 4.915μJ

2-30 $h=\frac{(\varepsilon-\varepsilon_0)U_0^2}{2\rho_m g d^2}$

第 3 章

3-1 $\boldsymbol{J}=\frac{\gamma}{r}\varphi_0\sin\theta\boldsymbol{e}_\theta$

3-2 (1) $\varphi=\frac{U_0}{r}\frac{R_1R_2}{R_2-R_1}-\frac{R_1}{R_2-R_1}$，　$\boldsymbol{E}=\frac{U_0}{r^2}\frac{R_1R_2}{R_2-R_1}\boldsymbol{e}_r$，　$\boldsymbol{J}=\frac{\gamma U_0}{r^2}\frac{R_1R_2}{R_2-R_1}\boldsymbol{e}_r$

(2) $G=\frac{4\pi\gamma R_1R_2}{R_2-R_2}$

3-3 (1) $\boldsymbol{J}=\frac{\gamma_1\gamma_2R_1R_0R_2U_0}{[\gamma_2R_2(R_0-R_1)+\gamma_1R_1(R_2-R_0)]r^2}\boldsymbol{e}_r$　$(R_1\leqslant r\leqslant R_2)$

$$\boldsymbol{E}_1=\frac{\gamma_2R_1R_0R_2U_0}{[\gamma_2R_2(R_0-R_1)+\gamma_1R_1(R_2-R_0)]r^2}\boldsymbol{e}_r$$

$$\varphi_1=\frac{\gamma_2R_1R_2U_0(R_0-r)}{[\gamma_2R_2(R_0-R_1)+\gamma_1R_1(R_2-R_0)]r}+\frac{\gamma_1R_1U_0(R_2-R_0)}{[\gamma_2R_2(R_0-R_1)+\gamma_1R_1(R_2-R_0)]}$$

$(R_1\leqslant r\leqslant R_0)$

$$\boldsymbol{E}_2=\frac{\gamma_1R_1R_0R_2U_0}{[\gamma_2R_2(R_0-R_1)+\gamma_1R_1(R_2-R_0)]r^2}\boldsymbol{e}_r$$

$$\varphi_2=\frac{\gamma_1R_1R_0U_0(R_2-r)}{[\gamma_2R_2(R_0-R_1)+\gamma_1R_1(R_2-R_0)]r}\quad(R_0\leqslant r\leqslant R_2)$$

(2) $G=\frac{4\pi\gamma_1\gamma_2R_1R_0R_2}{\gamma_2R_2(R_0-R_1)+\gamma_1R_1(R_2-R_0)}$

(3) $P=\frac{4\pi\gamma_1\gamma_2R_1R_0R_2U_0^2}{\gamma_2R_2(R_0-R_1)+\gamma_1R_1(R_2-R_0)}$

3-4 (1) $\varphi_1=\dfrac{4\gamma_2 U}{\pi(\gamma_1+\gamma_2)}\theta+\dfrac{(\gamma_1-\gamma_2)U}{\gamma_1+\gamma_2}$， $\varphi_2=\dfrac{4\gamma_1 U}{\pi(\gamma_1+\gamma_2)}\theta$

(2) $I=\dfrac{4\gamma_1\gamma_2 U}{\pi(\gamma_1+\gamma_2)}h\ln\dfrac{R_2}{R_1}$， $R=\dfrac{\pi(\gamma_1+\gamma_2)}{4\gamma_1\gamma_2 h\ln\dfrac{R_2}{R_1}}$

(3) $\boldsymbol{D}$、$\boldsymbol{E}$ 突变，$\boldsymbol{J}$ 连续

(4) 在分界面上，$\sigma=\dfrac{4\varepsilon_0(\gamma_1-\gamma_2)U}{\pi(\gamma_1+\gamma_2)R_0}$

(5) $P=\dfrac{4\gamma_1\gamma_2 U^2}{\pi(\gamma_1+\gamma_2)}h\ln\dfrac{R_2}{R_1}$

3-5 $\rho_r=2.72\times10^{12}\Omega/\mathrm{m}$

3-6 跨步电压为 918.2V

第 4 章

4-1 $\boldsymbol{B}_A=\dfrac{\mu_0 I}{2\pi R}\boldsymbol{e}_z$， $\boldsymbol{B}_B=\dfrac{\mu_0 I}{4\pi R}\boldsymbol{e}_z$， $\boldsymbol{B}_C=\dfrac{\sqrt{2}\mu_0 I}{2\pi R}\left(1-\dfrac{\sqrt{2}}{2}\right)\boldsymbol{e}_z$， $\boldsymbol{B}_D=\dfrac{\mu_0 I}{4\pi R}\boldsymbol{e}_z$

$\boldsymbol{B}_E=\dfrac{\mu_0 I}{2\pi R}\boldsymbol{e}_z$， $\boldsymbol{B}_F=\dfrac{\sqrt{2}\mu_0 I}{2\pi R}\left(\dfrac{\sqrt{2}}{2}+1\right)(-\boldsymbol{e}_z)$

4-2 (1)$\dfrac{n\mu_0 I}{2\pi R}\tan\left(\dfrac{\pi}{n}\right)$； (2)$\dfrac{\mu_0 I}{2R}$； (3)$\dfrac{3\sqrt{3}\mu_0 I}{2\pi R}$

(在答案中要按所设坐标系标明磁场强度的方向)

4-3 (1)不可能为磁场； (2)、(3)、(4)、(5)可能为一磁场

4-4 $\dfrac{\mu_0 K}{2}(\boldsymbol{e}_y-\boldsymbol{e}_x)\quad\left(z<-\dfrac{d}{2}\right)$， $\dfrac{\mu_0 K}{2}(-\boldsymbol{e}_y-\boldsymbol{e}_x)\quad\left(-\dfrac{d}{2}<z<\dfrac{d}{2}\right)$

$\dfrac{\mu_0 K}{2}(-\boldsymbol{e}_y+\boldsymbol{e}_x)\quad\left(z>\dfrac{d}{2}\right)$

4-5 $-\dfrac{\mu_0 dJ_0}{2}\boldsymbol{e}_y\quad\left(x<-\dfrac{d}{2}\right)$， $\mu_0 xJ_0\boldsymbol{e}_y\quad\left(-\dfrac{d}{2}\leqslant x\leqslant\dfrac{d}{2}\right)$， $\dfrac{\mu_0 dJ_0}{2}\boldsymbol{e}_y\quad\left(x>\dfrac{d}{2}\right)$

4-6 $\boldsymbol{B}=\displaystyle\int_0^{\pi}\frac{\mu_0 KR^3\sin^2\theta\,\mathrm{d}\theta}{2[(z^2+R^2)-2Rz\cos\theta]^{\frac{3}{2}}}$

4-7 0

4-8 $\boldsymbol{B}=\begin{cases}\mu_0 K\boldsymbol{e}_z & (\rho\leqslant a)\\ 0 & (\rho>a)\end{cases}$， $\boldsymbol{A}=\begin{cases}\dfrac{\mu_0 K\rho}{2}\boldsymbol{e}_\phi & (\rho\leqslant a)\\ \dfrac{\mu_0 Ka^2}{2\rho}\boldsymbol{e}_\phi & (\rho>a)\end{cases}$

4-9 $\dfrac{\mu_0 Jd}{2}\boldsymbol{e}_y$

4-10 $B=\dfrac{\mu NI}{2\pi\rho}$， $\Phi=\dfrac{\mu NhI}{2\pi}\ln\dfrac{R_2}{R_1}$， $\Psi=\dfrac{\mu N^2 hI}{2\pi}\ln\dfrac{R_2}{R_1}$ (在答案中要按所设坐标标明磁感应强度的方向)

4-11 $\boldsymbol{B}_1=\boldsymbol{B}_2=\dfrac{\mu_1\mu_2 I}{\pi(\mu_1+\mu_2)\rho}\boldsymbol{e}_\phi$， $\boldsymbol{H}_1=\dfrac{\mu_2 I}{\pi(\mu_1+\mu_2)\rho}\boldsymbol{e}_\phi$， $\boldsymbol{H}_2=\dfrac{\mu_1 I}{\pi(\mu_1+\mu_2)\rho}\boldsymbol{e}_\phi$

4-12 0， $\pm I/2$

4-13 $B=1.167\times10^{-4}\mathrm{T}$ (在答案中要按所设坐标标明 $\boldsymbol{B}$ 的方向)

4-14 $L=\dfrac{\mu_0}{4\pi}+\dfrac{\mu_0}{\pi}\ln\dfrac{\sqrt{(2h)^2+d^2}}{2h}+\dfrac{\mu_0}{\pi}\ln\dfrac{d}{R}$

4-15 $M=\frac{\mu hN}{2\pi}\ln\frac{R_2}{R_1}$， 不变， 不变

4-16 $L=\frac{\mu N^2 h}{2\pi}\ln\frac{R_2}{R_1}$， $L=\frac{\mu_0\mu hN^2}{2\pi\mu_0+(\mu-\mu_0)\Delta\alpha}\ln\frac{R_2}{R_1}$

或 $L\approx\frac{\mu_0 hN^2}{\Delta\alpha}\ln\frac{R_2}{R_1}$ （$\mu\gg\mu_0$）

4-17 (1) $\frac{\mu_0 d}{2\pi b}\left(b-a\ln\frac{a+b}{a}\right)$； (2) $\frac{\mu_0 d}{2\pi b}\left[(a+b)\ln\frac{a+b}{a}-b\right]$

4-18 略

4-19 略

4-20 $\boldsymbol{B}=\frac{\mu_0 M_0}{2}\left[\frac{l-z}{\sqrt{a^2+(l-z)^2}}+\frac{l+z}{\sqrt{a^2+(l+z)^2}}\right]\boldsymbol{e}_z$

$\boldsymbol{H}=\frac{M_0}{2}\left[\frac{l-z}{\sqrt{a^2+(l-z)^2}}+\frac{l+z}{\sqrt{a^2+(l+z)^2}}-2\right]\boldsymbol{e}_z$

4-21 选择 $\boldsymbol{I}_1$ 和 $\boldsymbol{I}_2$ 的参考方向，使 $\boldsymbol{I}_1$ 产生的磁通与 $\boldsymbol{I}_2$ 成右手关系，$\boldsymbol{I}_2$ 产生的磁通与 $\boldsymbol{I}_1$ 成右手关系，则互感系数为正值；选择 $\boldsymbol{I}_1$ 和 $\boldsymbol{I}_2$ 的参考方向，使 $\boldsymbol{I}_1$ 产生的磁通与 $\boldsymbol{I}_2$ 成左手关系，$\boldsymbol{I}_2$ 产生的磁通与 $\boldsymbol{I}_1$ 成左手关系，则互感系数为负值

4-22 略

4-23 (1) $B=\frac{\mu_0 NI}{2\delta}$， $H=\frac{NI}{2\delta}$

(2) $L=\frac{\mu_0 N^2 dD}{2\delta}$ ； (3) $f=-\frac{\mu_0 N^2 I^2 dD}{4\delta^2}$ （在答案中要按所设坐标标明各矢量的方向）

第 5 章

5-1 $-2NbvB_m\sin\frac{ak}{2}\sin(kvt)$

5-2 略

5-3 $\omega\frac{\varepsilon_0 U_m}{d}\cos\omega t$ （在答案中要按所设坐标系标明位移电流密度的方向）

5-4 $\frac{6.81\times10^{-5}}{\rho}$ A/m^2 （在答案中要按所设坐标系标明位移电流密度的方向）

5-5 当图中设圆柱坐标系的 z 坐标轴的正方向沿电容器轴线朝上方向时，有

$\boldsymbol{E}=\frac{U_0}{d}(-\boldsymbol{e}_z)$， $\boldsymbol{H}=\frac{U_0\gamma\rho}{2d}(-\boldsymbol{e}_\phi)$， $\boldsymbol{S}=\frac{U_0\gamma\rho}{2d^2}(-\boldsymbol{e}_\rho)$， $P=UI$

5-6 设电荷逆时针旋转，直角坐标系原点在旋转的圆心，$t=0$ 时刻，电荷在$(R,0)$，则

$\boldsymbol{J}_D=\frac{\omega q}{4\pi R^2}(\sin\omega t\boldsymbol{e}_x-\cos\omega t\boldsymbol{e}_y)$

5-7 $\frac{4\pi abU_m(\gamma\cos\omega t-\varepsilon\omega\sin\omega t)}{b-a}$

5-8 $\boldsymbol{H}=\frac{\varepsilon\omega U_m\cos\omega t}{2d}\rho\boldsymbol{e}_H$ （$\boldsymbol{H}$ 的方向 $\boldsymbol{e}_H$ 由计算中所选坐标确定）

5-9 1.07×10^{-6}， 1.07×10^{-3}， 1.07

5-10 1.11V （有效值）

5-11 $\frac{\mu_0\omega hI_m\cos\omega t}{2\pi}\ln\frac{b(a+c)}{a(b+c)}$

5-12 5.16×10^{-5}T

5-13 $\boldsymbol{J}_D=\beta H_0\cos(\omega t-\beta x)\boldsymbol{e}_y$， $\boldsymbol{E}=\dfrac{\beta H_0}{\omega\varepsilon_0}\sin(\omega t-\beta x)\boldsymbol{e}_y$

5-14 $\boldsymbol{E}=-\dfrac{2}{\varepsilon_0\omega}\cos(\omega t-5z)\boldsymbol{e}_x\mu\text{V/m}$， $\boldsymbol{H}=-0.4\cos(\omega t-5z)\boldsymbol{e}_y\mu\text{A/m}$

5-15 $\boldsymbol{J}_D=\dfrac{\varepsilon_0 U}{d^2}v\boldsymbol{e}_D$ （$\boldsymbol{J}_D$ 的方向 $\boldsymbol{e}_D$ 由计算中所选坐标确定）

5-16 $\boldsymbol{J}_e=-\dfrac{1}{2}\omega\gamma B_0\rho\cos\omega t\boldsymbol{e}_\phi$， $P_e=\dfrac{1}{16}\pi ha^4\gamma\omega^2B_0^2$

5-17 $J_d=\dfrac{\omega\varepsilon}{d}U_m\cos\omega t$， $B=\dfrac{\mu_0U_m\rho}{2d}(\omega\varepsilon\cos\omega t+\gamma\sin\omega t)$

（在答案中要按所设坐标系标明位移电流密度和磁感应强度的方向）

5-18 $f_{max}=90\text{kHz}$

5-19 (1)$\boldsymbol{B}=B_0\sin\omega t\boldsymbol{e}_z=\mu_0I_0\ \dfrac{n}{d}\sin\omega t\boldsymbol{e}_z$

$$E_\phi=-\frac{\omega B_0\rho}{2}\cos\omega t\quad(\rho<a),\quad E_\phi=-\frac{\omega B_0a^2}{2\rho}\cos\omega t\quad(\rho>a)$$

(2)略

5-20 略

5-21 I^2R， I^2X_C

5-22 略

5-23 频率为 f_1 的信号

5-24 铝板厚度 8.46×10^{-2}m；铁板厚度 3.9×10^{-3}m

5-25 略

第6章

6-1 (1)1.5×10^8Hz； (2)π rad/m； (3)2.12 A/m，$-x$ 方向

6-2 (1)$f=3\times10^9$Hz

$$\boldsymbol{E}=\sqrt{2}\sin(6\pi\times10^9t-20\pi z)\boldsymbol{e}_y\ \text{V/m}$$

$$\boldsymbol{H}=\frac{\sqrt{2}}{120\pi}\sin(6\pi\times10^9t-20\pi z)(-\boldsymbol{e}_x)\ \text{A/m}$$

(2) E_{max}的时间： $t=\dfrac{n+1}{6}\times10^{-9}$ s （$n=0,2,\cdots$）

$E=0$ 的时间： $t=\dfrac{2n+1}{6}\times10^{-9}$ s （$n=0,2,\cdots$）

(3) $\dfrac{1}{3}\times10^{-6}$s

6-3 $E_{max}=1005.17$V/m， $B_{max}=3.35\times10^{-6}$ T

6-4 $f=2.5$GHz， $\varepsilon_r=1.13$， $\mu_r=1.99$

6-5 (1) 3.47m

(2) 238.44 Ω， 0.063m， 1.897×10^8m/s

(3) $\boldsymbol{H}=0.21e^{-0.2z}\sin\left(6\pi\times10^9t-99.35z+\dfrac{\pi}{3}\right)\boldsymbol{e}_y$ A/m

6-6 1.11×10^5S/m， 10^9Hz

6-7 (1)$p(t)=2\gamma E_0^2e^{-2\alpha z}\sin^2(\omega t-\beta z)$， $P=\gamma E_0^2e^{-2\alpha z}$

(2) $\dfrac{\gamma}{2\alpha}E_0^2$； (3) $-\oint_S\boldsymbol{S}_{av}\cdot d\boldsymbol{S}=\dfrac{E_0^2}{|Z_0|}\cos\phi$

6-8 $\boldsymbol{E}=E_0\sin(\beta ct-\beta z)\boldsymbol{e}_x+E_0\sin\left(\beta ct-\beta z+\frac{\pi}{2}\right)\boldsymbol{e}_y$，合成波为左旋圆极化波

6-9 $\alpha_1=\pm 3,\alpha_2=\mp 4$

6-10 (1)3×10^9 Hz； (2)$\dot{\boldsymbol{H}}=\frac{1}{377}(\mathrm{j}\boldsymbol{e}_x+\boldsymbol{e}_y)10^{-4}\mathrm{e}^{-\mathrm{j}20\pi z}$ A/m； (3)右旋圆极化波

6-11 (1) 反射系数 $R=\frac{Z_2-Z_1}{Z_2+Z_1}=-0.5$，折射系数 $T=\frac{2Z_2}{Z_2+Z_1}=0.5$

(2) $\dot{\boldsymbol{E}}_r=RE_0(\boldsymbol{e}_x-\mathrm{j}\boldsymbol{e}_y)\mathrm{e}^{\mathrm{j}k1z}$， $\dot{\boldsymbol{E}}_t=TE_0(\boldsymbol{e}_x-\mathrm{j}\boldsymbol{e}_y)\mathrm{e}^{-\mathrm{j}k2z}$

(3) 反射波是左旋极化波，折射波是右旋极化波

第 7 章

7-1

模式	TE_{10}	TE_{01}	TE_{11}	TM_{11}	TM_{21}
f_c/GHz	6.52	15	16.36	16.36	19.88

当 f =10GHz 时，只能传输 TE_{10} 模

7-2 $f_c=7.14\times 10^8$ Hz， $v_p=1.07\times 10^8$ m/s， $\lambda_p=5.35$cm

7-3 $\lambda_c|_{TE10}=12$cm， $\lambda_c|_{TE01}=8$cm， $\lambda_c|_{TE10,TM11}\approx 6.66$cm

$\lambda_p|_{TE10}=18.09$cm， $\beta=34.7$rad/m， $v_p=5.43\times 10^8$

7-4 $\lambda_c|_{mn}=4.24$cm， $a=9$cm ， $b=6$cm

7-5 $\lambda_0|_{110}=7.07$cm

7-6 $f_0|_{110}=2.12\times 10^9$ Hz

7-7 略

7-8 (1)$0.33\mathrm{e}^{\mathrm{j}(2\beta z-46.65)}$； (2) 略； (3)$z_{min}=0.185\lambda$， $z_{max}=0.435\lambda$

第 8 章

8-1 (1)略

(2)$\dot{E}_\theta=\mathrm{j}\frac{60I_m}{r}\frac{\cos\left(\frac{\pi}{2}\cos\theta\right)}{\sin\theta}\mathrm{e}^{-\mathrm{j}\beta r}$， $\dot{H}_\phi=\mathrm{j}\frac{I_m}{2\pi r}\frac{\cos\left(\frac{\pi}{2}\cos\theta\right)}{\sin\theta}\mathrm{e}^{-\mathrm{j}\beta r}$， $\boldsymbol{S}_{av}=\frac{15I_m^2}{\pi r^2}\frac{\cos^2\left(\frac{\pi}{2}\cos\theta\right)}{\sin^2\theta}\boldsymbol{e}_r$

8-2 $f=1$MHz： $R_{rad}=3.51\Omega$， $P=21.94\times 10^{-12}$W

$f=100$kHz： $R_{rad}=3.51\times 10^{-2}\Omega$， $P=21.94\times 10^{-14}$W

8-3 $\pm 45°$

8-4 $l=1.5$m， $P=22.86$kW

$$E_\theta(r,\theta,\phi,t)=-\frac{1500}{r}\frac{\cos\left(\frac{\pi}{2}\cos\theta\right)}{\sin\theta}\sin(6.283\times 10^8 t-2.094r)\ \mathrm{V/m}$$

$$H_\phi(r,\theta,\phi,t)=-\frac{3.98}{r}\frac{\cos\left(\frac{\pi}{2}\cos\theta\right)}{\sin\theta}\sin(6.283\times 10^8 t-2.094r)\ \mathrm{A/m}$$

8-5 78°

8-6 $P=\frac{E_0^2}{90}$W

8-7 $f(\theta,\phi)=\sqrt{1+m^2+2m\cos(\beta d\sin\theta\cos(\phi-\alpha))}$

8-8 $\theta=\frac{\pi}{2}$ （$x\sim y$ 平面）： $F_1=1$， $F_{12}=2\cos\left(\frac{\pi}{2}\cos\phi\right)$

$\phi=0$（$x\sim z$ 平面）： $F_1=\frac{\cos\left(\frac{\pi}{2}\cos\theta\right)}{\sin\theta}$， $F_{12}=2\cos\left(\frac{\pi}{2}\sin\theta\right)$

$\phi=\frac{\pi}{2}$ （$y\sim z$ 平面）： $F_1=\frac{\cos\left(\frac{\pi}{2}\cos\theta\right)}{\sin\theta}$， $F_{12}=2$

参考文献

冯慈璋. 1983. 电磁场. 北京：高等教育出版社
冯慈璋，马西奎. 2000. 工程电磁场导论. 北京：高等教育出版社
雷银照. 2010. 电磁场. 2 版. 北京：高等教育出版社
李正吾. 2009. 新电工手册(下册). 2 版. 合肥：安徽科学技术出版社
马信山，张济世，王平. 1995. 电磁场基础. 北京：清华大学出版社
倪光正. 2009. 工程电磁场原理. 2 版. 北京：高等教育出版社
王建华. 2006. 电气工程师手册. 3 版. 北京：机械工业出版社
谢处方，饶克谨. 2006. 电磁场与电磁波. 4 版. 北京：高等教育出版社
杨儒贵. 2010. 电磁场与电磁波. 2 版. 北京：高等教育出版社
俞集辉. 2007. 电磁场原理. 2 版. 重庆：重庆大学出版社
Balanis C A. 1997. Antenna Theory Analysis and Design. 2nd ed. John Wiley & Sons
Guru B S, Hiziroḡlu H R. 2000 . 电磁场与电磁波. 周克定等译. 北京：机械工业出版社
Hayt W H, Buck J A. 2001. Engineering Electromagnetics. 6th ed. Mcgraw-Hill
Rao N N. 2000. Elements of Engineering Electromagnetics. 5th ed. Prentice Hall
Ulaby F T. 2001. Applied Electromagnetics. Prentice Hall

附　　录

附表 1　物理常数

常数名称	符号	数值
真空中的光速	c	2.99792458×10^{8} m/s
真空介电常数	ε_0	$8.854187818\times10^{-12}$ F/m
真空磁导率	μ_0	$4\pi\times10^{-7}$ H/m
电子的电荷	e	1.6021892×10^{-19} C
电子的质量	m_e	9.109534×10^{-31} kg

附表 2　基本电磁量

量的名称	量的符号	国际制单位
长度	L, l	m(米)
质量	M, m	kg(千克)
时间	T, t	s(秒)
电流	I, i	A(安培)

附表 3　常用的电磁量及其单位

量的名称	量的符号	国际制单位
电流	I, i	A(安培)
电荷[量]	Q, q	C(库仑)
电荷线密度	τ	C/m(库仑/米)
电荷面密度	σ	C/m^2(库仑/米^2)
电荷体密度	ρ	C/m^3(库仑/米^3)
电场强度	$\boldsymbol{E}$	V/m(伏特/米)
电位移矢量(电通[量] 密度)	$\boldsymbol{D}$	C/m^2(库仑/米^2)
电通量	Ψ_D	C (库仑)
电位	φ	V(伏特)
电压	U, u	V(伏特)
电偶极矩	$\boldsymbol{p}$	C・m(库仑・米)
电极化率	χ_e	无量纲
电极化强度	$\boldsymbol{P}$	C/m^2(库仑/米^2)
介电常数(电容率)	ε	F/m(法拉/米)
相对介电常数	ε_r	(无量纲)
电容	C	F(法拉)
体电流密度	$\boldsymbol{J}$	A/m^2(安培/米^2)
电场能量	W_e	J(焦耳)

续表

量的名称	量的符号	国际制单位
电能密度	w_e	J/m^3（焦耳/米^3）
面电流密度	$\boldsymbol{K}$	A/m（安培/米）
电动势	ε	V（伏特）
电导率	γ	S/m（西门子/米）
电导	G	S（西门子）
电阻	R	Ω（欧姆）
磁感应强度（磁通密度）	$\boldsymbol{B}$	T（特斯拉）
磁通量	Φ_m	Wb（韦伯）
磁场强度	$\boldsymbol{H}$	A/m（安培/米）
磁偶极矩	$\boldsymbol{m}$	$A \cdot m^2$（安培・米^2）
磁化率	χ_m	无量纲
磁化强度	$\boldsymbol{M}$	A/m（安培/米）
磁导率	μ	H/m（亨利/米）
相对磁导率	μ_r	（无量纲）
标量磁位	φ_m	A（安培）
磁压	U_m	A（安培）
矢量磁位	$\boldsymbol{A}$	Wb/m（韦伯/米）
磁链	Ψ	Wb（韦伯）
自感	L	H（亨利）
互感	M	H（亨利）
磁场能量	W_m	J（焦耳）
磁能密度	w_m	J/m^3（焦耳/米^3）
电磁能量	W	J（焦耳）
电磁能量密度	w	J/m^3（焦耳/米^3）
功率	P	W（瓦特）
坡印亭矢量	$\boldsymbol{S}$	W/m^2（瓦特/米^2）
频率	f	Hz（赫兹）
波长	λ	m（米）
相速	v_p	m/s（米/秒）
衰减常数	α	Np/m（奈培/米）
相位常数	β	rad/m（弧度/米）
传播系数	k	m^{-1}（米$^{-1}$）
阻抗，波阻抗	Z	Ω（欧姆）
透入深度	d	m（米）
反射系数	R	无量纲
折射系数	T	无量纲
辐射电阻	R_{rad}	Ω（欧姆）
力	$\boldsymbol{F}, \boldsymbol{f}$	N（牛顿）
转矩	$\boldsymbol{T}$	$N \cdot m$（牛顿・米）

附表 4　绝缘材料的介电性能(常温、低频下的近似值)

材料名称	相对介电常数 ε_r	电介质强度/(MV/m)
空气(1 个大气压)	1.000537	3.3
六氟化硫(1 个大气压)	1.002	7～9
水	79.63	
矿物绝缘油	2.2	14～20
石蜡	2.0～2.5	30
氧化铝	8.8	6
电缆纸(干)	1.9～2.8	30～60
玻璃	4～7	20～40
天然橡胶	2.5～3	20～30
高低压电瓷	5.2～6	25～35
白云母	5.4～8.7	200(20μm 薄膜)
石英‖晶轴	4.27	
石英⊥晶轴	4.34	
熔凝石英	3.4～4	
石英玻璃	3.8	20～40
聚氯乙烯	3～3.5	10～20
尼龙	4.3～5.7	15～20
环氧树脂(固化)	3.7	20～30
酚醛塑料	4.5	21～30
聚乙烯	2.2～2.4	20～30
聚苯乙烯	2.5～2.6	20～30
聚丙烯	2.0～2.6	30
聚四乙烯	2～2.2	20～30
钛酸钡	1200	

附表 5　材料的电导率(20℃)

材料名称	电导率/(S/m)	材料名称	电导率/(S/m)
银	6.17×10^7	镍铬合金	0.1×10^7
铜	5.80×10^7	石墨	7×10^4
金	4.10×10^7	硅	2300
铝	3.82×10^7	铁氧体	100
钨	1.82×10^7	海水	5
锌	1.67×10^7	石灰石	10^{-2}
黄铜	1.5×10^7	黏土	5×10^{-3}
镍	1.45×10^7	新鲜水	10^{-3}
铁	1.03×10^7	蒸馏水	10^{-4}
磷铜	1×10^7	砂土	10^{-5}
焊料	0.7×10^7	花岗岩	10^{-6}
碳钢	0.6×10^7	大理石	10^{-8}
德国银	0.3×10^7	胶木	10^{-9}

续表

材料名称	电导率/(S/m)	材料名称	电导率/(S/m)
锰	0.227×10^{7}	瓷	10^{-10}
康铜	0.226×10^{7}	金刚石	2×10^{-13}
锗	0.22×10^{7}	聚苯乙烯	10^{-16}
不锈钢	0.11×10^{7}	石英	10^{-17}

附表 6　材料的相对磁导率(常温低频下)

材料名称	相对磁导率 μ_r	材料名称	相对磁导率 μ_r
铋	0.999 998 6	铁粉	100
石蜡	0.999 999 42	机器钢	300
木材	0.999 999 5	铁氧体(典型的)	1 000
银	0.999 999 81	坡莫合金 45	2 500
铝	1.000 000 65	变压器铁心	3 000
铍	1.000 000 79	硅钢	3 500
氯化镍	1.000 04	纯铁	4 000
硫酸锰	1.000 1	镍铁合金	20 000
镍	50	铁硅铝合金	30 000
铸铁	60	镍铁钼超导磁合金	100 000
钴	60		

附表 7　电磁波的波段

电磁波名称	频率范围/Hz	波长范围/m	人工产生方法	主要应用领域
直流	0	∞	直流发电 电池 整流器	超导磁体 直流输电
低频	$\leqslant 60$	$\geqslant 5\times10^{6}$	交流发电	电力传输 水下通信 地球勘探
中频	$60\sim10^{4}$	$5\times10^{6}\sim3\times10^{4}$	交流发电机 振荡电路	电话 感应加热 飞机交流电源
高频	$10^{4}\sim3\times10^{8}$	$3\times10^{4}\sim1$	振荡电路	通信 广播 导航
微波	$3\times10^{8}\sim3\times10^{11}$	$1\sim10^{-3}$	行波管 磁控管 速调管	雷达 通信 遥感
红外线	$3\times10^{11}\sim4\times10^{14}$	$10^{-3}\sim7.5\times10^{-7}$	气体放电灯	照相、加热、夜视、气象学、天文学

续表

电磁波名称	频率范围/Hz	波长范围/m	人工产生方法	主要应用领域
可见光	$4\times10^{14}\sim8\times10^{14}$	$7.5\times10^{-7}\sim3.8\times10^{-7}$	白炽灯 气体放电管	照明、光通信 视觉、天文学
紫外线	$8\times10^{14}\sim3\times10^{17}$	$3.8\times10^{-7}\sim10^{-9}$	高压汞灯 氘灯 电弧	杀菌
x 射线	$3\times10^{17}\sim5\times10^{19}$	$10^{-9}\sim6\times10^{-12}$	真空中 高速电子撞击靶	医学诊断 工业无损检测
γ 射线	$>1.5\times10^{18}$	$<2\times10^{-10}$	加速器	癌症治疗 天体物理

说明:各个频段的波长范围和频率范围都没有严格界限。表中术语“低频”、“中频”、“高频”所对应的频率范围取自《IEC电工电子电信英文词典》。

名词索引

（按汉语拼音字母顺序排列）

辐射电阻　radiation resistance
辐射功率　radiation power

G

高斯定律　Gauss's law
感应电动势　induction electromotive force
感应电流　induction current
国际单位制　International system of Units(SI)

H

亥姆霍兹方程　Helmhohz equation
恒定磁场　steady magnetic field
恒定电场　steady electric field
横磁波　TM wave
横电波　TE wave
横电磁波　TEM wave
互感　mutual inductance

J

极化　polarization
极化电荷　polarization charge
极化率　electric susceptibility
极化强度矢量　polarization vector
焦耳热　Joule heat
接地电阻　grounding resistance
截止波长　cut-off wavelength
截止频率　cut-off frequency
介电常数　permittivity
介质　medium
静电场　electrostatic field
静电独立系统　electrostatic isolated system
镜像法　method of images
近区　near zone
绝缘电阻　insulation resistance

K

库仑定律　Coulomb's law
库仑条件　Coulomb condition

L

力矩　moment of force
理想导体　perfect conductor
连续性方程　continuity equation
螺线管　solenoid

M

麦克斯韦方程组　Maxwell's equations
面电荷密度　surface charge density
面电流密度　surface current density

N

能量守恒定律　law of energy conservation
能流密度　power flux density

O

欧姆定律　Ohm's law

P

频率　frequency
平面波　plane wave
坡印亭定理　Poynting's theorem
坡印亭矢量　Poynting vector

Q

球坐标系　spherical coordinate system
趋肤效应　skin effect
全反射　total reflection

R

入射波　incident wave
入射角　angle of incidence
入射面　plane of incidence

S

散度　divergence
散度定理　divergence theorem
色散　dispersion
时变电磁场　time-varying electromagnetic field
时谐电磁场　time-harmonic electromagnetic field
矢量　vector
矢量磁位　magnetic vector potential
矢量场　vector field
矢量分析　vector analysis
束缚电荷　bound charge
斯托克斯定理　Stokes's theorem
弛豫时间　relaxation time

T

天线　antenna

梯度 gradient
透入深度 skin depth
推迟位 retarded potential
椭圆极化 elliptical polarization

W

微波 microwave
唯一性定理 uniqueness theorem
位移电流 displacement current
位置矢量 position vector
涡流 eddy current
涡流损耗 eddy current loss

X

线电荷密度 line charge density
线极化 linear polarization
线圈 coil
相对磁导率 relative permeability
相对介电常数 relative permittivity
相量 phasor
相量法 phasor method
相速 phase velocity
行波 travelling wave
虚位移法 method of virtual displacement
旋度 curl

Y

有功功率 active power
圆极化 circular polarization
远区 far zone
圆柱坐标系 cylindrical coordinate system

Z

折射波 refraction wave
折射定律 refraction law
折射角 angle of refraction
真空磁导率 permeability of vacuum
真空介电常数 permittivity of vacuum
直角坐标系 Cartesian coordinate system
周期 period
驻波 standing wave
自感 self inductance
阻抗 impedance